“十四五”时期国家重点出版物出版专项规划项目
国家科学技术学术著作出版基金资助出版
新一代人工智能理论、技术及应用丛书

边缘计算模式

郭得科　谢俊杰　罗来龙　著

科学出版社
北京

内 容 简 介

本书共 13 章。第 1 章和第 2 章介绍边缘计算模式的相关概念和发展现状。第 3～5 章阐述边缘计算的新型框架，包括边缘联盟计算架构、混合边缘计算架构、移动节点辅助的边缘计算架构。第 6～9 章系统论述边缘存储理论与方法，包括边缘计算的数据协同存储和访问服务、数据缓存高效索引机制、跨层混合数据共享机制，以及安全可信的边缘存储架构。第 10～13 章系统论述边缘计算的任务调度理论方法，包括边缘计算的在线任务分派和调度方法、复杂依赖性应用分派和调度方法、服务链请求调度方法、服务增强模型。

本书可作为高等院校计算机、软件工程等相关专业高年级本科生和研究生的参考书，也可供相关专业的教师、研究人员及工程师阅读。

图书在版编目(CIP)数据

边缘计算模式 / 郭得科, 谢俊杰, 罗来龙著. -- 北京 : 科学出版社, 2025. 5. --（新一代人工智能理论、技术及应用丛书）. -- ISBN 978-7-03-081321-3

Ⅰ. TN929. 5

中国国家版本馆CIP数据核字第2025VP6332号

责任编辑：张艳芬　赵微微 / 责任校对：崔向琳
责任印制：赵　博 / 封面设计：无极书装

科学出版社出版
北京东黄城根北街 16 号
邮政编码: 100717
http://www.sciencep.com
北京中科印刷有限公司印刷
科学出版社发行　各地新华书店经销
*
2025 年 5 月第　一　版　开本：720 × 1000　1/16
2025 年 9 月第二次印刷　印张：22
字数：444 000

定价：160.00 元

（如有印装质量问题，我社负责调换）

“新一代人工智能理论、技术及应用丛书”编委会

"新一代人工智能理论、技术及应用丛书"序

科学技术发展的历史就是一部不断模拟和扩展人类能力的历史。按照人类能力复杂的程度和科技发展成熟的程度，科学技术最早聚焦于模拟和扩展人类的体质能力，这就是从古代就启动的材料科学技术。在此基础上，模拟和扩展人类的体力能力是近代才蓬勃兴起的能量科学技术。有了上述的成就做基础，科学技术便进展到模拟和扩展人类的智力能力。这便是 20 世纪中叶迅速崛起的现代信息科学技术，包括它的高端产物——智能科学技术。

人工智能，是以自然智能(特别是人类智能)为原型、以扩展人类的智能为目的、以相关的现代科学技术为手段而发展起来的一门科学技术。这是有史以来科学技术最高级、最复杂、最精彩、最有意义的篇章。人工智能对于人类进步和人类社会发展的重要性，已是不言而喻。

有鉴于此，世界各主要国家都高度重视人工智能的发展，纷纷把发展人工智能作为战略国策。越来越多的国家也在陆续跟进。可以预料，人工智能的发展和应用必将成为推动世界发展和改变世界面貌的世纪大潮。

我国的人工智能研究与应用，已经获得可喜的发展与长足的进步：涌现了一批具有世界水平的理论研究成果，造就了一批朝气蓬勃的龙头企业，培育了大批富有创新意识和创新能力的人才，实现了越来越多的实际应用，为公众提供了越来越好、越来越多的人工智能惠益。我国的人工智能事业正在开足马力，向世界强国的目标努力奋进。

"新一代人工智能理论、技术及应用丛书"是科学出版社在长期跟踪我国科技发展前沿、广泛征求专家意见的基础上，经过长期考察、反复论证后组织出版的。人工智能是众多学科交叉互促的结晶，因此丛书高度重视与人工智能紧密交叉的相关学科的优秀研究成果，包括脑神经科学、认知科学、信息科学、逻辑科学、数学、人文科学、人类学、社会学和哲学等学科的研究成果。特别鼓励创造性的研究成果，着重出版我国的人工智能创新著作，同时介绍一些优秀的国外人工智能成果。

尤其值得注意的是，我们所处的时代是工业时代向信息时代转变的时代，也是传统科学向信息科学转变的时代，是传统科学的科学观和方法论向信息科学的科学观和方法论转变的时代。因此，丛书将以极大的热情期待与欢迎具有开创性的跨越时代的科学研究成果。

“新一代人工智能理论、技术及应用丛书”是一个开放的出版平台，将长期为我国人工智能的发展提供交流平台和出版服务。我们相信，这个正在朝着“两个一百年”奋斗目标奋力前进的英雄时代，必将是一个人才辈出百业繁荣的时代。

希望这套丛书的出版，能给我国一代又一代科技工作者不断为人工智能的发展做出引领性的积极贡献带来一些启迪和帮助。

李衍达

前　言

自 20 世纪末互联网大规模普及以来，分布式计算系统历经了客户端/服务器模式、网格计算模式、云计算模式的重大变革，极大地推动了政府和行业的信息化建设进程。上述计算模式的共性理念是不断建设和强化网络后端的资源和服务能力，支持多样化客户端设备的发展，互联网成为衔接客户端和网络服务端的通道和输入输出接口。分布式计算系统发展到云计算时代后，网络后端的大型数据中心成为国家和 IT 企业的核心信息基础设施，形成计算、存储、网络等资源的规模效应和整体优势。数据中心为各行各业的上云业务提供了基础的资源平台，可对来自网络终端的庞大数据进行分析处理，并提供大量不同类型的网络服务，创造了显著的规模经济效益，但也面临一系列挑战。

首先是扩展性问题。近年来，网络前端出现大量网联异构设备，产生的数据规模呈指数级增长。与之相比，网络后端的数据中心和网络基础设施的能力增长得相对缓慢，通常呈现出线性增长趋势。资源需求和能力供给之间的巨大矛盾给云计算模式带来了严重的扩展性挑战。其次是较高的延迟响应问题。如果终端侧产生的海量数据都要远程传输至云数据中心进行存储和处理，那么不仅会极大地消耗宝贵的网络带宽，而且会显著增加整个交互环节的延迟。此外，数据中心提供的云服务无法就近满足前端用户的快速访问需求，很多延迟敏感应用无法得到很好的支撑。

为此，边缘计算模式应运而生，旨在依托靠近前端和用户的边缘网络，将传统通信管道建设为泛在分布式的边缘计算环境，承接下行的云服务以及上行的终端计算任务，可以显著地缩短数据交互延迟，减小网络传输开销等。在边缘计算模式支持下，终端产生的大部分数据到达边缘层就会被截获和响应处理，少量数据才会被进一步传递到云数据中心处理。边缘计算可与现有的云计算模式形成差异化优势互补，共同满足大众应用和行业应用对算力和服务等资源的多样化需求。

边缘计算是计算机科学与技术领域极具重要意义的研究方向，是云计算、计算机网络、新一代通信技术等领域深度交叉融合的发展前沿。边缘计算模式的应用和发展面临着基础设施提供商多元化、边缘设备分布广泛、边缘计算软硬件平台多样化、边缘设备资源受限、边缘服务模式不统一等重大挑战性难题。为此，近年来国内外科研人员从很多角度开展了广泛的基础研究和关键技术攻关。当前，边缘计算尚未形成完整的技术体系，在基础理论、关键核心技术、行业应用等方面均方兴未艾。本书围绕边缘计算的新型架构、边缘存储理论与方法、边缘计算任务调度理论方法三个核心展开，提出纵向融合横向协同的边缘计算理念，并取得边缘联盟计算架构、混合边缘计算架构、移动节点辅助的边缘计算架构等研究成果。针对这些边缘计算的新型架构，本书进一步论述对应的边缘存储理论方法和边缘计算任务调度理论方法。边缘计算的上述三个核心问题之间存在很强的关联性，涉及的研究成果均已在国内外高水平期刊、会议上通过同行评议后发表，学术价值得到国内外同行的认可。

本书的研究工作得到了国家自然科学基金联合基金重点项目的资助(No. U23B2004)以及国家自然科学基金面上项目的资助(No. 62472433)。中山大学的郭得科教授负责全书的策划和重要章节的撰写工作。军事科学院系统工程研究院的谢俊杰高工参与第 6 章、第 7 章和第 8 章的撰写。国防科技大学的罗来龙副研究员参与第 4 章、第 5 章和第 10 章的撰写。中国地质大学的曾德泽教授、大连理工大学的徐子川教授、中山大学的陈旭教授和周知副教授、中国科学院计算技术研究所的彭晓晖副研究员、河海大学的叶保留教授和屈志昊副教授为第 1 章和第 2 章的策划和撰写提供了理论指导。国防科技大学的夏俊旭、程葛瑶、曹晓丰、谷思远、廖汉龙、武睿、袁昊、周钰雯、何瑞等多名博士生和硕士生参与了本书的绘图和核稿工作，在此一并表示感谢。

限于作者水平，书中难免存在不妥之处，恳请读者批评指正。

郭得科

2025 年 1 月于广州

目 录

第1章　绪　　论

本章分别从边缘计算的基本理念、网络计算模式的新形态、边缘计算模式的技术演进等方面详述边缘计算模式的起源与发展；从智慧城市、智能交通、智慧家庭和工业互联网等典型场景详述边缘计算模式的应用现状；从边缘计算操作系统、算网融合架构、空天地一体化边缘计算系统、边缘原生应用开发、绿色/零碳边缘计算等方面对边缘计算模式的发展进行展望。

1.1　边缘计算的基本理念

继美国政府将“大数据研究”上升为国家战略之后，中国、欧盟、加拿大、韩国、新加坡等国家和组织也发起各自的大数据发展战略，这为科技与经济发展带来了深远影响。目前，工业界普遍采用四种特征对大数据进行刻画，即海量的数据规模(volume)、多样的数据类型(variety)、巨大的数据价值(value)、快速的数据流转(velocity)。大数据的“4V”特性给传统的数据处理系统带来了巨大挑战，其主要原因在于传统的数据处理方法无法以合理的代价处理不断增长的海量数据。大数据的来源渠道多样，除物联网大数据外，还包括互联网大数据、社交网络大数据、社会公共领域的大数据、专业机构产生的大数据等。如何充分利用数据资源，如何更快捷地从海量异构的复杂数据中提取有价值的信息成为大数据研究的关键。

数据中心作为国家和互联网技术(internet technology, IT)企业的核心信息基础设施，旨在依据特定网络结构，将大规模服务器和网络设施等硬件资源进行互联，形成计算、存储、网络等资源的规模效应和整体优势，进而面向各类上层应用提供网络化存储、网络化计算等弹性服务。日新月异的新技术和新应用要求传统数据中心走向云化，云数据中心是新一代数据中心的主要发展方向，其不断整合传统数据中心，使得大型和规模化数据中心成为主导，具有高弹性、高可用、高性能等特征。云数据中心为各行业的大数据应用提供了基础平台，并在解决大数据存储、分析处理、管理等挑战性问题时具有天然的优势。当前，依托大型数据中心，工业界普遍采用云计算模型对大数据进行分析处理，并提供大量不同层次的数据服务，这也被称为集中式大数据处理时代。大数据的云计算处理方式可以为用户节省大量开销，创造出显著的规模经济效益，但也表现出日益严重的固有问题，主要包括以下两方面。

(1)接入互联网并使用各种数据服务的终端规模非常庞大且在持续增长，同时大量终端在地理上的分布日益广泛，这给集中式大数据处理带来了巨大挑战。云数据中心提供的数据服务无法就近满足所有终端用户的快速访问需求，为此云服务商考虑按需建设地理上分布的数据中心，并通过建设私有的高速广域网将所属分布式数据中心互联起来，通过预测用户需求主动将各种云服务缓存到贴近用户的数据中心。虽然这种方式比单个数据中心在理论上能提供更好的数据服务，但是会带来巨大的数据中心建设成本。这致使云服务商难以在全球建设大规模分布式数据中心，不能为不同终端用户提供快速访问各种远端云数据的服务。

(2)物联网和移动互联网等新兴应用背景下的大量终端设备不再单一地从数据中心中消费各种数据服务，而是转变为兼具数据生产者和消费者的双重角色，使得在互联网的终端群体中出现大量地理上分散的数据源。如果将这些新型数据源产生的海量数据远程传输至云数据中心进行存储和处理，那么会极大地消耗宝贵的网络带宽，并受网络传输延迟的限制难以满足大数据处理的响应时间约束。

在一定程度上，基于云计算的大数据处理模式已经无法满足用户对数据处理的低延迟响应需求，具体表现在：①线性增长的集中式云计算能力已无法匹配爆炸式增长的海量终端数据；②无法匹配规模庞大且快速增长的终端对各种云数据服务的就近访问需求。为此，亟待研究以边缘计算为代表的其他计算模式，并通过多种计算模式的深度融合，解决当前大数据分析处理面临的动态性强、时空覆盖范围广、响应时间短等挑战，使其在众多应用领域发挥重要作用。

边缘计算是近年来兴起的前沿技术，已成为国内外工业界和学术界极为关注的热点。计算机、通信、自动化等相关领域的研究人员给出了很多不同的表述。本书认为边缘计算是在网络边缘执行计算的一种新型网络计算模式。其基本设想是在靠近终端设备的网络边缘为应用程序开发商、内容供应商提供云计算能力和IT服务环境，从而创造出一个具备高性能、低延迟、高带宽的大数据处理服务环境。边缘计算的核心理念是“计算应该更贴近数据的源头，服务应该更贴近终端用户”，对数据的计算和使用包含如图1.1所示的两部分，分别是下行的云服务和上行的终端任务。边缘计算的这一核心理念可以从不同的角度进一步解读：①已被纳入各大云数据中心的海量数据的处理和衍生出的服务应当仍然保存和运行在数据中心内，因为此时数据的源头正是各大数据中心。考虑数据服务的潜在用户在地理上分布极广，云数据中心的部分数据和数据服务需要精准下行至更靠近终端用户的边缘位置。②以智能手机、传感设备、无人系统等为代表的智能终端成为新的大数据源头，在本地计算能力不足以高效处理本地大数据时，需要将本地数据和数据处理任务适时地上行到靠近边缘的其他服务平台。

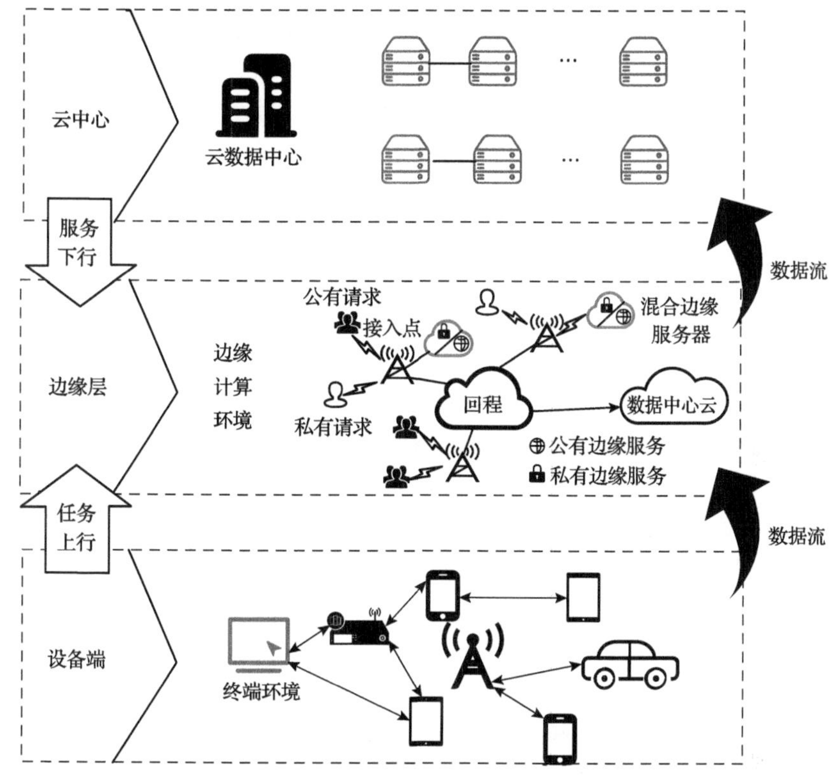

图 1.1　边缘计算基本理念的示意图

边缘计算目前还没有严格统一的定义，通常认为“边缘”是相对于云数据中心的概念，可以是地理空间距离或网络距离上更贴近数据源头和终端用户的各种形态的设备。施魏松等[1]认为根据应用的具体需求和实际场景，边缘可以是从数据源头到云数据中心路径上的一个或多个资源节点，可以根据应用的需要选择或建设合适的边缘节点。从网络终端用户的角度来看，电信运营商的各类基站(宏基站、微基站等)和各级内部机房是天然可选的边缘节点，而终端用户附近少数资源配置强大的其他终端设备也可以升级为备选的边缘节点。

与云计算相比，边缘计算具有如下两方面的显著优势。

(1)边缘计算能够极大地缓解远程数据中心和网络带宽的压力。将大量的临时数据汇聚至远程数据中心，不仅需要耗费大量的存储资源，还会占用大量宝贵的带宽资源。边缘计算则可以在网络边缘处理大量临时数据，从而减轻远程数据中心和网络带宽的压力。

(2)边缘计算能够显著增强服务的响应能力。终端设备往往受到自身资源的限制，特别是移动终端的计算、存储、电量等资源均相对匮乏。传统的云计算架构将终端设备上的大量数据应用迁移到云数据中心执行，能够有效缓解应用对终端设备资源的需求。然而，由于网络带宽的增长速度远远赶不上数据的增长速度，且无线网络接入受复杂网络环境的影响会导致延迟过长、传输速率过低等问题，这些都严重制约云服务的响应能力。边缘计算和 5G 技术相辅相成，共同向多样化的终端设备提供更贴近的本地化服务，保证较低的网络延迟，提升终端用户的体验。

1.2　边缘计算：网络计算模式的新形态

互联网的普及对计算模式的设计产生了重大影响，实现了从提供科学计算能力到提供网络服务的重大转变。互联网初期的服务模式是为任意一对网络终端提供端到端的数据通信和交互能力，此时网络中尚没有对外提供资源和服务的服务器节点。随着网络技术的不断创新和互联网的大规模普及，诞生了为网络用户提供多样化在线服务的网络计算模式，即客户端/服务器(client/server，C/S)模式或浏览器/服务器(browser/server，B/S)模式。基于这种服务模式，面向大众的互联网应用和面向行业的信息系统建设都得到了蓬勃发展。在这种网络模式延续的同时，网络计算模式的发展在最近 20 年走了两条正交的演变路径。第一条演变路径是不断加强互联网后端的基础设施服务能力，在 C/S 模式的基础上陆续诞生了网格计算模式，以及依托大型数据中心的云计算模式。第二条演变路径则是充分挖掘和整合大规模网络终端的资源和能力。为此，学术界提出对等计算模式，其在内容分发、文件共享等应用领域得到了成功实践。

计算基础设施和网络基础设施正在逐渐演变为云网融合系统，并面向企业用户和应用按需动态构建虚拟网络系统，连接云上租赁资源、云下遗留资源和业务系统，以及各地用户和终端。在这样的时代背景下，日益增多的企业考虑把复杂的业务系统构建于这些基础设施之上。近年来，学术界和工业界探索如何将上述基础设施的能力优势延伸到更靠近用户终端的边缘侧，并提出了边缘计算这种全新的网络计算模式。如图 1.2 所示，本书认为边缘计算模式是云计算模式和对等计算模式这两种发展路线的融合。

1. 第一代网络计算模式：C/S 和 B/S

这种模式的特点是网络终端的规模庞大，但对各个终端的资源配置要求并不太高，而后端服务器设备的资源配置要求高，主要由后端服务器来提供网络服务。在相当长的时间内，这种网络计算模式占据了主流应用市场，但很快面临两方面的严峻挑战。一方面，随着互联网技术，尤其是移动互联网技术的快速发展，互联网用户和终端设备的规模急剧增加，庞大的用户请求难以通过相对较少的后端服务器获得高质量的服务。另一方面，摩尔定律驱动着网络终端资源配置持续

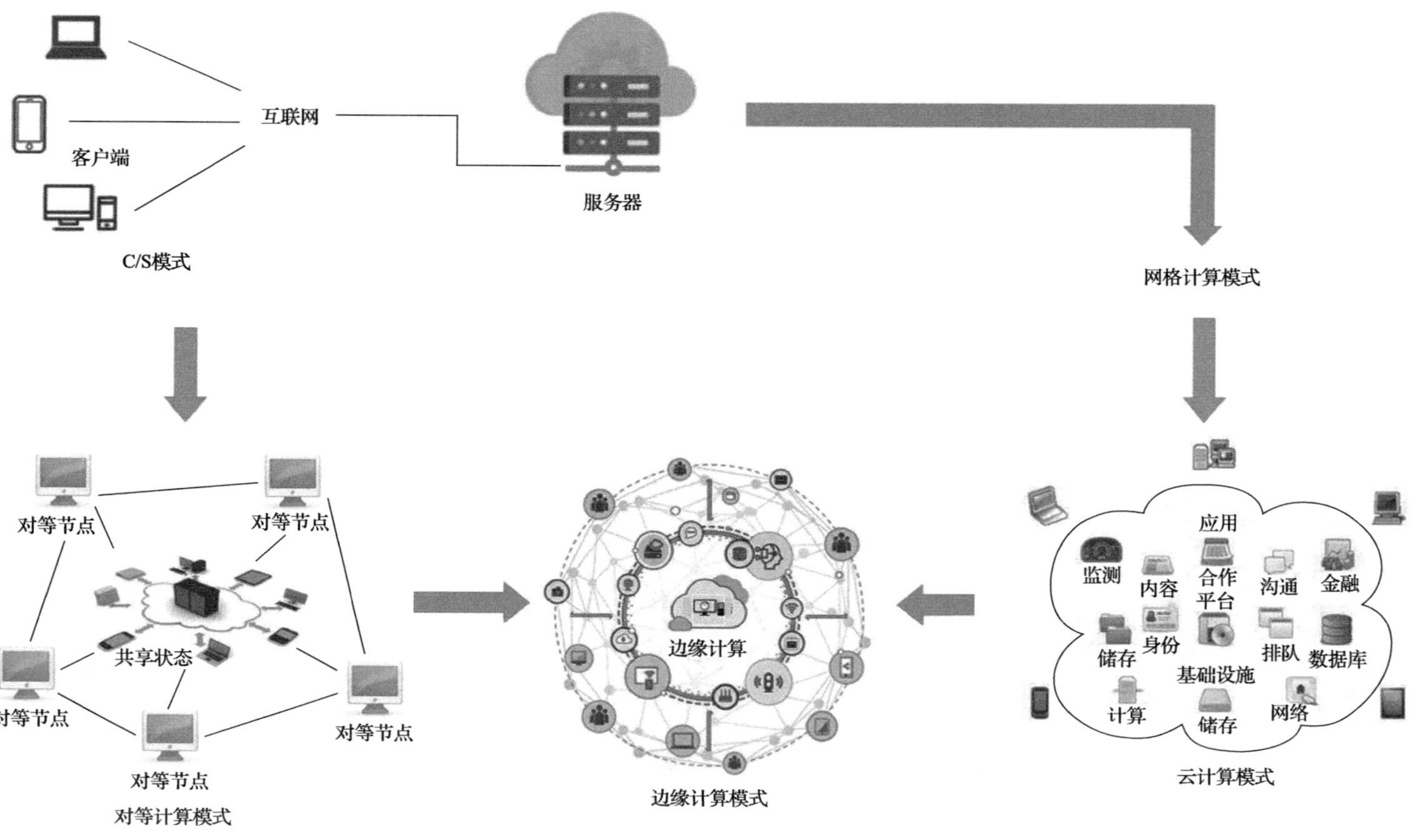

图1.2 网络计算模式的发展历程图示

提升，工业界开始思考互联网终端侧的能力如何发挥有效作用。上述因素共同引发了对网络计算模式的再思考，学术界从21世纪初开始提出并推动了对等计算模式的研究热潮，同期工业界也开展了大量应用实践。

2. 第二代网络计算模式：网格计算

网格计算于20世纪90年代初兴起于科研领域。随着复杂科学计算和商业计算对高性能计算需求的不断发展，网格计算希望借助互联网连接广域范围内的计算能力，尤其是高性能计算平台组织成一个巨大的“虚拟的超级计算机”。网格计算模式首先希望将闲置的高性能计算平台纳入互联网后端，以面向服务的架构（service-oriented architecture, SOA）开发和封装，然后通过互联网对外发布，确保任何终端通过超文本传输协议（hypertext transfer protocol, HTTP）能够远程调用和使用。网格计算不断增强互联网后端服务平台的能力，为用户提供与地理位置和具体计算设施无关的通用计算能力和服务。网格计算受到世界各国和组织的高度重视，美国、中国、欧盟、日本等国家和组织启动了大量网格项目。美国自然科学基金会（National Science Foundation, NSF）于1997年开始实施“分布式网格”研究项目，于2001年实施TeraGrid网格重大科研项目，研制分布式万亿级设施的网格系统。中国在同期实施了中国国家网格、中国教育网格、空间信息网格等重点科研项目。网格计算模式受限于当时的技术水平和信息基础设施情况，在2006年左右逐渐淡出视野，但是其基本理念对近年来兴起的“算力网”概念具有重要的指导意义。2022年，我国全面启动“东数西算”工程，对重要的数据中心枢纽节点和网络设施进行体系化布局和建设。此时再来回顾网格计算模式会发现其比较契合当前的实际情况。

3. 第三代网络计算模式：对等计算

众多互联网终端虽然在物理上不能直连，但是在Overlay层可以自发互联或依特定规则互联为大规模对等网络，如学术界在21世纪初提出的Chord、CAN、Gnutella、Tapestry等代表性的对等网络系统。根据梅特卡夫定律，网络的价值同网络节点数的平方呈正比关系。因此，即便单个网络终端的资源相对服务器而言有所不足，由大量这类终端构成的对等网络也能提供非常丰富的资源和强大的服务能力。对等计算再次使传统的C/S网络计算模式找到了新的平衡点，因为参与对等网络的终端设备之间可以互相响应对方的请求，大量的互联网请求有机会在某些终端设备被及时响应，所以大幅度缓解了后端服务器的压力，最终极大地改善整个互联网应用体系的可扩展性。针对这种计算模式，学术界和工业界共同探索了非结构化对等网络、结构化对等网络、混合对等网络等不同的表现形式[2]，如今依然发挥着广泛而强大的作用。包括手机在内的各类网络终端上安装的视频类应用，其实都依靠对等计算模式在背后发挥关键作用。用户的大量视频请求并没有直接发往视频服务器或视频云，而是首先在安装视频应用的大量网络终端之间互相服务。

4. 第四代网络计算模式：云计算模式

亚马逊于 2006 年推出 EC2、S3 等基础设施即服务(infrastructure as a service, IaaS)层面的云服务，并在商业上取得了巨大成功。随后，谷歌、微软、国际商业机器公司(International Business Machines Corporation, IBM)、阿里等很多互联网巨头开始抢占云计算市场，云计算模式接替网格计算模式成为新的热点。中国计算机学会于 2009 年发布了中国计算机科学技术发展报告，将云计算定义为一种商业计算模型。正因为有非常明确的盈利模式，云计算才具有强大和持续的生命力，而网格计算模式并没有找到合适的盈利模式。云计算的核心载体是虚拟化的数据中心，并据此为互联网企业和内部用户提供按需灵活配置的多样化网络服务。在这个时代背景下，全球诞生了大量从事云计算业务的互联网企业。在传统云计算模式的基础上，学术界提出了云际计算(joint cloud computing)模式[3]，探索云服务提供者之间的开放协作，实现多方云资源之间的深度融合，方便开发者通过“软件定义”方式定制云服务。除了探索新型的云计算服务，另一个角逐的热点是加强分布式数据中心基础设施的建设和拓展。

图灵奖获得者 Robert Kahn 在 2013 年的 IEEE INFOCOM 大会上做主旨报告，谈及一个重要论断“未来的互联网将会变为一个数据中心的网络”[4]。这一论断在 2013 年还有点言之过早，但今天基本上可以看到雏形。云计算业务的全球化推动了多家企业在全球范围内建设分布式数据中心，其中一个至关重要的问题是这些数据中心设施的互联网络由谁来提供。简单直接的方式是尝试用互联网来打通各个数据中心，然而这条技术途径无法提供所需的能力和性能保障。因此，谷歌等云计算企业较早开始着手建设数据中心之间的广域网络，逐渐演变出了与互联网共存的另外一张全球性的广域网络。

以谷歌的全球公有数据中心和私有网络为例，谷歌的数据中心建设覆盖了 100 多个接入点、49 个区域、148 个数据中心可用区，铺设了 10 万英里(1 英里≈1.609 千米)的光纤。这张新网络普遍采用了软件定义广域网(software defined wide area network, SD-WAN)架构和相关协议，提供高带宽和低延迟的传输服务。阿里是国内云服务供应商的典型代表，着手在全球 30 个区域部署 89 个数据中心可用区。阿里已经在国内大规模铺设自己的云网络来解决数据中心之间的互联问题，以及用户访问数据中心的接入问题等，但是其云网络在国际上的发展相对较慢。亚马逊和微软的大规模分布式数据中心建设也有类似之处。亚马逊的数据中心已推出 33 个区域，运营 105 个数据中心可用区，600 多个 POP 点(即网络服务提供点）。微软在北美、欧洲、亚太、南美、澳大利亚等地区部署了 64 个数据中心可用区，并通过 175000 英里的光纤网络互联。

总体来看，大规模分布式数据中心在信息化和智能化时代扮演了至关重要的角色，是国家核心信息基础设施。事实上，人工智能应用所依赖的大数据和大算力都是依赖后端数据中心来保障，未来也会发展到多地域分布式的形态。

1.3　边缘计算模式的技术演进

云网融合系统是当前很多行业信息化建设的重要参考架构，其相关技术和应用仍然有很大的发展空间，但是面临着系统的可扩展性问题。Gray[5]曾将可扩展性列为信息技术领域的 12 个长远问题之首。

在云网融合系统架构中，系统扩展性难题的严重性越来越凸显。当前互联网终端设备的规模及其产生的数据量正经历指数级的爆炸式增长，而后端“云”和“网”的基础设施扩展速度却是线性的。这令现有的云网融合模式更加难以维系，因此需要思考新的网络计算模式来共同满足千行百业的信息化和智能化建设需求。边缘计算模式应运而生，其旨在依托靠近前端和用户“最后一公里”处的接入网络，将传统通信管道建设为泛在分布式的边缘计算环境，承接下行的云服务以及上行的终端计算任务，显著降低数据交互延迟，减小网络传输开销等。

如此一来，从大量终端上传的数据流就可以分为两个阶段来处理：大部分数据抵达边缘层就会被截获和响应处理，少量高附加值数据会被进一步传输到云数据中心进行处理。边缘计算这种新型的网络计算模式深受工业界的欢迎。首先，这对我国三大电信运营商而言是一个千载难逢的机会，三家都非常希望借此将自己庞大的接入网络升级为边缘计算环境。我国的电信运营商从十多年前开始，就在探索如何将手中的通信管道变为高附加值的平台，然而一直成效甚微。其次，边缘计算为其他行业进入算力服务市场提供了很好的契机。例如，国家电网和南方电网近年来研究如何提供边缘计算解决方案，基本思路是依托广泛覆盖的配电站等电力基础设施建设边缘计算环境，在满足电力系统信息化的需求之余，对外就近提供算力服务。国家电网和南方电网比电信运营商在地域覆盖性、电力供应等方面具有更独特的优势。

近年来，工业界对边缘计算理念给出了很多不同的理解，也提出了一些殊途同归的技术演进路线，其中需要共同关注的需求有两种。第一种是云边端纵向融合的需求，如图1.3 所示。终端侧的业务和产生的数据逐渐向边缘侧甚至云端上行迁移。与之相反，云端的很多业务和服务会下行到边缘侧合适的节点，甚至会下行到终端设备进行服务。例如，人工智能应用选择在云端训练参数量很大的模型，该模型经过裁减和压缩后会下行部署到边缘侧甚至终端侧进行模型推理应用。通过云边端资源的纵向融合，实现面向未知任务集合的资源智能化运用，提升用户服务质量。

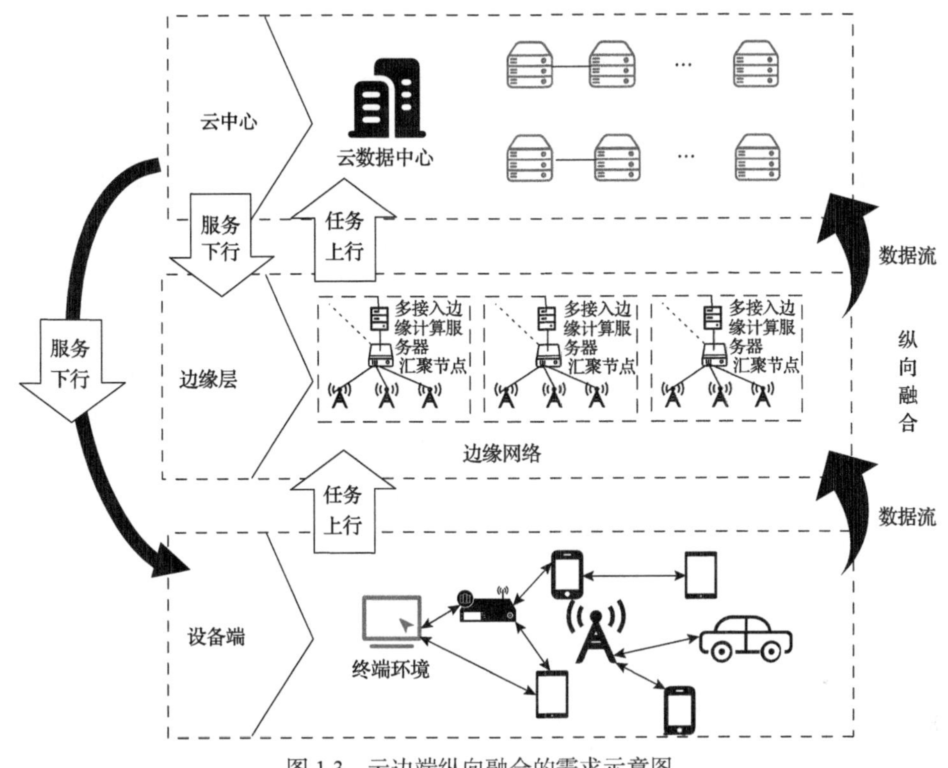

图 1.3　云边端纵向融合的需求示意图

虽然云边端纵向融合的理念在学术界和工业界达成了共识，但是还不足以实现边缘计算模式所构想的优势。工业界很少关注到如图 1.4 所示的第二种基本需求，即隶属不同供应商的分布式边缘节点之间的横向协同需求。边缘计算环境不可避免地会出现很多基础设施供应商，如三大电信运营商、国家电网、南方电网等。这导致边缘计算环境具有天然的地域分散性和孤立性，未来必然出现大小不一的众多边缘计算环境，并逐渐演变为很多相对孤立的“边缘算力烟囱”。边缘计算发展至今，这种苗头已经非常明显。例如，在云边端纵向融合理念的驱动下，各个边缘计算供应商各自发布和推进自家的解决方案。华为、阿里基于在云计算解决方案方面的优势，将其方案优化适配后开始推广至边缘侧，这样发展的结果又是一个个纵向的算力烟囱。在云计算时代，业务上云之后很难在不同的云之间进行业务迁移，而边缘计算应用将面临相似的问题。

因此，在边缘计算发展的早期就应该思考如何解决这个问题。本书认为边缘节点之间的横向协同是一条可行的途径。通过众多分散孤立的边缘计算环境的横向协同，可以实现边缘层的广域覆盖、资源能力的显著提升。因此，边缘计算时

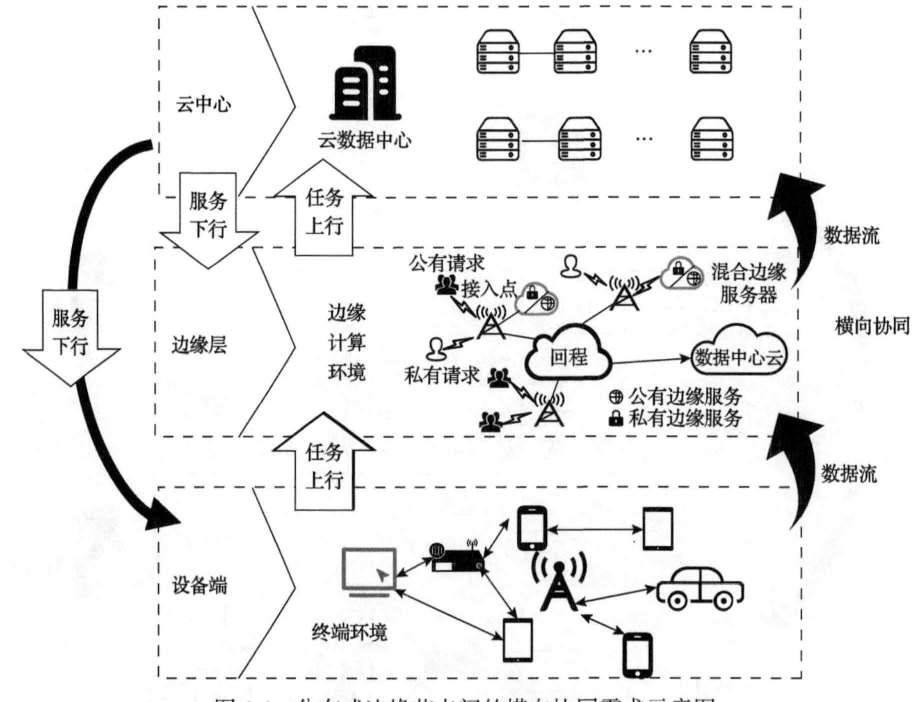

图 1.4　分布式边缘节点间的横向协同需求示意图

代的算力设施建设需要充分考虑上述发展趋势，并思考制约其发展的一系列设计问题。例如，云和边缘的纵向融合和横向协同理念如何在架构上得到体现；计算、存储等共性服务如何统一设计和管理，进而避免再出现一系列的新“烟囱”；边缘层的整体服务能力如何根据实际情况动态扩展和伸缩等。

为了推动云边纵向融合横向协同理念的发展和实践，本书首先提出边缘联盟计算架构，并进一步拓展出两种非常有代表性的延伸形态，包括公有和私有混合边缘计算架构，以及移动节点辅助的边缘计算架构。

1. 边缘联盟计算架构

出于对边缘计算愿景的认同，三大电信运营商和传统云服务供应商已经把商业触手伸到了边缘计算场景，将自身定位为边缘基础设施提供商，推行边缘计算解决方案，建设出一系列互相孤立的边缘计算环境。长此以往会导致边缘层出现很多算力烟囱，每个孤立边缘节点面临资源有限、服务能力有限、覆盖范围有限、维护开销很大等不足。与之相反的一种方式是边缘联盟计算架构。其基本理念是：不管谁建的边缘计算环境以及云计算环境，都能够合为一体，实现资源共享，对外提供用户无感知或透明的边缘服务。

依托现有技术，如何实现边缘联盟计算架构的愿景呢？一种可行的方案是利用联盟层面的域名解析服务来完成。某项服务在多个边缘节点甚至云端按照相同的域名进行部署，来自终端用户的该服务请求都可以在联盟域名系统(domain name system, DNS)处被解析，请求会被转发给最恰当的某个边缘节点或云数据中心得到服务响应。DNS 解析会采取不同的策略，如考虑响应延迟短、负载均衡等因素。此外，电信运营商力推的算力网络与该设计方案有异曲同工之处，可以借此实现边缘联盟计算架构。

2. 公有和私有混合边缘计算架构

边缘联盟计算架构再往前发展需要考虑最终面向终端用户提供怎样的边缘服务。首要任务是面向各行各业提供基础的公有服务，如存储服务、计算服务、大数据处理服务、AI 服务等。这些公有服务的用户群体和需求量大，往往是各大厂商占领边缘计算市场的关键所在。与之相反的是面向特定用户定制化需求的私有边缘服务，如某些更高性能的服务和更高安全级别的服务等。这往往希望边缘层用独立的隔离环境提供边缘服务，与其他用户的计算环境不冲突，如工业制造、军事领域等。然而，提供私有边缘服务的节点往往利用率不高，而提供公有边缘服务的节点常常面临服务过载的情况。由此，如何合理应对并存的公有和私有边缘服务请求成为非常值得探索的研究课题。

本书探索了一种混合边缘计算架构，可以临时租借边缘层私有服务器的空闲资源为公有边缘服务提供额外资源，提升边缘层整体的服务质量。这种架构面临私有服务器对于请求的处理优先级、资源利用效率最大化、最小化响应延迟等问题。在云计算时代，不少用户单位的部分业务不适合上公有云，为此需要为其建设私有云，这导致整体业务被分割开来并分别部署在自有的私有云和公有云，最终面临如何构成一个整体业务的困境。这种情况在边缘计算时代会重现，混合边缘计算架构是解决上述问题的一种有益探索。

3. 移动节点辅助的边缘计算架构

上述两种边缘计算架构的实施有个基本前提，即需要预先开展需求预判和资源规划。然而，固定边缘节点的资源供给能力与终端用户的需求之间往往存在供需不匹配问题，而这种不匹配会对延迟敏感边缘服务的质量造成很大的负面影响。以终端用户请求的时序到达过程为例，在有些时间段内的请求会低于边缘层的资源供给，但是在某些情况下请求会超出资源供给。如果突然发生了峰值请求，那么边缘联盟系统必须拥有足够强的弹性服务能力。传统的应对方式往往是动态迭代重新做规划、调整边缘层的资源供给，从而增强整个边缘联盟的服务能力。

本书提出采用移动节点辅助边缘计算这种与众不同的解决思路。其充分利用潜在的移动边缘节点(即具有空闲资源的无人驾驶系统、电动汽车、无人机等移动平台)，并尝试将其整合到现有的边缘联盟计算环境中，以利用其移动性优势更有效地解决当前固定边缘计算节点资源供需不匹配的问题。在电动汽车领域，美国的多家汽车厂商支持韦恩州立大学的施巍松教授团队，研究如何将未来的车辆从出行平台升级为算力平台。除了通过自带算力节点满足车辆所需之外，汽车在其大量闲置时间段内作为新型算力节点接入边缘计算环境，这将是未来非常重要的一个发展趋势。在军事领域，这种移动节点辅助的边缘计算架构大有用武之地，除了在重点地域预置固定边缘节点之外，军事应用需要大量伴随式移动边缘节点做好辅助支持。

移动节点辅助边缘计算架构可以灵活地扩展整个边缘联盟计算架构的服务能力，避免固定边缘节点的过度建设，同时也实现了资源按需分配和使用的设计准则。这样做同样面临多项难题：第一是预测问题，即如何准确地预测资源供需不匹配在何时发生，以及严重程度如何；第二是激励问题，即如何激励更多的移动节点参与处理边缘任务；第三是调度问题，即如何根据预测的边缘任务分布情况，制定可移动边缘节点同各个固定边缘节点之间的协助方案，令移动边缘节点通过服务更多用户请求而从中获益。相较于只考虑固定边缘节点的方法，移动边缘节点辅助边缘计算框架更能够获得较高的任务完成率。

1.4　边缘计算模式的应用现状

应用是检验新技术是否有价值的最直接、最有效方式，边缘计算的价值也将通过关键应用得以体现。边缘计算技术发展迅速，已经在智慧城市、智能交通、智慧家居和工业互联网等多种场景得到应用，以解决网络延时、数据安全等诸多问题，取得了较好的效果。本节将从上述四个应用场景出发介绍边缘计算的应用现状和前景。

1.4.1　智慧城市的边缘应用现状

智慧城市将利用现代信息和通信技术的整合，系统性地获取、感知、分析、融合、保障城市运行所需核心系统的各项关键信息，从而对包括民生、环保、公共安全、城市服务、工商业活动在内的各种需求做出智能响应。然而，云计算模式在建设智慧城市的过程中存在传输带宽不足、存储和计算能力受限、安全和隐私保护不完备等各方面的问题，将部分数据放在网络边缘处理是一个很好的解决方案，因此需要融合云计算模式和边缘计算模式，以更好地支撑智慧城市的新型应用。

2017 年，伦敦未来情报有限公司和英国伦敦南岸大学提出了 WATCH 项目，该项目在网络边缘利用新型微数据中心和电信信息节点提供联合存储资源、本地处理和网络服务，并利用软件定义网络和网络功能虚拟化技术实现设备互联，为智能城市用户应用提供支持。2018 年，意大利墨西拿大学研究人员发起 SmartME

项目，旨在将墨西拿市改造为智慧城市，建立一个智能城市基础设施使所有公民都能够通过硬件共享为基础设施做出贡献。2018 年，美国韦恩州立大学提出基于边缘计算的面向智慧城市的系统级操作系统 EdgeOSc[1]，分为三个部分：数据感知层、网络互联层和数据应用管理层。该操作系统可以有效管理智慧城市中的多源数据，提高数据共享的范围和深度，以实现智慧城市中数据价值的最大化。

在工业界，阿里云在 2016 年提出“城市大脑”的概念，其实质是利用城市的数据资源来更好地管理和治理城市，把城市大脑变成每一个城市的基础设施，以保证在智慧城市环境下，大规模数据的实时计算和精准决策。边缘计算技术是实现“城市大脑”的重要保证。2019 年 12 月，阿里云指出，边缘计算在未来主要是以地市、区县为单位开展，为交通、医疗、健康、教育、新零售等场景提供算力基础。阿里云认为边缘计算就是城市计算，未来将主要围绕城市单元去开展边缘计算业务。目前，阿里云的边缘计算技术已经在新零售、城市大脑等场景中应用实践。2017 年 10 月，Alphabet 旗下城市创新部门 SidewalkLabs 宣布建造名为 Quayside 的高科技新区，希望该智慧城市项目能够成为全球可持续和互联城市的典范。2020 年 12 月，南方电网深圳供电局有限公司与深圳市智慧城市科技发展集团有限公司联合发布《智慧城市边缘计算白皮书》，其聚焦于边缘计算在城市电力行业的应用和建设，并将推动边缘计算在交通、水、电、气等公用事业领域的相关研究，为智慧城市边缘计算提供了具体的案例参考和示范。

边缘计算在智慧城市的建设中已经产生了丰富的应用场景。边缘计算模式和云计算模式的融合发展，将会催生出更多的应用场景。这些场景将在智慧城市的建设中发挥更加积极的作用。

1.4.2　智能交通的边缘应用现状

智能交通是一种将先进的通信技术与交通技术相结合的典型应用。智能交通用于解决城市居民面临的出行问题，如恶劣的交通现状、拥塞的路面条件、贫乏的停车场地、窘迫的公共交通能力等。智能交通系统实时分析由监控摄像头和传感器收集的数据，并自动做出决策。随着交通数据量的增加，用户对交通信息的实时性需求也在提高，若传输这些数据到云计算中心，将造成很大的带宽浪费和延时，带来安全和隐私隐患，也无法利用交通信息空间局部性的优势。因此，基于边缘计算的智能交通技术为上述诸多问题提供了一种较好的解决方案。当前，边缘计算在智能交通中的应用研究主要集中在智能网联车与自动驾驶系统、交通管理、车载应用等方面。

1. 智能网联车与自动驾驶

随着机器视觉、深度学习和传感器等技术的发展，汽车的功能不再局限于传统的出行和运输工具，而是逐渐变为一个智能互联的计算系统，即智能网联车与自动驾驶系统[6]。智能网联车自身具有较强的计算能力，其通过无线技术与边缘服务器和云服务器连接并完成自动驾驶等复杂的智能任务，边缘计算技术在智能网联车[7]和自动驾驶[8]中发挥着重要作用。

工业界提出了多个边缘计算在智能网联车场景下的硬件平台，例如，英伟达发布了面向边缘自动驾驶的芯片 DRIVE PX 2，赛灵思提出了 ZynqUltraScale + ZCU106，特斯拉推出了自动驾驶芯片 FSD(full-self driving)[9]，北京地平线机器人技术研发有限公司(简称地平线公司)面向 L4 高等级自动驾驶的车规级芯片征程 5 宣布流片成功。同时，学术界设计了网联车场景下的边缘计算系统。Liu 等[10]将自动驾驶分为传感、认知和决策三个处理阶段，并比较三个阶段在不同异构硬件上的执行效果，由此总结出了自动驾驶任务与执行硬件之间的匹配规则。Lin 等[11]对比了感知阶段的定位、对象识别和追踪功能，研究在图形处理器(graphics processing unit, GPU)、现场可编程门阵列(field programmable gate array, FPGA)和专用集成电路(application specific integrated circuit, ASIC)异构计算平台上运行时的延迟和功耗，指导研究人员设计端到端的自动驾驶计算平台。为了实现自动驾驶，研究者提出了完整的软件栈来帮助搭建自动驾驶系统，如百度的 Apollo 和东京大学的 Autoware[12]等。美国韦恩州立大学提出了开放的车载数据分析平台 OpenVDAP[13]，其提供了车载计算平台、操作系统、函数库等全栈的车载数据计算服务。Gosain 等[14]研制了一种基于边缘计算的车联网平台。该平台建立在 GENI (global environment for network innovation)边缘云计算网络架构之上，涵盖了一系列计算和存储节点，可以在美国五十个校园内使用，所有的节点通过一种全国性的二层网络实现互联。在未来移动边缘计算平台的支持下，智能网联车队(connected vehicle fleet)有望进入市场并提供商业和科学服务。Tang 等[15]系统性地研究了边缘场景下服务质量有保证的网联车队资源部署问题，以精确地部署车队在高速移动的场景下所需要的计算和存储资源，构建了资源部署成本最小化和服务质量有保证的联合优化框架，设计了低复杂度的两阶段算法，在保障车队服务质量的同时，将资源部署成本降到最低。

2. 交通管理

边缘计算被用在城市交通管理工作中，通过边缘计算设备与传感器、交通信号灯、路边计算设备等协同，完成辅助交通管理、拥堵预测、安全治理等工作。例如，在道路两侧路灯上安装传感器收集城市路面信息，包括空气质量、光照强度、噪声水平等，当路灯发生故障时能够即时反馈至维护人员。另外，边缘服务器通过运行智能交通控制系统来实时获取和分析数据，根据实时路况来控制交通信息灯，以减轻路面车辆拥堵等。

美国威斯康星大学麦迪逊分校提出一种构建在公共交通车辆上的边缘计算系统[16]，边缘设备采用被动方式采集用户信息，结合车辆位置信息识别车内乘客和车外行人，获取乘客运动信息以及车外行人流量信息，并依次判断出外部变化因素，如温度、天气等，对人口移动的影响，从而为公共交通车辆运营商以及城市规划政府官员提供有用的参考信息。美国罗格斯大学[17]基于车载前端摄像头所采集的数据，利用实时深度神经网络技术，建立从车辆检测、车辆跟踪到路况估计的一整套基于边缘计算的车载视频数据处理机制。华为技术有限公司为巴士在线提供整体智慧公交车联网解决方案，在每一台公交车上部署车载智能移动网关，使得汽车在网络信号环境不好的地方也能保持平稳的运营。此外，通过统一运营平台，对分布在不同地点的多媒体终端进行统一调度，实现立体化、差异化的精准营销，为乘客提供更好的乘车体验。麻省理工学院和韦恩州立大学[18]合作为下一代警车设计了车载平台数据处理软件架构 AutoVAPS，其通过车载计算单元实现了公共安全中的视频分析应用。Li 等[19]提出一种车载云环境下的高速公路监测框架，通过车辆的协同合作对道路进行数据采集、数据处理和结果反馈，并设计了一种近似算法 Teso 来解决多车的任务调度问题。对于公路中无基站覆盖的区域，提出了无人机的辅助方法解决车与基站之间的通信障碍问题。

3. 车载应用

借助边缘计算，交通工具可以完成复杂多样的应用任务。Lu 等[8]提出了车计算的概念，其认为借助边缘计算技术，汽车可以作为计算平台，与周围设备互联后完成复杂的计算任务。车载应用可以分为车内应用和车间应用。

在车内应用方面，为了针对部分共享车辆服务近年发生的危害公共安全的事件，Liu 等[20]提出了 SafeShareRide 系统，其会在驾驶员驾驶行为异常或者用户行为异常的情况下触发视频报警功能。SafeShareRide 系统将用户手机视作边缘端，实时地监控车内情况和驾驶员情况，并通过数据预处理，避免了安全时间段内的视频上传，降低了流量的损耗。Grassi 等[21]将智能手机作为边缘设备，帮助驾驶员在城市环境中找到停车位，其融合来自手机摄像头、全球定位系统（global positioning system, GPS）和惯性传感器的数据来估计每辆汽车停放的大致位置，并通过车载摄像头进行跟踪和计数，从而显著提升寻找空闲车位的效率。Zhang 等[22]设计并实现了一个基于车-云协同的个性化驾驶行为分析应用，根据汽车行驶时的经纬度、加速度、角速度等对驾驶员的驾驶行为建模，进而区分正常驾驶和异常驾驶行为。云端首先根据大量数据训练通用模型，之后进行裁剪，再将该模型迁移到车载边缘计算设备上，最后根据边缘的个性化数据再次进行学习，从而使模型具有个性化和轻量级的特点。Lee 等[23]提出一种根据驾驶情况判断是否可以分心读取消息的应用。该应用使用车载边缘设备监控用户的应用消息，根据行车速度和当前天气等情况，来判断驾驶员可以分心的时间；再通过消息的特征，如消息长度等，来判断读取该消息所花费的时间，从而判断出驾驶员在当前时间是否可以读取该应用。其作为一个车载的服务，可以有效地过滤不安全的动作，提高驾驶员的行车安全系数。

在车间应用方面，车辆具有可自组织、传感器丰富等特点，因此非常适合用作城市环境数据采集。Cao 等[24]研究了环境监测中的监测车辆选择和调度问题，通过众包平台招募一定区域内的车辆，采集真实驾驶场景中的地理信息，以此为自动驾驶等边缘服务提供数据支撑。未来智能车的车载服务器的计算能力越发强大，一定区域范围内的智能车可动态组合形成车载云计算，即一种特殊形式的边缘计算。

1.4.3 智慧家庭的边缘应用现状

随着万物互联应用的普及，居家生活变得越来越智能和便利。起初的智能家居以电器的远程控制为主，随着物联网的发展，智能家居设备涉及的范围不断扩大，对设备联动场景的要求更高。当种类繁多、功能细分的智能设备通过网络进行连接和控制时，为了解决网络延时、数据安全等诸多问题，基于边缘计算的智能家居作为解决方案被提出[25]。边缘计算在智慧家庭中的研究主要集中在硬件设备、软件框架和应用三个主要方向。

在硬件设备方面，工业界设计并发布了多种面向智慧家庭应用场景的边缘终端产品，如亚马逊的 Echo、三星的 SmartThings 和谷歌的 Google Home 等。该类产品对家庭电器设备进行智能感知和控制，使得智能家居实现自动化且节能，从而满足和改善居住者的生活方式。该类产品作为边缘计算终端产品具备一定的计算和存储能力，一般具有三类接口：第一类对接家庭的家电设备，对其控制和感知；第二类连接至云服务器，云服务器负责智能模型的训练和推理，并将推理结果返回给该边缘计算设备；第三类连接终端用户，通过语音等方式进行交互。

在软件框架方面，研究者设计了面向智慧家庭的边缘计算开发时和运行时的软件，以提升家庭应用的开发和部署运行效率。微软和苹果分别提出了智慧家庭的计算框架 HomeOS 和 HomeKit，将其作为智能家居的框架，方便用户对设备进行控制，提升了在边缘侧开发智慧家庭应用的效率。Cao 等[26]设计了针对智能家居的边缘计算系统 EdgeOS_H，可运行在家庭内部的边缘网关上。智能家居设备可以集成在该操作系统中，便于连接和管理。利用该操作系统，设备产生的数据可以在本地得到处理和脱敏，从而降低数据传输的带宽负载和延迟，并保护用户的隐私。智慧家庭环境下边缘设备的资源能力相对受限。为了匹配设备计算能力和算法算力需求，Zhang 等[27]提出了边缘智能数据处理框架 OpenEI，设计了边缘协同系统，包括包管理器、模型选择器和开放库等，以提升智慧家庭应用在边缘设备上的运行效率。

在应用方面，研究者设计并实现了多种类型的智慧家庭应用，包括居家健康管理、家庭行为识别、家电状态感知等。为了解决传统健康管理中可穿戴设备续航能力差、长时间佩戴不舒适等问题，黄倩怡等[25]利用家庭环境中的声音进行呼吸监测，从而实现居家健康管理，其使用边缘计算技术，在保护用户隐私的前提下建立用户的个性化模型，并通过优化计算过程降低计算和通信开销。Zhang 等[28]基于云边端协同技术设计了家电状态识别系统 IEHouse。该系统只使用一个传感器即可感知多个家电开关状态，利用云边物协同的模式，物端电流传感器采集家庭入户处的总电流波形并传输至边缘服务器上。边缘服务器运行机器学习算法以分解并识别每个电器的开关状态，云端存储一个大型的电器特征库，这些库与家庭电器特征进行实时同步，并且对外提供服务。

1.4.4 工业互联网的边缘应用现状

基于工业互联网的智能制造技术是工业 4.0 时代最重要的特征之一，是世界制造业未来发展的重要方向。2012 年，通用电气公司首先提出了工业互联网的概念，此后工业互联网在世界范围内得到了广泛发展。工业互联网涉及的智能化生产、网络化协同、个性化定制和预测性维护等创新应用都对计算提出了新需求。传统的云计算模式难以满足工业应用低开销、实时性强等方面的要求，需要借鉴边缘计算技术，推动云与网络边缘侧融合开展数据分析和计算的新模式。

在政府层面，多个世界强国布局工业互联网，其中以德国“工业 4.0 平台”和美国“工业互联网联盟”为典型代表，分别发布了工业互联网智能制造参考架构 RAMI4.0 和 IIRA。工业互联网是中国智能制造发展的重要支撑，为此工业和信息化部在 2017 年和 2018 年连续设立了一系列智能制造综合标准化与新模式应用项目。2017 年，工业和信息化部启动智能制造综合标准化与新模式应用项目“工业互联网应用协议及数据互认标准研究与试验验证”，从工业互联网边缘计算模型、工业互联网数据统一语义模型、工业互联网互联互通信息安全要求等 7 个方面对工业互联网智能制造边缘计算标准的制定进行了探索。工业互联网智能制造边缘计算模型主要包括边缘资源感知和服务感知模型、边缘资源调度模型、边缘任务划分模型、多视图模型库等。基于智能任务划分，通过对边缘资源和服务状态的感知进行边缘资源调度，实现云-边缘的协同计算，将计算任务根据最小化能耗、最小化系统延迟以及负载均衡等目标，在云和边缘处进行计算卸载，提升系统的整体性能。

在学术界，中国科学院沈阳自动化研究所搭建了智能制造边缘计算示范系统，以解决传统制造系统生产线调整周期长、设备维护成本高、难以满足智能制造个性化定制需求的问题。该平台由工业云平台、边缘计算数据平台、边缘计算网络、边缘计算网关、现场设备等部分构成。通过引入边缘计算技术，实现了设备灵活替换、生产计划灵活调整和新工艺/新型号的快速部署。2018 年，中国科学院沈阳自动化研究所承担了工业互联网边缘计算测试床项目，以解决工业互联网边缘计算中的问题，包括边缘计算关键技术研发的试验测试问题、基于边缘计算开发新型工业 App 的实验验证问题，以及基于边缘计算的行业解决方案的多厂商产品互操作问题。

在工业界，目前已经提出了多个面向工业互联网的边缘计算平台。通用电气公司在 2012 年推出 Predix 平台，其分为边缘端、平台端和应用端。在边缘端，Predix 提供网关框架 PredixMachine 以实现数据的采集和连接，支持工业协议解析、数据采集、多平台协同、本地存储和转发多种安全策略，以及本地设备通信等。2016 年 4 月，西门子推出了基于云的开放式工业物联网操作系统 MindSphere，其连接产品、工厂和系统的数据，为从边缘到云的物联网解决方案提供动力，以优化运营、创造更高质量的产品和部署新的业务模式。另外，MindSphere 支持开放式通信标准，实现西门子的设备和第三方设备之间的数据连接。2018 年 7 月，西门子与阿里云签署备忘录，共同推进中国工业物联网的发展。

同时，多个组织也在推进边缘计算在工业互联网的应用和标准化。2018 年，华为发布 EC-IoT 行业物联解决方案，并成立 EC-IoT 行业物联开放实验室。2021 年，工业互联网产业联盟发布了《工业互联网标准体系》(版本 3.0)。2018 年，中国通信标准化协会(China Communications Standards Association, CCSA)工业互联网特设组(简称 ST8)召开会议，通过了《工业互联网边缘计算总体架构与要求》、《工业互联网边缘计算边缘节点模型与功能要求》等多项新立项标准。

1.5　边缘计算模式的发展展望

边缘计算同很多信息技术的发展高度耦合，也同很多重要产业的发展深度融合，在未来呈现出很多新的发展趋势。具体来说，边缘计算将在操作系统、算网融合系统、空天地一体化网络系统等领域焕发新的生机和活力，同时为边缘原生应用开发、绿色/零碳计算等新兴技术的发展提供强大的驱动力。

1.5.1　边缘计算操作系统

边缘计算和通信基础设施在未来将逐渐演化成统一的边缘服务平台，而边缘操作系统(edge operating system, EOS)作为一个新的软件架构将为该平台提供基本的功能支持。具体而言，边缘操作系统向下管理异构的边缘侧资源，向上处理异构数据和多样化的应用负载，并负责计算任务在边缘计算节点间的部署、调度及迁移，保证边缘计算任务的可靠性以及资源的高效利用。对于 EOS 的设计原则，有学者提出可参考机器人操作系统(robot operating system, ROS)[29]。ROS 最开始被设计用于异构机器人集群的消息通信管理，现逐渐发展成一套开源的机器人开发及管理工具，提供硬件抽象和驱动、消息通信标准、软件包管理等一系列工具。ROS 已经被广泛应用于工业机器人、自动驾驶车辆和无人机等边缘计算场景，将为 EOS 的设计和实现提供重要的参考。然而，ROS 与 EOS 在应用场景上具有显著的区别，ROS 面向的是单个机器人的任务处理，而 EOS 面向的是一系列异构边缘终端的多对象、多任务处理。面对庞大的边缘终端和任务请求，EOS 或可“分而治之”，设定分区“簇头”对特定区域或者特定类型的任务群进行管理。

1.5.2 算网融合架构

由于网络新业务对计算资源的迫切需求以及计算资源的异构泛在部署，原来的“云网融合”架构在向“算网融合”不断演进，算网融合一体化将成为数字化信息社会的重要基石，也是未来推进 6G 时代不断发展的要求。从技术角度来看，算网融合架构在未来还将结合边缘计算、工业互联网、人工智能、大数据、区块链等技术，形成多维度、高动态的网络资源感知、网络资源整合和网络任务管理，进一步降低云边端协同的智能化水平和计算能力。与此同时，算网融合架构还将结合未来新应用场景，构建新型边缘计算业务形态和智能化解决方案，持续推动边缘计算在相关产业的发展和创新。从产业生态来看，产学研用各方将联合致力于将算网融合标准和政策的制定推向国际化，将算网融合的需求、场景和技术向国外积极输出，争取培育新技术、新产品、新业态、新模式，在不同产业角色的切入下加速算网融合一体化架构的形成，在全球范围内共享算网融合生态，共推商业落地，共享转型成果，促进算网融合的可持续发展。

1.5.3 空天地一体化边缘计算系统

未来 6G 网络区别于 5G 网络的一个显著特点是空天地一体化，即可通过卫星、无人机、飞艇等手段，实现通信的无死角、全覆盖。空天地一体化边缘计算系统由传统互联网和卫星互联网构成，卫星互联网相较于传统互联网具有高延迟、高移动、高封闭、弱算力的特征，这些特征为空天地一体化边缘计算带来了新的挑战。一方面，传统的资源管理、任务调度、通信协议等在空天地一体化这一新场景中需重新定义。基于算网融合的发展思想，承载网上的数据传输将从传统“存储-转发”演变为“存储-计算-转发”的新模式。在保障安全性的同时，网络通信协议能够根据系统需要进行定制，平稳按需地实现从“存储-转发”到“存储-计算-转发”的转变。另一方面，从封闭到开放又引入了安全性问题，如何保障空间设备的安全与可信，有效权衡开放与安全，使得空间设备在通信与计算两方面形成协作，构成空间边缘计算联盟，是有效发挥空间计算与通信资源的又一挑战。此外，如何有效利用算力资源并高效调度任务是发展空天地一体化边缘计算系统需要研究的又一重要课题。

1.5.4 边缘原生应用开发

边缘应用的开发、管控及生态构建是促进边缘计算从概念普及向实地部署发展的关键，打造一个专属于边缘计算应用平台的操作系统至关重要。云原生应用的发展历程为边缘计算应用的发展提供了参考和借鉴。以 Kubernetes (K8S) 为代表的云原生编排系统正逐渐成为云计算的发展主流，被视作未来分布式系统的核心操作系统。边缘计算作为云计算的扩展，可以参考其发展思路，即通过容器化、微服务化和松耦合化服务，实现基于服务的快速按需应用编排构建，满足快速迭代的需求驱动应用开发模式。此外，硬件低耦合的轻量级云原生支撑技术（如容器）非常契合边缘计算的资源特征，能够快速实现异构资源的抽象标准化与用户隔离、资源的弹性伸缩管理，提升应用开发运行效率。目前，工业界广泛认为边缘计算平台应该参考借鉴云原生的思想与实践。当然，由于边缘计算平台具有设备高异构、资源广分布、环境高动态等特性，将云原生拓展至边缘计算时也将面临诸多挑战。

1.5.5 绿色/零碳边缘计算

边缘数据中心和 5G 基站等均为能耗密集型边缘基础设施，随着其数量的快速增长和规模的持续扩张，所带来的巨大能源消耗将成为工业界和学术界关注的焦点。一方面，过高的能耗制约了边缘基础设施的高效可持续发展，为边缘服务供应商带来沉重的运营成本开销。另一方面，边缘基础设施巨大的能耗也造成大量的碳排放，与当下全球和我国绿色新发展理念形成尖锐的矛盾。截至 2024 年 10 月，全球近 200 个缔约方已签署《巴黎协定》，承诺通过减少二氧化碳排放来应对气候的变化。本书提出“绿色/零碳边缘计算”（green/net-zero edge computing）的概念，旨在通过提高可再生能源的供能比例、采用高效节能手段以及提升设备能效等去碳排放方法和技术，将边缘基础设施在一定周期（如一年）的碳排放当量削减为零。绿色/零碳边缘计算将受到国内外越来越多的关注，或将成为未来边缘计算的发展趋势和终极目标之一。

参 考 文 献

[1] 施巍松, 刘芳, 孙辉, 等. 边缘计算[M]. 北京：科学出版社, 2018.

[2] 郭得科, 朱晓敏, 周晓磊, 等. 对等网络的拓扑结构及数据驱动路由方法[M]. 北京：科学出版社, 2018.

[3] 王怀民, 史佩昌, 王意洁, 等. 应对云际计算的挑战[J]. 中国计算机学会通讯, 2017, 13(3): 11-17.

[4] Robert K. Report on IEEE INFOCOM 2013[C]//Proceedings of the 32nd IEEE INFOCOM, Turin,

2013.

[5] Gray J. What Next? A few remaining problems in information technology[C]//Proceedings of the ACM SIGMOD Conference , Philadelphia, 2000.

[6] Geiger A, Lenz P, Urtasun R. Are we ready for autonomous driving? The KITTI vision benchmark suite[C]//Proceedings of the IEEE Conference on Computer Vision and Pattern Recognition, Providence, 2012.

[7] Liu S S, Liu L K, Tang J, et al. Edge computing for autonomous driving: Opportunities and challenges[J]. Proceedings of the IEEE, 2019, 107(8): 1697-1716.

[8] Lu S D, Shi W S. The emergence of vehicle computing[J]. IEEE Internet Computing, 2021, 25(3): 18-22.

[9] Talpes E, Das Sarma D, Venkataramanan G, et al. Compute solution for tesla's full self driving computer[J]. IEEE Micro, 2020, 40(2): 25-35.

[10] Liu S S, Tang J, Zhang Z, et al. Computer architectures for autonomous driving[J]. Computer, 2017, 50(8): 18-25.

[11] Lin S C, Zhang Y Q, Hsu C H, et al. The architectural implications of autonomous driving: Constraints and acceleration[C]//Proceedings of the 23rd International Conference on Architectural Support for Programming Languages and Operating Systems, Williamsburg, 2018.

[12] Kato S, Tokunaga S, Maruyama Y, et al. Autoware on board: Enabling autonomous vehicles with embedded systems[C]//Proceedings of the ACM/IEEE 9th International Conference on Cyber-Physical Systems, Porto, 2018.

[13] Zhang Q Y, Wang Y F, Zhang X Z, et al. OpenVDAP: An open vehicular data analytics platform for CAVs[C]//Proceedings of the 2018 IEEE 38th International Conference on Distributed Computing Systems, Vienna, 2018.

[14] Gosain A, Berman M, Brinn M, et al. Enabling campus edge computing using GENI racks and mobile resources[C]//Proceedings of the IEEE/ACM Symposium on Edge Computing, Washington D.C., 2016.

[15] Tang G M, Guo D K, Wu K, et al. QoS guaranteed edge cloud resource provisioning for vehicle fleets[J]. IEEE Transactions on Vehicular Technology, 2020, 69(6): 5889-5900.

[16] Qi B Z, Kang L, Banerjee S. A vehicle-based edge computing platform for transit and human mobility analytics[C]//Proceedings of the 2nd ACM/IEEE Symposium on Edge Computing, San Jose, 2017.

[17] Kar G, Jain S, Gruteser M, et al. Real-time traffic estimation at vehicular edge nodes[C]//Proceedings of the 2nd ACM/IEEE Symposium on Edge Computing, San Jose, 2017.

[18] Liu L K, Zhang X Z, Zhang Q Y, et al. AutoVAPS: An IoT-enabled public safety service on vehicles[C]//Proceedings of the 4th Workshop on International Science of Smart City

Operations and Platforms Engineering, Montreal Quebec, 2019.

[19] Li J F, Cao X F, Guo D K, et al. Task scheduling with UAV-assisted vehicular cloud for road detection in highway scenario[J]. IEEE Internet of Things Journal, 2020, 7(8): 7702-7713.

[20] Liu L K, Zhang X Z, Qiao M, et al. SafeShareRide: Edge-based attack detection in ridesharing services[C]//Proceedings of the IEEE/ACM Symposium on Edge Computing, Seattle, 2018.

[21] Grassi G, Jamieson K, Bahl P, et al. Parkmaster: An in-vehicle,edge-based video analytics service for detecting open parking spaces in urban environments[C]//Proceedings of the 2nd ACM/IEEE Symposium on Edge Computing, San Jose, 2017.

[22] Zhang X Z, Qiao M, Liu L K, et al. Collaborative cloud-edge computation for personalized driving behavior modeling[C]//Proceedings of the 4th ACM/IEEE Symposium on Edge Computing, Arlington, 2019.

[23] Lee K, Flinn J, Noble B D. Gremlin: Scheduling interactions in vehicular computing[C]//Proceedings of the 2nd ACM/IEEE Symposium on Edge Computing, San Jose, 2017.

[24] Cao X F, Yang P, Lyu F, et al. Trajectory penetration characterization for efficient vehicle selection in HD map crowdsourcing[J]. IEEE Internet of Things Journal, 2021, 8(6): 4526-4539.

[25] 黄倩怡, 李志洋, 谢文涛, 等. 智能家居中的边缘计算[J]. 计算机研究与发展, 2020, 57(9): 1800-1809.

[26] Cao J, Xu L Y, Abdallah R, et al. EdgeOS_H: A home operating system for internet of everything[C]//Proceedings of the IEEE 37th International Conference on Distributed Computing Systems, Atlanta, 2017.

[27] Zhang X Z, Wang Y F, Lu S D, et al. OpenEI: An open framework for edge intelligence[C]//Proceedings of the IEEE 39th International Conference on Distributed Computing Systems, Dallas, 2019.

[28] Zhang X Z, Wang Y F, Chao L, et al. IEHouse: A non-intrusive household appliance state recognition system[C]//Proceedings of IEEE SmartWorld, Ubiquitous Intelligence & Computing, Advanced & Trusted Computed, Scalable Computing & Communications, Cloud & Big Data Computing, Internet of People and Smart City Innovation, San Francisco, 2017.

[29] 施巍松, 张星洲, 王一帆, 等. 边缘计算: 现状与展望[J]. 计算机研究与发展, 2019, 56(1): 69-89.

第 2 章　边缘计算的研究进展分析

本章对边缘计算的国内外发展现状进行归纳总结，主要涵盖四个方面，分别是边缘计算架构、平台及开发框架，边缘层资源与服务管理，边缘层的分布式人工智能理论和方法，以及边缘数据安全和隐私保护。

2.1　边缘计算架构、平台及开发框架

处于边缘计算体系中间层的边缘层由大量广泛分布的边缘节点组成。这些边缘节点位于终端设备与云数据中心之间，向下支持各种终端设备的接入，处理终端侧的业务，向上与云数据中心对接，将云服务扩展到网络边缘。由于边缘节点的资源配置同云数据中心有较大差异，很多云数据中心的软硬件平台架构都难以直接适用于边缘层，因此需要对边缘层计算架构、边缘层软硬件平台以及开发框架的发展现状等进行系统的探讨。

2.1.1　传统边缘计算架构

边缘计算的思想最早出现在 2009 年提出的“微云”[1]。在随后的十几年中，边缘计算得到快速发展，逐渐涌现出了雾计算[2]、移动边缘计算(mobile edge computing, MEC)[3]和边缘计算参考架构[4]等一系列概念或架构。本章将从通用和运营商两个角度来详细阐述现有的传统边缘计算架构。

1. 一般通用架构

Cloudlet 架构：微云将计算资源部署到近用户侧，并由此来构建基于终端层、边缘层和云层的多层次体系框架。通常情况下，微云由广泛分布的计算集群组成。为了降低网络延迟，提高服务质量，微云将云的计算能力迁至近用户端。

雾计算架构：雾计算于 2011 年由思科公司提出，其主要目标是使计算资源远离传统的集中云数据中心，并将大量广泛分布的边缘节点作为计算资源的补充，成为云的一部分。OpenFog 联盟负责雾计算的标准化，其目标是使边缘云系统能够与其他边缘和云服务进行安全的交互。OpenFog 联盟于 2017 年 2 月发布 OpenFog 参考架构，该通用技术框架的设计初衷是满足物联网、5G 和人工智能等数据密集型需求。OpenFog 作为实现多供应商互操作雾计算生态系统的共同基线，其架构提供了软件视图、系统视图和节点视图，以便于边缘层的部署和管理。

欧洲电信标准化协会(European Telecommunications Standards Institute, ETSI)在2014年首次提出移动边缘计算的概念,被定义为一种在移动网络的边缘提供IT服务环境和云计算能力的通用架构[5]。随着MEC标准化工作的推进，ETSI将MEC的名称从移动边缘计算修改为多接入边缘计算(multi-access edge computing)，其概念也拓展至对非第三代合作伙伴计划(3rd Generation Partnership Project, 3GPP)网络(Wi-Fi、有线网络等)以及5G和B5G的支持。

在ETSI所描述的MEC参考架构中，MEC应用可以作为主机上运行的软件实体来实施。运行MEC应用程序所需的基本环境和功能由边缘平台提供。在虚拟化基础结构之后,MEC应用程序运行在虚拟机上,并与移动边缘平台进行交互。虚拟化基础设施还包括数据平面，其负责执行边缘平台接收到的流量处理规则，实现应用程序、本地网络和外部网络之间的流量路由功能。MEC主机级管理包括移动边缘平台管理器和虚拟化基础设施管理器。移动边缘平台管理器负责管理应用程序的生命周期以及应用程序的规则和要求。

2018年12月，边缘计算产业联盟发布了《边缘计算参考架构3.0》，并提出边缘计算服务架构需要达成如下目标:①对物理世界具有系统和实时的认知能力，在数字世界进行仿真和推理，实现物理世界与数字世界的协作；②基于模型化的方法在各产业中建立可复用的知识模型体系，实现跨行业的生态协作；③系统与系统之间、服务与服务之间基于模型化接口进行交互，实现软件接口与开发语言、工具的解耦；④支撑部署、数据处理和安全等服务的全生命周期[4]。《边缘计算参考架构3.0》具有贯通整个架构的基础服务层，其最顶层是模型驱动的统一服务架构，用于实现服务的快速开发和统一部署。架构中的边缘层划分为边缘节点和边缘管理器两个层次。

2. 运营商边缘计算架构

在运营商层面，中国移动于2020年发布了边缘计算的通用平台OpenSigma，其目标是基于中国移动边缘计算“100+”节点和边缘计算孵化器来实现一站式的云资源和应用托管。该通用平台还通过统一的应用程序接口(application programming interface, API)对客户开放边缘的网络能力和垂直行业能力。同时，在5G网络环境下，具有充足边缘能力的OpenSigma平台还将向小规模用户提供商业验证的机会，最终实现研发、试点、上线三者闭环。

2020年8月，EdgeGallery架构由中国信息通信研究院、中国移动、中国联通、华为、腾讯、紫金山实验室、九州云和安恒信息共同发起。该架构是工业界首个完全遵循ETSI MEC参考规范实现的开源MEC系统。它聚焦5G MEC平台框架，以开源协作的方式构建5G网络开放服务的事实标准和MEC平台。EdgeGallery架构在兼容各种异构的边缘基础设施的基础上，构建统一的5G MEC应用生态系统。中国联通也借助 EdgeGallery 架构布局边缘能力。

2.1.2　边缘层软件平台

边缘层的软件平台包括诸多开源框架和商业软件。较为成功的开源类框架有 Linux 基金会发布的 EdgeX Foundry、开放网络基金会(Open Networking Foundation, ONF)发布的 CORD(central office rearchitected as a data center)和华为发布的 Kube Edge。商用领域的成熟方案有亚马逊的 AWS IoT Greengrass 和阿里云的 Link IoT Edge 等。

1. EdgeX Foundry

EdgeX Foundry 是一个标准化互操作性框架，它面向工业物联网边缘计算开发需求，其中所有的微服务都被部署在相互隔离的轻量级容器中，并且容器可以通过动态创建和销毁以保证整体框架的缩放能力和可维护性。EdgeX Foundry 可部署于路由器和交换机等边缘设备中，以便于管理各种传感器、设备或其他物联网器件，对边缘节点的数据进行收集和分析，从而将任务按需卸载到云数据中心进行处理。EdgeX Foundry 的整体架构包括四个水平子层，分别是用于业务逻辑定义的设备服务层、核心服务层、支持服务层和导出服务层，以及两个负责边缘计算的安全和管理功能的垂直子层。具体而言：①设备服务层负责对来自设备的原始数据进行格式转换，而后将数据发送给核心服务层并翻译来自核心服务层的命令请求；②核心服务层共包含四个微服务，分别是负责服务注册与发现的注册表配置和注册微服务、采集和存储南向设备侧数据的核心数据微服务、描述设备自身能力的元数据微服务，以及向南向设备发送指令的命令微服务；③支持服务层提供边缘分析和智能服务；④导出服务层由客户端注册和分发等微服务组件组成，用于将数据传输至北向云数据中心。

EdgeX Foundry 数据流分为北向数据流和南向数据流两类。对于北向数据流，EdgeX Foundry 首先利用设备服务层从设备中收集数据，接着将数据传至核心服务层进行本地持久化，最后由导出服务层对数据进行转换、格式化、过滤等操作之后传向北侧云端做进一步处理。对于南向数据流，数据流在被传至导出服务层后亦可在规则引擎模块进行边缘分析，再向南侧设备通过命令模块发出相关指令。

2. CORD

2011 年成立的 ONF 是一个全球运营商主导的开放网络技术联盟，主要负责软件定义网络(software defined network, SDN)标准的制定和产业的推动。CORD 是 ONF 推进的重点项目，旨在运用通用硬件、开源软件和 SDN/NFV(network function virtualization，网络功能虚拟化）技术将电信运营商网络中的传统端局重构为数据中心，并借助云计算的灵活性和通用硬件的规模性构建更加灵活和经济的未来网络。CORD 的软件架构包含 OpenStack、ONOS 和 XOS 三部分。XOS 是 CORD 的 Web 管理控制台，调用 ONOS 和 OpenStack 以提供相关服务。OpenStack/Kubernetes 提供 IaaS，支持 CORD 管理计算存储资源，同时运行虚拟网络功能（virtualized network function, VNF）所需的虚拟机或容器。ONOS 是 SDN 控制器，其通过控制底层的 SDN 设备为上层提供网络服务。各个 SDN 设备上的数据流处理规则来自于 ONOS 控制器，其中控制器上也部署有 Kubernetes、OpenStack 等功能组件。

3. AWS IoT Greengrass

亚马逊于 2016 年提出 AWS IoT Greengrass 边缘服务平台，该平台于 2017 年 6 月全面上市。AWS IoT Greengrass 将云计算的功能扩展到本地设备，从而使本地设备可以便捷地收集和分析数据并自主响应本地事件。与此同时，依赖 AWS IoT Greengrass 实现的本地网络通信也更加安全。本地设备可以与 AWS IoT 通信，并将物联网数据上传到 AWS 云。无固定服务器（serverless）应用程序可以通过 AWS Lambda 函数和预构建的连接器来创建。借助 AWS IoT Greengrass，开发人员可以使用熟悉的语言和编程模型在云平台中对应用进行创建和测试，并将其部署到相关的本地设备中。AWS IoT Greengrass 还可管理本地数据的生命周期，使设备数据得到筛选，并仅将筛选后的必要信息回传到 AWS 云中。第三方应用程序、本地软件和即时可用的 AWS 服务可以与 AWS IoT Greengrass 进行连接，并用预先构建的协议适配器集成快速启动设备。

4. Link IoT Edge

Link IoT Edge 旨在将阿里云的计算能力扩展至边缘，提供安全可靠、低延时、低成本、易扩展的边缘计算服务。边缘层通过其计算能力分担了终端任务的处理请求，这减轻了云端的负荷，大大提升了终端业务的处理效率，为终端业务提供更快的响应。Link IoT Edge 专为物联网开发者推出，可以在不同量级的智能设备和计算节点中部署，以提供边缘到 IoT 设备的稳定、安全、多样的通信连接。同时，Link IoT Edge 可以进一步与阿里云的大数据、AI 学习、语音、视频等能力结合，打造出云边端三位一体的计算体系。此外，Link IoT Edge 还支持设备接入、函数计算、规则引擎、路由转发、断网续传等功能。

2.1.3 边缘层硬件平台

边缘计算依赖于边缘层可用的各种硬件基础设施。这类设施通常被部署在靠近用户终端的网络接入点附近，以提供多种类型的信息收集、处理和存储等服务。与传统处于网络边缘的交换机和基站等各类接入设备不同，边缘层硬件设备在满足传统的高速数据传输业务需求之外，还需具备一定的计算和存储能力。相比于软件平台，边缘层的硬件设施更加受到各大电信运营商和网络设备厂商的关注。国内三大电信运营商以及华为、思科、浪潮等设备厂商都已推出多种类型的边缘硬件设备，主要包括边缘服务器，智能边缘超融合一体机，边缘网关，纳管与交换设备等。

1. 边缘服务器

边缘服务器是边缘计算的主要计算载体。不同于数据中心的服务器，边缘服务器并不单纯追求最高的计算性能、最大的存储能力、最多的扩展卡数量等参数，而是更加关注如何在有限的空间内尽可能提供灵活多样的资源配置。同时，边缘服务器可能部署在运营商的边缘数据中心机房，或是一些边缘传输汇聚节点附近。由于这些场所通常并非具备传统数据中心那样良好的工作环境，因此边缘服务器的设计还需要考虑较宽的工作温度范围、模块化、易于维护等特点。此外，边缘服务器还需要支持多种业务诉求，因此需要对多种异构处理芯片提供支持，包括中央处理器(central processing unit, CPU)、图形处理器(graphics processing unit, GPU)、FPGA、神经网络处理器(neural-network processing unit, NPU)等。目前，许多知名厂商已推出各自的商业化边缘服务器，如联想发布的 SE 系列边缘服务器、华为的 Atlas500 系列边缘服务器、慧与(HPE)的 EL 系列边缘服务器、戴尔的 XE2420 边缘服务器等。在边缘服务器的标准方面，国内三大电信运营商在开放数据中心委员会(Open Data Center Committee, ODCC)的框架下定义了 OTII 标准，浪潮、新华三(H3C)和烽火等公司也相继跟进，并推出了各自的边缘服务器产品。与此同时，Nokia 公司在开放计算项目(open compute project, OCP)的框架下定义了 openEDGE 标准，Mitec、Adlink 等公司跟进并发布了其相关服务器产品。

2. 智能边缘超融合一体机

不同于数据中心的大规模设备集群设施，边缘站点所需的设备数量较少。然而，为了满足边缘侧低延迟、高带宽，以及日益丰富的边缘计算服务需求，边缘站点通常需要部署种类繁多的设备。因此，传统的边缘设施建设需要多厂商协同来完成，部署周期往往长达数月。这不仅会增加设施建设的难度，降低站点的部署效率，还会极大地增加运维和管理成本。相比之下，智能边缘超融合一体机集网络、计算、存储于一体，设法将多类设备集成在一个机柜中，使得边缘站点可以快速配置和部署，显著降低了边缘站点的运维和管理难度。目前，商用的智能边缘超融合一体机主要包括华为 FusionCube 智能边缘一体机、浪潮 InCloud Rail

边缘超融合一体机、研华 WISE-PaaS/IoTSuite 智能边缘一体机，以及思科 HyperFlex HX 系列超融合设备等。

3. 边缘网关、纳管与交换设备

边缘网关属于边缘网络的接入设备，主要承担网络接入、数据采集分析和协议转换等工作。借助虚拟化技术，边缘网关可以结合边缘服务器、智能边缘一体机等设备进行灵活的部署，提供实时、可靠、智能的边缘服务。这类产品主要包括华为 AR500 系列边缘网关、华辰智通 G 系列边缘计算网关和杰控科技 X300 边缘网关等。

华为的昇腾 MindX Edge 依靠华为云的智能边缘平台(intelligent edge fabric, IEF)服务或数据中心 Fusion Director 软件对 Atlas 系列边缘节点进行统一纳管，并为边缘节点部署或更新业务应用，实现两端协同处理业务的功能。其中 IEF 联动边缘和云端的数据，通过纳管边缘节点，为边缘计算提供云上应用延伸到边缘的能力。此外，其还可以在云端提供统一的设备/应用监控、日志采集等运维能力，为企业提供完整的边缘计算解决方案。Fusion Director 软件对服务器或边缘设备进行统一运维管理，主要提供对服务器或边缘设备的纳管、业务应用的部署更新、模型文件更新等全寿命周期的管理能力，可以有效提高运维人员的工作效率，并降低运维成本。

新华三的 UIS-Edge 边缘超融合解决方案同样支持多平面架构，其北向与云端对接，南向与设备连接。UIS-Edge 南向采集设备数据，北向将人工智能、大数据、云计算的能力扩展到边缘，同时支持设备管理、云边协同以及诸多的边缘应用和边缘业务，起到了承上启下的作用。

2.1.4 边缘应用开发框架

边缘应用开发框架从不同角度为边缘层应用的开发进行了优化，比较著名的开源框架有欧盟委员会 FP7 项目资助的 T-NOVA、华为和中国信息通信研究院等组织发起的 EdgeGallery、Linux 基金会发布的 EdgeX Foundry、Linux Foundation Edge 的 Baetyl 等。

T-NOVA：目标是开发一种框架来提供、管理、监控和优化虚拟网络功能，并设计和部署复杂的服务功能链[6]。T-NOVA 基础架构的管理层负责协调数据中心基础架构和数据中心之间的网络连接。T-NOVA 的编排层包括服务编排器和资源编排器，主要用于跨域端到端的服务供应。T-NOVA 实现了网络功能即服务的新范式，使得 VNF 可以作为服务的组件发布，供市场选择和组合，允许第三方平台通过组合不同的 VNF 服务组件来提供端到端的服务功能链。同时，T-NOVA 通过对异构资源的统一纳管和跨域代理，可以对云边融合进行有效的支持。此外，

T-NOVA 支持电信运营商和 VNF 开发人员通过直观的用户界面(user interface, UI)发布 VNF 产品，也支持客户通过 VNF 组件提供端到端服务[6]。

EdgeGallery：目标是打造一个符合“连接+计算”特点的 5G 边缘计算公共平台，从而实现网络能力(尤其是 5G 网络)开放的标准化和 MEC 应用开发、测试、迁移和运行等生命周期流程的通用化。EdgeGallery 是由华为、中国信息通信研究院等组织发起的一个 MEC 开源项目，其提供了一套面向应用和开发者的端到端解决方案，包含应用开发集成平台、应用仓库、MEC 应用编排和管理器、MEC 平台等模块，同时具备应用设计、分发、运行时的所有必要条件和开放能力。此外，EdgeGallery 在应用开发集成过程中提出了一系列规范，可以有效降低应用开发者在不同平台之间适配的难度。

EdgeX Foundry：是一个面向工业物联网边缘计算开发的标准化互操作性框架。EdgeX Foundry 将所有微服务部署于彼此隔离的轻量级容器，通过动态地创建和销毁容器来保证整体框架的伸缩性和可维护性。EdgeX 的架构设计遵循技术中立原则，与具体硬件、操作系统和南向协议无关。EdgeX 可以被边缘计算硬件原始设备制造商(original equipment manufacturer, OEM)移植并与云服务对接，以提供端到端的 IoT 解决方案。此外，EdgeX 通过提供应用市场，进而帮助设备制造商开发并发布设备服务以促进设备销售。软件开发商可以基于 EdgeX 在安全、数据存储、规则引擎等方面的程序，独立地开发各自产品，而无须关心底层的具体实现细节。

Baetyl：旨在将云计算的能力拓展至网络边缘，提供临时离线、低延迟的计算服务，包括设备接入、消息路由、消息远程同步、函数计算、设备信息上报、配置下发等功能。Baetyl 提供各类运行时转换服务，可以运行基于任意语言编写、基于任意框架训练的函数或模型。Baetyl 采用云端管理、边缘运行的方案，可在云端管理所有资源，如节点、应用、配置等，自动部署应用到边缘节点。

2.2　边缘层资源与服务管理

近年来，为了实现边缘资源的有效利用和服务的高效管控，国内外研究者拓展了云计算中容器和服务架构等技术体系，研究边缘设施的虚拟化技术，实现边缘分散资源的高效整合，为资源按需分配和任务调度提供基础支撑。在此基础上，研究者从边缘层如何提供计算服务和存储服务这两类基础服务入手，提出一系列终端用户透明的解决方案。边缘节点服务编排与任务部署、任务调度与迁移等相关技术也取得了很大进展。

2.2.1 边缘层资源管理方法

随着边缘节点规模不断扩展，边缘环境中的海量异构节点在计算、存储、能耗等性能方面具有差异性。为了实现边缘资源的高效管理，首先需要对底层的基础硬件(包括 CPU、内存、网卡、磁盘、GPU、FPGA 等多样性异构设备)进行抽象，实现计算、网络、存储设备的虚拟化。此外，针对边缘计算服务和用户的资源请求，需要研究虚拟化和容器技术，实现对多样性硬件资源的异构性屏蔽，保证数据安全性和资源隔离性，提高容器的提供速度和灵活性。基于虚拟化和容器技术，建立运行维护管理平台，实现各个边缘节点之间的有效控制和协调，以及对边缘计算节点的统一管理。

1. 边缘环境的虚拟化技术

采用虚拟化技术，可以对计算设备、存储设备、网络资源等进行抽象、定义及重新整合，使得一台物理机上独立运行多台虚拟机。考虑到边缘环境中资源呈现出分布式、碎片化的特征，Xen 和 KVM(kernel-based virtual machine)等云计算虚拟化技术难以在边缘环境中直接推广应用，因为它们无法完全屏蔽这些设备的底层硬件异构性。近年来，国内外研究团队开展了针对传输、存储、计算等多维度资源的建模与管理机制研究。针对不同硬件资源进行合理的功能划分和粒度抽象，研究灵活的硬件资源访问接口管控机制，为实现节点间的硬件资源协同提供基础保证，可以将异构的传输、存储、计算等资源抽象虚拟化成统一的资源环境，屏蔽底层细节，做到统一编程。

在工业界，微软于 2017 年发布了 Azure IoT Edge 平台，该平台包含计算任务、数据流、功能模块，可以直接在跨平台 IoT 设备上部署和运行智能化服务。阿里云推出物联网边缘计算平台，支持在设备上运行本地计算、消息通信、数据缓存等功能的软件，其可部署于不同量级的智能设备和计算节点。在学术界，针对边缘设备接入方式的异构特性，Li 等[7]构建个性化的移动云平台，提供移动操作系统接口，屏蔽异构硬件和软件，设计中间件架构，实现异构设备之间的数据共享。针对移动设备资源受限的场景，Rodrigues 等[8]通过虚拟机迁移来控制处理延迟，并通过传输功率控制来改善传输延迟，从而使用户可以将本地无法运行的任务卸载到网络边缘的服务器上。

2. 边缘环境的容器技术

容器技术是一种轻量级的虚拟化解决方案。相较于虚拟机，容器基于操作系统提供的特性，创建多个隔离的用户空间实例，使得多个容器可以在单个操作系统内运行，因此具有快速部署的特点，并在 CPU、内存、磁盘和网络方面保留接近物理机本机的性能。通常在容器内执行一个应用程序或服务，其轻量级的特性提供了易于实例化和快速迁移的优点。但与虚拟机相比，容器的隔离性由操作系统保证，安全性更低。在边缘计算中，容器技术具有的轻量级特性非常适用于边缘网络，可以较虚拟机提供更小的服务镜像、更低的额外资源占用和毫秒级的实例化速度。

边缘层应用通过标准打包流程封装整个程序的运行时，形成可重用、便于分发和多处部署的应用/组件镜像。容器技术还可以同时将应用配置一同打包，实现无处不在的封装，实现对边缘计算异构硬件的支持，降低边缘应用开发运维的复杂性。根据不同计算服务和用户的资源请求，通过建立面向跨平台计算、存储、通信资源的虚拟容器技术，屏蔽不同硬件资源的异构性，在保证数据安全性和资源隔离性的前提下，提高虚拟化容器的交付速度和灵活性。同时，针对边缘计算中复杂多样的任务，构建具有统一语义的信息空间。语义是数据的含义及相互关系，通过语义关联，描述任务所需的资源和任务之间的依赖关系，实现任务的移植和复用，同时上层只需提出对资源的要求而不必关心资源的获取方式，为高效的资源调度提供了依据。

3. 边缘资源统一管控平台

国内外研究人员以及各大厂商发展Docker等容器化技术以及Kubernetes等容器编排技术，利用轻量灵活的容器技术来应对边缘资源受限和资源严重异构等挑战。以此为基础，为了实现全体资源的池化管理和高效调度，还需要构建边缘资源统一管理平台。管理平台通常以容器为基础封装各类应用和运行环境，以统一接口、资源控制、资源调度为核心，实现容器资源的分布式调度与协调。

云边协同边缘计算框架 KubeEdge[9]是华为云开源的边缘项目。KubeEdge 的名字来源于 Kube+Edge，顾名思义就是依托 Kubernetes 的容器编排和调度能力，实现云边协同、计算下沉、海量终端接入等，将 Kubernetes 的优势和云原生应用管理标准延伸到边缘，解决当前边缘计算应用面临的挑战。KubeEdge 通过 Kubernetes 将容器化应用程序编排功能扩展到 Edge 的主机，并为网络应用程序提供基础架构支持，实现云和边缘之间的部署和元数据同步，完整地打通了边缘计算中云、边、设备协同的场景。

2.2.2　边缘层计算基础服务

边缘计算在网络边缘对终端的上行数据及云服务的下行数据进行分析处理，其核心理念之一是提供更加靠近终端的计算基础服务。据此，计算任务通过从云中心向边缘节点转移，在更为靠近终端的网络边缘执行，可以节省网络流量、降低响应延迟和保护用户隐私，同时对于终端来说难以执行的任务也可以被卸载到边缘节点执行。边缘侧计算服务的核心是计算服务的部署和迁移。

国内外学者在边缘服务部署方面展开了卓有成效的研究，并取得一批重要的研究成果。例如，在计算服务的放置问题上，Pasteris 等[10]提出了一种性能可保障的服务放置方法。Ouyang等[11]提出了高效的服务优化与部署方法。Poularakis 等[12]在服务放置和请求路由等方面提出了高效的近似算法。Wang等[13,14]在边缘计算中运用深度学习，通过训练、推理提出了全面的部署、优化和系统设计方法。针对多级网络协同，Guo等[15]和 Chen 等[16]同时考虑边缘计算中横向和纵向的协同资源调度与分配机制以及边缘侧的数据共享机制。Liu 等[17,18]提出了基于无固定服务器计算的深度神经网络训练模型、高效服务放置策略以及服务链部署方法。Ma 等[19]研究了边缘节点之间的协同，共同优化服务缓存和工作负载调度，目标是最小化服务响应时间和外包业务量。在大规模扩展协同方面，Xu 等[20-22]针对多服务提供商的大协作[23]和物联网服务链的云边协同服务运营工作[24]以保证智能服务的高服务质量为前提，提出了基于博弈理论和用户需求不确定的云边服务缓存机制和资源共享方案。面向边缘原生，Gu等[25]针对微服务冷启动延迟大的现状，基于以层为基础单位的容器拉取和镜像存储，将具有相同基础层的微服务部署在相同的本地服务器，实现共有层的共享并降低容器拉取和镜像存储的开销。Gu等[26]针对边缘计算的广域分布特征，设计了面向分布式容器仓库的镜像拉取和微服务部署的分布式协同优化方法，实现了微服务的冷启动加速和总存储消耗的降低。

边缘计算作为新型的范式，可以为计算密集型和延迟敏感型物联网应用提供较好的服务，而如何在边缘端最大化物联网服务请求的响应数量成了一项具有挑战性的工作。先前的工作考虑用单一服务来响应用户请求并提供联合服务供给和请求调度，这种做法无法满足用户请求一组(而非单一)服务的实际物联网场景。为了应对这一挑战，Gu 等[27]通过研究边缘计算中联合服务供给和请求调度的问题，提出了一种基于链的服务请求模型。针对这一模型，Gu等提出一种新型的两阶段优化(two-stage optimization, TSO)方案，试验结果验证了 TSO 方案的可行性，并表明其能够有效提升服务用户的能力。

计算任务卸载是边缘计算的关键问题之一，其核心思想是将终端的计算任务向上卸载到边缘服务器甚至云服务器，再将计算结果返回到移动终端，这样可以有效解决终端资源不足和电量受限等问题。计算任务卸载的核心是卸载的决策方案，具体包含三个层面：①是否进行任务卸载；②计算任务的哪些部分需要卸载；③卸载到哪个计算节点。将计算任务卸载到边缘服务器或者云服务器会产生传输延迟，这样的处理会加大网络的负担。因此，计算卸载优化的本质是数据传输时间和任务计算时间的折中，它的目标是最小化响应时间。

计算任务卸载的另一个重要场景是云服务下行到距离用户位置更近的边缘节点甚至移动终端设备上执行，这样可以有效缓解云数据中心的负载并提升用户的服务质量。计算任务卸载通常需要考虑计算任务的可切分性、计算任务卸载选择策略以及承载节点的选择策略等问题。Du 等[28]研究雾计算与云计算协同场景中的计算卸载问题，在合理分配资源的基础上保证用户之间的公平。Mao 等[29]研究将密集型计算卸载到移动边缘服务器，在带有能量收集系统的移动边缘服务器场景下，通过决定是否卸载、选定边缘服务器 CPU 执行频率以及无线传输的发射功率，以尽可能减少计算的执行等待时间。Jošilo 等[30]基于雾节点能量和计算性能不充裕的情况，研究了一种分布式的计算任务卸载策略。Wang 等[31]研究基于无线接入点供电的计算卸载场景，以保证计算延迟约束为前提，提出了以最小化能量开销为驱动的最优的资源分配方案。Keshtkarjahromi 等[32]研究基于计算任务切分的终端侧节点上的卸载策略。此外，研究者为了在一定程度上缓解滞后或失效节点对计算性能的影响，考虑基于网络编码和计算冗余的计算卸载机制，保证能从任意足够数目的计算结果中获得最终计算结果[33]。

针对边缘计算环境下 AI 计算任务的高效卸载问题，很多研究将重点放在提升用户的服务质量（quality of service, QoS）上，如缩短任务的平均完成时间、提高任务的完成率等。Xia 等[34]发现，任务完成的延迟对用户体验质量（quality of experience, QoE）的影响存在差异性，导致传统以 QoS 为驱动的任务卸载方法不能反映出用户的真实服务体验。因此，Xia 等提出了一种 QoE 感知的调度策略，从而通过优化 AI 计算任务卸载过程中用户的 QoE 水平来提升用户服务体验。实验结果表明，该方法能够有效地提升用户的服务体验并实现较高的任务完成率。

针对边缘层智能服务运维不够智能的问题，Xu 等[35-38]从任务卸载和数据路由两个方面出发，提出一种融合传统组合优化方法和在线学习的新方法。通过考虑复杂边缘智能环境中无线和有线通信资源受限的情况，提出了一种性能可保障的算法，从而有效地提升任务卸载的质量。此外，对于智能服务最常见的单播和多播任务形式，还提出了一种计算和带宽资源协同分配的方法。该方法可以兼顾资源分配的效率和算法的优越性，实现较高的资源利用率。

2.2.3　边缘层存储基础服务

与传统云数据中心的存储模式相比，边缘存储可以提供更大的带宽和更低的响应延迟。Xia 等[39]提出了一种安全、基于信任机制的边缘存储模型，来实现数据在边缘端安全且灵活的存储与共享。与传统纠删码不同，Xia 等设计了完全局部重构码（totally local reconstruction code, TLRC），并提出一种全新的健壮安全边缘存储模型（robust and secure edge storage model, RoSES）。此外，为了使得管理机构更好地对边缘存储数据进行访问和管理，Xia 等设计了一种信任驱动的数据访问（trust oriented data access, TODA）控制策略。通过大量的实验验证，Xia 等所提的方法可以有效地提升网络边缘数据存储、数据恢复和数据共享的能力，同时有效降低数据泄露的可能性。

为了解决来自云数据中心或终端设备的庞大数据的组织存储和共享使用问题，Xie 等[40,41]提出一种基于贪婪路由的边缘数据(greedy routing for edge data, GRED)服务，可以提供高效的边缘数据存储和检索服务。此外，对于非结构化的边缘数据共享问题，作者团队[42]在 GRED 服务的基础上设计了一种基于坐标的索引(coordinate-based indexing, COIN)机制，并在该索引的引导下实现边缘层的数据共享。具体而言，COIN 机制主要从两个方面进行改进：①对来自终端用户的任何数据查询请求给予高效响应；②实现更短的索引搜索路径和更少的交换机转发条目。对于混合场景下的边缘数据共享场景，Guo 等[43,44]提出一种层次化的混合数据共享(hybrid data sharing, HDS)机制，从而有效地实现“云-边-端”架构下的数据共享。具体而言，HDS 机制将数据共享分为区域内和区域间两个部分，提出的布谷鸟摘要(cuckoo summary, CS)协议可以实现区域内高效的数据共享，从而获得更高的查询吞吐率和更低的查询误报率。

2.2.4 边缘层任务调度

当将大量终端设备产生的数据和计算任务向边缘层迁移时，边缘计算需要考虑边缘节点之间的协同任务调度，从而保证任务可以高效地被处理。为此，国内外研究者从任务分解、负载均衡、服务质量保障等角度对边缘计算中的数据流调度、边缘智能任务调度、多任务调度等问题开展了深入研究。

在云计算服务架构中，研究人员已经对多个云中心间的任务调度和负载均衡等问题进行了广泛研究，并通过对计算任务特征的刻画和网络性能的感知，来实现云数据中心资源的高效协同分配[45,46]。边缘环境中的计算任务之间存在竞争关系，各个节点的资源较为有限且异构性强，这会给任务调度带来不小的挑战。因此，研究人员从边缘设备的移动性、多样性网络接入、多任务资源竞争的角度出发，探索了边缘环境中的资源优化分配和计算任务调度机制[47-49]。Liu 等[50]和 Yi 等[51]对任务的平均处理延迟进行了优化。Tran 等[52]通过对边缘服务器的计算资源和基站的链路传输功率进行联合优化，最大化终端用户从任务卸载获得的增益。此外，Neto 等[53]提出了一种移动边缘计算的在线任务调度算法。

任务到达的不确定性和边缘网络的动态性会导致边缘网络资源利用率的不均衡，同时大量终端设备卸载的任务也使用边缘节点的计算资源，从而产生资源分配不公平的问题。为此，Yuan 等[54]提出了一种基于在线学习(online learning, OL)和深度强化学习(deep reinforcement learning, DRL)的边缘层任务分派和资源公平调度机制。对于边缘层的任务分派问题，提出了一种基于多臂老虎机(multi-armed bandit, MAB)模型的在线分派方法，通过策略性地选择“手臂”来最大化收益，从而最小化任务的平均响应时间。对于边缘节点内的资源调度问题，提出了一种结合循环调度算法和 DRL 的公平调度算法，它可以根据当前环境动态分派资源，从而兼顾公平性和效率。

为了应对基于网络编码的数据流调度对流结构的苛刻要求，Tang 等[55]首先面向边缘基站分析多路数据流的流向特征，挖掘网络编码机会，提出了一种编码感知的比例公平流调度策略，并建立了线性时间复杂度的优化调度算法。在边缘协同模式下，网络编码可以在有效提升多路径数据传输吞吐量的同时减少任务的响应时间。基于此，Tang 等[56,57]提出了一种基于随机线性网络编码的广播协议及相应的资源调度算法，有效地解决了多路流并发传输中的调度冲突问题，大幅降低了广播延迟，显著降低了网络编码自身复杂性对流调度性能带来的影响。另外，为了使得联邦学习等新型分布式机器学习模型能够更好地适应边缘环境，从而提升模型的训练性能，研究人员建立了一种全速率计算的分布式编码调度模型，消除落伍节点对任务处理延迟的影响[58]。针对主流的联邦学习模型，Huang 等[59]设计了与商用 802.11 设备兼容的全数字化聚合加速中间件，进而消除解码聚合对专用设备的依赖。

近年来，随着人工智能、机器学习等技术的不断兴起，边缘环境面临大量智能计算任务需要处理。在边缘计算环境中，各类设备的计算能力和存储大小直接影响机器学习的训练性能。为此，研究人员考虑了不同任务的计算特征，探索了资源分配和负载均衡相关的理论方法。通过将智能计算任务中大量的通用性计算过程分解成多个子任务，大大降低其计算负载。其次，对于具体的计算任务，通过设计任务的最优切分方案和高效迁移机制，可以高效地共享边缘环境中的资源并实现负载均衡。

针对参数/服务器架构，Jiang等[60]通过大量研究得出结论，在随机环境中，由于异构节点计算速度的差异性，现有分布式机器学习系统运行随机梯度下降方法时性能会严重下降。因此，为了提高大规模机器学习的鲁棒性，他们针对不同同步模式下的每一轮更新提出了灵活选择学习率的方案。对于在异构参数服务器场景下如何提升分布式模型训练的收敛效率，Zhou 等[61,62]提出了一种基于分组的多层次混合同步机制。该机制基于 A3C（asynchronous advantage actor-critic）并行强化学习模型，可以得到适合当前迭代进度的集群划分与梯度混合策略，在保障工作节点模型参数一致性的同时，有效地对服务器节点更新全局模型所需的等待时间进行优化，从而显著改善分布式机器学习任务的模型同步效率。针对分布式环境下的负载均衡问题，Moritz 等[63]提出了一种通用的集群计算框架 Ray，可为强化学习应用程序提供仿真、训练及推断，并且每秒可以处理数百万个异构任务。Kakaraparthy 等[64]提出了一种可以支持多个机器学习作业的统一数据访问体系结构OneAccess，同时设计了一种实现各个作业间随机采样和数据预处理的高效调度方法。

边缘节点的性能较为有限，无法对智能模型训练任务所需的计算和通信两部分开销进行有效的优化，同时这些任务在异构边缘节点间的资源调度效率也较低。因此，为了解决通信开销的问题，Wang 等[65,66]通过对模型训练算法的每轮通信数据进行压缩，从而降低通信量和对带宽的需求，并进一步降低训练算法的通信频率来降低通信开销。此外，为了解决节点同步问题，Wang等[67]设计了一种新型同步算法来避免强制同步操作，它要求每个边缘训练节点异步地执行计算与通信操作。在边缘异构无线网络场景中，Qu 等[68]利用无线基站的广播机制来实现中继基站广播一次即可与聚合基站和边缘节点进行通信。

边缘计算环境中各类边缘节点的资源能力差异性大且动态变化，尤其是节点的异构性会导致各自擅长不同类型的计算任务，这些特性都对任务调度造成了较大的挑战。因此，基于自适应计算任务粒度切分和协同调度机制，研究人员近年来探索了哪些任务需要调度、调度中的任务切分粒度和调度到哪些节点执行等关键问题。Fang 等[69]针对深度神经网络训练任务的资源调度问题进行了研究。在硬件适配和加速方面，Subramanya 等[70]利用通用化计算硬件加速模块和数据访存模块来提高大规模机器学习的训练效率；针对循环神经网络的计算特性和 GPU 的并行化特性，Zhao 等[71]设计了一种基于模型训练的加速模型；Zhou 等[72]通过将边缘层训练过程的矩阵计算抽象为基于 INT8 的定点数运算，来充分适应边缘设备的硬件特性，从而达到在不降低模型质量的前提下，有效地提升前向与反向传播的执行速度。

在异构分布式机器学习场景下，针对性能异构节点的资源优化，Zhou 等[73]提出了一种基于计算资源虚拟化的任务调度方法，解决掉队节点制约集群任务处理速度的瓶颈问题。它通过对调度节点的延迟时间进行分析来得出当前集群最适宜的任务并行度，从而有效地调节各节点的任务负载，缓解由算力异构性而产生的掉队问题。同时，为了提升集群计算资源的利用率和分布式机器学习任务的执行速度，提出将掉队节点的阻塞任务迁移至算力富余的节点，从而实现集群间的负载均衡。Wang等[74]为了避免对滞后节点的依赖，提出了利用冗余编码的思想，将梯度计算任务进行编码，聚合节点仅需部分边缘节点即可恢复出完整的梯度结果，从而有效提升性能。

2.3 边缘层的分布式人工智能理论和方法

人工智能与边缘计算相结合是实现分布式人工智能的新兴范式(简称为边缘智能)，并被认为是打通人工智能落地的关键使能技术之一。基于深度神经网络的人工智能应用往往具有数据量大、计算密集、隐私保护等特征和需求。这些特征和需求对边缘层的基础架构和资源配置提出了很大的挑战。亟须解决的关键难题包括：如何以高性能、低功耗和隐私保护的方式在边缘侧训练和部署以深度神经网络为代表的人工智能模型。围绕这一难题，国内外学术界和工业界开展了大量的探索性研究。本节从边缘智能计算框架、边缘智能模型部署和边缘智能模型训练这三个方面来阐述边缘智能理论方法的一些重要进展。

2.3.1　边缘智能计算框架

云计算时代诞生了 TensorFlow、PyTorch、MXNet、PaddlePaddle、Caffe 等重要的人工智能计算框架。这些框架主要考虑云计算场景，并以最大化深度学习模型精度为主要目标，得到的深度模型均比较庞大，对算法和能源供给具有较高的要求。随着技术和应用的发展，越来越多的人工智能应用场景将下沉到网络边缘侧。上述深度学习框架自身以及训练产生的深度学习模型都过于庞大，难以满足边缘计算场景中大量应用对低延迟、低资源消耗和低功耗的迫切需求。

解决上述难题最主要的思路是通过模型压缩来训练和部署轻量级的神经网络模型，从而降低对资源的消耗。鉴于此，面向边缘计算环境的轻量级深度学习框架先后被提出。通过缩小运行库和模型，TensorFlow 团队发布的 TensorFlow Lite 可以极大地减小模型对内存的消耗，在业内得到了广泛应用。例如，对于32bit 安卓平台而言，TensorFlow Lite 核心运行时的库大小只有 100KB 左右，加上支持基本的视觉模型所需算子共 300KB 左右。另外，TensorFlow Lite 还具有快速、兼容度高的特点。为了加速模型推理过程，它提供了工具包 MOT 来支持两类主要的模型优化，包括模型量化和模型剪枝。在实际应用中，开发者也可以根据实际情况选择训练中压缩或者训练后压缩这两种模式。此外，苹果公司也于 2019 年底发布了面向边缘侧的深度学习开发框架 PyTorch Mobile，其支持两种模型量化模式：基于张量的 Qnnpack 模式和基于通道的 Fbgemm 模式。

国内的百度和华为等同样推出了适用于边缘场景的轻量级深度学习计算模型。其中，百度发布的飞桨轻量化推理框架 Paddle Lite，同时使用了量化训练和训练后量化两种模型压缩方法将 FP32 模型量化成 INT8 模型，从而加速模型在边缘侧的推理过程。Paddle Lite 不仅在百度内部业务中得到全面应用，也成功支持了众多外部用户和企业的生产任务。华为推出了端边云全场景按需协同的 AI 计算框架 MindSpore，提供全场景统一 API，为全场景 AI 的模型开发、模型运行、模型部署提供端到端能力。在端侧推理场景中，MindSpore 首先对云侧模型进行模型压缩并转换为端侧推理模型，进而使用端侧推理框架加载模型并对本地数据进行推理。它采用模型剪枝、模型蒸馏和模型量化三种模型压缩方法。

在万物互联时代，越来越多的数据天然地以分布式的方式产生和存储。若以基于云计算的传统人工智能模型训练方式，数据将被汇总到云数据中心进行处理和训练，这将带来严峻的数据传输开销和数据隐私保护的挑战。鉴于此，谷歌于 2016 年提出了联邦学习，其核心思想是“局部训练+全局聚合”的分布式迭代训练模式：①局部训练是指各个边缘节点利用本地数据训练出局部模型，并上传模型的中间参数至中心节点；②全局聚合是指中心节点聚合来自各个边缘节点的中间参数，聚合产生全局参数，并广播回传给各个边缘节点；③在收到全局参数后，边缘节点进一步训练当前模型并上传中间参数。上述过程将迭代进行，直到模型收敛到预设的精度水平。由于不需要向中心节点上传本地的原始数据，联邦学习避免了大规模数据传输开销和隐私的泄露。

谷歌基于 TensorFlow 框架发布了开源的联邦学习架构 TFF(tensorflow federated)，据此开发者可以模拟和实现学习算法，并以声明的方式表达联合计算，从而将它们部署到不同的运行环境中。此外，为了提供安全的计算架构来支持联邦学习生态，微众银行团队发布了开源联邦学习框架 FATE(federated AI technology enabler)。相比于 TFF，FATE 框架使用多方安全计算(secure multi-party computation, MPC)以及同态加密(homomorphic encryption, HE)技术构建底层的安全计算协议，为不同种类的机器学习提供安全保障。

2.3.2 边缘智能模型部署

为了推动边缘智能的发展，国内外研究者分别从神经网络模型设计和边缘计算系统优化设计两个不同的角度尝试解决边缘智能模型的部署难题。

1. 面向边缘智能的神经网络模型设计

为了在资源与能耗受限的边缘设备上实现低延迟和低能耗的模型推理，大量研究关注于模型压缩方法，即通过压缩架构复杂、资源开销巨大的深度学习模型，使模型从大变小，从复杂变简单，从而降低模型的复杂度和资源需求。模型压缩涉及的主要技术包括权重剪枝、数据量化、霍夫曼编码等。权重剪枝指去除对模型精度贡献低的权重参数，包括去除整个神经元的结构化剪枝方法以及去除神经元间部分连接的非结构化方法。数据量化指通过低精度的数值(8bit、4bit 甚至 1bit)表示高精度的权重参数(64bit 或 32bit)。霍夫曼编码指对模型整体进行编码压缩大小，降低模型的内存开销。

美国斯坦福大学 Han 等[75]提出了 Deep Compression 框架，通过对权重剪枝、数据量化和霍夫曼编码三种手段的综合使用最大限度地压缩复杂的深度学习模型。瑞士苏黎世联邦理工大学 Polino 等[76]提出了量化蒸馏方法，该方法结合了知识蒸馏(knowledge distillation, KD)和数据量化两种模型压缩技术，对小型学生网络进行数据量化，并在训练过程的损失函数中加入相对于教师网络的蒸馏损失项。以上传统的模型压缩方法需要专业人员人工确定模型结构与压缩方法的超参数，神经架构搜索(neural architecture search, NAS)的提出为打破人工设计模式的局限性提供了可能。受 NAS 的思想启发，美国麻省理工学院的 He 等[77]提出了基于强化学习(reinforcement learning, RL)的模型压缩方法，自动高效地从海量神经网络设计空间中采样，进一步压缩模型资源消耗并提升精度。Liu等[78]发现主流的模型压缩方法往往过于追求模型精度，忽视了用户在性能和能耗方面的需求。为此，他们提出了用户需求驱动的模型压缩方法 AdaDeep，该方法采用 DRL 技术，以用户定制化的性能需求、能耗和资源预算为约束条件，通过优化不同模型压缩技术的选择与组合来最大化模型的精度。

此外，模型压缩通常以离线的方式进行，在某个静态的资源预算下提前取得一种相对优化的“延迟-精度”权衡，但是静态的模型压缩技术难以适应实际情况的变化。鉴于此，Taylor 等[79]和 Jiang 等[80]先后提出了“模型包”方法，基本思想是：针对某任务提供多种可选择的网络模型，各个模型以不同的资源消耗和精度完成任务。因此，边缘智能应用运行时可以同时加载多个网络模型，并基于延迟需求和资源供给选择最优的模型执行推理任务。该方法的不足在于边缘设备难以同时加载足够数量的模型，这导致其应对动态异构资源问题的灵活性有限，并且难以在灵活性与高精度之间权衡。因此，研究人员提出了更灵活的多容量网络模型，其具有不同规模的多个子网络来提供多种容量，每种容量对应一种资源消耗和精度，不同容量的模型之间共享部分参数。相比于静态压缩模型，多容量网络模型以极小的额外内存消耗提供大量的“资源-精度”选择。

多容量网络模型的实现可以从网络的深度、宽度等维度出发。分支网络模型 BranchyNet[81]从网络深度出发实现多容量，其最早由美国哈佛大学 Kung 等提出。BranchyNet 通过在原始高精度网络(即基础网络)从输入层到输出层依次插入多个提前退出点，从而形成不同的分支推理路径，并且不同的分支推理路径具有不同的网络层数、资源消耗和精度。可精简神经网络[82]从网络宽度出发实现多容量。可瘦身网络针对从小到大不同的模型宽度渐进式训练各自对应的模型参数，并且较大的宽度可共享较小宽度模型的所有参数，因此不同的宽度可以提供不同的“资源-精度”选择。最近，美国麻省理工学院 Cai 等[83]综合考虑深度、宽度、输入分辨率、卷积核大小等维度，进一步提出了多容量“万金油”网络模型(once-for-all network, OFANet)。该方法首先训练一个高精度的基础网络，然后使用渐进式收缩来对基础网络进行裁剪，从而得到海量与基础网络共享参数的子网络。类似于 OFANet，我国西北工业大学 Liu 等[84]提出 AdaSpring 方法，基于离线训练的高精度基础网络，在运行时采用自演进方法动态自适应地收缩或放大网络模型，从而灵活地应对资源的异构性、动态性和受限性。

2. 面向边缘智能的边缘计算系统优化设计

根据网络模型的特性来优化任务调度和资源分配，可以有效提升模型推理系统的效能。分布式协同推理是其中的一个重要方向。美国密歇根州立大学 Kang

等[85]提出了基于模型分割的云边协同推理加速方法 NeuroSurgeon，该方法将网络模型横向切分成计算量不同的两部分，并将计算量较大的一部分部署到云端，在选择划分点的过程中要考虑当前带宽与云端的负载，从而最优化端到端延迟。受 NeuroSurgeon 的启发，中山大学 Li 等[86]研究多容量神经网络模型的云边协同推理加速方法，并提出了 Edgent。该方法结合了模型分割与模型提前退出机制，通过协同优化模型切割点和退出点的选择来加速云边协同的模型推理。此外，Hu 等[87]、Zhang 等[88]、Zhang 等[89]、Zeng 等[90]先后将 NeuroSurgeon 扩展到了跨边缘节点场景，即将网络模型切分成多部分，并分别部署到不同的边缘节点，从而通过模型并行的方式实现推理加速。

除了分布式协同推理之外，边缘缓存、输入过滤、请求批处理和硬件加速等技术[91-102]也先后被用于模型推理加速和效能提升。在边缘缓存方面，麻省理工学院 Chen 等[91]提出了 Glimpse，其将重复性推理请求的识别结果缓存在边缘节点，从而避免重复性计算，降低延迟与资源消耗。在输入过滤方面，斯坦福大学 Kang 等[95]提出面向视频推理的加速方法 NoScope，该方法利用视频目标的时间局部性与空间局部性，通过时间及相邻帧之间的相似性过滤大量非目标帧，有效减少模型推理的冗余计算，从而显著降低模型推理的资源消耗与延迟。在请求批处理方面，圣母大学 Zhang 等[98]为充分发挥 GPU 的并行计算能力提出了 EdgeBatch 方法。面对随机到达的多个推理请求，EdgeBatch 方法将多个请求组合成一个“请求批次”，并发送到空闲的边缘 GPU 上。该方法解决了随机到达的单个请求与 GPU 高并行度之间的矛盾，避免 GPU 内核与内存之间的频繁数据复制，从而可以有效降低推理延迟和能耗。在硬件加速方面，北京大学 Jiang 等[101]提出了基于 FPGA 动态重构的移动视觉加速方法，该方法针对 FPGA 的并行度选择合适的模型配置，通过软硬件协同优化来提升推理效能。

2.3.3 边缘智能模型训练

开发人工智能应用的基本流程是：采用算力消耗极高的训练流程对大规模样本进行训练，获得参数规模庞大的模型，并据此进行模型推理来执行任务。在边缘计算场景中，模型训练所需的样本数据通常产生和存储于不同的终端设备，传统集中式的模型训练方式存在通信开销大、数据隐私泄露等问题。为此，国内外研究者开始关注边缘智能的模型训练问题，探索如何以较低的通信开销、较好的收敛性和隐私保护来训练边缘智能模型。

谷歌率先提出联邦学习这种分布式机器学习方法，其具备鲜明的训练数据隐私保护能力，因而受到工业界的广泛关注。不同于传统的集中式云端训练方法，联邦学习不需要直接收集用户终端的数据，而是收集各终端迭代训练出的本地模型并汇聚出一个全局模型，据此指导各个终端设备更新其本地模型，从而保护用户数据隐私。在联邦学习的训练过程中，需要将深度学习模型部署在云数据中心与每个用户终端上。云数据中心的模型由所有用户共享，并通过用户终端模型迭代更新联合训练，即用户终端基于用户新产生的私有数据训练本地模型，计算模型梯度并上传和更新云端的共享模型。梯度更新方法和更新聚合的通信开销是联邦学习技术投入实际应用的两大主要挑战。梯度更新方法的重点在于降低数据分散导致的训练性能损失。为此，得克萨斯大学奥斯汀分校 Shokri 等[102]提出 SSGD 协议。在该协议中，各用户选择性地上传本地的训练梯度更新，并最小化共享模型训练的损失。谷歌的 McMahan 等[103]在 SSGD 协议的基础上，提出了 FedAvg 方法来解决用户终端的模型梯度更新不平衡问题，并通过延长每一轮用户更新的训练时间、增加用户端计算量、减少更新上传次数等方式，优化联邦学习中由梯度交互而产生的通信开销。

联邦学习中更新云端共享模型需要依赖分布于各用户终端的本地模型。因此，在联邦学习的训练过程中，梯度聚合问题是最关键的环节，包括如何聚合来自各终端的本地模型、如何设定聚合的频率、如何确定聚合的内容等。为解决上述问题，Hsieh 等[104]提出了近似同步并行模型，并在此基础上实现了 Gaia 系统，该系统根据聚合内容的重要性来控制聚合频率。Wang 等[105]通过对梯度收敛性的分析，在本地更新和全局更新之间实现最佳权衡。Nishio 等[106]提出 FedCS 协议，该协议关注资源约束下终端模型更新的选择性聚合问题，聚合尽可能多的终端模型更新以加速云端共享模型的训练过程。

梯度压缩是常用的减少梯度更新传输通信开销的方法，主要包括梯度量化和梯度稀疏化两种方式。①梯度量化的思路是通过降低梯度的精度来减少梯度数据的大小。在这方面，Tang 等[107]提出了外推压缩算法和差分压缩算法，并证明了这两种算法在分布式训练中能达到 $O(1/\sqrt{nT})$ 的收敛速率。②梯度稀疏化是指去除冗余的梯度数据。Lin 等[108]发现，在分布式随机梯度下降(stochastic gradient descent, SGD)训练中，99.9%的梯度交换都是冗余的，因而提出了深度梯度压缩方法，在常见的深度学习模型上实现了压缩率。为了保证模型的性能，Tao 等[109]在深度梯度压缩方法的基础上设计了 eSGD 方法，通过仅传输重要参数和增加势能残差累计机制，在减少通信开销的同时避免了梯度稀疏化可能导致的低收敛率。

深度神经网络切分技术有望实现设备之间的算力与网络资源协同的分布式神经网络训练。深度神经网络切分的思路是将深度神经网络模型切分成若干部分，其中某些部分部署在边缘层，剩余部分部署在云端。由于切分前后没有丢弃任何数据，深度神经网络切分不会造成训练精度的损失。深度神经网络切分的核心问题是对神经网络切分位置的确定。例如，为了减少数据传输量和终端设备的计算量，Mao 等[110]选择在卷积神经网络第一个卷积层后做切分。通过 Arden 算法随机丢弃数据，加入随机噪声和差分隐私技术，有效地保护了数据的隐私。

Sharma 等[111]和 Chen 等[112]的研究表明，迁移学习具备在边缘层广泛应用的潜力。迁移学习的思路是首先在基础数据集上训练一个基础网络(导师网络)，随后将学习到的特征迁移到目标网络(学生网络)，并以目标数据集进行训练。迁移学习训练效果好坏的关键是基础网络的泛化能力，通常要求基础网络模型的规模更大，基础数据集的覆盖面更广。

2.4 边缘数据安全与隐私保护

边缘计算具有分布地域广、参与节点多、资源有限、安全能力弱等特性，这给边缘应用的数据安全带来了新的挑战。数据安全是指数据的完整性和私密性得到保证，数据在其生命周期的各个过程都会面临安全威胁。随着边缘计算的不断发展，边缘设备成为接触终端数据的主要设备，其完成数据接入、存储、计算、转发等任务。边缘计算对外提供资源共享型的基础设施，这导致边缘设施提供商、边缘服务提供商乃至租户都有可能窃取他人的数据，干扰他人的计算，因此确保边缘设备上计算和存储的安全性非常重要。同时，对于涉及边缘计算的多个实体(包括租户和基础设施提供商)，双方的信任管理也必须贯穿整个生命周期，以实现对全实体、全访问、全过程的可信保证。

2.4.1 边缘数据接入与传输安全

在传统的云计算中，终端设备的数据通常需要上传到云数据中心进行处理，而上传的数据中经常包含端设备的隐私信息，因此上传的过程无疑增加了隐私数据被窃取的风险。在边缘计算中，终端数据的计算和相关任务的执行都发生在邻近终端设备的边缘服务器，因此降低了隐私数据在上传至云数据中心过程中被非法窃取的可能性。但是，相比于云数据中心边缘服务器的能力弱，安全性低，这无疑会使得边缘服务器上的数据安全也受到威胁。

在数据的完整性方面，由于在边缘服务器上缓存数据可以最大限度地减少用户的数据检索延迟，服务供应商愿意在分布式边缘节点上部署应用程序和相关数据，从而为附近的用户终端提供服务。但是，在高度分布式、动态和易变的边缘计算环境中，此类缓存数据容易受到故意破坏或意外损坏。因此，在边缘服务器资源受限的前提下，正确且高效地验证数据的完整性是一项挑战。为了解决边缘数据完整性(edge data integrity, EDI)问题，Li 等[113]提出了一种基于轻量级采样的概率方法 EDI-V，以帮助服务供应商审计其在大规模边缘服务器上缓存数据的完整性。另外，他们还提出了一种名为可变默克尔哈希树(variable Merkel Hash tree, VMHT)的新数据结构，用于在审计期间生成这些数据副本的完整性证明。VMHT 可以通过保持采样的一致性来保证 EDI-V 的审计准确性。此外，EDI-V 允许服务供应商检查缓存数据并高效地定位损坏的数据。另外，因为服务供应商可以将数据缓存在边缘服务器上，所以一般的轻量级算法难以高效地验证海量的数据。为了解决这个问题，一种名为 EDI-S[114]的新方法被提出，用来检查边缘数据的完整性并定位损坏的数据。基于椭圆曲线密码方法，EDI-S 为每个数据副本生成一个数字签名作为完整性证明，然后通过聚合验证一起检验多个完整性证明，进而更有效地检查多台边缘服务器上大量缓存数据的完整性。EDI-S 还提供了两种方法来定位边缘服务器上的损坏数据，一种用于小规模场景，另一种用于大规模场景。此外，数据内容的多样性和复杂性增加了数据存储和处理的难度。Liu 等[115]提出了一种有效的边缘计算数据完整性审计方案，可用于审计复杂多样的数据。该方案使用了同态认证技术，可以提供高效的数据完整性审计。同时，为减少数据损坏造成的经济损失，该方案将数据备份在远程云端，并采用单向链接信息表(one-way link information table, OLIT)的数据存储结构存储历史数据，提供了高效的数据恢复能力。

在数据的保密性方面，通常采用相关的加密技术来保障数据的保密性。对于用户终端来说，需要在上传数据之前对数据进行批量加密；对于数据使用者来说，需要先对加密的数据解密，才能开展后续的计算和处理。目前主流的数据加密算法共有三种，分别是基于属性的加密(attribute-based encryption, ABE)算法、代理重加密(proxy re-encryption, PRE)算法和同态加密(homomorphic encryption, HE)算法。

ABE 算法实现了一对多的加解密，当用户拥有的属性超过加密者所设置的门槛时即可对密文进行解密。基于属性的加密算法根据其策略的不同，主要分为基于密文策略的属性加密和基于密钥策略的属性加密。基于密文策略的属性加密(ciphertext policy attribute-based encryption, CP-ABE)允许属性匹配访问策略的特定用户解密密文，从而来提供细粒度的数据访问控制。然而，现有的 CP-ABE 方案会在密钥生成阶段将用户的属性值泄露给属性授权机构，这会对用户隐私构成重大威胁。鉴于此，Han 等[116]提出了一种新的 CP-ABE 方案，它可以基于 1-out-of-n 不经意传输技术成功地保护用户的属性值免受属性授权机构的影响，并使用属性布隆过滤器来保护密文中访问策略的属性类型。另外，基于密钥策略的属性加密(key policy attribute-based encryption, KP-ABE)不足以解决一些更具挑战性的安全问题，如不同原因造成的用户密钥泄露。为此，Xu 等[117]提出了一种可撤销的基于属性的加密方案，允许数据所有者有效地管理数据用户的凭据，进而有效地处理损坏用户的密钥撤销和诚实用户的意外解密密钥暴露。

PRE 算法是密文间的一种密钥转换机制，在 PRE 中存在半可信代理人，通过代理人手中的转换密钥，对授权人使用自己的公钥加密后的密文进行转换，转换为用被授权人的公钥进行加密后的密文。在此基础上，Obour 等[118]提出了一种新的安全有效的代理重加密方案，该方案结合了内积加密(inner-product encryption, IPE)方案，如果私钥的内积与数据所有者指定的一组属性相关，并且相关密文等于零，则可以对数据进行解密。利用区块链网络，令处理节点充当代理服务器并对数据执行重新加密。在保证数据机密性和防止串通攻击方面，将数据分为两部分：一部分存储在区块链网络上，另一部分存储在云端。为解决大数据使用过程中的隐私泄露问题，关巍等[119]提出了一种基于属性基代理重加密的隐私保护方法。该方法利用多领域不同信任机构的属性代理重加密，将属性基的加密过程与代理重加密相结合，改进了密钥生成过程中的相位移动处理，借助加密相位有效降低算法的计算量和通信量。此外，还通过多层次属性基加密的邻域分配，对大数据进行邻域划分，采用异化技术，进一步减少密钥管理的复杂性。

对于一般的加密算法来说，将加密后的密文进行代数运算后，对运算结果进行解密，通常会得到一些无意义的乱码。但是，HE 算法可以直接对密文进行计算，将加密后的密文进行代数运算后再解密，这会取得与将明文进行代数运算后的相同结果。杨桢栋[120]提出了一种基于混合云的安全高可用云数据存储模型，使用 HE 和秘密共享算法，使数据以密文存储在云端并直接在密文上执行数据查询，混合云的结构为加密数据库提供了高可用性和数据完整性。此外，还提出了一种面向边缘计算的端云融合分层安全集成模型，该模型针对边缘计算网络属于异质网络的特点，对网络进行分层，并使用加密模型保证了设备数据不受恶意攻击者的窥视。

2.4.2 边缘数据计算与存储安全

边缘服务器相较于云数据中心，其位置更接近于用户一侧，更容易被攻击者入侵，因此边缘服务器自身的安全保障成为一个不可忽略的问题。传统计算系统所面临的应用安全、网络安全、信息安全和系统安全等问题在边缘环境中将更加严峻。虽然仍可采用上述安全方案对边缘计算环境进行防护，但是会带来较大的资源开销和计算复杂度，这并不符合边缘计算环境的实际情况。近年来，有科研人员探索将可信执行环境(trusted execution environment, TEE)的安全技术应用于边缘计算，来增强边缘计算的安全性。

可信执行环境是指 CPU 内的一个安全区域，它运行在一个独立的环境中且与不可信的操作系统并行运行，可为不可信环境中的隐私数据和敏感计算提供安全保密的环境。可信执行环境通常采用硬件机制来保障其安全性，常用的技术有 Intel 软件安全防护扩展(safe guard extensions, SGX)和 ARM TrustZone 技术[121]。SGX[122-124]是一种新加入 Intel 处理器的一系列扩展指令和内存访问机制。应用程序基于这一机制创建一个受保护的执行区域，每个受保护的执行区域都可以视为一个单独的可信执行环境，该环境的保密性和完整性由加密的内存来保护。随着用户越来越信任提供“软件即服务”的提供商，大量用户将其个人数据存储在提供商处，而提供商往往管理和分析大量的用户个人数据，为用户提供个性化应用体验和针对性广告。Gjerdrum 等[125]利用 SGX 可信计算技术，通过远程计算认证，在管理域之外的硬件上建立信任来保障用户的个人数据在计算操作上的安全性。这不仅保障了个人数据的隐私和安全，同时减少了安全保障成本。此外，在多用户环境中，Arnautov 等[126]提出了一种基于 Intel SGX 的安全 Linux 容器来满足现有基于容器的微服务架构的计算安全性。该安全容器使用的 Intel SGX 技术可以为容器提供一个拥有较低性能开销的可信计算基础。同时，该安全容器还为开发者提供了一个安全的 C 标准库接口，这使得加解密数据操作可以安全透明地进行。ARM TrustZone 技术是 ARM 公司在 21 世纪初提出的一种硬件新特性，该技术基于 ARMv6 架构，通过特殊的 CPU 模式提供一个独立的运行环境。TrustZone 将整个系统的运行环境分为可信执行环境和富运行环境，并通过硬件的安全扩展来确保两个运行环境在处理器、内存和外设上的完全隔离[127]。Li 等[128] 将数据加解密操作引入传统任务卸载流程中，重新设计任务卸载流程，以此来保障任务在基于 TrustZone 的边缘环境中执行卸载任务的安全性。Li 等进一步提出了基于列表调度的卸载算法，使得在考虑终端设备资源受限的条件下，所有任务的总完成时间达到最小化。

硬件协助的可信执行环境为边缘计算提供了强有力的计算与数据安全保障。此外，多方计算、同态加密、差分隐私、联邦学习等软件方法也被尝试用来保障边缘计算安全。然而，现有的多方学习系统在边缘环境中存在几个主要问题。首先，多方学习系统的学习过程需要一台中央服务器来统一协调，该中央服务器存在容易被攻击、抗单点故障能力弱、存在信任问题等不足。其次，针对拜占庭攻击的很多安全防御方案通常只考虑学习全局模型的场景，但事实上参与多方学习的各方通常都有自己的局部模式。为解决这些问题，Wang 等[129]提出了一种基于区块链授权的分布式安全多方学习系统，该系统具有异构的局部模型，针对两种类型的拜占庭攻击，设计了样本的链下挖掘和链上挖掘方案来保障系统的计算安全性。无独有偶，Yan 等[130]结合区块链和边缘计算的优点，构建了基于区块链的边缘计算解决方案。该方案实现了云数据的安全保护和完整性检查，也实现了更广泛的安全多方计算。更进一步，该方案还引入了支持 Paillier 加法的 HE 技术，在保证区块链高效运行的同时减轻客户端的计算负担。

HE 技术允许直接使用密文进行计算，这使得其既能保障数据安全，又能为计算操作提供较高的安全保障。边缘环境是使用 HE 技术的良好场景，HE 技术可以同时保障边缘环境下任务的计算安全和数据安全。Rahman 等[131]基于完全 HE 技术，提出了一种基于人工智能的边缘服务组合的隐私保护框架。该框架利用 HE 技术保护数据在边缘环境中传输和计算的安全性，进而保障服务组合部署过程中不会受到攻击者的干扰。

除 HE 技术外，差分隐私技术也是保障边缘环境中计算安全的重要技术之一。该技术通过在数据中添加随机化噪声来防止用户个人信息在使用过程中被推断出来。基于该技术，Guo 等[132]提出了一种在线多物品双拍卖(multi item double auction, MIDA)机制来保障在不可信边缘环境中应用区块链支持物联网应用的安全性。物联网设备是买方，边缘服务器是卖方。该拍卖方法使用差分隐私的 MIDA 机制保护用户敏感信息不被泄露，从而实现高度的隐私保护。此外，对边缘节点进行实时数据预处理具有提高计算效率和数据精度的潜力，同时在基于位置的服务中公开私有数据是一项非常大的挑战。Miao 等[133]提出了一种移动边缘计算隐私感知框架，其中边缘节点被视为一个匿名中心服务器，通过使用差分隐私技术来保护其位置隐私。该框架无须部署特殊的基础设施就可以提供计算服务。边缘环境中的分布式设备往往难以进行集中控制，特别是当边缘节点受到攻击时，攻击者可以继续入侵其连接的其他节点，从而挖掘和窃取用户的私有数据。当边缘层通信链路受到恶意攻击或意外中断时，用户的隐私信息就有很大概率被泄露出去。针对这一现象，Jing 等[134]提出了利用差分隐私保护用户隐私的方法。首先，根据边缘计算的三层通信链路结构，提出了数据查询模型来查询边缘节点与客户端之间的连接关系。其次，将边缘节点作为中心服务器，利用差分隐私理论实现位置隐私保护。最后，为了减少位置保护过程中造成的数据丢失，采用线性规划实现最优位置模糊矩阵的选择，利用数据丢失和重构方法最小化数据的不确定性。

联邦学习技术将敏感数据的交换过程替代为训练模型的交换。数据永远保留在本地，无须交换，这大大降低了数据隐私泄露的风险，有效保障了边缘智能应用的安全性。Ben Sada 等[135]提出了一种基于边缘计算和联邦学习的分布式视频分析框架。该框架针对实时视频流进行分布式目标检测，同时利用联邦学习技术，可以保障检测模型更新的隐私安全。然而，在联邦学习的模型交换过程中，存在与模型相关的数据，这些数据可能会泄露参与者的敏感信息。针对该问题，Li 等[136]提出了一种基于链式安全多方计算技术的保护隐私的联邦学习框架。该框架通过屏蔽机制来保护参与者之间的信息交换安全。同时，链式通信机制确保屏蔽信息能够在具有串行链的参与者之间安全传输。此外，联邦学习通常需要长时间的训练并消耗大量的通信资源，这对计算资源稀缺的边缘环境来说是难以接受的。为此，Wang 等[137]提出了一种更适用于边缘环境的联邦学习框架。该框架基于分层聚合的思路，结合局部的同步更新策略和全局异步更新策略，充分利用边缘环境中稀缺的计算资源，提升训练速度，降低网络资源消耗。除通信与计算资源外，数据资源也是联邦学习需考虑的一个重要因素。边缘设备上的数据资源也是有限的，在训练过程中容易陷入局部最优。联邦学习中节点的学习梯度间接反映了样本的信息，攻击者可以轻易地根据梯度信息反推样本数据。为此，芦效峰等[138]提出了一种面向边缘环境的异步联邦学习机制。该机制通过使用阈值自适应的梯度压缩算法，有效降低了梯度的通信次数。同时，为解决异步更新所带来的性能降低问题，该机制采用双重权重的方法来提升异步联邦学习的性能。

边缘计算环境也会承接原本运行在云数据中心的任务，最大限度地利用网络边缘中未被充分使用的计算能力。各终端设备都会产生大量的本地数据，数据量从吉字节(GB)到太字节(TB)不等，而本地存储能力无法满足大规模数据的存储需求，因此将本地数据上传至边缘服务器来存储是更加高效的解决方案。然而，由于边缘服务器本身的安全性较低，边缘服务器的数据存储往往面临着很高的安全风险[139]。

为了向大量终端上传的数据提供智能隐私保护，Xiao 等[139]充分利用边缘计算的三种模式，即多接入边缘计算、Cloudlets 和雾计算设计了分层边缘计算架构，并提出了一种低复杂度、高安全性的存储方案。该方案将视频数据分为三个部分，并将其分别存储在完全不同的设施中。同时，将关键帧的最重要有效位直接存储在终端设备中，将关键帧的次要有效位进行加密发送到半可信的 Cloudlets，最后将非关键帧进行压缩和加密传输到云端。这种边缘计算架构为视频数据存储提供了智能化的隐私保护，避免了增加额外的计算负担和存储压力。此外，Duan 等[140]将多源的物联网数据映射为 DIKW(data information knowledge wisdom)体系结构中的数据、信息和知识类型资源，重点对多源隐私数据进行建模。该方法根据数据和信息在 DIKW 体系结构的建模搜索空间中的存在情况，将目标隐私数据分为显式数据和隐式数据，并分别提出相应的数据保护方案。

2.4.3　边缘层身份认证与信任管理

边缘计算环境具有多实体和多信任域共存的特性，因此管理者需要给每个实体分配不同的身份，便于在访问相关服务时进行身份认证。此外，管理者还要保证不同信任域之间的实体可以相互进行验证。典型的身份认证方法有单一域内身份认证、跨域身份认证和切换身份认证等。单一域内身份认证主要用于解决每个实体的身份分配问题，各个实体首先要通过授权中心的安全认证才能获取存储和计算等服务。考虑到边缘环境的复杂性和异构性，单一域内身份认证方案无法满足边缘环境的安全需要。Kong 等[141]设计了一种基于边缘计算的物联网身份认证框架。该框架采用多因素身份认证，解决了边缘设备安全认证的不足。此外，采用软件定义网络技术对大量边缘设备进行全局管理，可以实现物联网的有效安全防护。

跨域身份认证方式适用于不同信任域实体之间的认证。智能电网是边缘计算非常重要的应用场景，智能电网通过互联网协议提供通信和互操作性保障，但是基于 IP 的通信使其容易受到严重的安全威胁。因此，在智能电网环境中，不同通信代理之间的安全信息共享已成为一个重要问题。具体而言，为了实现智能电表和公用设施之间的安全通信，认证前的密钥管理是最关键的任务。为了解决这一问题，Abbasinezhad-Mood 等[142]提出了一种基于匿名椭圆曲线密码的自认证密钥分发方案，该方案不仅不需要证书管理和密钥托管问题的开销，而且在通信和计算成本方面也比匿名方案更有效。Mahmood 等[143]使用基于身份的签名为智能电网基础设施提供匿名密钥协商协议。该协议使智能电表能够匿名连接到服务提供商以利用它们提供的服务。

切换身份认证方式能够提供边缘场景下的实时准确认证。边缘计算中终端设备具有高动态性，使得传统的集中式身份认证不再适用于边缘场景。例如，设备的移动性和无线通信的动态性给车辆边缘计算的身份认证和隐私保护信任管理带来了巨大挑战。Liu 等[144]提出了一种基于秘密共享和动态代理机制的去中心化识别车辆的区块链赋能组认证方案。该方案通过将聚合的子认证结果用于基于信任管理的区块链以实现协同认证。信誉较高的边缘计算节点可以将最终聚合的认证结果上传到中央服务器，实现去中心化的认证。该方案在实现车辆协同隐私保护的同时，还降低了通信开销和计算成本。

其他一些身份认证方案也在边缘场景下发挥了重要的作用。射频指纹认证是一种重要的身份认证方案,其不依赖于加解密方法来进行身份验证。Chen 等[145] 提出了一种结合两层模型的轻量级射频指纹识别方案，以实现移动边缘计算场景中大量资源受限终端的身份认证，而不依赖于相关的加密方法。边缘层的设备负责信号采集、射频指纹特征提取、动态特征数据库存储和接入认证。远程云平台负责学习特征、生成决策模型及开展相关识别工作。通过这种方式，可以利用云平台的机器学习模型和充足的计算资源来提高身份认证的准确率。Xie 等[146]提出了一种用于物联网的卷积神经网络增强型射频指纹(radio frequency fingerprinting, RFF)认证方案。RFF 是一种非密码认证技术，在边缘服务器上处理接收到的射频信号，通过射频瞬态信号的波形来识别设备，无须实施任何加密算法，满足物联网设备实时接入认证的需求。该方案在低信噪比情况下能有效提高分类精度，同时将训练时间保持在可接受的范围内。Xu 等[147] 提出了一种基于边缘计算的多标签认证算法。该算法将射频识别(radio frequency identification, RFID)读写器和标签作为边缘计算的节点，利用标签和读写器的计算能力对安全认证信息进行处理和精简。认证服务器可以进行多个标签的认证，识别 RFID 系统中的虚假标签。该算法降低了认证服务器的压力，避免了无线信道中的许多信号冲突。

边缘计算的引入给终端设备的位置隐私保护带来了新的挑战。固定边缘设备为相邻的终端设备提供服务，因此边缘设备的位置泄露也会导致终端设备的位置泄露。Zeng 等[148]构建了基于双用户环签名的有效可否认身份验证，当终端设备连接到边缘设备时，采用身份验证的“可否认性”来防止位置泄露。认证的鲁棒性使得固定边缘设备接收合法的终端设备，认证的可否认性不能使任何第三方相信此身份验证发生的事实。因此，它处理了边缘计算带来的位置泄露风险，并节约了计算成本。

传统的公钥基础设施(public key infrastructure, PKI)认证方案难以运用到很多资源受限的终端设备，边缘计算迫切需要其他轻量级的安全认证方案。Chen 等[149]为边缘计算提出了轻量级的相互认证方案，是一种具有非对称资源的跨层安全认证方案。该新方案结合了轻量级对称密码和物理层信道状态信息，在终端和边缘设备之间提供双向认证。与传统的公钥基础设施认证方案相比，该方案可以显著地降低接入认证的延迟。Liu 等[150]为智能电网边缘计算系统提出了非密码物理层认证方案，通过机器学习分类算法对训练集进行建模，训练分类器，然后用训练好的分类器识别接入终端，以提高物理层认证的性能。该方案充分利用了边缘层的算力，终端设备几乎什么都不用做，就可以保持较高的安全性。

信任管理允许实现动态访问控制，以应对受感染节点可能发起的内部攻击。针对当前信任机制依赖于受信任的第三方或额外的信任假设，导致信任数据容易受到恶意攻击的问题，Cinque 等[151]利用区块链的最终一致性和安全保证，为物联网设备提出了合适的信任管理机制。将信任量化为规范信任和风险度量，可以构建规范信任的全面审查，并提出了物联网的信任机制，修改域管理器的存储结构，实现对物联网设备之间的恶意评估的识别和屏蔽，解决信任数据的安全存储和共享，并且可以选择性能良好且稳定的设备。Li 等[152]通过在信任机制中引入风险管理和区块链的概念，提出了一种基于区块链的分布式物联网设备信任机制。Trust Rank 通过规范的信任管理和风险度量进行量化，并为域管理器设计了一种新的存储结构，以识别和删除设备的恶意评估。该信任机制除了能够抵御对物联网设备的恶意攻击，还可以确保数据共享和完整性。

参 考 文 献

[1] Satyanarayanan M, Bahl P, Cáceres, R, et al. The case for VM-based cloudlets in mobile computing[J]. IEEE Pervasive Computing, 2009, 8(4): 14-23.

[2] Bonomi F, Milito R, Zhu J, et al. Fog computing and its role in the internet of things[C]//Proceedings of the 1st edition of the MCC workshop on Mobile Cloud Computing, Helsinki, 2012.

[3] Hu Y C, Patel M, Sabella D, et al. Mobile Edge Computing a Key Technology Towards 5G[M]. Sophia Antipolis: European Telecommunications Standards Institute, 2015.

[4] 边缘计算联盟与工业互联网产业联盟. 边缘计算参考架构 3.0[EB/OL]. http://www.ecconsortium.org/Lists/show/id/334.html[2022-01-06].

[5] López P G, Montresor A, Epema D, et al. Edge-centric computing: Vision and challenges[C]//Proceedings of the ACM Special Interest Group on Data Communication, New

York, 2015.

[6] Kourtis M A, McGrath M J, Gardikis G, et al. T-NOVA: An open-source MANO stack for NFV infrastructures[J]. IEEE Transactions on Network and Service Management, 2017, 14(3): 586-602.

[7] Li Y, Gao W. Interconnecting heterogeneous devices in the personal mobile cloud[C]//Proceedings of the 36th IEEE Conference on Computer Communications, Atlanta, 2017.

[8] Rodrigues T G, Suto K, Nishiyama H, et al. Hybrid method for minimizing service delay in edge cloud computing through VM migration and transmission power control[J]. IEEE Transactions on Computers, 2017, 66(5): 810-819.

[9] Huawei. KubeEdge[EB/OL]. https://kubeedge.io[2022-01-06].

[10] Pasteris S, Wang S Q, Herbster M, et al. Service placement with provable guarantees in heterogeneous edge computing systems[C]//Proceedings of the 38th IEEE Conference on Computer Communications, Paris, 2019.

[11] Ouyang T, Zhi Z, Xu C. Follow me at the edge: Mobility-aware dynamic service placement for mobile edge computing[J]. IEEE Journal on Selected Areas in Communications, 2018, 36(10): 2333-2345.

[12] Poularakis K, Llorca J, Tulino A M, et al. Joint service placement and request routing in multi-cell mobile edge computing networks[C]//Proceedings of the 38th IEEE International Conference on Computer Communications, Paris, 2019.

[13] Wang X F, Han Y W, Leung V C M, et al. Convergence of edge computing and deep learning: A comprehensive survey[J]. IEEE Communications Surveys and Tutorials, 2020, 22(2): 869-904.

[14] Wang X F, Li R B, Wang C Y, et al. Attention-weighted federated deep reinforcement learning for device-to-device assisted heterogeneous collaborative edge caching[J]. IEEE Journal on Selected Areas in Communications, 2021, 39(1): 154-169.

[15] Cao X F, Tang G M, Guo D K, et al. Edge federation: Towards an integrated service provisioning model[J]. IEEE/ACM Transactions on Networking, 2020, 28(3): 1116-1129.

[16] Chen S, Chen B C, Xie J J, et al. Joint service placement for maximizing the social welfare in edge federation[C]//Proceedings of the IEEE IWQOS, Tokyo, 2021.

[17] Gao B, Zhou Z, Liu F M, et al. Winning at the starting line: Joint network selection and service placement for mobile edge computing[C]//Proceedings of the 38th IEEE Conference on Computer Communications, Paris, 2019.

[18] Xiao Y K, Zhang Q X, Liu F M, et al. NFVdeep: Adaptive online service function chain deployment with deep reinforcement learning[C]//Proceedings of the 27th IEEE/ACM International Symposium on Quality of Service, Phoenix, 2019.

[19] Ma X, Zhou A, Zhang S, et al. Cooperative service caching and workload scheduling in mobile edge computing[C]//Proceedings of the 39th IEEE International Conference on Computer Communications, Toronto, 2020.

[20] Xu Z C, Zhou L Z, Chau C K, et al. Collaborate or separate? Distributed service caching in mobile edge clouds[C]//Proceedings of the 39th IEEE International Conference on Computer Communications, Toronto, 2020.

[21] Xu Z C, Qin Y G, Zhou P, et al. To cache or not to cache: Stable service caching in mobile edge-clouds of a service market[C]//Proceedings of the 40th IEEE International Conference on Distributed Computing Systems, Singapore, 2020.

[22] Xu Z C, Wang S N, Liu S P, et al. Learning for exception: Dynamic service caching in 5G-enabled MECs with bursty user demands[C]//Proceedings of the 40th IEEE International Conference on Distributed Computing Systems, Singapore, 2020.

[23] Xu Z C, Ren H Z, Liang W F, et al. Near optimal and dynamic mechanisms towards a stable NFV market in multi-tier cloud networks[C]//Proceedings of the 40th IEEE International Conference on Computer Communications, Vancouver, 2021.

[24] Xu Z C, Gong W L, Xia Q F, et al. NFV-enabled IoT service provisioning in mobile edge clouds[J]. IEEE Transactions on Mobile Computing, 2021, 20(5): 1892-1906.

[25] Gu L, Zeng D Z, Hu J, et al. Exploring layered container structure for cost efficient microservice deployment[C]//Proceedings of the 40th IEEE International Conference on Computer Communications, Vancouver, 2021.

[26] Gu L, Zeng D Z, Hu J, et al. Layer aware microservice placement and request scheduling at the edge[C]//Proceedings of the 40th IEEE International Conference on Computer Communications, Vancouver, 2021.

[27] Gu S Y, Luo X S, Guo D K, et al. Joint chain-based service provisioning and request scheduling for blockchain-powered edge computing[J]. IEEE Internet of Things Journal, 2021, 8(4): 2135-2149.

[28] Du J B, Zhao L Q, Feng J, et al. Computation offloading and resource allocation in mixed fog/cloud computing systems with min-max fairness guarantee[J]. IEEE Transactions on Communications, 2018, 66(4): 1594-1608.

[29] Mao Y Y, Zhang J, Letaief K B. Dynamic computation offloading for mobile-edge computing with energy harvesting devices[J]. IEEE Journal on Selected Areas in Communications, 2016, 34(12): 3590-3605.

[30] Jošilo S, Dán G. Decentralized algorithm for randomized task allocation in fog computing systems[J]. IEEE/ACM Transactions on Networking, 2019, 27(1): 85-97.

[31] Wang F, Xu J, Wang X, et al. Joint offloading and computing optimization in wireless powered

mobile-edge computing systems[J]. IEEE Transactions on Wireless Communications, 2018, 17(3): 1784-1797.

[32] Keshtkarjahromi Y, Xing Y X, Seferoglu H. Dynamic heterogeneity-aware coded cooperative computation at the edge[C]//Proceedings of the 26th IEEE International Conference on Network Protocols, Cambridge, 2018.

[33] Lee K, Lam M, Pedarsani R, et al. Speeding up distributed machine learning using codes[J]. IEEE Transactions on Information Theory, 2018, 64(3): 1514-1529.

[34] Xia J X, Cheng G Y, Guo D K, et al. A QoE-aware service-enhancement strategy for edge artificial intelligence applications[J]. IEEE Internet of Things Journal, 2020, 7(10): 9494-9506.

[35] Xu Z C, Zhao L Q, Liang W F, et al. Energy-aware inference offloading for DNN-driven applications in mobile edge clouds[J]. IEEE Transactions on Parallel and Distributed Systems, 2021, 32(4): 799-814.

[36] Xu Z C, Zhang Z H, Lui J C S, et al. Affinity-aware VNF placement in mobile edge clouds via leveraging GPUs[J]. IEEE Transactions on Computers, 2021, 70(12): 2234-2248.

[37] Ren H Z, Xu Z C, Liang W F, et al. Efficient algorithms for delay-aware NFV-enabled multicasting in mobile edge clouds with resource sharing[J]. IEEE Transactions on Parallel and Distributed Systems, 2020, 31(9): 2050-2066.

[38] Xu Z C, Liang W F, Jia M K, et al. Task offloading with network function requirements in a mobile edge-cloud network[J]. IEEE Transactions on Mobile Computing, 2019, 18(11): 2672-2685.

[39] Xia J X, Cheng G Y, Gu S Y, et al. Secure and trust-oriented edge storage for internet of things[J]. IEEE Internet of Things Journal, 2020, 7(5): 4049-4060.

[40] Xie J J, Qian C, Guo D K, et al. A novel data placement and retrieval service for cooperative edge clouds[J]. IEEE Transactions on Cloud Computing, 2023, 11(1): 71-84.

[41] Xie J J, Qian C, Guo D K, et al. Efficient data placement and retrieval services in edge computing[C]//Proceedings of the 39th IEEE International Conference on Distributed Computing Systems, Dallas, 2019.

[42] Xie J J, Qian C, Guo D K, et al. Efficient indexing mechanism for unstructured data sharing systems in edge computing[C]//Proceedings of the 38th IEEE International Conference on Computer Communications, Paris, 2019.

[43] Xie J J, Guo D K, Shi X F, et al. A fast hybrid data sharing framework for hierarchical mobile edge computing[C]//Proceedings of the 39th IEEE International Conference on Computer Communications, Toronto, 2020.

[44] Guo D K, Xie J J, Shi X F, et al. HDS: A fast hybrid data location service for hierarchical mobile edge computing[J]. IEEE/ACM Transactions on Networking, 2021, 29(3): 1308-1320.

[45] Roh H, Jung C, Lee W, et al. Resource pricing game in geo-distributed clouds[C]//Proceedings of the IEEE INFOCOM, Turin, 2013.

[46] Coady Y, Hohlfeld O, Kempf J, et al. Distributed cloud computing: Applications, status quo, and challenges[J]. ACM SIGCOMM Computer Communication Review, 2015, 45(2): 38-43.

[47] Wang L, Jiao L, Li J, et al. Online resource allocation for arbitrary user mobility in distributed edge clouds[C]//Proceedings of the 37th IEEE International Conference on Distributed Computing Systems, Atlanta, 2017.

[48] Mao Y Y, Zhang J, Song S H, et al. Stochastic joint radio and computational resource management for multi-user mobile-edge computing systems[J]. IEEE Transactions on Wireless Communications, 2017, 16(9): 5994-6009.

[49] Jiménez Laredo J L J, Guinand F, Olivier D, et al. Load balancing at the edge of chaos: How self-organized criticality can lead to energy-efficient computing[J]. IEEE Transactions on Parallel and Distributed Systems, 2017, 28(2): 517-529.

[50] Liu J, Mao Y Y, Zhang J, et al. Delay-optimal computation task scheduling for mobile-edge computing systems[C]//Proceedings of the IEEE International Symposium on Information Theory, Barcelona, 2016.

[51] Yi C Y, Cai J, Su Z. A multi-user mobile computation offloading and transmission scheduling mechanism for delay-sensitive applications[J]. IEEE Transactions on Mobile Computing, 2020, 19(1): 29-43.

[52] Tran T X, Pompili D. Joint task offloading and resource allocation for multi-server mobile-edge computing networks[J]. IEEE Transactions on Vehicular Technology, 2019, 68(1): 856-868.

[53] Neto J L D, Yu S Y, Macedo D F, et al. ULOOF: A user level online offloading framework for mobile edge computing[J]. IEEE Transactions on Mobile Computing, 2018, 17(11): 2660-2674.

[54] Yuan H, Tang G M, Li X Y, et al. Online dispatching and fair scheduling of edge computing tasks: A learning-based approach[J]. IEEE Internet of Things Journal, 2021, 8(19): 14985-14998.

[55] Tang B, Ye B L, Lu S L, et al. Coding-aware proportional-fair scheduling in OFDMA relay networks[J]. IEEE Transactions on Parallel and Distributed Systems, 2013, 24(9): 1727-1740.

[56] Tang B, Ye B L, Guo S, et al. Order-optimal information dissemination in MANETs via network coding[J]. IEEE Transactions on Parallel and Distributed Systems, 2014, 25(7): 1841-1851.

[57] Tang B, Yang S H, Ye B L, et al. Near-optimal one-sided scheduling for coded segmented network coding[J]. IEEE Transactions on Computers, 2016, 65(3): 929-939.

[58] Tang B, Cao J N, Cui R Z, et al. Coded computing at full speed[C]//Proceedings of the 40th IEEE International Conference on Distributed Computing Systems, Singapore, 2020.

[59] Huang T, Ye B L, Qu Z H, et al. Physical-layer arithmetic for federated learning in uplink

MU-MIMO enabled wireless networks[C]//Proceedings of the 39th IEEE Conference on Computer Communications, Toronto, 2020.

[60] Jiang J W, Cui B, Zhang C, et al. Heterogeneity-aware distributed parameter servers[C]//Proceedings of the ACM International Conference on Management of Data, Chicago, 2017.

[61] Zhou Q H, Guo S, Qu Z H, et al. Petrel: Heterogeneity-aware distributed deep learning via hybrid synchronization[J]. IEEE Transactions on Parallel and Distributed Systems, 2021, 32(5): 1030-1043.

[62] Zhou Q H, Guo S, Li P, et al. Petrel: Community-aware synchronous parallel for heterogeneous parameter server[C]//Proceedings of the 40th IEEE International Conference on Distributed Computing Systems, Singapore, 2020.

[63] Moritz P, Nishihara R, Wang S, et al. Ray: A distributed framework for emerging AI applications[C]//Proceedings of the 13th USENIX Conference on Operating Systems Design and Implementation, Carlsbad, 2018.

[64] Kakaraparthy A, Venkatesh A, Phanishayee A, et al. The case for unifying data loading in machine learning clusters[C]//Proceedings of the 11th USENIX Conference on Hot Topics in Cloud Computing, Renton, 2019.

[65] Wang H Z, Guo S H, Qu Z H, et al. Error-compensated sparsification for communication-efficient decentralized training in edge environment[J]. IEEE Transactions on Parallel and Distributed Systems, 2022, 33(1): 14-25.

[66] Wang H Z, Qu Z H, Guo S, et al. Intermittent pulling with local compensation for communication-efficient distributed learning[J]. IEEE Transactions on Emerging Topics in Computing, 2022, 10(2): 779-791.

[67] Wang H Z, Qu Z H, Guo S, et al. LOSP: Overlap synchronization parallel with local compensation for fast distributed training[J]. IEEE Journal on Selected Areas in Communications, 2021, 39(8): 2541-2557.

[68] Qu Z H, Guo S, Wang H Z, et al. Partial synchronization to accelerate federated learning over relay-assisted edge networks[J]. IEEE Transactions on Mobile Computing, 2022, 21(12): 4502-4516.

[69] Fang B Y, Zeng X, Zhang M. NestDNN: Resource-aware multi-tenant on-device deep learning for continuous mobile vision[C]//Proceedings of the 24th Annual International Conference on Mobile Computing and Networking, New Delhi, 2018.

[70] Subramanya S J, Simhadri H V, Garg S, et al. BLAS-on-flash: An efficient alternative for large scale ML training and inference[C]//Proceedings of the USENIX Conference on Networked Systems Design and Implementation, Boston, 2019.

[71] Zhao T, Zhang Y Q, Olukotun K. Serving recurrent neural networks efficiently with a spatial

accelerator[C]//Proceedings of the 2nd Conference on Machine Learning and Systems, Stanford, 2019.

[72] Zhou Q H, Guo S, Qu Z H, et al. Octo: INT8 training with loss-aware compensation and backward quantization for tiny on-device learning[C]//Proceedings of the USENIX Annual Technical Conference, Boston, 2021.

[73] Zhou Q H, Guo S, Lu H D, et al. Falcon: Addressing stragglers in heterogeneous parameter server via multiple parallelism[J]. IEEE Transactions on Computers, 2021, 70(1): 139-155.

[74] Wang H Z, Guo S, Tang B, et al. Heterogeneity-aware gradient coding for tolerating and leveraging stragglers[J]. IEEE Transactions on Computers, 2022, 71(4): 779-794.

[75] Han S, Mao H Z, Dally W J. Deep compression: Compressing deep neural networks with pruning, trained quantization and huffman coding[C]//Proceedings of the International Conference on Learning Representations, San Juan, 2016.

[76] Polino A, Pascanu R, Alistarh D. Model compression via distillation and quantization[C]//Proceedings of the 6th International Conference on Learning Representations, Vancouver, 2018.

[77] He Y H, Lin J, Liu Z J, et al. AMC: AutoML for model compression and acceleration on mobile devices[C]//Proceedings of the European Conference on Computer Vision, Munich, 2018.

[78] Liu S C, Lin Y Y, Zhou Z M, et al. On-demand deep model compression for mobile devices: A usage-driven model selection framework[C]//Proceedings of the 16th Annual International Conference on Mobile Systems, Applications, and Services, Munich, 2018.

[79] Taylor B, Marco V S, Wolff W, et al. Adaptive deep learning model selection on embedded systems[C]//Proceedings of the 19th ACM SIGPLAN/SIGBED International Conference on Languages, Compilers, and Tools for Embedded Systems, Philadelphia, 2018.

[80] Jiang J C, Ananthanarayanan G, Bodik P, et al. Chameleon: Scalable adaptation of video analytics[C]//Proceedings of the ACM Special Interest Group on Data Communication, Budapest, 2018.

[81] Teerapittayanon S, McDanel B, Kung H T. BranchyNet: Fast inference via early exiting from deep neural networks[C]//Proceedings of the 23rd International Conference on Pattern Recognition, Cancun, 2016.

[82] Yu J H, Huang T. Universally slimmable networks and improved training techniques[C]//Proceedings of the IEEE/CVF International Conference on Computer Vision, Seoul, 2019.

[83] Cai H, Gan C, Han S. Once-for-all: Train one network and specialize it for efficient deployment[C]//Proceedings of the 8th International Conference on Learning Representations, Addis Ababa, 2020.

[84] Liu S C, Guo B, Ma K, et al. AdaSpring: Context-adaptive and runtime-evolutionary deep model compression for mobile applications[J]. Proceedings of the ACM on Interactive, Mobile,

Wearable and Ubiquitous Technologies, 2021, 5(1): 1-21.

[85] Kang Y P, Hauswald J, Gao C, et al. Neurosurgeon: Collaborative intelligence between the cloud and mobile edge[J]. ACM Sigplan Notices, 2017, 52(4): 615-629.

[86] Li E, Zhou Z, Chen X. Edge intelligence: On-demand deep learning model co-inference with device-edge synergy[C]//Proceedings of the 2018 Workshop on Mobile Edge Communications, Budapest, 2018.

[87] Hu C, Bao W, Wang D, et al. Dynamic adaptive DNN surgery for inference acceleration on the edge[C]//Proceedings of the 38th IEEE Conference on Computer Communications, Paris, 2019.

[88] Zhang S G, Li Y G, Liu X, et al. Towards real-time cooperative deep inference over the cloud and edge end devices[J]. Proceedings of the ACM on Interactive, Mobile, Wearable and Ubiquitous Technologies, 2020, 4(2): 1-24.

[89] Zhang S, Zhang S, Qian Z Z, et al. DeepSlicing: Collaborative and adaptive CNN inference with low latency[J]. IEEE Transactions on Parallel and Distributed Systems, 2021, 32(9): 2175-2187.

[90] Zeng L K, Chen X, Zhou Z, et al. CoEdge: Cooperative DNN inference with adaptive workload partitioning over heterogeneous edge devices[J]. IEEE/ACM Transactions on Networking, 2021, 29(2): 595-608.

[91] Chen T Y H, Ravindranath L, Deng S, et al. Glimpse: Continuous, real-time object recognition on mobile devices[C]//Proceedings of the 13th ACM Conference on Embedded Networked Sensor Systems, Seoul, 2015.

[92] Drolia U, Guo K, Narasimhan P. Precog: Prefetching for image recognition applications at the edge[C]//Proceedings of 2nd ACM/IEEE Symposium on Edge Computing, San Jose, 2017.

[93] Guo P Z, Hu B, Li R, et al. FoggyCache: Cross-device approximate computation reuse[C]//Proceedings of the 24th Annual International Conference on Mobile Computing and Networking, New Delhi, 2018.

[94] Drolia U, Guo K, Tan J Q, et al. Cachier: Edge-caching for recognition applications[C]// Proceedings of the 37th IEEE International Conference on Distributed Computing Systems, Atlanta, 2017.

[95] Kang D, Emmons J, Abuzaid F, et al. Noscope: Optimizing neural network queries over video at scale[J]. Proceedings of the VLDB Endowment, 2017, 10(11): 1586-1597.

[96] Wang J J, Feng Z Q, Chen Z, et al. Bandwidth-efficient live video analytics for drones via edge computing[C]//Proceedings of the 3rd IEEE/ACM Symposium on Edge Computing, Seattle, 2018.

[97] Jain S, Zhang X, Zhou Y H, et al. ReXCam: Resource-efficient, cross-camera video analytics at enterprise scale[J]. ArXiv:1811.01268, 2018.

[98] Zhang D, Vance N, Zhang Y, et al. Edgebatch: Towards AI-empowered optimal task batching in intelligent edge systems[C]//Proceedings of the 40th IEEE Real-Time Systems Symposium, Hong Kong, 2019.

[99] Dhakal A, Kulkarni S G, Ramakrishnan K K. ECML: Improving efficiency of machine learning in edge clouds[C]//Proceedings of the 9th IEEE International Conference on Cloud Networking, Piscataway, 2020.

[100] Fang Z, Lin J H, Srivastava M B, et al. Multi-tenant mobile offloading systems for real-time computer vision applications[C]//Proceedings of the 20th International Conference on Distributed Computing and Networking, Bangalore, 2019.

[101] Jiang S, Ma Z Y, Zeng X, et al. SCYLLA: QoE-aware continuous mobile vision with FPGA-based dynamic deep neural network reconfiguration[C]//Proceedings of the 39th IEEE International Conference on Computer Communications, Toronto, 2020.

[102] Shokri R, Shmatikov V. Privacy-preserving deep learning[C]//Proceedings of the 22nd ACM SIGSAC Conference on Computer and Communications Security, Denver, 2015.

[103] McMahan H B, Moore E, Ramage D, et al. Communication-efficient learning of deep networks from decentralized data[C]//Proceedings of the 20th International Conference on Artificial Intelligence and Statistics, Fort Lauderdale, 2017.

[104] Hsieh K, Harlap A, Vijaykumar N, et al. Gaia: Geo-distributed machine learning approaching LAN speeds[C]//Proceedings of the 14th USENIX Conference on Networked Systems Design and Implementation, Boston, 2017.

[105] Wang S Q, Tuor T, Salonidis T, et al. Adaptive federated learning in resource constrained edge computing systems[J]. IEEE Journal on Selected Areas in Communications, 2019, 37(6): 1205-1221.

[106] Nishio T, Yonetani R. Client selection for federated learning with heterogeneous resources in mobile edge[C]//Proceedings of the IEEE International Conference on Communications, Shanghai, 2019.

[107] Tang H L, Gan S D, Zhang C, et al. Communication compression for decentralized training[C]//Proceedings of the 32nd International Conference on Neural Information Processing Systems, Montréal, 2018.

[108] Lin Y J, Han S, Mao H Z, et al. Deep gradient compression: Reducing the communication bandwidth for distributed training[C]//Proceedings of the 6th International Conference on Learning Representations, Vancouver, 2018.

[109] Tao Z, Li Q. eSGD: Communication efficient distributed deep learning on the edge[C]//Proceedings of the USENIX Workshop Hot Topics Edge Computing, Boston, 2018.

[110] Mao Y, Yi S, Li Q, et al. A privacy-preserving deep learning approach for face recognition with

edge computing[C]//Proceedings of the USENIX Workshop Hot Topics Edge Computing, Boston, 2018.

[111] Sharma R, Biookaghazadeh S, Zhao M. Are existing knowledge transfer techniques effective for deep learning on edge devices[C]//Proceedings of the 27th International Symposium on High-Performance Parallel and Distributed Computing, Tempe, 2018.

[112] Chen Q, Zheng Z M, Hu C, et al. Data-driven task allocation for multi-task transfer learning on the edge[C]//Proceedings of the 39th IEEE International Conference on Distributed Computing Systems, Dallas, 2019.

[113] Li B, He Q,Chen F F, et al. Auditing cache data integrity in the edge computing environment[J]. IEEE Transactions on Parallel and Distributed Systems, 2021, 32(5): 1210-1223.

[114] Li B, He Q, Chen F F, et al. Inspecting edge data integrity with aggregate signature in distributed edge computing environment[J]. IEEE Transactions on Cloud Computing, 2022, 10(4): 2691-2703.

[115] Liu D Z, Shen J, Vijayakumar P, et al. Efficient data integrity auditing with corrupted data recovery for edge computing in enterprise multimedia security[J]. Multimedia Tools and Applications, 2020, 79(15): 10851-10870.

[116] Han Q, Zhang Y H, Li H. Efficient and robust attribute-based encryption supporting access policy hiding in internet of things[J]. Future Generation Computer Systems, 2018, 83: 269-277.

[117] Xu S M, Yang G M, Mu Y, et al. A secure IoT cloud storage system with fine grained access control and decryption key exposure resistance[J]. Future Generation Computer Systems, 2019, 97: 284-294.

[118] Obour Agyekum K O, Xia Q, Sifah E B, et al. A secured proxy-based data sharing module in IoT environments using blockchain[J]. Sensors, 2019, 19(5): 1235.

[119] 关巍，张磊. 属性基代理重加密的大数据隐私保护方法[J]. 计算机工程与设计，2018, 39(11): 3356-3361, 3424.

[120] 杨桢栋. 面向边缘计算的分层安全数据存储和应用模型研究[D]. 镇江：江苏大学, 2019.

[121] 施巍松, 张星洲, 王一帆, 等. 边缘计算：现状与展望[J]. 计算机研究与发展, 2019, 56(1): 69-89.

[122] Anati I, Gueron S, Johnson S P, et al. Innovative technology for cpu based attestation and sealing[EB/OL].https://www.intel.com/content/www/us/en/developer/articles/technical/innovative-technology-for-cpu-based-attestation-and-sealing.html[2024-01-11].

[123] Hoekstra M, Lal R, Pappachan P, et al. Using innovative instructions to create trustworthy software solutions[C]//Proceedings of the 2nd International Workshop on Hardware and Architectural Support for Security and Privacy, Telaviv Yafo, 2013.

[124] McKeen F, Alexandrovich I, Berenzon A, et al. Innovative instructions and software model for

isolated execution[C]//Proceedings of the 2nd International Workshop on Hardware and Architectural Support for Security and Privacy, Telaviv Yafo, 2013.

[125] Gjerdrum A T, Pettersen R, Johansen H D, et al. Performance principles for trusted computing with intel SGX[C]//Proceedings of the 7th International Conference on Cloud Computing and Services Science, Porto, 2017.

[126] Arnautov S, Trach B, Gregor F, et al. SCONE: Secure Linux containers with Intel SGX[C]//Proceedings of the 12th USENIX Conference on Operating Systems Design and Implementation, Berkeley, 2016.

[127] 宁振宇，张锋巍，施巍松. 基于边缘计算的可信执行环境研究[J]. 计算机研究与发展，2019, 56(7): 1441-1453.

[128] Li Y P, Zeng D Z, Gu L, et al. Task offloading in trusted execution environment empowered edge computing[C]//Proceedings of the 26th IEEE International Conference on Parallel and Distributed Systems, Hong Kong, 2020.

[129] Wang Q L, Guo Y F, Wang X F, et al. AI at the edge: Blockchain-empowered secure multiparty learning with heterogeneous models[J]. IEEE Internet of Things Journal, 2020, 7(10): 9600-9610.

[130] Yan X Y, Wu Q L, Sun Y M. A homomorphic encryption and privacy protection method based on blockchain and edge computing[J]. Wireless Communications and Mobile Computing, 2020: 8832341.

[131] Rahman M S, Khalil I, Atiquzzaman M, et al. Towards privacy preserving AI based composition framework in edge networks using fully homomorphic encryption[J]. Engineering Applications of Artificial Intelligence, 2020, 94: 103737.

[132] Guo J X, Wu W L. Differential privacy-based online allocations towards integrating blockchain and edge computing[EB/OL]. https://doi.org/10.48550/arXiv.2101.02834[2021-01-08].

[133] Miao Q C, Jing W P, Song H B. Differential privacy-based location privacy enhancing in edge computing[J]. Concurrency and Computation: Practice and Experience, 2019, 31(8): e4735.

[134] Jing W P, Miao Q C, Song H B, et al. Data loss and reconstruction of location differential privacy protection based on edge computing[J]. IEEE Access, 2019, 7: 75890-75900.

[135] Ben Sada A, Bouras M A, Ma J H, et al. A distributed video analytics architecture based on edge-computing and federated learning[C]//Proceedings of the 4th IEEE Cyber Science and Technology Congress, Fukuoka, 2019.

[136] Li Y, Zhou Y P, Jolfaei A, et al. Privacy-preserving federated learning framework based on chained secure multiparty computing[J]. IEEE Internet of Things Journal, 2021, 8(8): 6178-6186.

[137] Wang Z Y, Xu H L, Liu J C, et al. Resource-efficient federated learning with hierarchical

aggregation in edge computing[C]//Proceedings of the 40th IEEE International Conference on Computer Communications, Vancouver, 2021.

[138] 芦效峰, 廖钰盈, Pietro L, 等. 一种面向边缘计算的高效异步联邦学习机制[J]. 计算机研究与发展, 2020, 57(12): 2571-2582.

[139] Xiao D, Li M, Zheng H Y. Smart privacy protection for big video data storage based on hierarchical edge computing[J]. Sensors, 2020, 20(5): 1517.

[140] Duan Y C, Lu Z H, Zhou Z B, et al. Data privacy protection for edge computing of smart city in a DIKW architecture[J]. Engineering Applications of Artificial Intelligence, 2019, 81: 323-335.

[141] Kong Z X, Xue J F, Wang Y, et al. Identity authentication under internet of everything based on edge computing[C]//Proceedings of the Chinese Conference on Trusted Computing and Information Security, Singapore, 2019.

[142] Abbasinezhad-Mood D, Nikooghadam M. An anonymous ECC-based self-certified key distribution scheme for the smart grid[J]. IEEE Transactions on Industrial Electronics, 2018, 65(10): 7996-8004.

[143] Mahmood K, Li X, Chaudhry S A, et al. Pairing based anonymous and secure key agreement protocol for smart grid edge computing infrastructure[J]. Future Generation Computer Systems, 2018, 88: 491-500.

[144] Liu H, Zhang P F, Pu G G, et al. Blockchain empowered cooperative authentication with data traceability in vehicular edge computing[J]. IEEE Transactions on Vehicular Technology, 2020, 69(4): 4221-4232.

[145] Chen S L, Wen H, Wu J S, et al. Radio frequency fingerprint-based intelligent mobile edge computing for internet of things authentication[J]. Sensors, 2019, 19(16): 3610.

[146] Xie F Y, Wen H, Wu J S, et al. Convolution based feature extraction for edge computing access authentication[J]. IEEE Transactions on Network Science and Engineering, 2020, 7(4): 2336-2346.

[147] Xu H, Ding J, Li P, et al. Edge computing-based security authentication algorithm for multiple RFID tags[J]. International Journal of Intelligent Information and Database Systems, 2018, 11(2-3): 132-152.

[148] Zeng S K, Zhang H J, Hao F, et al. Deniable-based privacy-preserving authentication against location leakage in edge computing[J]. IEEE Systems Journal, 2022, 16(2): 1729-1738.

[149] Chen Y, Xu A D, Wen H, et al. A lightweight mutual authentication scheme for power edge computing system[C]//Proceedings of International Conference on Energy, Power, Environment and Computer Application, Wuhan, 2019.

[150] Liu W, Song J F, Wu H T, et al. Non-crypto authentication for smart grid based on edge

computing[J]. Journal of Physics: Conference Series, 2020, 1646(1): 012060.

[151] Cinque M, Esposito C, Russo S. Trust management in fog/edge computing by means of blockchain technologies[C]//Proceedings of IEEE Symposium on Recent Advances on Blockchain and Its Applications, Halifax, 2018.

[152] Li F Y, Wang D F, Wang Y L, et al. Wireless communications and mobile computing blockchain-based trust management in distributed internet of things[J]. Wireless Communications and Mobile Computing, 2020: 8864533.

第 3 章　边缘联盟计算架构

边缘计算旨在将网络服务从云数据中心延伸到网络边缘，使得网络服务更贴近用户、计算更贴近数据源头，从而获得更快的服务响应。为此，边缘基础设施提供商(edge infrastructure provider，EIP)会在网络边缘规划和建设计算、存储等基础资源，而边缘服务提供商(edge service provider，ESP)会向 EIP 寻求基础资源方面的支持，从而为用户部署和提供多样化的网络服务。但是，很多 ESP 倾向于各自建设边缘基础设施，并据此建立各自的私有边缘计算和服务分发环境。这种方式造成了各家资源和服务之间的互通壁垒，严重限制了边缘基础设施的发展和推广应用。本章提出全新的边缘联盟计算架构，旨在将当前“烟囱式”的独立边缘基础设施和已有的云基础设施连接为一个整体，通过资源协作的方式为广泛分布的终端用户提供服务。为了有效地调度和利用多个 EIP 所属的资源，本章将资源配置和服务供给过程建模为大规模线性规划问题，并通过一种变量维度缩减的方法将其转换为易于求解的形式。进而，本章设计一种动态调整的算法来适应终端用户服务需求的变化。综合性的实验评估表明，同各个 EIP 独立提供边缘服务相比，本章设计的边缘联盟计算架构可有效降低提供边缘服务的总体成本，并提高边缘层网络服务的水平。

3.1　引　　言

边缘计算的出现为计算密集型和延迟敏感型服务提供了一种全新的实现方式[1]，其基本思想是将云计算的服务能力延伸到更邻近终端用户的网络边缘。通过这种方式，用户仍然可以使用云计算的强大功能，同时不再遭受严重网络拥塞和请求延迟过长的困扰。边缘计算的繁荣发展为 ESP 提供了良好机会，他们可以从 EIP 租用资源来托管其服务。EIP 通常必须在网络边缘构建和维护一系列分布式边缘节点，其中每个边缘节点可以由多台边缘服务器组成。作为边缘节点的拥有者，EIP 需要负责服务供给和资源管理。

同云数据中心相比，边缘计算仍然受制于如下限制：一是边缘计算节点的计算及存储资源容量相对而言比较小，二是全体边缘节点的地理位置分布比较广泛，维护成本高昂[2]。造成这种现象的主要原因是，在公有边缘基础设施的建设过程中，不少边缘服务提供商也会考虑自己构建私有的边缘计算环境，利用自身的资源来服务和满足用户的特定需求，即每个 ESP 对应的 EIP 只管理和使用其自身的资源。但是，单个孤立的边缘计算环境通常会面临资源不足的约束，尤其是在用户量逐步增长的情况下其扩展性问题变得更加严峻。如果需要在广阔的地理区域内部署大量边缘服务，相关 EIP 需要构建和维护更多的边缘节点以进一步扩大其服务面积，这会产生更加高昂的成本。此外，不同的 EIP 可以在同一个区域建立各自的边缘节点，却没有任何合作，这也导致严重的资源浪费。更糟糕的是，由于各个 EIP 对整个边缘计算环境的资源信息缺乏了解，难以优化边缘服务的供应策略并提高资源的整体利用率。上述困境会令 ESP 提供的边缘服务难以取得较高的服务质量，并给不少终端用户带来不佳的服务体验。

针对上述挑战，本章提出一种基于动态资源配置的边缘联盟计算架构，旨在将当前“烟囱式”的边缘基础设施和云基础设施实现纵向和横向连接，通过资源协作的方式为大量终端用户提供服务，实现 EIP、ESP 和终端用户的多赢局面。

3.1.1　从私有到公有的边缘基础设施

在横向维度上，各个 EIP 独立地构建和维护其私有的资源基础设施，这限制了边缘计算的快速发展和扩张。在现有架构中，单个 EIP 只能利用有限数量的边缘服务器来部署服务，无法覆盖广泛地理区域内的用户。这导致 EIP 覆盖区域之外的用户无法就近获得边缘服务，只能向其他远距离 EIP 甚至远程云数据中心请求服务，导致更长的服务延迟，这种困境将严重限制每个 EIP 的市场规模。一种简单直接的方法是使每个 EIP 在更多位置建立边缘节点，但是成本极高，因此不具备持久的扩展能力。此外，这种方法会导致多个 EIP 在许多区域大量重复建设边缘节点，造成巨大的资本和运营支出，以及不必要的资源浪费。因此，边缘基础设施需要从整体上进行规划，实现 EIP 间的互操作性，并满足 ESP 跨多个 EIP 部署边缘服务的根本需求。

3.1.2　边缘计算和云计算的优势互补

在纵向维度上，云计算和边缘计算都有其自身的优势和不足。虽然边缘计算可以获得比云计算更低的服务延迟，但它也会随之产生计算和存储基础设施的高昂部署成本，而充足的资源和资源的高性价比恰恰是云计算的优势。此外，每个边缘节点的直接服务区域严格受限，云数据中心可以作为必要的补充来为边缘节点服务范围之外的终端用户提供服务[3]。总之，边缘计算和云计算在资源和服务模式上具有很好的互补性，但需要设计有效的合作机制。

为了解决这些问题，本章提出边缘联盟计算架构，其带来了一种全新的资源和服务供给模式。在设计边缘联盟计算架构时，需要系统地解决三个方面的基本挑战。首先，边缘联盟的网络结构非常复杂，其连接一系列 EIP 基础设施、多样化的边缘服务，以及大规模异构终端设备，需要实现高扩展性、高效率和低延迟的目标。其次，边缘联盟需要有效实现跨边缘节点甚至跨云数据中心，进行边缘服务的联合供给。最后，边缘联盟的服务供给涉及大量优化，并且问题求解的计算复杂度非常高，因此需要在计算复杂性可承受的前提下处理大规模的服务供给优化问题。

针对上述挑战，本章开展如下方面的设计：一是设计边缘联盟的云边资源融合和服务供给架构，实现跨 EIP 和云环境的服务部署和服务请求分发，显著提高终端用户的服务质量并缩减 EIP 的管理建设成本。二是将边缘联盟的服务供给过程刻画为线性规划优化模型，并采用一种变量维度缩减的方法将其转化为易于求解的模型。在此基础上，本章开发边缘联盟服务供给(service provision for edge federation, SEE)算法，实现大量边缘服务的动态和高效部署。三是基于真实数据，评估多伦多市移动通信网络背景下的边缘联盟解决方案。实验结果表明，与各个 EIP 独立供给边缘服务的方式相比，边缘联盟可以帮助 ESP 将总体部署成本节省 30.5%～32.4%，尤其在服务需求突发情况下可以继续为 ESP 提供低延迟服务，并节省更多成本。

3.1.3 边缘联盟和云联盟的区别

边缘联盟是集成不同基础设施供应商的云计算资源和边缘计算资源的融合架构，其可以快速为 ESP 和终端用户供应所需的计算、存储、网络等资源。与边缘联盟相似的概念是跨云协作架构，其试图建立多云的资源一体化供应架构，也被称为云联盟、联合云[4]等。云联盟试图建立公有和私有云资源的融合环境，这可以使 ESP 根据需求动态扩展资源配置从而处理短期的峰值请求，如亚马逊的“黑色星期五”、淘宝的“双十一”等。另有相关研究通过云边纵向融合的方式支持内容缓存或计算卸载应用，通常采用云辅助[3]或边缘辅助[5]的实现方式。这两种方式都试图解决两个主要问题，即边缘层资源容量的限制以及从用户访问云端资源带来的高延迟。

本章提出的边缘联盟比上述研究更具挑战性，需要同时融合众多边缘计算环境和云环境。边缘联盟的资源融合更加复杂和紧迫，主要原因是边缘计算具有如下特性：边缘节点在物理空间中高度离散分布，边缘节点的资源具有受限性和异构性，终端用户对边缘服务承诺的低延迟响应。为此，本章必须解决边缘联盟计算架构面临的如下问题。

(1) 云计算环境与边缘计算环境之间的权衡。边缘计算环境可以实现更低的服务延迟，但服务供给的成本更高，而云计算环境具有更低的成本和更高的访问延迟。不难发现，二者都不能同时满足服务访问的低延迟和服务供给的低成本。边缘联盟的目标是试图在服务的访问延迟和供给成本之间取得平衡，也是服务部署选择云环境与边缘环境之间的权衡。如何以最低的成本来满足服务部署要求并实现最佳的用户服务质量，这是边缘联盟计算架构要解决的首要难题。

(2) 面向分散边缘节点的服务部署优化。众多边缘计算节点在地理上的分布具有很强的分散性，同时每个边缘节点的资源配置非常受限。鉴于此，每个 EIP 在向支持的边缘服务提供资源保障时必须非常细致。这严格限制了每个 EIP 的最佳服务区域大小和可满足的最佳服务需求。因此，如何在地理分散部署且资源配置受限的诸多边缘节点之上，通过边缘联盟计算架构来满足服务部署需求并最大化资源配置效率，成为至关重要的问题。

(3) 低延迟边缘服务同边缘节点资源配置受限的矛盾。很多重要应用场景对边缘服务提出了计算密集和响应延迟低的共性要求。例如，面向自动驾驶和虚拟现实的边缘服务都对计算和存储资源提出了很高要求。这种困境使得边缘计算节点常常遭受资源短缺和过载的情况。

为了解决上述问题，边缘计算领域迫切需要一种高效的资源融合和服务供应架构。本章将设计全新的边缘计算联盟架构，并提出整体性的资源动态配置和边缘服务供应方法。

3.2　边缘联盟计算架构的整体设计

本节首先阐述边缘联盟的原理和示例，然后详细介绍边缘联盟的体系架构，并分析这种新型架构的优势。

3.2.1　边缘联盟的原理

如图 3.1 的左侧所示，现有的网络计算环境主要有三个层次：①用户层由手机、物联网终端、智能车辆等大量终端设备组成，其向 ESP 动态请求高质量的边缘服务；②边缘层由多个 EIP 提供的边缘计算节点共同组成，EIP 负责为 ESP 部

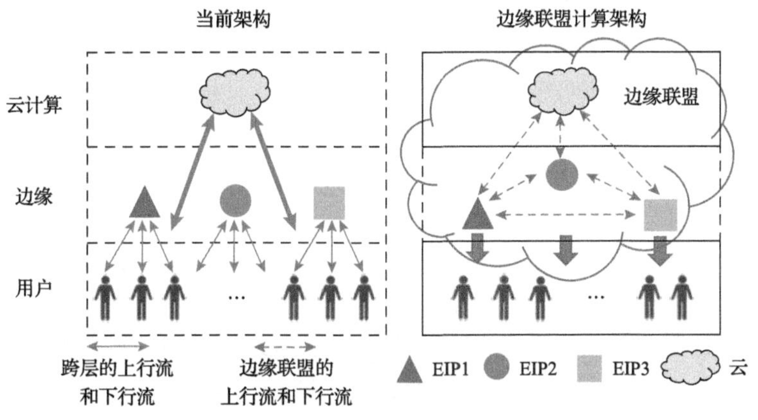

图 3.1　当前架构和边缘联盟计算架构的对比图

署边缘服务提供计算、存储等资源保障，并提供边缘服务运行所需的技术和平台；③云计算层为终端用户提供与边缘层类似的各类网络服务，但是其可用资源具有强大的可扩展能力。当前，ESP 通常会将其服务内容打包给选定的某个 EIP，而 EIP 分配可用资源并交付签约的边缘服务，不同 EIP 的边缘节点之间通常没有交互。

上述边缘服务的供应架构存在多个方面的不足。首先，各个 EIP 在网络边缘孤立地部署自己的边缘节点，而单个边缘节点的资源总量和服务终端用户的范围远小于云数据中心的资源容量和服务范围。其次，各个 EIP 孤立地建设和管理各自的边缘节点，这种机制无法实现边缘资源和服务的全局最优配置，往往会导致服务过载或资源利用不足，并导致终端用户的客户体验效果不佳。再次，某些 EIP 倾向于在更广泛的位置建立更多的边缘节点，以增加资源总量并扩展服务覆盖的地理范围，多个 EIP 甚至在同一位置都建立边缘节点以开展市场竞争。边缘计算的这种发展方法会造成严重的资源浪费，并产生巨大的建设和维护成本。总体而言，EIP、ESP 及终端用户会因此同时承受沉重的负担，不仅没有获得多赢的局面，反而形成了三输的局面。

为了克服边缘计算发展方式存在的上述缺点和不足，本章提出了边缘联盟计算架构的思想，以跨边缘节点和终端用户透明的方式提供边缘服务。这会涉及边缘环境和云环境之间的纵向融合，以及隶属不同 EIP 的众多边缘节点之间的无缝横向协同。边缘联盟计算架构的基本思想如图 3.1 的右侧所示，其中每个 EIP 和云环境都是边缘联盟的成员，所有 EIP 的边缘节点和云节点可以共享资源并且彼此交互。这些边缘节点和云节点不是必须实现深度互联，它们只向权威和可信的边缘联盟中心披露各自的资源信息，并受边缘联盟中心的统一调度。

3.2.2 边缘联盟的体系架构

本章认为边缘联盟中心主要由三个重要组件构成，分别是流量分析器、中央优化器及调度器，如图 3.2 所示。

流量分析器本质上是一个流量特征抽取模块，它获取一定时空范围内的全体终端用户对不同边缘服务的动态请求情况，并持续分析和学习大规模请求流量所蕴含的显式或隐式模式。学习到的流量模式可以在时间和空间上准确地表征边缘服务的需求，并将其作为后续中央优化器的基本输入。已经有很多工作致力于开展流量的预测和建模研究，因此流量分析器倾向于借鉴和使用现有的高效方法来预测边缘请求流量，如差分自回归移动平均(autoregressive integrated moving average, ARIMA)模型[6]。

中央优化器起到边缘联盟大脑的角色。它基于学习到的流量模式、终端用户的时空信息、边缘服务类型等，来为每个边缘服务请求产生比较合适的重定向方案。根据一个时间窗口内全体边缘服务请求的重定向结果，EIP 会在相关的边缘

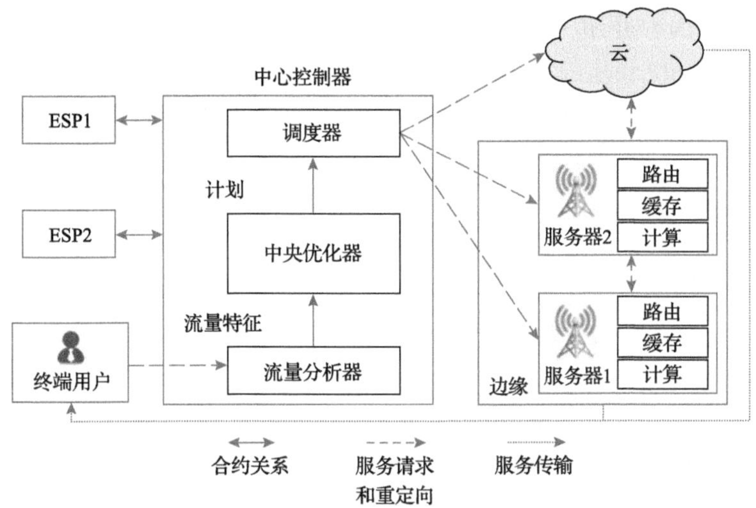

图 3.2　边缘联盟计算架构的运行过程示意图

节点或云数据中心上部署相应的网络服务。

调度器会将每个边缘服务请求重定向到最合适的边缘节点或云数据中心，这种重定向需求可以由现有的 DNS 解析服务来协助完成。为了便于理解，本章给出基于图 3.3 的 DNS 服务解析和重定向的详细示例，该图以特定位置区域的终端用户向边缘联盟请求 YouTube 视频服务为例。与传统边缘计算架构相比，ESP 利用

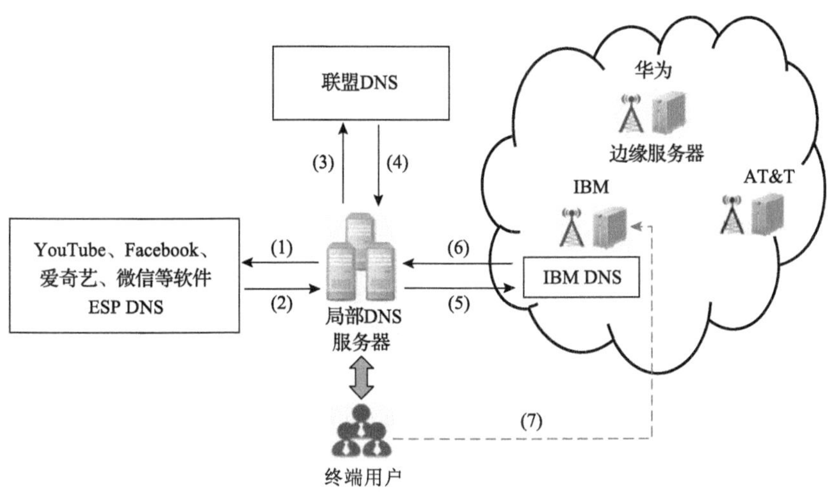

图 3.3　请求重定向示例图

DNS 修改其 CNAME 记录，将任意边缘服务的请求指向边缘联盟设定的 DNS 而不是某个签约 EIP 设定的 DNS。根据中央优化器为该类服务制定的重定向计划以及 CNAME 记录，边缘联盟调度器会将当次服务请求重定向到最佳的边缘节点，从而实现整体最佳的服务性能。

3.2.3 边缘联盟的优点

1. 商业模式的优势

在传统的边缘计算架构中，ESP 会按需选定某个 EIP 来部署自己的服务，并以即用即付(pay-as-you-go)的方式支付基础设施资源的使用费用。各个 EIP 将独立地管理其拥有的各类资源，并愿意部署和承载不同 ESP 的边缘服务，从而为全体终端用户提供服务。全体 ESP 支付给某个 EIP 的资金和 EIP 运营成本(如存储成本、计算成本、通信成本等)之间的差值可以看成该 EIP 的收入。针对全体边缘服务的部署需求，边缘联盟架构会从全局最优的角度分配全体 EIP 的资源来部署这些服务，每个 ESP 的边缘服务会被分配到某个或某些 EIP 的最佳边缘节点来承担，同样 ESP 会向对应 EIP 支付一定的使用费用。

2. EIP 的获益

传统边缘架构中各个 EIP 只能管理自己边缘节点上的相应服务，因此只能服务有限地理区域内的终端用户。与之相反，边缘联盟计算架构在全体 EIP 之上形成统一的资源池，从而更加灵活地配置各项边缘服务。这种方法可以帮助每个 EIP 以更少的基础设施投入为相关终端用户提供服务，并通过合理的边缘协作和云辅助来实现更具成本效益的边缘服务部署。因此，各个 EIP 可以显著降低其运营成本，并在一定程度上提高其经济收益。

3. ESP 的获益

在传统边缘架构中，单个 EIP 提供的单个边缘节点的覆盖区域受限，这导致任意 ESP 只能依靠签约 EIP 在特定区域内提供其边缘服务。这会导致每个 ESP 的用户市场规模非常有限，但这种情况在边缘联盟中将不复存在。这要归功于全体 EIP 聚合后形成的资源充沛且广泛分布的分布式边缘节点，每个 ESP 的边缘服务可以通过副本的方式在更广泛的边缘节点上按需部署。此外，ESP 会以相同的支出，从边缘联盟中获得更高的服务质量。

4. 对于终端用户

边缘联盟计算架构使得各个 ESP 可以按需在任何 EIP 边缘节点上部署服务，这些边缘节点可以分布在比较广阔的地理区域。因此，无论终端用户位于何处，都可以从邻近的边缘节点获得低延时高质量的服务。

边缘联盟被授权管理联盟内全体 EIP 的基础资源以及全体 ESP 的边缘服务。在边缘联盟发展的初期，侧重于整合现有 EIP 提供的基础设施资源，并通过优化资源管理和服务部署来提高服务配置和用户体验。随着业务的不断扩展，边缘联盟的形态和职责可能会多样化，不仅要承担全球范围内基础资源的整合和管理任务，还需要承担 EIP 基础设施的按需建设任务。对于跨 EIP 的市场合作范式涉及的网络经济学相关知识，不在本章的讨论范围之内。此外，边缘联盟内各 EIP 之间的用户信息共享会引起潜在的隐私泄露问题，本章认为可以通过借鉴数据隐私保护方面的研究成果来应对，如私有信息检索[7]和数据加密[8]。最后，即便边缘联盟中的某些 EIP 不可信，也有相关方法能保证数据的隐私性[9]。

3.3　基于边缘联盟的服务最优供应

在阐述完边缘联盟计算架构之后，本节将详细探讨如何在边缘联盟中最优化各项边缘服务的部署。首先，对来自终端用户的边缘服务需求进行建模；然后，从纵向和横向两个维度来制定两阶段的资源分配计划；最后，为了保证边缘服务的性能，本章在模型中加入相关的延迟约束，并提出边缘联盟的成本最小化问题。

3.3.1　网络环境和动态变化的服务需求

一个边缘网络环境中存在各种边缘节点，而每个边缘节点又由多台边缘服务器组成。终端用户在地理空间中广泛分布。整个边缘计算网络通常需要四种角色，分别是：U 定义为所有终端用户集合，A 定义为云节点集合，E 定义为边缘节点集合，P 定义为边缘服务集合。设 $u \in U$ 表示一个特定的终端用户，$a \in A$ 表示一个特定的云节点，$e \in E$ 表示一个特定的边缘节点，$p \in P$ 表示一个特定的边缘服务。为便于建模和讨论，本章假设所设计的边缘联盟的网络拓扑已知。本章所用的主要符号如表 3.1 所示。

表 3.1　主要符号

符号	描述
T	一个包含 n 个连续时隙的时间区间
U	终端用户集合
P	边缘服务集合
A	云节点集合
E	边缘节点集合

续表

符号	描述
$\alpha_{u,p}^{e}(t)$	在时隙 t，来自用户 u 关于服务 p 的存储需求分配到边缘节点 e 的比例
$\beta_{u,p}^{e}(t)$	在时隙 t，来自用户 u 关于服务 p 的计算需求分配到边缘节点 e 的比例
$\theta_{u,p}^{S,a}(t)$	在时隙 t，来自用户 u 关于服务 p 的存储需求分配到云节点 a 的比例
$\theta_{u,p}^{C,a}(t)$	在时隙 t，来自用户 u 关于服务 p 的计算需求分配到云节点 a 的比例
$S_{u,p}(t)$	在时隙 t，在服务处理前，来自用户 u 关于服务 p 的存储需求大小
$S'_{u,p}(t)$	在时隙 t，在服务处理后，来自用户 u 关于服务 p 的传输内容大小
$C_{u,p}(t)$	在时隙 t，来自用户 u 关于服务 p 的计算需求大小
S_a	云节点 a 的存储能力
C_a	云节点 a 的计算能力
S_e	边缘节点 e 的存储能力
C_e	边缘节点 e 的计算能力
$S_E(t)$	在时隙 t，对整个边缘环境的存储需求
$C_E(t)$	在时隙 t，对整个边缘环境的计算需求
$l_{u,p}(t)$	在时隙 t，用户 u 访问服务 p 的延迟
h_u^a	云节点 a 到用户 u 的传输距离
h_u^e	边缘节点 e 到用户 u 的传输距离
l_p	服务 p 的延迟要求
$m_{u,p}(t)$	服务满意参数，指该服务是否满足用户的延迟要求
r_p^{sat}	服务 p 的满意率

终端用户对某项服务提出的存储和计算需求会随时间变化。在 T 时段内的服务需求可以被分散到 n 个较小的相等时隙中，例如，以每个小时为一个时隙。令终端用户 u 在时隙 t 关于服务 p 的需求表示为 $K_{u,p}(t)=\left\{S_{u,p}(t),S'_{u,p}(t),C_{u,p}(t)\right\}$ ($\forall t\in T$, $t=1,2,\cdots,n$)。这些变量可以通过如下公式计算获得：

$$\sum_{u\in U}S_{u,p}(t)=\left|U\right|q_p(t),\quad \forall p\in P \tag{3.1}$$

$$S'_{u,p}(t)=S_{u,p}(t)k_s,\quad \forall u\in U,\forall p\in P,\forall t\in T \tag{3.2}$$

$$C_{u,p}(t)=S_{u,p}(t)k_c,\quad \forall u\in U,\forall p\in P,\forall t\in T \tag{3.3}$$

式中，$|U|$为目标区域的人口密度；$q_p(t)$为t时刻关于边缘服务p的归一化流量需求，其值与对应的边缘服务p相关；k_s为描述该边缘服务执行后其数据量的配置系数；k_c为描述完成该服务所需计算资源量的配置系数。

在时刻t边缘节点e周围区域对服务p的需求量可以表示为

$$d_{ep}(t)=|U|_e\, q_p(t),\quad \forall p\in P \tag{3.4}$$

式中，$|U|_e$为指定边缘节点区域的人口密度。

因为终端用户对于边缘服务的需求动态变化，所以时隙的大小会对边缘联盟的效果产生影响。后续实验结果表明，长度为1h的时隙足以令边缘联盟产生比现有方法更好的结果。另外，本章后续会讨论如何选择合适的时隙长度。

3.3.2　两阶段资源分配方法

从纵向来看，本章假设每个ESP会选择云节点来满足自己的部分或全部存储需求$S_{u,p}(t)$和计算需求$C_{u,p}(t)$。两个变量$\theta_{u,p}^{S,a}(t)$和$\theta_{u,p}^{C,a}(t)$分别代表在时隙t由云节点a为服务p提供的存储和计算资源的比例。剩余的$\left(1-\sum_{a\in A}\theta_{u,p}^{S,a}(t)\right)$存储需求和$\left(1-\sum_{a\in A}\theta_{u,p}^{C,a}(t)\right)$计算需求将由边缘节点来提供。显然，这些比例变量的取值范围均为[0,1]，即

$$0\leqslant\theta_{u,p}^{S,a}(t)\leqslant1,\quad \forall u\in U,\forall p\in P,\forall t\in T \tag{3.5}$$

$$0\leqslant\theta_{u,p}^{C,a}(t)\leqslant1,\quad \forall u\in U,\forall p\in P,\forall t\in T \tag{3.6}$$

在任意时隙t，分配给某个云节点的存储和计算需求不应超过该云节点的资源能力上限，因而获得如下两个约束：

$$\sum_{u\in U}\sum_{p\in P}S_{u,p}(t)\theta_{u,p}^{S,a}(t)\leqslant S_a,\quad \forall t\in T \tag{3.7}$$

$$\sum_{u\in U}\sum_{p\in P}C_{u,p}(t)\theta_{u,p}^{C,a}(t)\leqslant C_a,\quad \forall t\in T \tag{3.8}$$

鉴于每个区域的用户服务需求会动态变化，本章假设云节点的容量要能够满

足服务需求的峰值情况：

$$\sum_{a\in A} S_a = \max_{t\in T}\left\{\sum_{u\in U,p\in P,a\in A} S_{u,p}(t)\theta_{u,p}^{S,a}(t)\right\} \tag{3.9}$$

$$\sum_{a\in A} C_a = \max_{t\in T}\left\{\sum_{u\in U,p\in P,a\in A} C_{u,p}(t)\theta_{u,p}^{C,a}(t)\right\} \tag{3.10}$$

与访问边缘节点相比，终端用户访问云节点的延时更长，但是资源成本更低。因此，需要选取合适的$\theta_{u,p}^{S,a}(t)$和$\theta_{u,p}^{C,a}(t)$在云节点和边缘节点之间实现动态的权衡。

从横向来看，全体边缘节点响应的存储和计算需求为

$$S_E(t) = \sum_{u\in U}\sum_{p\in P} S_{u,p}(t)\left(1-\sum_{a\in A}\theta_{u,p}^{S,a}(t)\right) \tag{3.11}$$

$$C_E(t) = \sum_{u\in U}\sum_{p\in P} C_{u,p}(t)\left(1-\sum_{a\in A}\theta_{u,p}^{C,a}(t)\right) \tag{3.12}$$

进而获得如下约束条件：

$$0\leqslant \alpha_{u,p}^{e}(t)\leqslant 1,\quad \forall u\in U,\forall p\in P,\forall e\in E,\forall t\in T \tag{3.13}$$

$$0\leqslant \beta_{u,p}^{e}(t)\leqslant 1,\quad \forall u\in U,\forall p\in P,\forall e\in E,\forall t\in T \tag{3.14}$$

边缘节点e的最大存储和计算容量分别被定义为S_e和C_e，二者代表边缘节点在单个时隙中可以响应的最大存储和计算需求。资源的约束条件如下所示：

$$\sum_{u\in U}\sum_{p\in P} S_{u,p}(t)\alpha_{u,p}^{e}(t)\leqslant S_e,\quad \forall e\in E,\forall t\in T \tag{3.15}$$

$$\sum_{u\in U}\sum_{p\in P} C_{u,p}(t)\beta_{u,p}^{e}(t)\leqslant C_e,\quad \forall e\in E,\forall t\in T \tag{3.16}$$

式(3.15)和式(3.16)表明，分配给边缘节点e的存储和计算需求不应超过其最大的存储容量和计算容量。另一个重要约束条件是边缘联盟应该满足所有的用户需求，进而获得如下的约束条件：

$$\sum_{e\in E}\alpha_{u,p}^{e}(t)+\sum_{a\in A}\theta_{u,p}^{S,a}(t)=1,\quad \forall u\in U,\forall p\in P,\forall t\in T \tag{3.17}$$

$$\sum_{e\in E}\beta_{u,p}^{e}(t)+\sum_{u\in U}\theta_{u,p}^{C,a}(t)=1,\quad \forall u\in U,\forall p\in P,\forall t\in T \tag{3.18}$$

3.3.3 边缘联盟的成本最小化

在满足全体用户需求的同时，边缘联盟的规划会将最小化成本(最大化收益)视为重要的优化目标。边缘联盟的总体成本 V 包含计算成本、存储成本和通信成本。

边缘服务器的成本和传统服务器的成本类似，包含两大方面：一是维护成本，如服务器成本、网络和电力开销等；二是部署成本，如场地等物理基础设施的建设成本。维护成本会随着时间变化，并且受服务请求数量等因素的影响。部署成本则是一次性的开销，一旦物理基础设施建设好就不会再有大的变化。因此，本章主要考虑维护成本，不将部署成本考虑进长期的成本最小化问题中。此外，本章会将电力开销适当地融合到边缘服务的存储、计算和传输建模过程中，不予以单独计算考虑。

因此，在时段 T 内，云节点的服务器成本的计算表达式如下：

$$\begin{aligned}V^{\text{cloud}}&=V_S^{\text{cloud}}+V_C^{\text{cloud}}+V_M^{\text{cloud}}\\&=\sum_{u\in U,p\in P,a\in A,t\in T}S_{u,p}(t)\theta_{u,p}^{S,a}(t)V_S\\&\quad+\sum_{u\in U,p\in P,a\in A,t\in T}C_{u,p}(t)\theta_{u,p}^{C,a}(t)V_C\\&\quad+\sum_{u\in U,p\in P,a\in A,t\in T}\left(S_{u,p}(t)+S'_{u,p}(t)\right)\theta_{u,p}^{S,a}(t)V_M\end{aligned} \tag{3.19}$$

式中，V_S^{cloud}、V_C^{cloud}和V_M^{cloud}为云节点的存储成本、计算成本和通信成本；V_S、V_C和V_M分别为单个存储单元、单个计算单元以及单个通信单元的成本。

在时段 T 内，边缘节点的服务器成本的计算表达式如下：

$$\begin{aligned}V^{\text{edge}}&=V_S^{\text{edge}}+V_C^{\text{edge}}+V_M^{\text{edge}}\\&=\sum_{u\in U,p\in P,e\in E,t\in T}S_{u,p}(t)\alpha_{u,p}^{e}(t)V_S^{e}\\&\quad+\sum_{u\in U,p\in P,e\in E,t\in T}C_{u,p}(t)\beta_{u,p}^{e}(t)V_C^{e}\\&\quad+\sum_{u\in U,p\in P,e\in E,t\in T}\left(S_{u,p}(t)+S'_{u,p}(t)\right)\alpha_{u,p}^{e}(t)V_M^{e}\end{aligned} \tag{3.20}$$

式中，V_S^{edge}、V_C^{edge}和V_M^{edge}为边缘节点的存储成本、计算成本和通信成本；V_S^{e}、

V_C^e 和 V_M^e 分别为边缘节点 e 的单个存储单元、单个计算单元以及单个通信单元的成本。

在当前的云计算市场中，各项资源的租赁和使用价格相对稳定。因此，本章将所有云节点的单位存储成本、单位计算成本，以及单位通信成本设置为一致。然而，边缘计算的资源市场仍处于初期阶段，各个 EIP 间边缘节点的资源价格差异很大[5,6]。因此，边缘联盟架构允许各个 EIP 边缘节点就自己的存储、计算和通信资源进行定价，并允许同类资源产生较大的价格差异。

边缘联盟中所有边缘服务器和云服务器的总成本测算公式如下：

$$V = V^{\text{cloud}} + V^{\text{edge}} \tag{3.21}$$

构建一个边缘联盟的优化目标是在一个特定时间段内最小化其总成本 V 。值得注意的是，最终的优化结果应该严格满足用户关于边缘服务的响应延迟要求。

3.3.4 边缘服务的性能保障

响应延迟是影响服务性能的关键因素，可以大致分为两个组成部分，包括计算延迟和内容传输延迟。计算延迟是完成边缘服务相关计算任务所消耗的时间。对于用户 u 来说，服务 p 部署在云服务器和边缘服务器上的计算延迟由式(3.22)和式(3.23)分别计算：

$$l_{u,p}^{\text{cloud},C}(t) = \sum_{a\in A} C_{u,p}(t)\theta_{u,p}^{C,a}(t)\frac{r_p}{C_a}, \quad \forall u\in U, \forall p\in P, \forall t\in T \tag{3.22}$$

$$l_{u,p}^{\text{edge},C}(t) = \sum_{e\in E} C_{u,p}(t)\beta_{u,p}^{e}(t)\frac{r_p}{C_e}, \quad \forall u\in U, \forall p\in P, \forall t\in T \tag{3.23}$$

式中，参数 r_p 代表完成服务 p 相关计算任务所需要的计算容量，这与边缘服务的具体类别紧密相关。需要注意的是，同云环境提供的超大规模计算资源相比，边缘环境提供的计算资源仍然非常有限，因此一般情况下有 $C_a \gg C_e$ 。

内容传输延迟可以分为上传延迟和下载延迟。本章使用传输距离来估计模型中的传输延迟，使用 h_u^a 和 h_u^e 分别表示从云节点 a 和边缘节点 e 到终端用户 u 的传输距离。首先，使用一项边缘服务时通常需要先将相关数据从用户端传输到边缘服务的宿主服务器，为服务的执行提供输入数据。在某个时隙 t ，从终端用户到某台云服务器或边缘服务器的上传延迟可以分别估计为

$$l_{u,p}^{\text{cloud,up}}(t) = \sum_{a\in A} S_{u,p}(t)\theta_{u,p}^{S,a}(t)h_u^a, \quad \forall u\in U, \forall p\in P, \forall t\in T \tag{3.24}$$

$$l_{u,p}^{\text{edge,up}}(t)=\sum_{e\in E}S_{u,p}(t)\alpha_{u,p}^{e}(t)h_{u}^{e},\quad \forall u\in U,\forall p\in P,\forall t\in T \tag{3.25}$$

在边缘服务执行完成之后，产生的服务输出数据将会返回给用户。在时隙 t，从某台云服务器或边缘服务器反馈给用户的下载数据传输延迟可以分别估计为

$$l_{u,p}^{\text{cloud,do}}(t)=\sum_{a\in A}S'_{u,p}(t)\theta_{u,p}^{S,a}(t)h_{u}^{a},\quad \forall u\in U,\forall p\in P,\forall t\in T \tag{3.26}$$

$$l_{u,p}^{\text{edge,do}}(t)=\sum_{e\in E}S'_{u,p}(t)\alpha_{u,p}^{e}(t)h_{u}^{e},\quad \forall u\in U,\forall p\in P,\forall t\in T \tag{3.27}$$

不同的用户对相同边缘服务的性能要求通常不尽相同，而且会随时间和空间发生变化。因此，边缘联盟的服务供给和请求调度方案必须确保边缘服务承诺的延迟等性能。设 l_p 表示访问服务 p 的延迟要求。在任意时隙 t，仅当服务的实际访问延迟不超过 l_p 时，用户对服务 p 的访问调用才被认为成功。实际的服务延迟和要求的服务延迟之间的关系可以表示为

$$\begin{aligned} l_{u,p}(t)&=l_{u,p}^{\text{cloud}}(t)+l_{u,p}^{\text{edge}}(t)\\ &=\left(l_{u,p}^{\text{cloud},S}(t)+l_{u,p}^{\text{cloud},C}(t)\right)+\left(l_{u,p}^{\text{edge},S}(t)+l_{u,p}^{\text{edge},C}(t)\right)\leqslant l_p \end{aligned} \tag{3.28}$$

式中，$l_{u,p}(t)$ 代表用户 u 在时隙 t 关于服务 p 的实际访问延时。

另外，满意参数 $m_{u,p}(t)$ 用于刻画用户 u 关于服务 p 的时延要求是否得到满足，可以定义为

$$m_{u,p}(t)=\begin{cases}1, & l_{u,p}(t)\leqslant l_p\\ 0, & l_{u,p}(t)>l_p\end{cases} \tag{3.29}$$

此外，边缘联盟需要在实际业务环境中将服务保持在较高的水平，以吸引更多的 ESP 在边缘侧部署多样化的服务，进而提高整个边缘联盟的整体收益。边缘联盟中某个服务 p 的整体性能可以通过满意率参数 r_p^{sat} 来衡量：

$$r_p^{\text{sat}}=\frac{\sum_{t\in T}\sum_{u\in U}S_{u,p}(t)m_{u,p}(t)}{\sum_{t\in T}\sum_{u\in U}S_{u,p}(t)} \tag{3.30}$$

根据现在的行业标准，服务的满意率应达到以下范围：

$$l_1\leqslant r_p^{\text{sat}}\leqslant l_2 \tag{3.31}$$

式中，l_2为 100%；l_1通常大于 99%。

服务 p 的满意率是通过每个用户在每个时隙内成功访问服务 p 的次数来计算的，并最终用满足延迟要求的服务总访问量来计算该服务 p 的满意率。需要注意的是，用平均服务延迟等全局性指标或者衡量方式来计算服务的满意率是不准确的。原因是每一时隙内用户群体的延迟要求可能呈双峰分布，如果此时用总体平均服务延迟来衡量满意率会严重偏离实际情况。

综合上述延迟约束，中央优化器需要解决的边缘联盟优化问题可以构建为

$$\min_{\left\{\theta_{u,p}^{S,a}(t),\theta_{u,p}^{C,a}(t),\alpha_{u,p}^{e}(t),\beta_{u,p}^{e}(t)\right\}} V \tag{3.32a}$$

$$\text{s.t. 式(3.5)～式(3.8),式(3.13)～式(3.18),式(3.31)成立} \tag{3.32b}$$

通过解决该优化问题，可以找到边缘联盟在每个时隙内的最佳资源分配方案，如缓存和计算资源相关变量的最优取值。基于此方案，边缘联盟可以获得以下几方面的优势。

(1) 可扩展性：尽管每个 EIP 的边缘资源量都比较有限，但通过纵向的资源融合，充足的云资源可以作为重要的补充，并使各个 EIP 通过弹性的资源配置方式满足不可预知的用户服务需求。例如，如果耗费全体边缘资源还有大量未能响应的服务需求，那么边缘联盟可以增大变量 $\theta_{u,p}^{S,a}(t)$ 和 $\theta_{u,p}^{C,a}(t)$ 以利用更多的云资源，而相应的变量 $\alpha_{u,p}^{e}(t)$ 和 $\beta_{u,p}^{e}(t)$ 会减小，如式(3.17)和式(3.18)所示。通过这种调整方式，每个 EIP 可以增强其资源容量，并将更多对延迟指标要求不高的服务推送到云端，为具有严格低延迟要求的大量服务留出更多的边缘资源。

(2) 高效性：如式(3.28)～式(3.31)所述，用户关于某边缘服务的访问延迟要求需要通过边缘联盟的整体调度得到满足。因此，在服务访问延迟的约束下，边缘联盟的中央优化器将制定最佳的服务供给和资源分配方案，以最大限度地降低 ESP 的成本。当以最小化 ESP 的成本为目标时，服务的实际延迟没有必要尽可能短，而是通过控制变量 $\theta_{u,p}^{S,a}(t)$、$\theta_{u,p}^{C,a}(t)$、$\alpha_{u,p}^{e}(t)$ 和 $\beta_{u,p}^{e}(t)$ 使实际延迟恰好满足延迟要求。因此，ESP 可以尽可能多地使用便宜的云资源，以避免高昂的边缘资源开销。边缘联盟面临不同用户需求时能始终提供高效且满意的服务响应。

(3) 低延时：由于众多 EIP 互相协作，边缘联盟可在更广阔的地理区域上分布更多的边缘节点来承载各类边缘服务。边缘联盟通过调节变量 $\theta_{u,p}^{C,a}(t)$、$\alpha_{u,p}^{e}(t)$ 和 $\beta_{u,p}^{e}(t)$ 的取值，能够将更多的服务部署在邻近用户终端的地理区域。虽然本章的优化目标是最小化边缘联盟的总体开销而不是最小化服务的延迟，但是边缘联盟的资源管理机制可以实现更低的服务延迟。

3.4　问题转化与服务供应算法

本节首先提出一种维度缩减方法，据此可以将上述优化问题重新表述为一个易于求解的模型。基于此方法，本节进一步提出动态的服务供应算法。

3.4.1　问题转化

在上述优化问题中，变量 $\theta_{u,p}^{S,a}(t)$、$\theta_{u,p}^{C,a}(t)$、$\alpha_{u,p}^{e}(t)$ 和 $\beta_{u,p}^{e}(t)$ 均与边缘节点、云节点、用户、服务和时隙等因素相关。当构造该优化问题时，不难发现变量矩阵为四维，这很难用现有的线性规划求解器直接求解，并且求解过程极为耗时。为此，本章倾向于将该优化问题表述为低维的优化问题，即原来的四维变量矩阵转换为二维变量矩阵，然后选用现有的求解器进行求解。

本章用 V_S^{edge}（V 的一部分）作为示例来阐述具体的转换过程。为了便于理解，本章给出一个简单的场景，即仅有一种边缘服务和一个时隙（如 $|P|=1$ 和 $|T|=1$）。因此，初始的四维存储变量可以转换为二维变量，例如 $\alpha_{u,p}^{e}(t)$ 可以转换为 α_u^e，其中，$u \in U$，$e \in E$。假设 $|U|=i$，$|E|=j$，则 α_u^e 的变量矩阵可以写为

$$\alpha = \begin{bmatrix} \alpha_1^1 & \alpha_1^2 & \cdots & \alpha_1^j \\ \alpha_2^1 & \alpha_2^2 & \cdots & \alpha_2^j \\ \vdots & \vdots & & \vdots \\ \alpha_i^1 & \alpha_i^2 & \cdots & \alpha_i^j \end{bmatrix} \tag{3.33}$$

式中，每个 α_i^j 表示用户 u 的存储需求被分配到边缘节点 e 的比例。设向量 $S = (S_1, S_2, \cdots, S_i)^{\mathrm{T}}$ 表示每个用户的存储需求量。向量 $V_S^E = \left(V_S^{e_1}, V_S^{e_2}, \cdots, V_S^{e_j}\right)$ 表示不同边缘节点中每个存储单元的成本。因此，V_S^{edge} 可以表示为

$$V_S^{\text{edge}} = \left\| \left(SV_S^E\right) \circ \alpha \right\|_1 \tag{3.34}$$

式中，符号“∘”表示两个矩阵间的阿达马(Hadamard)乘积，并且矩阵 $\left(SV_S^E\right) \circ \alpha$ 中的每个元素代表边缘节点上的相应存储开销。

此后，本章考虑更具有普适性的场景。其具有多种边缘服务、多个时隙(如 $|P|=m$ 和 $|T|=n$)。在这种情况下，变量 $\alpha_{u,p}^{e}(t)$ 的矩阵可以被转换为一个超级矩阵，其由 $m \times n$ 个前述的二维矩阵(式(3.33))组成。因此，变量 $\alpha_{u,p}^{e}(t)$ 可以扩展为如下形式：

$$\hat{\alpha} = [\alpha(1), \alpha(2), \cdots, \alpha(m \times n)]^{\mathrm{T}} \tag{3.35}$$

式中，每个矩阵$\alpha(l)$代表存储变量α_u^e在时隙t关于服务$\hat{p}$的矩阵，且$m \times (t-1) + \hat{p} = l$。

向量S和V_S^E在这个例子下可以扩展为

$$\hat{S} = [S(1), S(2), \cdots, S(m \times n)]^{\mathrm{T}} \tag{3.36}$$

$$\widehat{V_S^E} = \left[V_S^E(1), V_S^E(2), \cdots, V_S^E(m \times n)\right] \tag{3.37}$$

式中，$S(l)$和$V_S^E(l)$分别表示在时隙t关于服务$\hat{p}$的存储需求向量和边缘存储开销向量，且$m \times (t-1) + \hat{p} = l$。而后$V_S^{\text{edge}}$可以转化为

$$V_S^{\text{edge}} = \left(\hat{S}\widehat{V_S^E}\right) \circ \hat{\alpha} \tag{3.38}$$

通过这种方法，本章将变量矩阵$\theta_{u,p}^{S,a}(t)$、$\theta_{u,p}^{C,a}(t)$、$\alpha_{u,p}^e(t)$和$\beta_{u,p}^e(t)$从四维转换至二维，但没有造成任何描述精度上的损失，因此这个转换过程对优化结果没有任何影响。转换后的问题可以由现有的线性规划求解器求解，如Gurobi求解器。

3.4.2 服务供应算法

完成上述转换之后，本章设计了 SEE 算法，希望在边缘联盟环境中面向各个 EIP 提供高效的服务供应方案。

算法 3.1 是针对动态发生的服务请求设计的，边缘联盟的服务供应策略需要在每个时隙内重新调整和生成。

算法 3.1 SEE 算法

已知：C_a、S_a、C_e、S_e、r_p、l_p、h_e、h_a、$\alpha_{u,p}^e(t)$、$\beta_{u,p}^e(t)$、$\theta_{u,p}^{S,a}(t)$和$\theta_{u,p}^{C,a}(t)$。

1 **for** t_1 to t_i **do**

2 预测不同服务的用户需求$K_{u,p}(t) = \left(S_{u,p}(t_i), S'_{u,p}(t_i), C_{u,p}(t_i)\right)$；

3 求解优化问题(3.32a)，更新变量$\alpha_{u,p}^e(t_i)$、$\beta_{u,p}^e(t_i)$、$\theta_{u,p}^{S,a}(t_i)$和$\theta_{u,p}^{C,a}(t_i)$；

4 计算t_i时隙全体EIP的开销：$V(t_i) = \left(V^{\text{edge}}(t_i) + V^{\text{cloud}}(t_i)\right)$；

5 重复执行第2步～第4步。

算法的输入条件是云节点和边缘节点的计算和存储能力 C_a 、 S_a 、 C_e 和 S_e ，以及从用户到边缘节点的传输距离 h_e ，从用户到云节点的传输距离 h_a ，请求服务的计算和延迟需求 r_p 和 l_p 。在每个时隙，边缘联盟首先使用 ARIMA 等预测模型来预测下一个时隙内的网络流量。很多研究表明，这样的短期预测能获得比长期预测更好的效果。基于预测结果，边缘联盟可以通过求解优化问题(3.32)，提前计算出下一时隙的服务供应和资源配置计划。该优化过程主要是由边缘联盟的中心控制器来执行，它会决定多少比例的服务请求应该被边缘层响应，多少服务请求应该被传递到云端得到响应，并且还会跨异构边缘节点和云节点制定整体的服务部署方案。

3.5　实验设计和性能评估

本章在城市级蜂窝基站网络上进行实验验证，并在多 EIP 环境下评估提出的服务供应模型的性能，具体的性能指标是全体 EIP 的总成本。

3.5.1　实验设计

终端用户的动态服务需求：本章从 NORDUnet3 上收集服务流量数据。NORDUnet3 是一个面向研究和教育的网络服务设施，其在欧洲和北美的各个对等节点上托管缓存服务器。通过参照这些真实的服务流量数据，在目标网络中生成每个用户的服务需求。本章主要考虑三种类型的网络服务，包括在线游戏、在线视频及社交媒体。它们分别代表低延迟、中延迟和高延迟三种典型情况。因此，本章相应地选择三个代表性的服务，包括 Valve、Netflix 和 Facebook。图 3.4 显示了相关服务在 2017 年 5 月 7 日当天的 24h 访问流量曲线。该图展现了一些非常有趣的现象：Netflix 流量占流量中的大部分，Valve 和 Netflix 的需求峰值出现在夜间，而 Facebook 的需求峰值出现在白天。

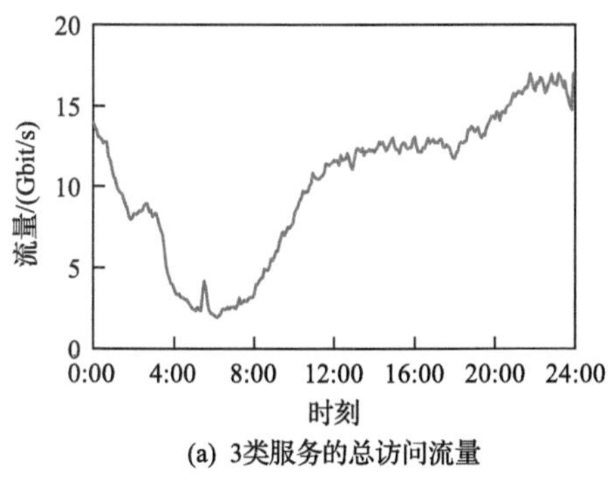

(a) 3类服务的总访问流量

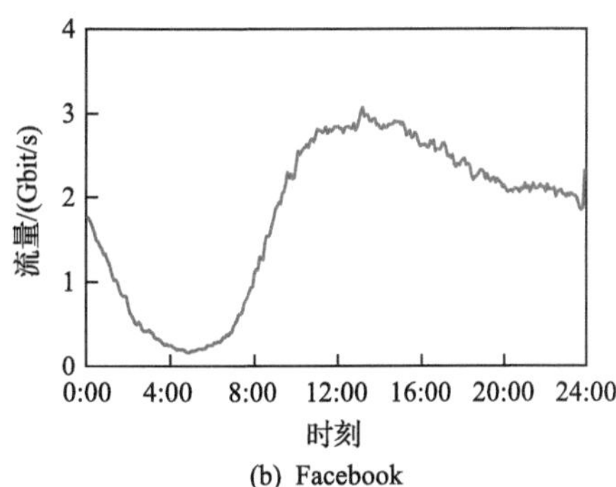

(b) Facebook

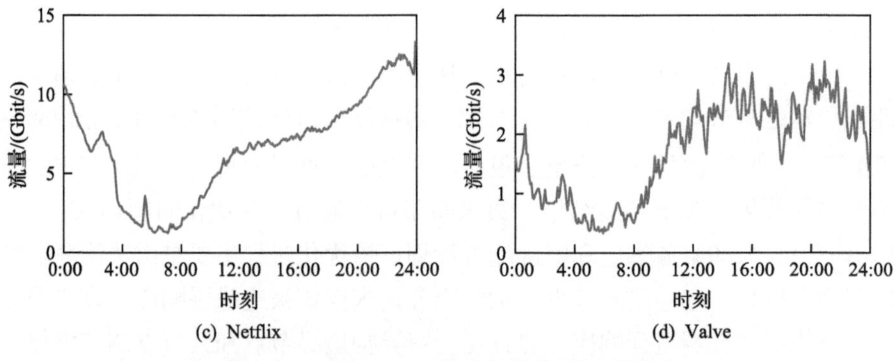

(c) Netflix (d) Valve

图 3.4 NORDUnet3 节点的服务访问流量图

服务需求的流量合成：参考上述实际服务的用户需求特征，本章生成针对Valve、Netflix 和 Facebook 服务的流量需求，开展进一步的效果评估。首先，这里将每个服务的流量需求进行标准化处理。然后，从在线发表的数据中收集多伦多的人口数量和密度信息。根据这些信息，通过计算式(3.1)～式(3.3)为每个用户区域生成合成的服务需求数据。这些流量数据在实验中会被视为图 3.2 中流量分析器输出的结果，并被发送到中央优化器以计算最佳的服务供应和资源配置计划。

3.5.2 性能评估

本章分析 Telus、Rogers 和 Bell 通过 30 个边缘节点和 50 个边缘节点供应服务的表现。这里主要用现有的两种服务供应和资源配置策略同本章提出的边缘联盟计算架构进行对比：①固定合约模型(fixed contract model)：每个 ESP 只能与一个 EIP 签约。为了测试固定合约模型的性能，本章假设合约关系在较长的时间尺度上固定不变，如 Facebook 与 Telus 签约、Valve 与 Rogers 签约、Netflix 与 Bell 签约。②多合约模型(multihoming model)：一个 ESP 可以与多个 EIP 签约，每个 EIP 依然独立管理自身资源，但是没有全局的资源信息。

本章假设 Facebook 与 Telus 和 Bell 签约、Valve 与 Rogers 和 Telus 签约、Netflix 与 Bell 和 Rogers 签约。此外，公平起见，在不同的合约模型下，每个边缘节点和云节点的计算和存储资源保持相同。在不同的服务延迟要求和服务需求数量下，全体 EIP 的成本被用于评估现有服务模型和边缘联盟计算架构服务模型的性能。具体地，这里从总成本和平均成本两方面来评估模型表现，分别定义如下。

(1)总成本：所有 EIP 在 24 个时隙内的总开销，可以用式(3.21)来计算。

(2)平均成本：在时隙 t ，每个 EIP 为每个用户提供服务 p 的平均开销，表示为

$$v_{u,p}(t)=\left(\sum_{u\in U}\sum_{e\in E}S_{u,p}(t)\alpha_{u,p}^{e}(t)V_S^e(t)\right.$$
$$\left.+\sum_{u\in U}\sum_{e\in E}S_{u,p}(t)\beta_{u,p}^{e}(t)V_C^e(t)\right)/n_{\text{users}}$$

式中，n_{users}代表用户的数量。

图 3.5(a)展示了 30 个边缘节点和 50 个边缘节点分别在 24 个时隙内响应各动态服务请求的总体开销，而且动态请求的服务延迟约束多样化。具体的服务延迟要求见表 3.2，其中越小的数值表示越严格的延迟要求。观察发现，随着延迟要求从宽松到严格，全体 EIP 的总体成本从低到高逐渐增长。这与预期效果一致，即边缘资源被用于提供低延迟服务，更低的延迟要求将导致更多的边缘资源被使用。考虑到边缘资源的单位成本比云资源的单位成本高，因此总成本增加。由此不难看出，边缘联盟同其他模型相比更具有成本效益，并且可以实现更好的服务供应性能。例如，与多合约模型和固定合约模型相比，边缘联盟在 30 个边缘节点的情况下可分别平均节省 15.5%和 23.3%的总体成本，在 50 个边缘节点的情况下可分

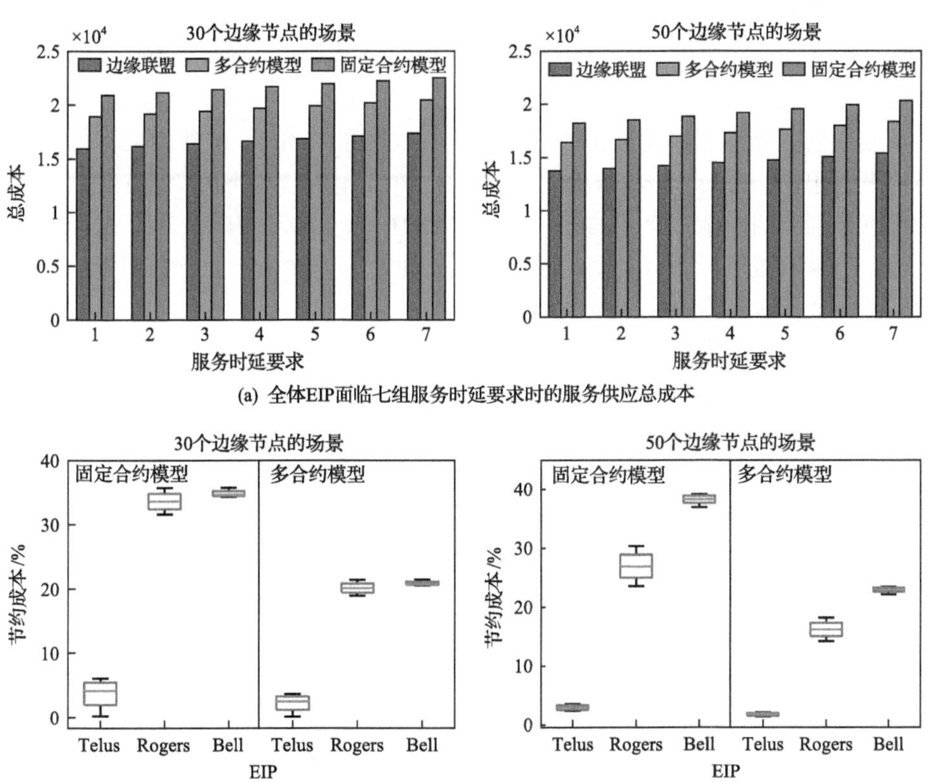

(a) 全体EIP面临七组服务时延要求时的服务供应总成本

(b) 两种场景中不同服务时延要求下的成本节约情况

图 3.5　3 个 EIP 采用固定合约模型、多合约模型和边缘联盟模型时的服务供应性能

表 3.2　三种服务的延迟要求

组别	1	2	3	4	5	6	7
Facebook	72	68	64	60	56	52	48
Valve	36	34	32	30	28	26	24
Netflix	54	51	48	45	42	39	36

别平均节省 16.3%和 24.5%的总体成本。对于在大范围内部署大量边缘节点的 EIP 而言，节省的总费用将非常可观。

实验发现，对于每组服务延迟需求，50 个边缘节点的总体成本低于 30 个边缘节点的总体成本。这可以归结于：当某个 ESP 想围绕潜在的用户群体部署边缘服务时，50 个边缘节点的设置比 30 个边缘节点的设置可能存在更多更好的选择，例如，服务节点到用户的传输距离更短。因此，ESP 可以更好地避免潜在用户远程访问部署的边缘服务，从而降低传输成本。

为了研究服务类型是否对节约 EIP 的成本有重大影响，从延迟要求组 1 到要求组 7 的不同延迟约束下，分别分析了每个 EIP 的服务供应性能表现。相应的实验结果如图 3.5(b)所示，其中展示了每个 EIP 节约成本的范围。边缘联盟同固定合约模型相比，帮助 Telus、Rogers 和 Bell 分别在 30 个边缘节点场景和 50 个边缘节点场景下分别节约成本 3.7%和 3.0%、33.6%和 26.0%、34.8%和 38.1%。与多合约模型相比，Telus、Rogers 和 Bell 分别在 30 个边缘节点场景和 50 个边缘节点场景下分别节约成本 2.5%和 1.5%、20.1%和 16.1%、20.6%和 22.2%。这样的结果表明，边缘联盟对于所有类型的 EIP 都会产生良好的效果，无论它们签约哪种服务类型以及拥有多少边缘节点数量。

经过深入挖掘发现，与延迟要求越严格的服务签约的 EIP 将节约越多成本，原因可能是：延迟要求越严格的服务需要使用越多的边缘资源。然而，由于单个 EIP 的资源容量有限且地理覆盖范围有限，这使得 EIP 难以高效地部署和供应服务。由于不同边缘节点之间的距离可能很大，用户向其他较远的边缘节点请求服务会产生较大的传输开销。边缘联盟的资源集成效果可以大大缓解这种困境，因此可以降低服务传输的开销，特别是对延迟要求严格的服务。

3.5.3　节约成本随动态请求量的变化

根据给定的服务延迟要求，如表 3.2 中的第 6 组要求，本节考虑在服务需求量动态变化时 EIP 服务成本的变化。

图 3.6(b)～(d)分别展示了整个时间段内每个时隙内 Telus、Rogers、Bell 的平均服务成本。本节主要观察到两个现象：①结合图 3.4 来看，边缘联盟的平均服务成本会随着时间变化而振荡，并且与服务请求量的变化趋势相似。例如，平均服务

成本曲线的峰值与服务请求的峰值出现的时刻一致。②另外，不论服务需求量如何变化，边缘联盟在 30 个边缘节点和 50 个边缘节点的场景下始终优于多合约模

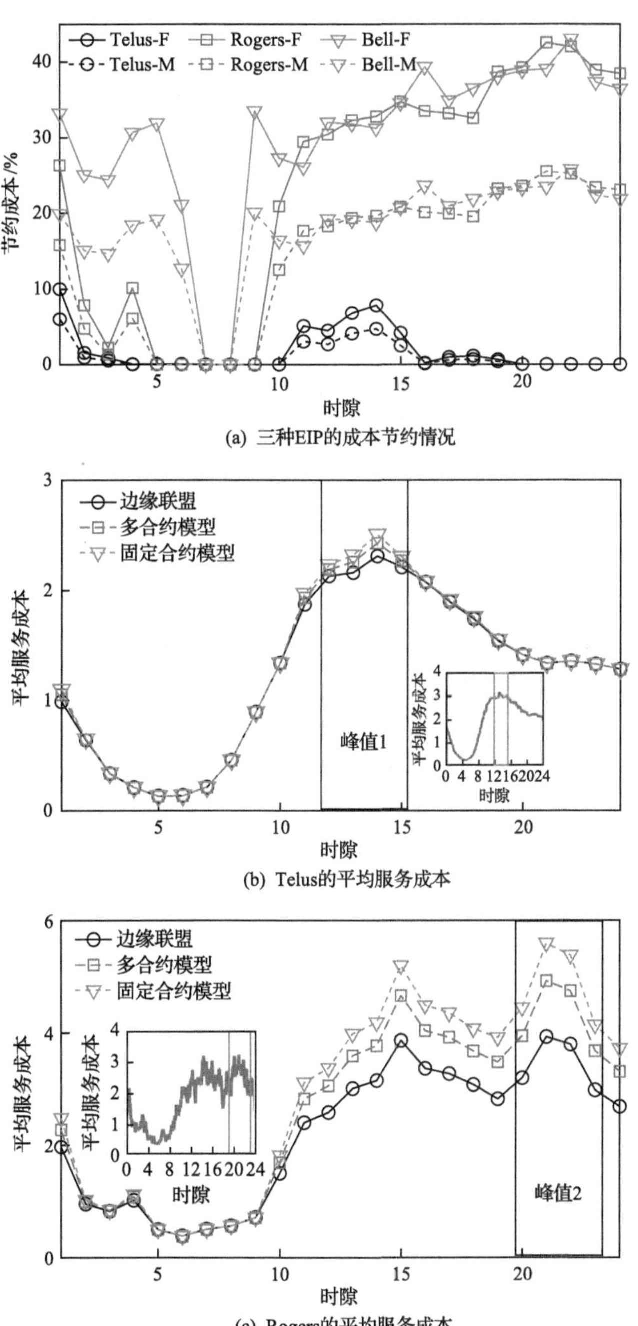

(a) 三种EIP的成本节约情况

(b) Telus的平均服务成本

(c) Rogers的平均服务成本

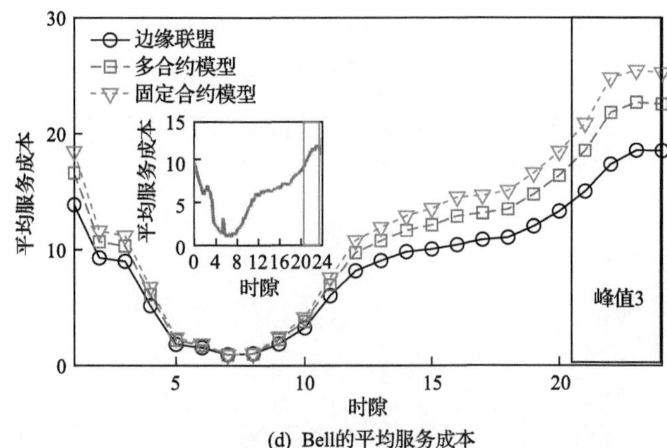

(d) Bell的平均服务成本

图 3.6　30 个边缘节点场景中三种服务供应模型下，各 EIP 的平均服务成本节约情况

型和固定合约模型。Rogers 平均节约的成本分别是 11.8%和 17.6%，Bell 平均节约的成本分别是 15.1%和 22.6%，Telus 平均节约的成本分别是 1.3%和 1.8%。

本节进一步考虑服务需求量是否会影响模型的表现。图 3.6(a)给出了在 30 个边缘节点场景下，在第 6 组服务延迟要求的约束下三个 EIP 的成本节约表现，F 和 M 分别代表固定合约模型和多合约模型。结合图 3.5 来看，当服务需求量较大时，更可能节约更多的成本，这表明成本节约与服务需求量之间有很强的相关性。例如，图 3.6(b)～(d)用一个 4 个时隙的时间窗口来圈定每个 EIP 的成本峰值段，如峰值 1(时隙 12 到 15)、峰值 2(时隙 20 到 23)和峰值 3(时隙 21 到 24)分别代表 Telus、Rogers 和 Bell 的峰值段。显然，成本节约的峰值时段和每个 ESP 服务需求的峰值完美匹配。这意味着在服务需求量较大的情况下，边缘联盟有更好的性能表现，因此边缘联盟在实际的超大规模流量网络环境中可能会很有帮助。

3.5.4　边缘联盟的优势

1. 弹性和稳健的服务供应

边缘联盟能否在多样的延迟要求和动态的服务需求下始终保持良好的性能?这个问题对于证明边缘联盟在真实网络环境中是否可靠至关重要。

为了回答这个问题，本节以 30 个边缘节点的场景为例，主要从时间维度和延迟要求维度来分析模型的性能。如图 3.7 所示，边缘联盟与固定合约模型和多合约模型相比，从时隙 1 至时隙 24 过程中曲线的数值一直为正，这意味着无论服务的需求量是多少，边缘联盟比其他两种服务供应模型都能节约成本。从服务延迟要求的维度来看，边缘联盟的成本节约表现得比较稳定，在大部分时隙仅有小幅度的波动，但是在时隙 5 和时隙 10 之间出现了较大的波动。为了查清潜在的原因，这里查验了图 3.4，发现从时隙 5 到时隙 10 的服务需求量远低于其他时隙。这表明，边缘联盟在服务需求量多的场景下比在服务需求量少的场景下表现得更稳定，该结果再次说明边缘联盟更适合于服务大规模请求的场景。

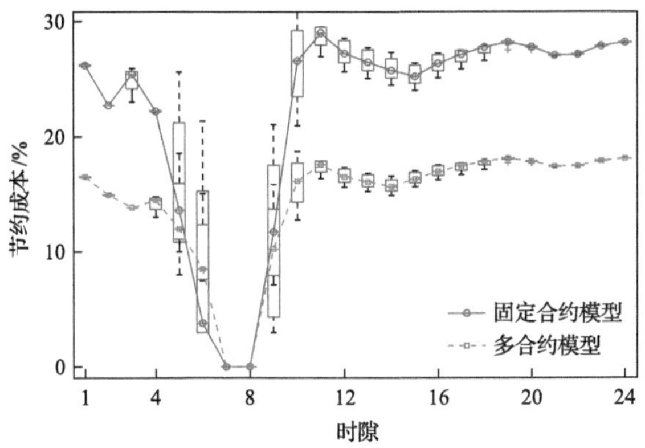

图 3.7　在七组延迟要求下各 EIP 采用边缘联盟时的成本节约表现

2. 边缘节点之间的横向协同有助于降低成本

边缘联盟通过多个 EIP 所属边缘节点的横向协同来实现资源的水平延展。这种方式能降低 EIP 保障边缘服务的成本吗？为了回答这个问题，本节选择了 Roger 和 Bell 这两家 EIP 来做验证。Bell 在多伦多西部地区具有较好的覆盖范围，而在东部较弱，Rogers 的节点分布则相对比较均衡。此外，本节假设一个虚拟 EIP 拥有 Rogers 和 Bell 的所有边缘节点，在图 3.8 中标识为 Combined。公平起见，本节将所有三个 EIP 设置为具有相同的资源总量，即相同的存储和计算能力。图 3.8 给出了不同 EIP 的表现，可以看出 Combined 比 Rogers 和 Bell 节约了 13.3% 和 10.6%的成本。图中的点线图显示 Combined 的云资源利用率最高，并且随着

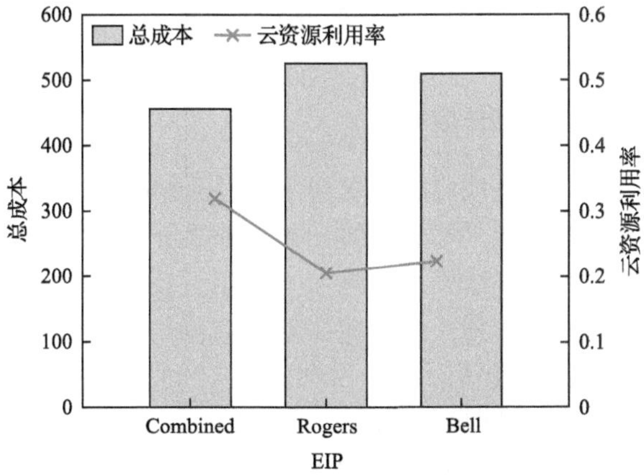

图 3.8　不同 EIP 边缘节点横向协同的有效性验证

更多云资源被利用，EIP 提供边缘服务的总成本会进一步降低。

3. 自适应的云边资源联合分配

为了测试本章提出的 SEE 算法的有效性，这里计算了服务的资源利用率在七种不同延迟要求下的表现。实验结果如图 3.9 所示，当延迟要求严格且服务请求更多时，所有服务都会使用更多的边缘层资源。这表明，在面对变化的服务延迟要求时，SEE 算法能在边缘资源与云资源之间实现很好的动态调整。

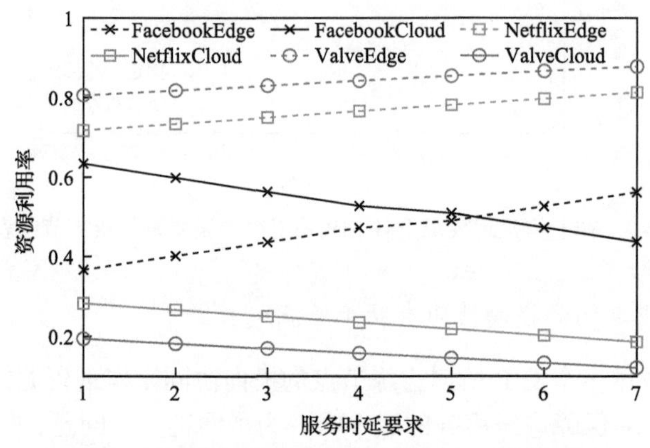

图 3.9 不同服务分发模型所使用的云边缘资源比例

上述实验结果表明，边缘联盟计算架构确实解决了在 3.1 节中提到的困难和挑战。边缘联盟计算架构在边缘服务负载高和延迟要求严格时表现尤其高效，这满足了延迟敏感型和资源密集型服务的基本需求，并在实际网络环境下展示了其效果和价值。

3.6 相关问题讨论

3.6.1 边缘联盟的最佳时隙长度

边缘联盟架构的性能表现可能会受到每个时隙长度的影响。与 30 个边缘节点场景中的固定合约模型相比，本节评估了不同时隙长度(30min、60min、120min)下边缘联盟计算架构的表现结果。如图 3.10 所示，较短的时隙长度可能会令边缘联盟计算架构产生更好的表现。在上述三种时隙长度下，边缘联盟计算架构比固定合约模型分别平均节约 20.5%、19.5%和 18.2%的成本。简单起见，本节假定每次调整服务供应计划的开销保持不变，其中包括计算和通信成本。与120min 的时隙设置相比，30min 和 60min 的时隙设置可节省 2.3%和 1.3%的成本，但会产生 4×(120/30)和 2×(60/30)的计划调整开销。本节假设仅当调整后的计划能节约更多成本时，EIP 才可能愿意采用调整后的服务供应计划。因此，计划更新的频率(即 1 个时隙的长度)很大程度上取决于计划更新的开销和多个 EIP 的总成本。此外，自动确定 1 个时隙的长度是非常有趣的研究。一种可能的方案是将强化学习引入供应计划的制定机制中，它可以在与环境的试错互动中汲取经验教训，从而做出更好的决策[10]，本节将此问题作为一个开放的问题留待未来研究。

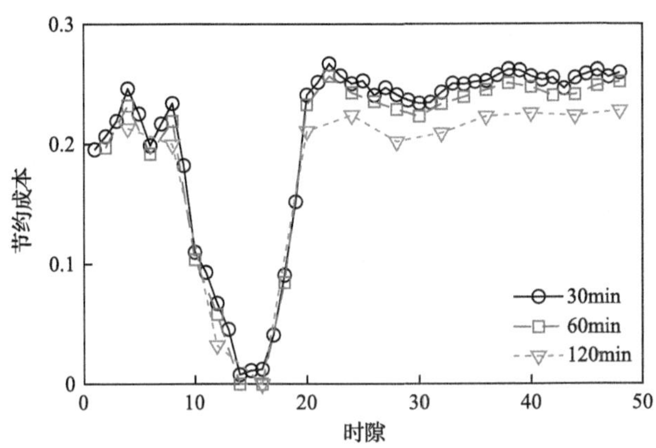

图 3.10　时隙长度对 EIP 成本节约的影响

3.6.2　边缘联盟的规模控制

边缘联盟计算架构不是解决特定技术问题的单一模型，而是边缘计算场景下宏观的资源管理模型。边缘联盟以集中优化的方式控制各个参与的 EIP 节点和云节点，这种方式可以为 EIP 实现最具成本效益的服务供应与资源管理，并为 ESP 和终端用户提供稳定的服务质量和用户体验。

集中式管理的关键问题之一是控制区域的面积，这在很大程度上取决于地理因素(如不同的时区可能会影响流量预测的准确性、不同区域的不同用户可能会有不同的行为方式)、商业环境(如不同国家和地区、不同的商业政策)等。根据这些因素，可以在国家、城市、区域层面按照边缘联盟计算架构的思想进行边缘基础设施的部署和管理。

3.6.3　边缘联盟的服务供应算法

边缘联盟计算架构涉及的网络环境非常复杂。本节主要考虑以下因素来刻画边缘联盟中的优化问题：①资源因素，如通信、存储和计算等异质资源；②地理因素，如在地理空间离散分布的边缘节点和用户；③网络流量因素，如类型多样的网络服务、动态的服务需求量和多样化的服务延迟要求。通过求解相关优化问题来找到最优的解析解，证明边缘联盟计算架构比现有的其他边缘计算架构更具成本效益。另外，研究人员可以从其他研究角度出发，为边缘联盟设计其他新型服务供应算法和优化技术，或定义新的优化问题(如服务延迟最小化)。这些问题都仍然是开放性的研究方向，供其他研究者参考和借鉴。

3.7 本章小结

面向边缘基础设施建设和高效利用，本章提出了名为边缘联盟的资源融合和服务供应架构，该架构考虑了众多边缘节点和现有云节点之间的纵向融合和横向协同方式。本章将边缘联盟的服务供应过程建模为大规模线性优化问题，并采用了一种变量维度缩减方法将其转化为易于求解的形式。此外，针对高度变化的服务需求，本章提出了一种服务动态供应算法，即 SEE 算法，其可以动态更新服务供应和资源配置计划，从而实现高效的服务部署。通过在城市级真实基站数据上的大量实验，证明了与现有孤立的边缘计算模型相比，边缘联盟可以帮助 EIP 大幅节约服务部署及供应成本。

参考文献

[1] Liu F, Tang G M, Li Y, et al. A survey on edge computing systems and tools[J]. Proceedings of the IEEE, 2019, 107(8): 1537-1562.

[2] Shi W S, Cao J, Zhang Q, et al. Edge computing: Vision and challenges[J]. IEEE Internet of Things Journal, 2016, 3(5): 637-646.

[3] Ma X, Zhang S, Li W Z, et al. Cost-efficient workload scheduling in cloud assisted mobile edge computing[C]//Proceedings of the 25th IEEE/ACM International Symposium on Quality of Service, Vilanova i la Geltrú, 2017.

[4] Wang H M, Shi P C, Zhang Y M. JointCloud: A cross-cloud cooperation architecture for integrated internet service customization[C]//Proceedings of the 37th IEEE International Conference on Distributed Computing Systems, Atlanta, 2017.

[5] Yang B X, Chai W K, Xu Z C, et al. Cost-efficient NFV-enabled mobile edge-cloud for low latency mobile applications[J]. IEEE Transactions on Network and Service Management, 2018, 15(1): 475-488.

[6] Calheiros R N, Masoumi E, Ranjan R, et al. Workload prediction using ARIMA model and its impact on cloud applications' QoS[J]. IEEE Transactions on Cloud Computing, 2015, 3(4): 449-458.

[7] Wang Q W, Sun H, Skoglund M. The capacity of private information retrieval with eavesdroppers[J]. IEEE Transactions on Information Theory, 2019, 65(5): 3198-3214.

[8] Gai K K, Qiu M K, Zhao H. Privacy-preserving data encryption strategy for big data in mobile

cloud computing[J]. IEEE Transactions on Big Data, 2021, 7(4): 678-688.

[9] Naveed M, Prabhakaran M, Gunter C A. Dynamic searchable encryption via blind storage[C]//Proceedings of the IEEE Symposium on Security and Privacy, San Jose, 2014.

[10] Peng X B, Abbeel P, Levine S, et al. Deepmimic: Example-guided deep reinforcement learning of physics-based character skills[J]. ACM Transactions on Graphics, 2018, 37(4): 143.1-143.14.

第 4 章　混合边缘计算架构

随着边缘计算理念的快速推广，电信运营商以及其他边缘基础设施提供商开始考虑着手在网络边缘端提供一些公共的边缘服务。除此之外，不少特定用户群体需要请求安全隔离的私有边缘服务来实现关键业务和隐私数据的保护。目前，如何在边缘层同时保障公众用户的服务请求和特殊用户的私有请求仍然处于空白状态。本章提出一种公有/私有混合的边缘计算框架(HyEdge)，以在边缘层系统性地为两类用户提供相应的公共和私有边缘服务。为了推动该框架的快速发展，本章定义混合服务请求的调度问题，并设计最优延迟响应的解决方案。此后，本章将该调度问题建模为混合整数非线性规划问题(mixed integer non-linear programming problem, MINLP)，并针对该 NP 难问题提出问题分解和分支定界(branch-and-bound, BnB)方法，来高效求解该问题以获得较好的次优解。最后，本章使用真实的数据集开展细致的评估工作，以度量混合边缘计算架构及其方法的性能，结果表明其具有良好的性能和较低的计算复杂度。

4.1 引　言

4.1.1 问题背景

在过去的十多年中，云计算模式成功利用大型数据中心为庞大的终端用户和企业用户提供多样化的计算、存储等网络服务。但是，不断出现的超低延迟、高带宽消耗类网络服务给云计算模式带来了巨大挑战[1]。例如，云计算难以满足不断增长的增强现实[2]、智能视频加速[3]、自动驾驶[4]等新型应用的需求。

为了应对这些挑战，边缘计算模式希望在网络边缘创建和提供一系列更接近终端用户的计算环境。发展边缘计算的动机是为终端用户提供比云计算更好的 QoS，如更低的传输成本、更短的响应延迟、更好的隐私保护等。借助边缘计算技术，包括上述新型应用服务在内的大多数云服务可以被卸载到边缘服务器上，以获得更好的 QoS。这些下行至边缘的网络服务通常允许公众通过开放 API 访问，并为大量用户提供基础服务，如基于位置的网络服务。本章将此类服务定义为公有边缘服务。虽然公有边缘服务是现有边缘服务中最常见的服务类型，但是仅靠公有边缘服务无法满足更多弹性以及定制化需求。例如，不少机构和用户希望提高服务性能，延长稳定运行时间，以及确保高级别安全性/隐私性等。本章将这类服务需求命名为私有边缘服务。鉴于这些考虑，服务提供商会试图在边缘层部署私有服务来弥补公有服务的不足。如图 4.1 所示，一些边缘服务器预留的部分资源用于部署私有服务。

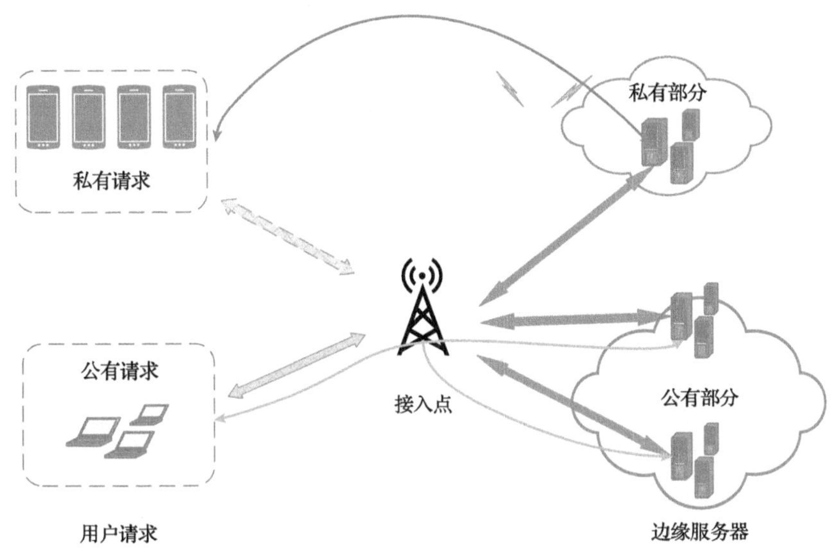

图 4.1　公有/私有服务在任意边缘节点并存的概念示意图

为了更好地在网络边缘同时提供公有和私有边缘服务，服务提供商需要利用自己的或其他方的边缘节点来规划供给的各项服务。每个边缘节点是一个无线接入点及其后端的一系列边缘服务器[5]的整体形态。当前，一个混合云计算环境中[6-9]的私有云部分通常由服务提供商依托自身的设备来建设，而公有云部分往往从大型公有云厂商购买或租赁。

如图 4.1 所示，本章提出的混合边缘计算框架希望将各个边缘节点的基础资源通过物理隔离分割为公有部分和私有部分，分别用于部署公有和私有边缘服务，从而响应公有和私有的用户请求。严格的物理隔离为私有服务提供商提供了对私有部分的完全控制权，同时可以执行较为严格的隐私策略。理论上，每个边缘节点上会共存公有和私有边缘服务器，两部分之间的资源占比可根据需要进行调整，从而形成资源占比灵活可调的混合边缘服务环境。

随着越来越多的边缘节点愿意提供混合边缘服务，混合边缘计算的生态才会逐渐形成，但其与混合云计算相比显著不同。首先，在混合边缘计算中，终端客户的移动性和“即接即用”的特点对边缘服务的放置以及请求调度策略产生了深远的影响，但混合云对终端用户的移动性等特点并不敏感，不受其限制。其次，与混合云计算相比，混合边缘计算更能胜任提供各类延迟敏感类服务，因为计算环境工作在距离终端用户更近的位置。然而，当公有和私有服务请求同时到达某个边缘节点时，如何对它们进行合理的调度和响应仍然是一个问题，尤其在大规模公有和私有服务请求并发抵达时。最后，与云数据中心的资源池相比边缘层的总体资源较为有限，这令混合边缘计算环境要同时保障公有和私有服务的质量变得非常有挑战。

4.1.2 研究现状

1. 混合云计算与混合边缘计算

混合云计算[8,10-13]首先自建私有云来满足关键敏感业务的需求，然后根据其他业务的需要租用部分公有云资源。混合云计算的核心是实现内部云架构和外部云架构之间的联合，以恰当的策略托管不同等级的云应用程序/服务，其中全体应用程序的工作负载由两部分明确隔离的云环境来共同承担。从以上表述不难看出混合云计算和混合边缘计算之间的本质区别，混合云计算通过使用第三方公共云资源来增强私有云的服务能力，并且私有云和公有云进行远距离物理隔离。混合边缘计算则要求每个边缘节点都具备公有和私有的基础资源，并据此提供可共享和不可共享两大类边缘服务。

2. 边缘计算的服务放置问题

边缘计算领域针对服务放置相关问题已经开展了广泛研究，如应用程序放置[14,15]、虚拟机(virtual machine, VM)放置[16]、服务器放置[17,18]和服务放置[19]。通过这些放置策略可以实现许多网络优化的目标，如降低服务成本或提高服务性能。Wang 等[20]研究了社交虚拟现实类边缘服务放置的总成本最小化问题。He 等[21]区分了边缘环境中可共享和不可共享两类资源，并据此对服务放置和请求调度问题进行了联合研究，期望能最大限度地响应终端用户的请求数量。虽然有上述很多相关研究工作，但是还未涉及混合边缘服务的放置问题。

3. 边缘服务的请求调度问题

当边缘环境中的某些资源不可共享时，这意味着一些用户之间会存在潜在的资源竞争，因此有必要从全局着眼对服务请求进行调度或分配工作负载，从而确保获得更好的服务质量和合理的调度性能。学术界已经有很多研究在探索将部分工作负载从云数据中心[22,23]卸载到边缘服务器。Mao 等[24]希望将计算密集型的工作负载卸载到边缘服务器上，极大地提高用户的服务体验，例如获得更低的服务响应延迟。Chen 等[25]讨论了边缘计算中服务请求的动态调度问题，期望最大限度地降低调度成本。然而，关于解决混合边缘服务的请求调度问题的研究仍然是空白。

4.2　混合边缘计算架构 HyEdge 的整体设计

本节首先介绍公有边缘服务、私有边缘服务，以及混合边缘服务的基本概念。然后，给出单个混合边缘计算节点的概念，并在由多个混合边缘节点形成的城域网范围内讨论混合边缘计算环境的网络模型。最后，介绍混合服务的请求和响应机制，阐述大量公有和私有服务请求并发时带来的挑战性问题。

4.2.1　边缘服务的相关概念

边缘计算的发展促进了网络计算模式的重大变化，本章定义的混合边缘计算架构涉及三个基本概念。

公有边缘服务的定位是面向公众用户和行业用户，在边缘层提供计算、存储、AI 等典型的公共网络服务。其基本利用单个边缘节点乃至整个边缘计算环境的公有资源来响应大量终端用户的公共网络服务请求。

私有边缘服务的定位是面向私有用户，在边缘层提供一些自定义的网络服务，其相比公有服务在处理性能、隐私保护，以及安全性方面有更高的需求。私有边缘服务需要消耗边缘计算环境中的私有资源来部署受限访问的网络功能。此外，很多私有请求会针对可响应的私有边缘服务施加多种限制，而公有请求对可响应的公有边缘服务不施加除了功能需求之外的限制。

混合边缘服务的定位是根据公有和私有请求的需求预测模型，科学地分配整个边缘计算环境的全体资源，实现公有边缘服务和私有边缘服务的部署方案优化，满足公有服务和私有服务的各自要求和访问限制，最终优化混合边缘计算环境的整体成效。

4.2.2　混合边缘计算环境的网络模型

本章考虑一个城域网范围内的混合边缘计算环境。如图 4.2 所示，城域网的网络拓扑被抽象为无向图 $G(V,E)$，其中 V 是接入点（access point, AP）的集合，并且 E 是接入点之间所有通信链路的集合。回程网络表示任意接入点与远程云数据中心之间的所有链接。令 $|E|$ 为集合 E 的基数。本章假设任意用户向其邻近的某个接入点发起的边缘服务请求会产生一定的通信延迟。

每个无线接入点的后端部署有一系列边缘服务器，这些服务器中的一部分用于支持公有服务，其他用于支持私有服务，但是两部分之间的划分比例并不固定。因此，本章用混合边缘服务器这一术语来表示与某个接入点共处一地的所有服务器，如图 4.2 所示。

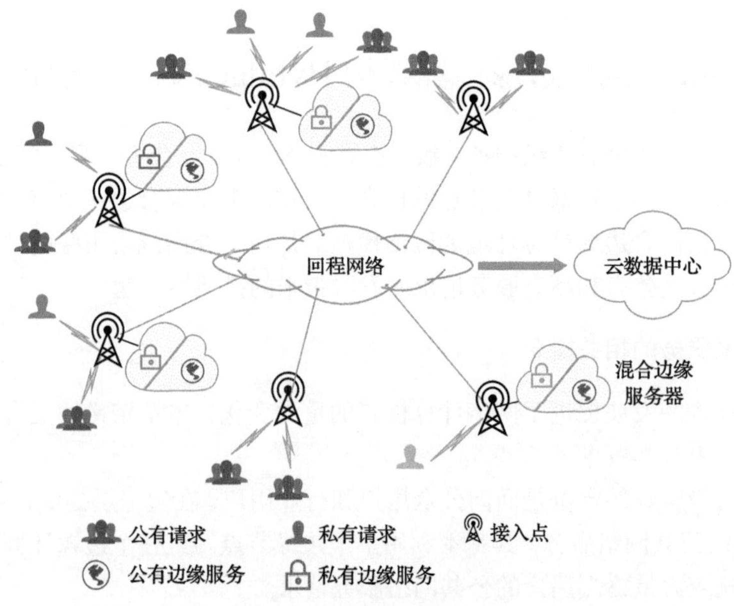

图 4.2　混合边缘计算框架

混合边缘服务器具有如下属性。①混合边缘服务器通常比现有的云数据中心规模小很多，其具有适当的灵活性和可伸缩性，并且与某个无线接入点位于同一位置。②一个混合边缘服务器中需要驻留私有服务和公有服务，其中私有服务为已认证的私有用户就近提供本地服务，而公有服务则会响应全体公有用户的请求。③混合边缘服务器中的计算资源不可共享，因为存在严格的资源分区，便于以互不干扰的方式处理私有服务请求和公有服务请求。

此外，不同混合边缘服务器的计算、存储，以及通信容量可能存在较大差异，而每个待部署的服务也可以声明对计算、存储、通信等资源的具体要求。为便于阐述，本章假设全体混合边缘服务器的资源配置是同构的。

4.2.3　边缘服务的请求和响应

混合边缘计算框架允许使用后端云数据中心的资源来响应合适的公有服务请求，以分担不断增加的混合服务请求给边缘计算环境造成的负担。需要注意的是，云数据中心并不适合承接延迟敏感的网络服务，而混合边缘服务器可以以更好的服务质量支持延迟敏感类的网络服务。

本章中，终端用户向边缘计算环境发起的服务请求被分为公有请求和私有请求两类，它们分别请求混合边缘服务器上的对应公有或私有服务。这里假设可以根据历史数据来预测未来一个时间段内出现的服务请求，并且任意接入点在给定的时间间隔内接入的公有请求数与私有请求数的比值处于一定范围内。

当用户将公有服务的请求发送到本地接入点时，若后端的混合边缘服务器具有足够的可用容量和对应的服务功能，则将在该混合边缘服务器对该服务请求进行处理和响应。否则，此公有服务的请求会被调度到邻近的混合边缘服务器或远程云数据中心来响应。这里假设所有服务请求都需要相同的计算资源。与之相反，用户发起的私有服务请求只能由满足要求的私有边缘服务来响应和处理，不能被重定向到远程的云数据中心进行处理和响应。此外，全体服务请求的无线接入以及在回程网络中传输，都要满足相应的无线通信资源和网络带宽资源的约束。为了最大化响应混合边缘服务请求的数量，本章将对请求调度问题给出清晰的数学模型，并提出高效的求解方案。

4.3　问题定义和复杂度分析

本节首先给出问题的初步分析，并介绍主要的资源约束条件。然后，提出基于混合边缘服务器放置的请求调度问题，给出对应的数学优化模型，并证明该问题的难度。表 4.1 列出了本章使用的主要数学符号。

表 4.1　数学符号描述

符号	描述
G	网络拓扑图
V	G 的顶点(AP)集合
E	G 的边(链接)集合
K	混合边缘服务器的计算能力
W	混合边缘服务器的通信能力，即可以接入的用户请求的总量
λ	任意混合边缘服务器和远程数据中心之间的通信延迟
m	混合边缘服务器的数量
n	无线接入点的数量
i/j	无线接入点的索引
α	混合边缘服务器中私有资源占比
β	接入点接入的全体服务请求中私有服务请求的占比
υ_i	第 i 个无线接入点
π_i	无线接入点 υ_i 到其后端混合边缘服务器的固定通信延迟
θ_i	无线接入点 υ_i 面临的本地用户请求总量
x_i	无线接入点 υ_i 附近是否有混合边缘服务器的布尔变量

续表

符号	描述
ζ_i	从无线接入点 υ_i 卸载到远程数据中心的公有请求数量
χ_i	无线接入点 υ_i 真正允许接入的服务请求数量
$\xi_{i,j}$	请求从无线接入点 υ_i 调度到无线接入点 υ_j 的通信延迟
$y_{i,j}$	从无线接入点 υ_i 调度到带边缘服务器的接入点 υ_j 的请求数量

4.3.1 通信和计算资源的约束条件

如上所述，任何混合边缘服务器一方面需要承载私有边缘服务，另一方面要承载云数据中心公有服务的副本。在这两种情况下，本章假设每个混合边缘服务器具有足够多的存储空间，以便于成功加载相关公有和私有服务的功能组件。因此，本章不考虑混合边缘服务器的存储资源约束，仅考虑私有和公有边缘请求并发时混合边缘服务器的通信和计算资源面临的约束。

本地服务请求调度的通信约束：通信约束限定了某个接入点覆盖区域可以并行发起的服务请求总量。无论终端用户群体发起何种类型的服务请求，全体用户都将共享和竞争使用该接入点的上行通信资源。本章只考虑从终端访问接入点环节的本地通信约束问题，因为不同接入点之间通过高速链路互联，其通信容量是足够的。令 W 表示一个时隙内某个接入点可以接入的用户服务请求的总量，其取决于该接入点的上行通信容量。针对每个接入点，令 β 表示其接入的全体服务请求中私有服务请求的占比，$1-\beta$ 表示公有服务请求的占比。令 θ_i 表示无线接入点 υ_i 面临的服务请求总量，χ_i 表示可被实际接入的服务请求数，其取值等于 $\min\{\theta_i,W\}$。当请求在接入点的本地得到处理时，π_i 表示从无线接入点 υ_i 到其后端混合边缘服务器的固定通信延迟。此外，若从 υ_i 接入的服务请求被调度到其他无线接入点 υ_j 后端的混合边缘服务器，则产生的通信延迟被表示为 $\xi_{i,j}$。

本地和远程服务请求调度的计算约束：设 K 表示任意混合边缘服务器的计算能力，即服务器可以并发处理和响应的最大服务请求数。本章将计算能力划分为私有部分和公有部分，分别代表该混合边缘服务器可以并发处理的私有和公有请求的最大数量。令 α 表示私有计算能力的比例，$1-\alpha$ 表示公有计算能力的比例。通常情况下，每个混合边缘服务器配置的私有计算能力都要足以处理一个时隙内全部的私有服务请求，因为私有用户的服务请求必须优先得到满足。但是，每个混合边缘服务器配置的公有计算能力并不一定够用，此时公有服务请求中未被本地响应的多余部分需要被调度到公有计算能力充足的其他混合边缘服务器。甚至在各个混合边缘服务器都负载过重时，一部分公有的服务请求可能需要被重定向到远程数据中心去执行。为此，令 ζ_i 表示从无线接入点 υ_i 向远程云数据中心转移的公有服务请求数量。通常情况下，云数据中心完全具备处理所有转移过来的公有服务请求的能力，同时从任意混合边缘服务器至云数据中心的传输延迟为稳定的 λ 。

4.3.2　边缘服务的请求调度问题

在调度公有和私有服务请求之前，本章首先要考虑混合边缘服务器的部署位置以及资源配置。考虑到私有边缘服务应该部署到邻近私有用户群体的位置，本章认为应该将混合边缘服务器优先部署到那些覆盖私有用户群体的无线接入点，并根据用户服务请求模式的变化动态和自适应地调整边缘资源的部署方案。在此基础上，本章研究如何将全体服务请求恰当地调度到某些边缘服务器甚至云数据中心，以便在满足计算和通信资源约束的前提下最小化全体服务请求的总响应延迟。

考虑 n 个无线接入点和 m 个混合边缘服务器，本章引入一组变量 $X=\{x_i \mid 1\leqslant i\leqslant n\}, m\leqslant n$ ，其中 $x_i=1$ 表示 υ_i 处部署一个混合边缘服务器，否则 $x_i=0$ 。凡是 $x_i=0$ 的无线 AP，都仅仅负责对接收到的服务请求进行路由转发。若 $x_j=1$ ，则令 $y_{i,j}\geqslant 0$ 表示从无线接入点 υ_i 路由转发到无线接入点 υ_j 的服务请求数量。若 $x_j=0$ ，则必然有 $y_{i,j}=0$ 。

混合边缘服务的请求调度问题被描述为 MINLP，即基于混合边缘服务器放置的最优请求调度(optimal request scheduling over hybrid edge server placement, ORS-HESP)问题：

$$\min\left(\sum_{i=1}^{n}\lambda\zeta_i+\sum_{i=1}^{n}\pi_i\chi_i+\sum_{i=1}^{n}\sum_{j=1}^{n}\xi_{i,j}y_{i,j}\right) \tag{4.1}$$

$$\text{s.t.}\ \sum_{i=1}^{n}x_i=m,\quad x_i\in\{0,1\} \tag{4.2}$$

$$\lfloor\beta\theta_i\rfloor\leqslant\lfloor\alpha K\rfloor,\quad \forall x_i=1 \tag{4.3}$$

$$\sum_{j=1}^{n}y_{i,j}-\zeta_i\leqslant\lfloor(1-\alpha)K\rfloor,\quad \forall x_i=1 \tag{4.4}$$

$$\sum_{j=1}^{n}y_{i,j}+\lfloor\beta\theta_i\rfloor\leqslant W,\quad \forall x_i=1 \tag{4.5}$$

$$\sum_{j=1}^{n} y_{i,j} \leqslant W, \quad \forall x_i = 0 \tag{4.6}$$

$$\sum_{x_j=1} y_{i,j} = \lfloor \chi_i - \beta\theta_i \rfloor, \quad \forall x_i = 1 \tag{4.7}$$

$$\sum_{x_j=1} y_{i,j} = \lfloor \chi_i \rfloor, \quad \forall x_i = 0 \tag{4.8}$$

$$\zeta_i = \max\left\{0, \sum_{j=1}^{n} y_{i,j} - \lfloor (1-\alpha)K \rfloor\right\} \tag{4.9}$$

$$\chi_i = \min\{\theta_i, W\} \tag{4.10}$$

$$i, j \in \{1, 2, \cdots, n\} \tag{4.11}$$

目标函数(4.1)表示最小化通信网络的总延迟。约束(4.2)确保全体n个无线接入点上共部署m个混合边缘服务器。约束(4.3)和(4.4)分别表征每个混合边缘服务器的私有计算容量和公有计算容量能够满足其负责处理的私有和公有服务请求的计算需求。约束(4.5)和(4.6)规定，任意无线接入点无论是否配置混合边缘服务器，其上行带宽都足以满足全体直接接入或从其他无线接入点转来的接入服务请求的总体传输需求。约束(4.7)表明，一个无线接入点配备混合边缘服务器后，其接入的所有私有服务请求都会在本地被响应，而其接入的公有服务请求会在全体配置有混合边缘服务器的无线接入点之间进行分派和分担，包括其自身。约束(4.8)表明一个无线接入点没有配置混合边缘服务器时，其接入的全部服务请求都将被转发给配置有边缘服务器的其他无线接入点。约束(4.9)和(4.10)分别给出了ζ_i和χ_i的表达式。约束(4.11)指定参数i和j的取值范围。

4.3.3 问题的复杂度分析

本章将众所周知的精确覆盖问题(exact cover problem)[26]规约为 ORS-HESP 问题，从而证明 ORS-HESP 问题是 NP 难问题。精确覆盖问题是经典的 21 类 NP 完全(NP-complete, NPC)问题之一，NPC 问题属于 NP 难问题。

精确覆盖问题：考虑全集X的若干子集组成的集合S，X的精确覆盖是S的某个子集合S^*，其满足如下两个条件：①S^*的每个成员都是一个集合，其任意两个成员的交集都是空集，即X的每个元素都包含在S^*的至多一个成员中；②S^*的全体成员的并集是X，即S^*覆盖X。换句话说，X的每个元素都仅仅包含在S^*的一个子集中。

定理 4.1　无线城域网中 ORS-HESP 问题是 NP 难问题。

证明　方便起见，本章首先简化原始问题并提出一个特例。这里首先假设每个无线接入点的通信资源和挂载的混合边缘服务器的计算资源足够充裕。在这种情况下，从 n 个无线接入点接入的所有服务请求可以通过 m 个混合边缘服务器的协作互助得到全面响应，而无须被调度到远程的云数据中心。这里假设所有服务请求的集合 X 为精确覆盖问题的元素集，配置有混合边缘服务器的无线接入点的数量 m 为子集合 S^* 的势。当某个服务请求被调度和路由到某个确切的无线接入点时，这意味着对应的元素将被包含在 S^* 的某个子集中。无线城域网中 ORS-HESP 问题的诉求是将所有服务请求调度到 m 个混合边缘服务器，使得全体服务请求获得的响应总延迟最小化。这相当于确定精确的子集合 S^*，使 X 的每个元素都被包含在 S^* 的一个子集。众所周知，精确覆盖问题是 NPC 和 NP 难问题，因此本章提出的 ORS-HESP 问题也是 NP 难问题。**证毕**。

4.4　基于划分的优化算法

为了高效求解 ORS-HESP 这个 NP 难问题，本节首先分析两类用户请求对边缘典型资源的竞争使用关系，然后提出一种基于划分的优化方法，其可以通过问题分解和 BnB 方法有效地解决该 NP 难问题。

4.4.1　资源竞争分析

计算资源的竞争规则：服务请求在混合边缘服务器上只存在计算资源的竞争，而没有存储资源的竞争。任意用户向邻近无线接入点发起的服务请求将首先被该接入点后端的混合边缘服务器来处理。从单个混合边缘服务器来看，其接收到的公有请求和私有请求之间没有资源竞争，因为它们由划分好的公有资源和私有资源分别处理。此后，若该边缘服务器的公有计算资源仍有剩余，则从其他无线接入点接入的某些公有请求可以被转发过来排队依序处理。但是，对于任何混合边缘服务器而言，其接收服务请求的数量不能超过其计算资源的限制，并且按照先来先服务的规则分配计算资源。从图 4.3 可以看到，超额的服务请求将被分派到云数据中心去处理，因为它具有足够的计算能力来处理所有请求。

通信资源的竞争规则：对于任意无线接入点，邻近用户向其同时发起的服务请求数量不得超过该接入点的上行通信容量。如前所述，私有服务请求的优先级高于公有服务请求，因此每个无线接入点在一个时隙内必须首先分配通信资源确保接入邻近用户的全部私有服务请求，然后才考虑接入邻近用户的公有请求。当无线接入点的通信能力充足时，邻近用户的公有服务请求会被平等对待并尽可

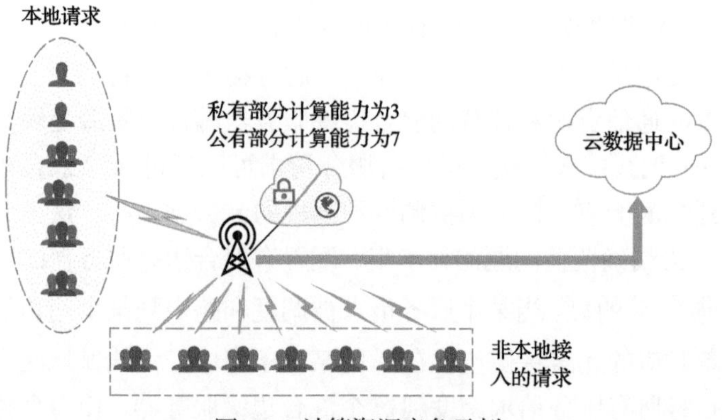

图 4.3 计算资源竞争示例

能地被接入网络。如图 4.4 所示，当本地公有请求的数量超过该无线接入点的通信资源限制时，一些公有服务请求会被延迟到下一个时隙内才能被接入。无线接入点之间以及任意无线接入点到云数据中心的带宽足以满足所有请求的通信需求。

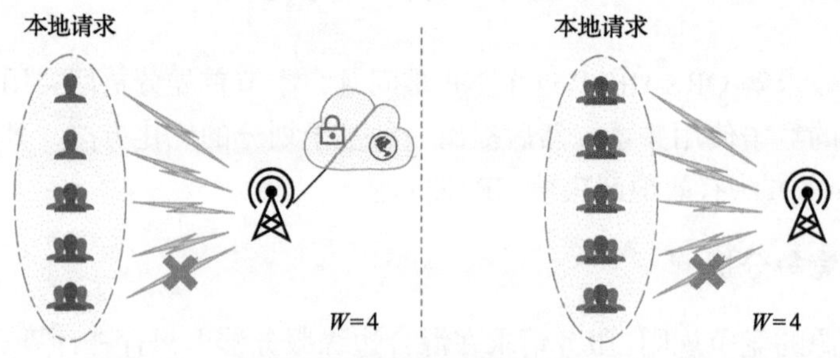

图 4.4 通信资源竞争示例

公有服务请求的转发路径选择：当某个无线接入点没有配置混合边缘服务器，或者其混合边缘服务器的计算资源耗尽时，其后续接收到的公有服务请求都应该被调度到有足够处理能力的其他边缘服务器。如图 4.5 所示，其中无线接入点 υ_i 没

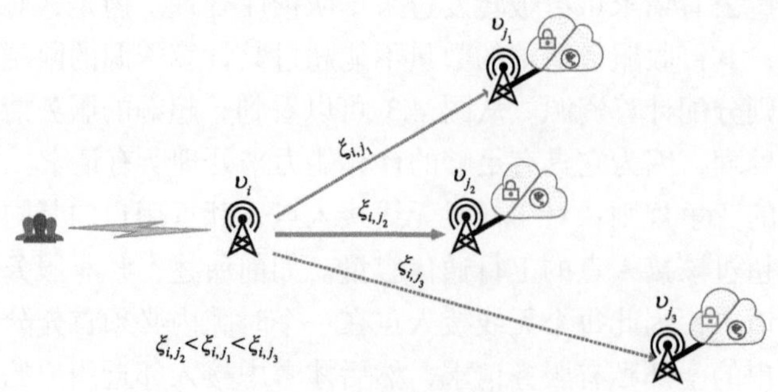

图 4.5 公有服务请求转发时会首选延迟最小的路径

有配备混合边缘服务器，υ_{j_1}、υ_{j_2}、υ_{j_3} 为邻近的 3 个配备有边缘服务器的无线接入点。当需要将 υ_i 的公有请求调度到其他边缘服务器时，系统应该选择延迟最小的路径，因为整体优化目标是寻求一种最小化总延迟的调度策略。此时，本章用距离的长度来度量延迟的大小。若 $\xi_{i,j_2} < \xi_{i,j_1} < \xi_{i,j_3}$，则首选将 υ_i 的公有服务请求转发至 υ_{j_2} 配置的混合边缘服务器上进行处理。

4.4.2　问题分解和优化

当讨论求解 ORS-HESP 问题时，需要回顾混合边缘服务器的放置问题。具体而言，首先根据私有服务请求的情况考虑混合边缘服务器的部署位置，然后根据公有服务请求的情况来增补混合边缘服务器。虽然在 n 个无线接入点上安排 m 个混合边缘服务器有 C_n^m 种可能性，但是可以根据公有和私有服务请求的分布情况来选择一种特定的放置方案。

根据此前的分析，即使假设每个无线接入点的计算和通信资源都非常充足，本章定义的 ORS-HESP 问题仍然是一个非常棘手的 NP 难问题。为了显著降低求解该问题的复杂性，本章将开发一种基于问题分解的解决方案，将原始问题划分为如下四个子问题。

1. 计算资源充足并且通信资源充足的 ORS-HESP 问题

在这种情况下，某个无线接入点配置的计算资源和通信资源非常充足，进而该无线接入点覆盖区域内的每个用户发起的服务请求都能被接入，且在该接入点得到处理，不会将任何服务请求分派到远程的云数据中心。由此可知，$\zeta_i = 0$，$\chi_i = \theta_i$。另外，每个混合边缘服务器和云数据中心之间不会有远程传输带来的额外延迟，因此将 4.3.2 节定义的优化模型改写为

$$\min\left(\sum_{i=1}^{n}\pi_i\theta_i + \sum_{i=1}^{n}\sum_{j=1}^{n}\xi_{i,j}y_{i,j}\right) \tag{4.12}$$

$$\text{s.t.}\ \sum_{i=1}^{n}x_i = m,\quad x_i \in \{0,1\} \tag{4.13}$$

$$\lfloor \beta\theta_i \rfloor \leqslant \lfloor \alpha K \rfloor,\quad \forall x_i = 1 \tag{4.14}$$

$$i, j \in \{1, 2, \cdots, n\} \tag{4.15}$$

$$\sum_{j=1}^{n} y_{i,j} \leqslant \lfloor (1-\alpha)K \rfloor,\quad \forall x_i = 1 \tag{4.16}$$

$$\sum_{x_j=1}^{n} y_{i,j} = \lfloor (1-\beta)\theta_i \rfloor, \quad \forall x_i = 1 \tag{4.17}$$

$$\sum_{x_j=1}^{n} y_{i,j} = \lfloor \theta_i \rfloor, \quad \forall x_i = 0 \tag{4.18}$$

$$\theta_i \leqslant W, \quad \forall i \in \{1,2,\cdots,n\} \tag{4.19}$$

2. 计算资源不足但是通信资源充足的 ORS-HESP 问题

在这种情况下，有些无线接入点的计算资源不足，但是其通信资源充足。前者意味着这些无线接入点配备的混合边缘服务器的计算能力低于接收到的服务请求的计算需求之和，即$\exists x_i = 1$，$\sum_{j=1}^{n} y_{i,j} > \lfloor (1-\alpha)K \rfloor$。后者意味着这些无线接入点覆盖区域内的所有服务请求都能在一个时隙内获得足够的上行带宽，并在接入边缘计算环境后被调度到某个混合边缘服务器或者云数据中心来处理。因此，本章将 4.3.2 节定义的优化模型改写为

$$\min \sum_{i=1}^{n} \lambda\zeta_i + \sum_{i=1}^{n} \pi_i\theta_i + \sum_{i=1}^{n}\sum_{j=1}^{n} \xi_{i,j} y_{i,j} \tag{4.20}$$

$$\text{s.t.} \ \sum_{i=1}^{n} x_i = m, \quad x_i \in \{0,1\} \tag{4.21}$$

$$\lfloor \beta\theta_i \rfloor \leqslant \lfloor \alpha K \rfloor, \quad \forall x_i = 1 \tag{4.22}$$

$$\zeta_i = \max\left\{0, \sum_{j=1}^{n} y_{i,j} - \lfloor (1-\alpha)K \rfloor\right\} \tag{4.23}$$

$$i, j \in \{1,2,\cdots,n\} \tag{4.24}$$

$$\sum_{j=1}^{n} y_{i,j} > \lfloor (1-\alpha)K \rfloor, \quad \exists i \in \{i \mid x_i = 1, i = 1,2,\cdots,n\} \tag{4.25}$$

$$\sum_{x_j=1} y_{i,j} \leqslant \lfloor (1-\beta)\theta_i \rfloor, \quad \forall x_i = 1 \tag{4.26}$$

$$\sum_{x_j=1} y_{i,j} \leqslant \lfloor \theta_i \rfloor, \quad \forall x_i = 0 \tag{4.27}$$

$$\sum_{i=1}^{n}\sum_{x_j=1}y_{i,j}+\zeta_i=\sum_{i=1}^{n}\lfloor(1-\beta)\theta_i\rfloor-\sum_{x_j=1}\lfloor(1-\alpha)K\rfloor,\quad \forall i\in\{1,2,\cdots,n\} \tag{4.28}$$

$$\theta_i\leqslant W,\quad \forall i\in\{1,2,\cdots,n\} \tag{4.29}$$

3. 计算资源充足但是通信资源不足的 ORS-HESP 问题

在这种情况下，有些无线接入点配置的混合边缘计算节点的计算资源充足，但是其通信资源不足。前者意味着凡是被这些无线接入点接入的服务请求，都会被其配置的混合边缘节点进行本地处理，不会被分派到其他混合边缘节点或云数据中心进行处理，也就是 $\zeta_i=0$ 。后者意味着这些无线接入点在一个时隙内并不能全部接入覆盖范围内用户发起的服务请求，因此总有一些服务请求会被延迟到下一个时隙内，即 $\exists i\in\{1,2,\cdots,n\}$ ， $\theta_i>W$ 。为此，将 4.3.2 节定义的优化模型改写为

$$\min\left(\sum_{i=1}^{n}\pi_i\chi_i+\sum_{i=1}^{n}\sum_{j=1}^{n}\xi_{i,j}y_{i,j}\right) \tag{4.30}$$

$$\text{s.t.}\ \sum_{i=1}^{n}x_i=m,\quad x_i\in\{0,1\} \tag{4.31}$$

$$\lfloor\beta\theta_i\rfloor\leqslant\lfloor\alpha K\rfloor,\quad \forall x_i=1 \tag{4.32}$$

$$\sum_{x_j=1}y_{i,j}=\lfloor\chi_i-\beta\theta_i\rfloor,\quad \forall x_i=1 \tag{4.33}$$

$$\sum_{x_j=1}y_{i,j}=\lfloor\chi_i\rfloor,\quad \forall x_i=0 \tag{4.34}$$

$$\chi_i=\min\{\theta_i,W\} \tag{4.35}$$

$$i,j\in\{1,2,\cdots,n\} \tag{4.36}$$

$$\sum_{j=1}^{n}y_{i,j}\leqslant\lfloor(1-\alpha)K\rfloor,\quad \forall x_i=1 \tag{4.37}$$

$$\theta_i>W,\quad \exists i\in\{1,2,\cdots,n\} \tag{4.38}$$

4. 计算资源不足并且通信资源不足的 ORS-HESP 问题

在这种情况下，某个无线接入点配置的混合边缘计算节点的计算资源不足，

而且其提供的通信资源也不足。这意味着该无线接入点覆盖范围内的一些用户请求将被延迟到下一个时隙才能被接入，而且其接入的公有服务请求的数量会超过其本地混合边缘服务器的公有计算能力，这导致部分接入的公有服务请求需要被部分调度到云数据中心。基于上述情况，本章需要引入约束条件(4.25)和(4.38)，并将 4.3.2 节定义的优化模型改写为

$$\min\left(\sum_{i=1}^{n}\lambda\zeta_i+\sum_{i=1}^{n}\pi_i\chi_i+\sum_{i=1}^{n}\sum_{j=1}^{n}\xi_{i,j}y_{i,j}\right) \tag{4.39}$$

$$\text{s.t.}\ \sum_{i=1}^{n}x_i=m,\quad x_i\in\{0,1\} \tag{4.40}$$

$$\lfloor\beta\theta_i\rfloor\leqslant\lfloor\alpha K\rfloor,\quad\forall x_i=1 \tag{4.41}$$

$$\zeta_i=\max\left\{0,\sum_{j=1}^{n}y_{i,j}-\lfloor(1-\alpha)K\rfloor\right\} \tag{4.42}$$

$$\chi_i=\min\{\theta_i,W\} \tag{4.43}$$

$$i,j\in\{1,2,\cdots,n\} \tag{4.44}$$

$$\sum_{j=1}^{n}y_{i,j}>\lfloor(1-\alpha)K\rfloor,\quad\exists i\in\{i\mid x_i=1,i=1,2,\cdots,n\} \tag{4.45}$$

$$\theta_i>W,\quad\exists i\in\{1,2,\cdots,n\} \tag{4.46}$$

$$\sum_{x_j=1}y_{i,j}\leqslant\lfloor\chi_i-\beta\theta_i\rfloor,\quad\forall x_i=1 \tag{4.47}$$

$$\sum_{x_j=1}y_{i,j}\leqslant\lfloor\chi_i\rfloor,\quad\forall x_i=0 \tag{4.48}$$

$$\sum_{i=1}^{n}\sum_{x_j=1}y_{i,j}=\sum_{i=1}^{n}\lfloor(1-\beta)\theta_i\rfloor-\sum_{x_j=1}\lfloor(1-\alpha)K\rfloor,\quad\forall i\in\{1,2,\cdots,n\} \tag{4.49}$$

4.4.3 算法实现

为了有效地解决 ORS-HESP 问题，本章将其分为四个子问题并转化为相应的整数线性规划模型。给定通信网络 $G=(V,E)$，混合边缘服务器的放置将根据各个无线接入点的服务请求整体分布情况以及私有服务请求的需求来决定。在服务请求调度阶段，本章按照如下顺序分析每个无线接入点的资源约束情况，识别其面

临上述四个子问题的哪种情况，并进一步对该子问题进行高效求解。首先，检查每个无线接入点的通信资源约束条件，进而决定是否将该接入点覆盖区域内的部分服务请求延迟到下一个调度时隙。其次，检查每个已部署的混合边缘服务器的计算资源约束条件，进而确定是否有必要将收到的部分公有服务请求调度到云数据中心。详细的算法伪代码如算法 4.1 所示。除了分析清楚各个无线接入点面临的资源约束情况外，这里还可以通过确定 ζ_i 和 χ_i 的值，将非线性整数规划模型转换为线性整数规划模型。鉴于上述分析，这里采用 BnB 方法来解决本章定义的 ORS-HESP 问题。

算法 4.1　基于问题分解的最优算法

输入：通信网络 $G=(V,E)$。
输出：最优调度和最小延迟。

$x_i \leftarrow \{0,1\}$；
/*指定放置混合边缘服务器的 m 个无线接入点 AP*/
for each AP i **do**
　　if $\forall i \in \{1,2,\cdots,n\}$，$\theta_i \leqslant W$ **then**
　　　　if $\text{Pu} \leqslant m\lfloor(1-\alpha)K\rfloor$ **then**
　　　　　　/* Pu 指所有待处理的公有服务请求*/
　　　　　　$\zeta_i \leftarrow 0$，$\chi_i \leftarrow \theta_i$；
　　　　　　解决 4.4.2 节定义的优化模型 1；
　　　　else
　　　　　　if $\sum_{j=1}^{n} y_{i,j} > \lfloor(1-\alpha)K\rfloor$ **then**
　　　　　　　　$\zeta_i \leftarrow \sum_{j=1}^{n} y_{i,j} - \lfloor(1-\alpha)K\rfloor$；
　　　　　　else
　　　　　　　　$\zeta_i \leftarrow 0$；
　　　　　　解决 4.4.2 节定义的优化模型 2；
　　else
　　if $\text{Pu} \leqslant m\lfloor(1-\alpha)K\rfloor$ **then**
　　　if $\theta_i \leqslant W$ **then**

$\chi_i \leftarrow \theta_i$；
else
$\chi_i \leftarrow W$；
解决 4.4.2 节定义的优化模型 3；
else
if $\theta_i \leqslant W$ **then**
if $\sum_{j=1}^{n} y_{i,j} > \lfloor (1-\alpha)K \rfloor$ **then**
$\chi_i \leftarrow \theta_i$，$\zeta_i \leftarrow \sum_{j=1}^{n} y_{i,j} - \lfloor (1-\alpha)K \rfloor$；
else
$\chi_i \leftarrow \theta_i$，$\zeta_i \leftarrow 0$；
else
if $\sum_{j=1}^{n} y_{i,j} > \lfloor (1-\alpha)K \rfloor$ **then**
$\chi_i \leftarrow W$，$\zeta_i \leftarrow \sum_{j=1}^{n} y_{i,j} - \lfloor (1-\alpha)K \rfloor$；
else
$\chi_i \leftarrow W$，$\zeta_i \leftarrow 0$；
解决 4.4.2 节定义的优化模型 4；
return ζ_i，χ_i，$y_{i,j}$

4.5 实验设计和性能评估

本节首先讨论数据集的准备和实验环境的设置，然后综合评估本章提出的混合边缘计算架构的优势，并通过具体比较呈现新架构的性能优势和可扩展性。

4.5.1 数据集的准备

考虑到相关应用场景的实际数据集更具说服力，本章使用滴滴出行在成都市一段时间的出租车用户订单数据集来模拟用户服务请求在时空上的分布，相关数据依据滴滴出行数据集而得。为了提高数据集的普适性，本章在原始数据集中从

2017 年 7 月到 2018 年 5 月每五天提取一天的出行数据，并根据经纬度划分城市区域，至此得到图 4.6 所示的城市订单数据图，并据此开展后续实验。

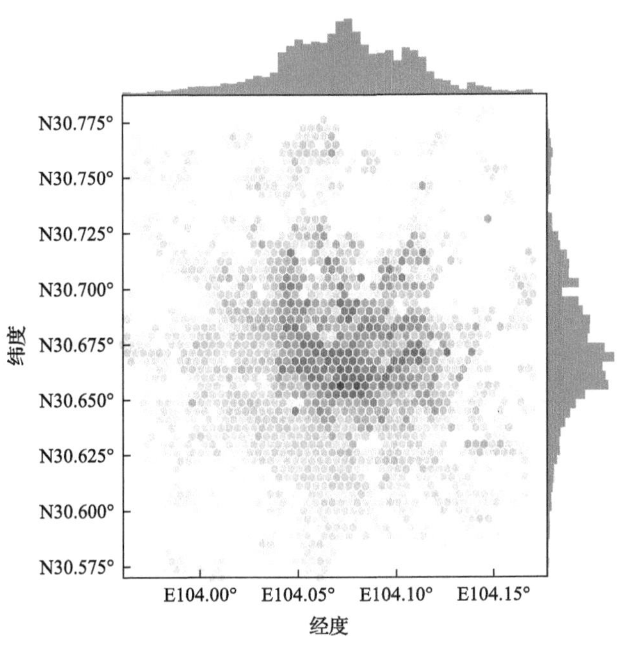

图 4.6　成都市打车订单请求的空间分布热力图

图 4.6 所示的热力图描述用户订单的空间分布。不难发现，多数订单集中在城市的中心区域，因为该处是城市的商业和金融中心，并且人流量和交通流量很大，而后订单的分布向四周呈现下降趋势。此外，该图还分别通过水平轴和垂直轴的柱状图来显示用户订单数随纬度和经度的变化。

4.5.2　实验环境的设置

这里通过如下三个步骤实现无线接入点和混合边缘服务器在一个城市范围内的配置。

(1) 网格划分：给定一个经纬度区域内的订单请求数据地图，这里将该经纬度区域划分为不同规格的网格。具体而言，构造出五种不同的尺寸规格，包括 12×10、24×20、36×30、48×40 以及 60×50。以 12×10 为例，其意味着该指定区域的纬度范围被等分为 12 个区间，而经度范围被等分为 10 个区间，最终得到 120 个相同大小的网格。

(2) 位置选择：首先选择每个网格的中心坐标作为每个无线接入点的部署位置，然后根据每个网格中包含的请求服务数的多少来选择混合边缘服务器的部署位置。本章选用的规则是将混合边缘服务器优先放置在人口密集或者请求较多的区域。

(3)数据预处理：这里将每个用户订单映射为一次服务请求，并基于用户订单的坐标给出服务请求的发起位置。至此，本章完全掌握了给定城域网范围内的无线接入点、混合边缘服务器，以及用户请求的相关信息。据此，首先计算每个网格中全体用户请求到达本地无线接入点的平均距离，并将其作为每个用户接入邻近无线接入点的通信延迟；然后计算每对无线接入点之间的直线平均距离并将其作为它们之间的通信延迟；最后计算无线接入点之间最大距离，将该距离的 10 倍距离作为从一个无线接入点到云数据中心的远程访问延迟。在不失一般性的情况下，本章最终将每个网格每天生成的平均订单数作为该网格内无线接入点的本地请求数。

通过上述三个步骤的实验设置，本章获得表 4.2 所示的实验参数设置。

表 4.2　参数设置

实验对象和指标名称	参数	设置				
无线城域网中的通信网络	纬度范围/(°)	[30.57, 30.78]				
	经度范围/(°)	[103.96, 104.17]				
	α	0.3				
	β	0.1				
	本地通信延迟	由用户同无线接入点间的平均距离决定				
	无线接入点之间的通信延迟	由任意一对无线接入点间的平均距离决定				
	远程通信延迟	由无线接入点间最大距离的 10 倍距离决定				
网络规格	网格划分规格	12×20	24×20	36×30	48×40	60×50
	无线接入点的数量	120	480	1080	1920	3000
	混合边缘服务器的数量	40	60	80	100	120

4.5.3　实验方法

遵循“分而治之”的理念，本章将原始的 ORS-HESP 问题分解为四个子问题以减轻其求解过程的计算复杂性，每个子问题都可被建模为整数规划问题。本章采用 BnB 方法的设计思路，提出一种高效的启发式求解方法来求解 ORS-HESP 问题。这里从以下几个方面进行实验，以量化问题求解的时间消耗和迭代次数。

(1)评价网格尺寸对计算时间和迭代次数的影响。本章测试不同分割尺寸时四个子问题的情况，获得最优解决方案并记录达到最佳解决方案的迭代次数和计算时间。

(2)评价计算能力对计算时间和迭代次数的影响。本章测试混合边缘服务器配置不同计算能力 K 时四个子问题的情况，获得最优解决方案并记录达到最佳解决方案的迭代次数和计算时间。

(3)评价混合边缘服务器的私有资源占比α对私有/公有服务率以及平均计算时间的影响。私有/公有服务率分别表明用户发起的私有/公有服务请求被混合边缘计算架构响应的百分比。此外，本章记录网格划分尺寸和混合边缘服务器的计算能力K的全部可能设置组合下的算法计算时间，然后求其平均值。

对于上述每种情况，本章执行五轮次实验后测算各项指标的平均值，并将最终结果通过图 4.7、图 4.8 和图 4.9 呈现。

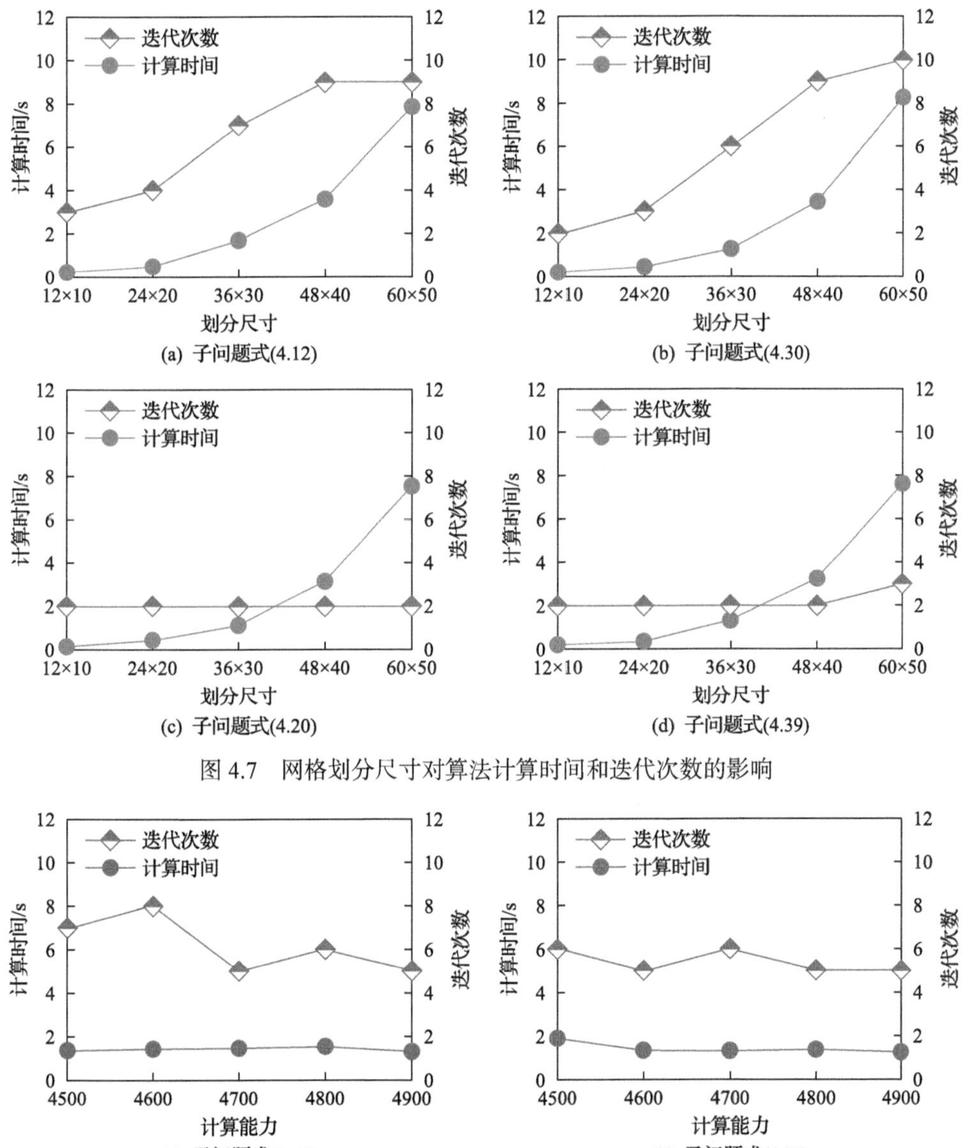

(a) 子问题式(4.12)

(b) 子问题式(4.30)

(c) 子问题式(4.20)

(d) 子问题式(4.39)

图 4.7　网格划分尺寸对算法计算时间和迭代次数的影响

(a) 子问题式(4.12)

(b) 子问题式(4.30)

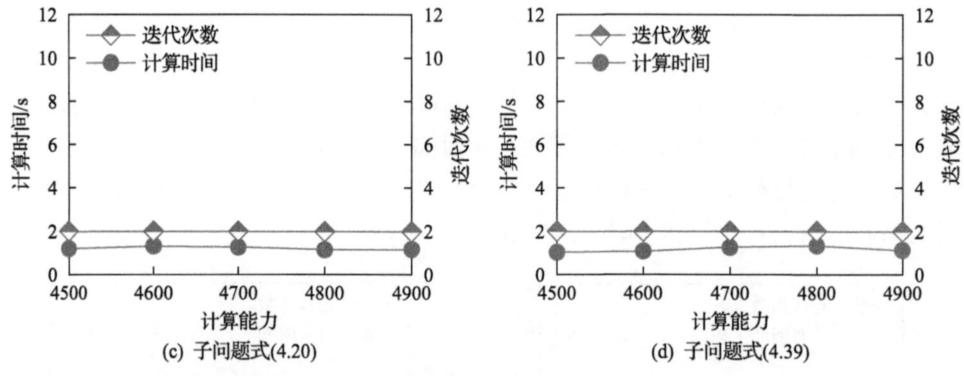

图 4.8　混合边缘服务器的计算能力 K 对算法计算时间和迭代次数的影响

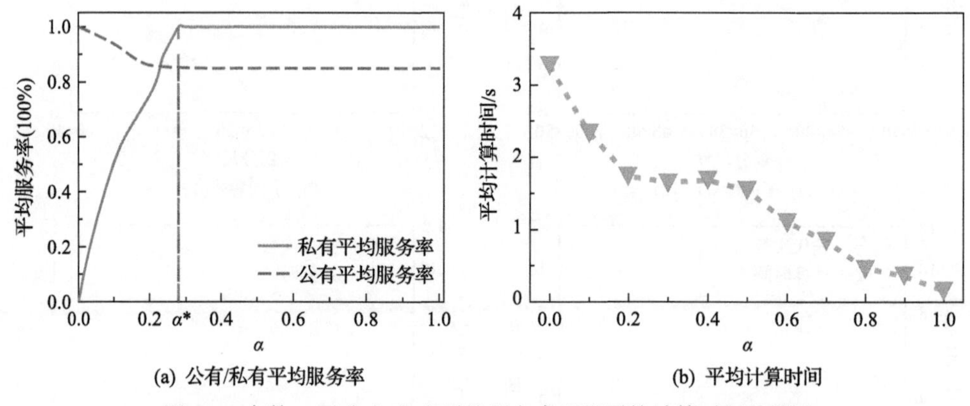

图 4.9　参数 α 对公有/私有平均服务率以及平均计算时间的影响

4.5.4 性能评估

如图4.7 所示，针对四种子问题，本章分别评价网格划分尺寸的差异如何影响计算最优解所需的计算时间和迭代次数。在这组实验中，本章根据用户服务请求的数目和混合边缘服务器的数目来推算每个混合边缘服务器所需的计算能力 K。

如图 4.8 所示，本章将网格划分的大小设置为 36×30，并分别针对四个子问题研究每个混合边缘计算服务器的计算能力 K 如何影响算法的计算时间和迭代次数。这里有必要根据每个子问题的独特约束、用户请求数量以及混合边缘服务器的数量，预先计算出 K 的取值上限和下限。

如图 4.9 所示，针对每个子问题，本章考虑了网格划分尺寸和混合边缘服务器计算能力的所有情况，并计算了公有/私有平均服务率随参数 α 的变化，以及平均计算时间随参数 α 的变化。

综合观察图 4.7～图 4.9，本章得出以下四个结论。

(1) 根据图 4.7 中四个子图中曲线的变化趋势，不难发现算法的计算时间随着划分所得网格数目的增加而增加。根据图 4.8 中四个子图中曲线的变化趋势，不难发现每个混合边缘服务器的计算能力 K 的不同取值对算法的计算时间未产生显著影响。

(2) 无论划分所得网格数目和混合边缘服务器的计算能力如何变化，本章的算法仍然在很短的时间内找到子问题模型的最优解决方案。实际上，花费不超过 9s 可完成如图 4.7 所示的实验，而花费不过 2s 可完成如图 4.8 所示的实验。

(3) 在这两组对比实验中，采用本章的算法最多执行 10 次迭代就能获得最优解，这说明采用的 BnB 方法能够快速有效地搜索子问题的最优解。本章提出的 ORS-HESP 问题被分解为四个子问题后，通过运用 BnB 方法能以较低的计算复杂度找到很好的解。

(4) 如图 4.9 所示，当 $\alpha < \alpha^*$ 时，私有服务率的增加会导致公有服务率的显著下降，原因是这两类服务请求会竞争无线接入点的通信资源。相反，当 $\alpha \geqslant \alpha^*$ 时，每个无线接入点附近的全体公有服务请求会竞争额定比例的公有通信资源，这从根本上导致公有服务率降低到一个稳定值。图 4.9(b) 显示算法的平均计算时间随着 α 的增加而逐渐减少，因为无线接入点之间转发调度的公有服务请求数量逐渐减少。

上述实验结果和分析显示，本章提出的基于问题分解的优化算法能取得很好的效果，因为其能够在短时间内通过数轮迭代得出 ORS-HESP 问题的最优解。另外，该算法可以将迭代次数控制在一定程度，从而大大降低了问题求解的复杂度，这也证明其具有很好的可扩展性。

4.6 本章小结

本章提出了一种用于同时提供私有和公有服务的混合边缘计算架构 HyEdge。为了最大限度地减少响应任意一批公有和私有服务请求的延迟，本章定义了基于混合边缘服务器放置的服务请求最优调度问题，该问题被进一步建模为混合整数非线性规划问题。为了有效地解决这个 NP 难问题，本章提出了基于问题分解的优化方法，该方法将原问题分解为四个子问题，并将每个子问题转换为整数线性规划问题，最后通过 BnB 方法来还原求解原问题。本章根据真实世界的数据集开展了实验评估工作，实验结果表明所提出的方法可以以较低的计算复杂度找到较为满意的求解方案。

参 考 文 献

[1] Armbrust M, Fox A, Griffith R, et al. A view of cloud computing[J]. Communications of the ACM, 2010, 53(4): 50-58.

[2] Dunleavy M, Dede C. Augmented reality teaching and learning[M]//Spector J, Merrill M, Elen J, et al. Handbook of Research on Educational Communications and Technology. New York: Springer, 2014: 735-745.

[3] Zhang Y C, Pintea S L, van Gemert J C, et al. Video acceleration magnification[C]//Proceedings of the IEEE Conference on Computer Vision and Pattern Recognition, Honolulu, 2017.

[4] Urmson C, Anhalt J, Bagnell D, et al. Autonomous driving in urban environments: Boss and the urban challenge[J]. Journal of Field Robotics, 2008, 25(8): 425-466.

[5] Hong C H, Varghese B. Resource management in fog/edge computing: A survey on architectures, infrastructure, and algorithms[J]. ACM Computing Surveys, 2019, 52(5): 97.

[6] Genez T A L, Bittencourt L F, Da Fonseca N L S, et al. Estimation of the available bandwidth in inter-cloud links for task scheduling in hybrid clouds[J]. IEEE Transactions on Cloud Computing, 2019, 7(1): 62-74.

[7] Linthicum D S. Emerging hybrid cloud patterns[J]. IEEE Cloud Computing, 2016, 3(1): 88-91.

[8] Zhang H, Jiang G F, Yoshihira K, et al. Proactive workload management in hybrid cloud computing[J]. IEEE Transactions on Network and Service Management, 2014, 11(1): 90-100.

[9] Duan R B, Prodan R, Li X R. Multi-objective game theoretic schedulingof bag-of-tasks workflows on hybrid clouds[J]. IEEE Transactions on Cloud Computing, 2014, 2(1): 29-42.

[10] Javadi B, Abawajy J, Buyya R. Failure-aware resource provisioning for hybrid cloud infrastructure[J]. Journal of Parallel and Distributed Computing, 2012, 72(10): 1318-1331.

[11] Wang W J, Chang Y S, Lo W T, et al. Adaptive scheduling for parallel tasks with QoS satisfaction for hybrid cloud environments[J]. The Journal of Supercomputing, 2013, 66(2): 783-811.

[12] Chopra N, Singh S. Deadline and cost based workflow scheduling in hybrid cloud[C]//Proceedings of the International Conference on Advances in Computing, Communications and Informatics, Mysore, 2013.

[13] Lu P, Sun Q Y, Wu K Y, et al. Distributed online hybrid cloud management for profit-driven multimedia cloud computing[J]. IEEE Transactions on Multimedia, 2015, 17(8): 1297-1308.

[14] Wang L, Jiao L, Li J, et al. Online resource allocation for arbitrary user mobility in distributed edge clouds[C]//Proceedings of the 37th IEEE International Conference on Distributed Computing Systems, Atlanta, 2017.

[15] Karagiannis V, Papageorgiou A. Network-integrated edge computing orchestrator for application

placement[C]//Proceedings of the 13th International Conference on Network and Service Management, Tokyo, 2017.

[16] Wang W, Zhao Y L, Tornatore M, et al. Virtual machine placement and workload assignment for mobile edge computing[C]//Proceedings of the 6th IEEE International Conference on Cloud Networking, Prague, 2017.

[17] Ahuja S, Krunz M. Algorithms for server placement in multiple-description-based media streaming[J]. IEEE Transactions on Multimedia, 2008, 10(7): 1382-1392.

[18] Wang S G, Zhao Y L, Xu J, et al. Edge server placement in mobile edge computing[J]. Journal of Parallel and Distributed Computing, 2019, 127: 160-168.

[19] Wang S Q, Urgaonkar R, Chan K, et al. Dynamic service placement for mobile micro-clouds with predicted future costs[C]//Proceedings of the IEEE International Conference on Communications, London, 2015.

[20] Wang L, Jiao L, He T, et al. Service entity placement for social virtual reality applications in edge computing[C]//Proceedings of the 37th IEEE Conference on Computer Communications, Honolulu, 2018.

[21] He T, Khamfroush H, Wang S Q, et al. It's hard to share: Joint service placement and request scheduling in edge clouds with sharable and non-sharable resources[C]//Proceedings of the 38th IEEE International Conference on Distributed Computing Systems, Vienna, 2018.

[22] Ismail L, Fardoun A A. Towards energy-aware task scheduling(EATS) framework for divisible-load applications in cloud computing infrastructure[C]//Proceedings of the IEEE Annual International Systems Conference, Montreal, 2017.

[23] Vakilinia S, Heidarpour B, Cheriet M. Energy efficient resource allocation in cloud computing environments[J]. IEEE Access, 2016, 4: 8544-8557.

[24] Mao Y Y, Zhang J, Letaief K B. Dynamic computation offloading for mobile-edge computing with energy harvesting devices[J]. IEEE Journal on Selected Areas in Communications, 2016, 34(12): 3590-3605.

[25] Chen Y, Zhang Y C, Chen X. Dynamic service request scheduling for mobile edge computing systems[J]. Wireless Communications and Mobile Computing, 2018, 2018: 1-10.

[26] Chang W L, Guo M Y. Solving the set cover problem and the problem of exact cover by 3-sets in the Adleman-Lipton model[J]. Biosystems Systems, 2003, 72(3): 263-275.

第5章　移动节点辅助的边缘计算架构

当前，边缘计算的基本理念是在一系列固定边缘节点上预先缓存大量各类网络服务，从而为潜在的大量终端应用提供超低延迟的服务体验。然而，本章发现这种方式在某些特定服务请求出现高峰时，会出现服务供给能力和服务请求供需不匹配的问题。这种供需不匹配问题对延迟敏感类服务请求而言往往是致命的，尤其当边缘层服务供给能力的调整周期较长时，这一问题会被进一步恶化。为了解决这个问题，本章提出移动边缘节点辅助的边缘计算架构。基本的设计理念是充分发掘各类潜在的移动节点，并合理调度相关的移动边缘节点来辅助供需不匹配问题凸显的某些固定边缘节点，最终在动态变化的过程中取得供需匹配的整体效果。为了提高移动节点辅助的边缘计算架构的可行性，本章还设计一种CRI(可信、互惠和激励)拍卖机制，从而激励更多移动边缘节点参与到边缘计算环境中，并分担一部分用户的边缘服务请求。除了便捷性和灵活性的优势之外，这种新型边缘计算架构还能取得更高的任务完成率和更高的收益。最后，理论分析和实验结果也证明上述CRI拍卖机制能够吸引移动边缘节点乐于参与并提供良好的边缘服务。

5.1　引　　言

5.1.1　问题背景

随着网络技术的快速发展和普及，网络终端的规模和产生的数据量呈指数级增长，其中不乏延迟敏感且计算密集型的应用[1]。但是，很多网络终端的资源配置能力不足以应对这些新的挑战和需求，为此边缘计算应运而生，其通过在网络边缘建设多种形态的固定边缘节点来缓存网络服务，起到对云服务和终端设备承上启下的关键作用。每个固定边缘节点通常由一个无线接入点(或移动通信基站)和配置的一些边缘服务器共同组成。

然而，即使在固定边缘节点的帮助下，终端设备的低延迟服务要求仍然难以随时随地得到保证。根本原因可能是固定边缘节点的资源供给能力与终端用户的需求之间存在供需不匹配现象；还可能是随着终端用户量和服务请求量的不断增加，全体固定边缘节点的总体资源配置(如计算和存储资源)不再能保质保量地满足全体终端用户的需求。根据第4章的介绍可知，当少量固定边缘节点出现服务过载情况时，首选处理方法是将部分服务请求转发给其他空闲的固定边缘节点进行分担，但当大量固定边缘节点都过载时这种负载均衡方式也无能为力。面对边缘层整体资源在时间和空间分布上长期存在的短缺问题，需要对边缘计算环境的现有资源配置进行有计划的扩容，而提高单个固定边缘节点的资源容量或布设新的固定边缘节点都会导致额外的预算和建设周期。最终，这会导致边缘层的资源总量在一段时间内跟不上用户的资源需求。

为了解决资源的供需不匹配问题，许多工作都致力于如何恰如其分地弥补固定边缘节点的资源不足。目前，学术界重点关注了如何从远程云数据中心预取和缓存相应的服务到一些分散的固定边缘节点，从而快速响应终端用户的服务请求。此类过程又称为服务供给[2]或服务放置[3]。也有研究考虑通过终端设备之间的互相协作[4]，来响应一些终端用户的请求。终端设备的资源配置虽然有一定程度的异构性，但是其资源总量毕竟有限，而且终端之间协作面临安全性方面的挑战。此外，也有一些研究[5,6]关注如何将某个固定边缘节点过多的用户请求调度到其他尚有剩余资源的固定边缘节点，但是这种方式只适用于用户请求时空分布不均衡而边缘层的资源总量充足的情况。当固定边缘节点的总资源不能满足全体用户所需的资源量时，许多请求不得不被远程调度到云数据中心进行处理，这将给用户请求带来不小的响应延迟，未能发挥出边缘计算模式的优势。

边缘计算的主要用户群体是各类终端设备和用户，而终端设备的形态和功能近年来发生了重大变化。以智能汽车[7]、无人机[8]、无人系统[9]为代表的新型移动终端设备具有规模庞大、分布广泛、IT 资源配置可观、移动能力强等鲜明的特征。不少这类移动设备已经具备或将具备丰富的 IT 资源和内置服务，更重要的是有大量的空闲时段和足够的电力供应，如家用智能电动汽车。

鉴于上述分析，本章提出移动边缘节点辅助的边缘计算架构，来解决固定边缘基础设施难以调和的资源供需不匹配问题。本章的基本思想是：①允许具有空闲 IT 资源的上述新型移动终端担任移动边缘节点，并根据需要为邻近的固定边缘节点提供辅助支持，分担一部分用户请求；②一些移动边缘节点还能够按需移动至特定的目的地，进而实现跨地理区域的资源调度和整合。通过这两个层次的辅助作用，本章尝试将潜在的移动边缘节点整合到传统的固定边缘计算环境中，并充分利用其移动性更有效地解决长期存在的资源供需不匹配问题。

虽然移动节点辅助的边缘计算架构具有理论上的有效性和可行性，但是仍然面临很多挑战。①这种方式会产生额外的成本来激励移动设备担任移动边缘节点，当前尚缺乏有效的收益和激励机制；②在一组用户请求的时空分布给定时，如何恰当地选择一部分请求分配给合适的固定边缘节点，以及如何调度可用的移动边缘节点来辅助合适的固定边缘节点，从而处理其过载的用户请求；③如何激励承载特定服务的潜在移动边缘节点移动到需要的区域来响应该处过多的用户请求。

针对上述挑战，本章提出相关解决方法将固定边缘计算环境和可用移动边缘节点系统性地结合起来，解决传统边缘计算架构面临的资源供需不匹配问题。

5.1.2 研究现状

1. 边缘层的请求调度和计算任务卸载

已经有大量工作研究了边缘计算如何为终端用户提供低延迟服务。针对传统的固定边缘计算环境，He 等[5]和 Farhadi 等[6]将服务放置问题和服务请求调度问题联合考虑，提高了固定边缘节点的资源利用率。He 等[5]提出的方案允许边缘计算的运营者从全局分配固定边缘节点的资源，并且致力于最优化地调度用户请求来实现资源的有效使用。

Chen 等[10]和 Kim 等[11]研究了终端设备如何向边缘计算环境进行任务卸载。其中，Chen 等[10]将众多孤立终端设备的任务卸载决策问题描述为一个多用户博弈问题，而 Kim 等[11]通过从云数据中心借用处理能力来提高移动设备的计算能力。然而，这些研究尚没有考虑将固定边缘节点上的计算任务转移到某些有能力的移动设备。本章提出的问题和研究成果可为现有研究提供有益的补充。

2. 新型的可移动终端设备

在移动设备方面，Zhang 等[12]和 Qiao 等[13]研究了自动驾驶车辆的内容缓存和内容交付问题。Zhu 等[8]和 Lyu 等[14]研究了无人机辅助的蜂窝通信网络，其中无人机担任通信中继节点来实现更好的无线连接。Wan 等[9]和 Afrin 等[15]研究了边缘节点如何帮助移动机器人更好地完成任务。Zhang 等[12]利用车辆缓存部分内容来减轻网络的访问负担，Qiao 等[13]在车载边缘计算和网络背景下联合优化了内容的放置和分发过程。

这些研究人员将一些具有移动能力的新型终端设备视为可移动的计算平台，其配备有计算、通信、存储等 IT 资源。本章在前人工作的基础上，提出移动边缘节点辅助的边缘计算架构，将移动边缘节点引入边缘计算的大环境中。

在关于移动边缘节点的相关研究中，Toczé 等[16]考虑了利用移动设备的计算能力，并探讨了如何通过部署移动边缘设备来增强固定边缘计算面临的任务分派问题。这项研究是关于如何利用移动边缘设备的有益尝试，但本章认为移动边缘节点的设计并不是主要用于承载其他终端设备的任务卸载，而是仅在特定情况下帮助某些固定边缘节点来分担一些力所能及的处理任务。

3. 边缘计算的激励机制

鼓励一些可移动的终端设备担任移动边缘节点是边缘计算经济激励机制设计的一个子类问题。相似的问题在其他场景中得到过一些相关研究，如面向边缘紧急需求响应的在线市场机制[17]，以及面向内容缓存的拍卖机制[18]。然而，本章关注的是传统固定边缘计算环境的资源供需不匹配问题，该问题出现时往往会非常紧急。此时，一些过载的固定边缘节点会将无法承担的用户请求拍卖出去，而参与拍卖的买家是一些有资源且空闲的移动边缘节点。本章提出的方法不同于一般的拍卖机制[19-21]，它采用双重拍卖和去中心化的拍卖机制来实现资源的优化配置。此外，本章重点关注如何促使多个可选的移动边缘节点给出合理、真实的报价，并在此基础上获得最优定价，而没有考虑移动边缘节点的最优投标策略。本章设计的 CRI 机制是一种博弈机制，可保证参与方的基本信用。

5.2　移动节点辅助的边缘计算新架构整体设计

本节先介绍移动边缘节点辅助的边缘计算架构的基本思想，然后对其计算和网络资源进行建模。

5.2.1　边缘计算新架构的基本思想

如图 5.1 所示，传统的边缘计算架构包括一组固定边缘节点，每个节点由一个无线接入点和一些边缘服务器组成，此外还涵盖各类终端用户、一个边缘计算运营者，以及若干远程云数据中心。如前所述，即使在固定边缘节点的帮助下，一些终端设备的低延迟服务需求仍然难以随时得到满足。究其原因在于全体固定

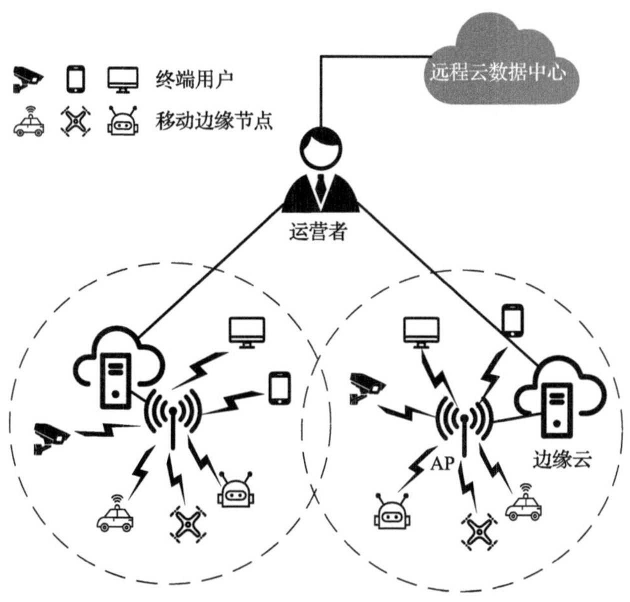

图 5.1　移动边缘节点辅助的边缘计算架构

边缘节点的资源供应总量跟不上终端用户的资源需求，也就是说传统的边缘计算环境长期存在资源供需不匹配的问题。

为了解决这个问题，本章另辟蹊径将一些可移动终端设备纳入边缘计算环境中作为移动边缘节点，它们既配置有可观的 IT 资源也具有便捷的移动性。例如，智能汽车、电动汽车、无人机等移动设备通常会接入互联网，完全有能力充当移动边缘节点的角色[12,22,23]。其实，移动边缘节点的形态并不是一成不变的，任何具有网络接入功能、数据处理能力，以及可移动能力的终端设备都可以充当移动边缘节点。图 5.1 中移动边缘节点和原有的固定边缘节点共同组成全新的边缘计算环境，来动态应对长期存在的资源供需不匹配问题。

边缘计算的运营者在每个时间帧调整整个计算环境的服务部署决策，并在每个时隙内针对终端用户的全体服务请求进行调度决策。通常一个时隙比一个时间帧要短，这两个重要参数都由边缘计算运营者来调控。当整个边缘计算环境出现过载情况，或者某些请求的服务还没有从云数据中心预缓存到边缘计算环境时，这些服务请求将不会从网络边缘得到处理和响应。然而，在移动边缘节点的帮助下，运营商可以增加终端用户在网络边缘获得高效服务的机会。

在本章提出的移动边缘节点辅助的边缘计算架构中，令 N 表示固定边缘节点的集合。这里使用连续整数 $T=\{0,1,2,\cdots\}$ 来描述每个时隙的起始时间点。需要注意的是，一个连续的时间区间被等分为多个连续的时隙。这里用 S 表示在边缘计算环境中终端用户请求的所有服务。在时隙 t，令 M^t 表示移动边缘节点的集合，令 U^t 表示不能在固定边缘节点及时处理的那些用户请求，即处于等待状态的用户请求。对于每个处于等待状态的用户请求 $i^t \in U^t$，其在移动边缘节点的帮助下会得到在网络边缘被处理和响应的新机会。

5.2.2 计算和网络资源模型

对于由固定边缘节点和移动边缘节点共同构成的边缘计算环境，这里首先介绍相关的资源配置情况。

网络链路：任意终端用户以及移动边缘节点都可以与某个无线接入点建立一条无线链路。此外，边缘计算运营商会通过回程网络与全体固定边缘节点连接。远程云数据中心可以提供终端用户所需的所有服务，而边缘计算环境会根据需要缓存其中部分网络服务。云数据中心通过主干网络连接到各个固定边缘节点，但之间的传输延迟比较大，这对于延迟敏感的用户请求是不可接受的。在本章中，某些公有服务请求如果被调度到云数据中心，同样会历经比较长的传输延迟。

缓存资源：所有的固定边缘节点都设计了灵活的网络服务缓存能力。它们通过容器[24]或虚拟机[25]等技术实现缓存服务的快速加载和启动，并同时缓存其工具集、设置、算法等组成元素。与固定边缘节点不同，移动边缘节点具有天然的多样性，其往往承载一些特殊的网络服务来实现特定的功能。关于移动边缘节点只能预先缓存特定服务的假设，可能会对移动边缘计算节点的应用有一定限制，因为无法保证某个过载的固定边缘节点附近正好有某些承载相同网络服务的移动边缘节点出现。但在很多情况下，一定规模的移动边缘节点可以起到非常重要的辅助作用，而且效果明显。此外，远程云数据中心的存储资源非常丰富，因此会缓存好终端用户需要的所有网络服务。相比之下，固定边缘节点和移动边缘节点的存储资源相当有限，无法缓存过多的网络服务，但是两类边缘节点在每个时间帧内可以灵活缓存和更新一些重要的网络服务。

计算资源：固定或移动边缘节点配置的计算资源类型多样，通常会涉及 CPU、GPU 等类型。一个边缘节点的计算能力决定了其在单位时间内可同时处理用户请求数量的上限。每个固定边缘节点在一个时隙内无法处理的用户请求 U^t 被视为需要借助移动边缘节点要处理的任务。

为了便于准确理解，表 5.1 列出了本章使用的主要符号。

表 5.1　符号描述

符号	描述
N	固定边缘节点的集合
M^t	时隙 t 内移动边缘节点的集合
S	终端用户请求的服务集合
U^t	时隙 t 内处于等待状态的用户请求集合
T	每个时隙的长度
s_{i^t}	任务 i^t 的请求服务
I_{i^t}	任务 i^t 的输入数据大小
O_{i^t}	任务 i^t 的输出数据大小
K_{i^t}	任务 i^t 所需的计算资源量
L_{i^t}	任务 i^t 所需的最大延迟的时隙数量
n_{i^t}	任务 i^t 的邻近固定边缘节点
c_{m^t}	移动边缘节点 m^t 的可用处理能力
c_r	云数据中心的处理能力
$D_{i^t n_{i^t}}$	“用户-固定边缘节点”的传输速率

续表

符号	描述
$D_{n_i^t m^t}$	“固定边缘节点-移动边缘节点”的传输速率
$T_{i^t}^{\mathrm{DDL}}$	任务完成的截止时间
$b_{i^t m^t}$	移动边缘节点 m^t 对于任务 i^t 的竞标
$c_{i^t m^t}$	移动边缘节点 m^t 处理任务 i^t 的成本
$\mathrm{profit}_{i^t m^t}$	固定边缘节点拍卖的收益

5.3　CRI 拍卖机制的设计

为了激励一些可移动终端设备自愿参与到边缘计算环境，并担任移动边缘节点的角色，本章设计可信、互惠和激励的拍卖机制 CRI。CRI 以奖励的方式实现了移动边缘节点与边缘计算运营者之间的互惠关系，从而形成了一种高效的市场机制。作为市场环境中的一员，移动边缘节点始终在追求自身利益的最大化。很多可移动终端设备总有计算资源闲置的时候，如果能够盈利，受此激励一些可移动终端设备倾向于接收边缘计算运营者安排给自己的任务。图 5.2 展示了 CRI 拍卖机制设计的一些具体细节。

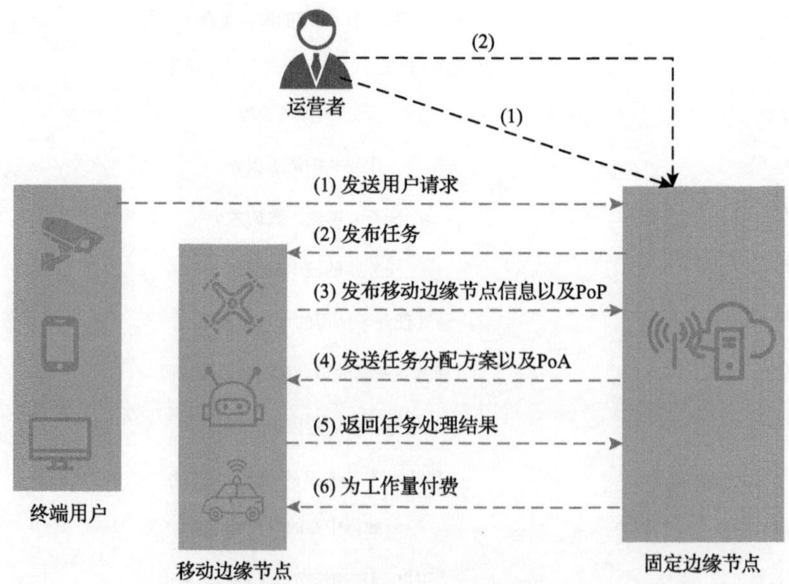

图 5.2　CRI 拍卖机制的示意图

PoP 是移动边缘节点的参与证明，PoA 是固定边缘节点的任务分派证明

移动边缘节点辅助的边缘计算环境面临五种类型的主要参与者，包括终端用户、服务提供商、基础设施提供商、移动边缘节点和远程云数据中心：①终端用户代表终端设备的持有者，会向边缘计算环境发起一系列服务请求，并有一定的服务质量要求。②服务提供商负责为终端用户提供广泛的网络服务，其联系固定边缘节点、移动边缘节点，以及云数据中心等来部署自己的服务。③基础设施提供商建设固定式边缘节点和云数据中心，主要提供计算、存储、通信和其他基础资源。④移动边缘节点由一些可移动的终端设备担任，其可以帮助固定边缘节点分担一些服务请求和任务。整个边缘计算系统无法获知哪个移动设备将移动到哪个区域，因此难以做出任务请求的再分配决策。在准备承接某个任务时，每个移动边缘节点需要预估任务完成时间，给出报价，以及规划自己的移动路径，例如，保持原位或移动到特定位置。当移动设备按照自己计划的路径移动后，它可以在任务完成时预测自己的位置。⑤远程云数据中心缓存终端用户所需的所有服务，并被认为具有相对充裕的接入网络资源。在边缘计算环境中，全体终端用户向服务提供商和基础设施提供商支付服务使用费用。为了刺激移动边缘节点处理一些用户请求，边缘计算运营者需要对其进行合理的付费。具体而言，每个固定边缘节点会拍卖其无法胜任的任务，任务的接任者由边缘计算运营者决定。本章接下来分步骤介绍具体的设计细节和原理。

5.3.1　用户请求生成和边缘任务确定

终端用户不断生成服务请求，并通过无线接入点发送给边缘计算运营者。针对在每个时隙中收到的全部服务请求，该运营者将根据边缘计算环境的实际状态来决定如何调度这些服务请求。本章不再细致地讨论已被广泛研究的多种服务调度方法[5,6]。

对于每个时隙内固定边缘节点无法响应的那些用户请求，边缘计算运营者会通知这些固定边缘节点将其作为任务对外发布和拍卖。令 U^t 表示在时隙 t 待拍卖的任务集，这也是相应的处于等待状态的用户请求集合。每一个任务 $i^t \in U^t$ 被多元组 $\langle s_{i^t}, I_{i^t}, O_{i^t}, K_{i^t}, L_{i^t}, n_{i^t} \rangle$ 描述。相关符号的定义请参考表 5.1。上述多元组可以引入更多参数以获得更丰富的表达能力，如考虑 GPU 和带宽等其他类型的资源。本章没有考虑到各个环节的通信资源需求，因为 5G 通信基础设施将提供足够的带宽[26]。

5.3.2　识别候选任务和移动边缘节点

在服务请求任务的拍卖过程中，固定边缘节点和移动边缘节点都希望从中盈利。此外，用户请求的整体延迟指标至关重要，不能因为介入拍卖过程而背离基本的延迟要求。因此，必须首先选择能确保满足上述两方面要求的任务候选集以及对应的移动边缘节点候选集。其基本思想如算法 5.1 所示。

算法 5.1　CRI-1

输入： U^t、M^t、S^t、B^t、V^t。
输出： U_c^t、M_c^t。

构建候选任务集合 U_c^t；
为 i^t 构建候选移动边缘节点集合 $M_c^{i^t}$；
$U_c^t \leftarrow \varnothing$；//初始化 U_c^t 为空集。
for each　$i^t \in U^t$　**do**
　　找到所有满足 $n_{i^t} = n_{m^t}$ 和 $s_{i^t} \in S_{m^t}$ 的移动边缘节点；
　　在集合 $M_{i^t}^t$ 中对所有移动边缘节点进行排序；
　　for each　$m^t \in M_{i^t}^t$　**do**
　　　　if　$T_{i^t m^t} \leqslant T_{i^t r}$　**then**
　　　　　　if　$T_{i^t m^t} \leqslant T_{i^t}^{\mathrm{DDL}}$　**then**
　　　　　　　　if　$v_{i^t} \geqslant b_{i^t m^t}$　**then**
　　　　　　　　　　$U_c^t \leftarrow i^t$；
　　　　　　　　　　$M_c^{i^t} \leftarrow m^t$；
　　　　　　　　end
　　　　　　else
　　　　　　　　if　$v_{i^t} \geqslant b_{i^t m^t} + F_p^{i^t}\left(T_{i^t m^t} - T_{i^t}^{\mathrm{DDL}}\right)$　**then**
　　　　　　　　　　$U_c^t \leftarrow i^t$；
　　　　　　　　　　$M_c^{i^t} \leftarrow m^t$；
　　　　　　　　end
　　　　　　end
　　　　end
　　end
end
构建候选移动边缘节点集合为 $M_c^t = \bigcup_{i^t \in U^t} M_c^{i^t}$；
return　U_c^t、M_c^t。

首先选择候选任务集 U_c^t，其是 U^t 的一个子集，表示时隙 t 内需要拍卖的所有候选任务。然后，将能承载任务 i^t 的候选移动边缘节点集构造为 $M_c^{i^t}$，其是 M^t 的子集，而 M^t 表示在时隙 t 内的所有候选移动边缘节点。另外，条件 $s_{i^t} \in S_{m^t}$ 必须成立，其中 S_{m^t} 是 m^t 可以提供的服务集合。这一约束表示移动边缘节点 m^t 只愿意接受其缓存服务能响应的拍卖任务。在这些条件的基础上，每个移动边缘节点 m^t 估算完成该任务的时间，并给出承担该任务的相应报价。与 D2D 模型[4]不同的是，D2D 模型允许任务在相邻的终端设备之间直接进行调度，而本章的机制需要在拍卖之前将任务首先提交到邻近的固定边缘节点。因此，在移动边缘节点中处理一项任务所需的时间可表示为

$$T_{i^t m^t} = I_{i^t} / D_{i^t n_{i^t}} + I_{i^t} / D_{n_{i^t} m^t} + K_{i^t} / c_{m^t} + O_{i^t} / D_{m^t n_{i^t}} + O_{i^t} / D_{n_{i^t} i^t} \tag{5.1}$$

式中，i^t 表示相应终端用户的任务；m^t 表示用于处理该任务的移动边缘节点；$\langle K_{i^t}, I_{i^t}, O_{i^t}, n_{i^t} \rangle$ 表示该任务的多元组信息；c_{m^t} 表示移动边缘节点 m^t 在每个时隙或时间帧内的可用处理能力。本章中，m^t 的可用处理能力可以根据其在一段时间内的资源使用情况进行预测。需要注意的是，任意移动边缘节点在准备服务于其他请求之前，必须首先满足其本地低延迟应用的基本请求。虽然移动设备上本地应用的资源需求会随时间变化而变化，但是假设其仍然能够提供与其前期预测一致的资源。因为一旦接收到被拍卖的任务，每个移动设备一定要预留足够的资源，从而保证在约定的时间内完成该任务。$D_{i^t n_{i^t}}$ 表示从终端用户的任务 i^t 到固定边缘节点 n_{i^t} 的传输速率。$D_{n_{i^t} m^t}$ 表示从固定边缘节点 n_{i^t} 到移动边缘节点 m^t 的传输速率。需要注意的是，一对节点之间的双向传输速率并不一定对称，即 $D_{i^t n_{i^t}} \neq D_{n_{i^t} i^t}$，$D_{n_{i^t} m^t} \neq D_{m^t n_{i^t}}$。每个任务的完成时间由任务上传时间、任务处理时间和结果下载时间组成。因此，在式(5.1)的右侧，用 $I_{i^t} / D_{i^t n_{i^t}} + I_{i^t} / D_{n_{i^t} m^t}$ 表示任务上传至移动边缘节点 m^t 的时间，用 K_{i^t} / c_{m^t} 表示任务的处理时间，用 $O_{i^t} / D_{m^t n_{i^t}} + O_{i^t} / D_{n_{i^t} i^t}$ 表示任务处理结果的下载时间。因此，$T_{i^t m^t}$ 描述在移动边缘节点 m^t 中完成任务 i^t 的总时间。

另外，在远程云数据中心中处理任务 i^t 的时间可以表示如下：

$$T_{i^t r} = I_{i^t} / D_{i^t n_{i^t}} + I_{i^t} / D_{n_{i^t} r} + K_{i^t} / c_r + O_{i^t} / D_{r n_{i^t}} + O_{i^t} / D_{n_{i^t} i^t} \tag{5.2}$$

式中，r 表示远程云数据中心；$D_{n_{i^t} r}$ 表示从固定边缘节点 n_{i^t} 到云数据中心的传输速率。需要注意的是，云数据中心的处理能力 c_r 非常大。在算法 5.1 的第 8 行，条件 $T_{i^t m^t} \leqslant T_{i^t r}$ 强调只有在移动边缘节点 m^t 中处理该任务的时间比在远程云数据中心中的处理时间更短时，将该任务拍卖给移动边缘节点 m^t 才是可取的。

此外，即使某任务在一个移动边缘节点上的执行时间会超过用$T_{i^t}^{\mathrm{DDL}}$表示的截止时间，拍卖可能仍然是一个不错的选择。如果成立，超过截止时间的执行时间将会花费更多的成本，这里使用惩罚函数$F_p^{i^t}(\cdot)$来表示额外的成本。在算法 5.1 的输入中，B^t是各方报价的集合，V^t是价值的集合。具体来说，令$b_{i^t m^t} \in B^t$来表示移动边缘节点m^t对任务i^t的报价。算法 5.1 的第 15～18 行表示任务i^t对于固定边缘节点的价值（由 $v_{i^t} \in V^t$ 表示）大于处理i^t产生的最大可能成本，当$T_{i^t m^t} \leqslant T_{i^t}^{\mathrm{DDL}}$时成本为$b_{i^t m^t}$，而当$T_{i^t m^t} > T_{i^t}^{\mathrm{DDL}}$时成本为$b_{i^t m^t} + F_p^{i^t}\left(T_{i^t m^t} - T_{i^t}^{\mathrm{DDL}}\right)$，满足条件的$i^t$和$m^t$将被分别添加到候选集$U_c^t$和$M_c^{i^t}$中。基于以上所有条件，算法 5.1 最终将生成候选任务集U_c^t和候选移动边缘节点集M_c^t。

5.3.3 任务分配

给定候选任务集U_c^t和候选移动边缘节点集M_c^t，本章发现定价策略并不简单，具体表现在以下几个方面。

(1) 在每个时隙内，由于多个任务参与竞价拍卖，不可能简单地使用二价拍卖策略（一种典型的单品拍卖定价策略）[27]。

(2) 每个移动边缘节点除了考虑对每个任务的报价外，还需要考虑自身利润的最大化，而利润取决于完成任务的时间。这里通过以下公式计算一个固定边缘节点将任务i^t拍卖给移动边缘节点m^t获得的利润：

$$\mathrm{profit}_{i^t m^t} = \begin{cases} v_{i^t} - p_{i^t}, & T_{i^t m^t} \leqslant T_{i^t}^{\mathrm{DDL}} \\ v_{i^t} - p_{i^t} - F_p^{i^t}\left(T_{i^t m^t} - T_{i^t}^{\mathrm{DDL}}\right), & T_{i^t m^t} > T_{i^t}^{\mathrm{DDL}} \end{cases} \tag{5.3}$$

式中，p_{i^t}为任务i^t的价格；v_{i^t}为任务i^t对该固定边缘节点的价值。

假定v_{i^t}的值仅有拍卖方知晓。这里通过式(5.4)计算移动边缘节点m^t竞标任务i^t的利润：

$$\mathrm{profit}_{m^t i^t} = \begin{cases} 0, & \text{落标} \\ p_{i^t} - c_{i^t m^t}, & \text{中标} \end{cases} \tag{5.4}$$

式中，$c_{i^t m^t}$为移动边缘节点处理任务i^t的成本。它通常反映投标人自愿投标的最低支付，即$b_{i^t m^t} \geqslant c_{i^t m^t}$。从以上观察可以看出，对于固定边缘节点来说，用简单的定价策略实现利润最大化并不容易。

(3) 假设每个移动边缘节点可以同时提供多种服务，但不能同时处理某类服务的多个任务。上述几点挑战使得如何分配任务到移动边缘节点并保证最大的利润变得困难。事实上，为了更清楚地陈述该问题，这里将其转化为加权二部图上的最大匹配问题(参考定理 5.2)。

本节考虑一个如图 5.3(a)所示的边缘计算环境，依托 2 个固定边缘节点和 7 个移动边缘节点提供三种网络服务，当前面临来自终端用户的 6 项任务。每项任务都设想调用和访问一种网络服务，假设具有所请求服务的移动边缘节点是候选移动边缘节点。由于每个移动边缘节点不能同时处理同一服务的多个任务，这里将投标者定义为配备有特定服务的移动边缘节点。例如，图 5.3(a)中移动边缘节点 1 内嵌有 2 类网络服务，因此可以被视为图 5.3(b)中的 2 个竞标者。这里进一步构造了如图 5.3(b)所示的加权二部图(X,Y,E)，其中节点集合 X 表示参与拍卖的任务集合，节点集合 Y 表示竞标者集合，加权链路集 E 表示 X 和 Y 之间的关系。这里使用 $\text{profit}_{i^t m^t}$ 来表示每条链路的权重。这个示例的目标是使运营者的利润最大化，即所有固定边缘节点的总利润最大。图 5.3(b)清楚地表明，各个开展拍卖的固定边缘节点之间都是互相独立的，因为每个固定边缘节点的 X 集合和其他固定边缘节点的 Y 集合之间没有链接。因此，可以逐一令每个固定边缘节点的利润最大化，最后实现全体固定边缘节点的总利润最大化。

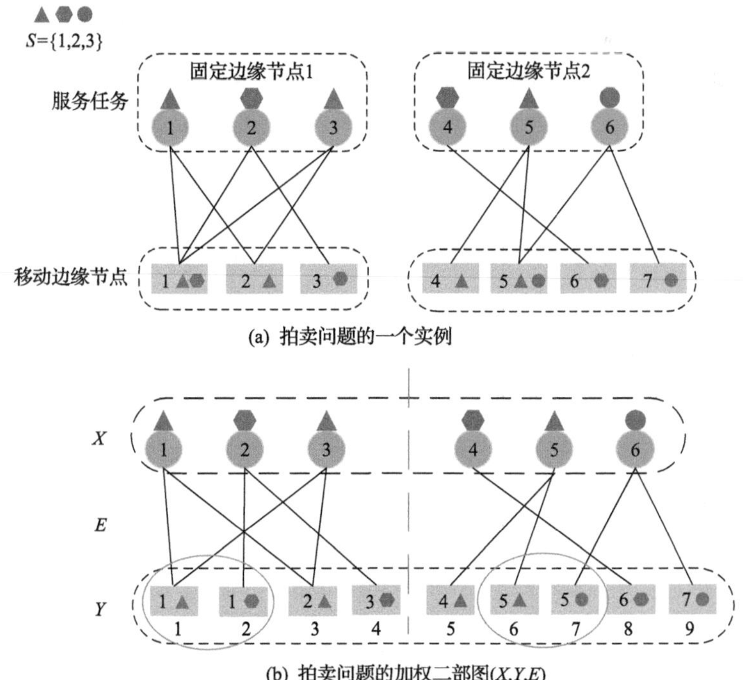

图 5.3　将拍卖问题转化为二部图匹配问题

子图(b)的竖直虚线用于区分不同的拍卖节点，圆圈包含由同一移动边缘节点生成的 Y 节点

这里将上述加权二部图(X,Y,E)扩展到更通用的场景，从而能够对应本章提出的移动边缘节点辅助的边缘计算架构。为此，在每个时隙中，使用X来表示U_c^t，用$y_{m^ts} \in M_c^t \times S\left(m^t \in M_c^t, s \in S\right)$来表示$Y$的元素。此外，$E$的链路用于表示来自$Y$的对应移动边缘节点是否正好是$X$中任务的候选移动边缘节点。通过对图 5.3 的观察，图(X,Y,E)可以被拆分成多个子图$\left(X^n,Y^n,E^n\right), n \in N$，并得出以下结论：诸多子图$\left(X^n,Y^n,E^n\right), n \in N$相互独立，并共同构成原始图$(X,Y,E)$。

为了验证运营者的利润最大化问题与加权二部图(X,Y,E)的最大匹配问题等价，这里给出定义 5.1、定义 5.2、定理 5.1 和定理 5.2。

定义 5.1（完全匹配） 图中的匹配是一组独立的链路集合，其中没有链路共享相同的节点。该匹配的值是其中所有链路的权重之和。对于二部图(X,Y,E)及其匹配E_m，若$|X| = |E_m|$或$|Y| = |E_m|$，则E_m是一个完全匹配。

定义 5.2（最大匹配） 对于二部图(X,Y,E)，最大匹配问题旨在找出值最大的匹配。

定理 5.1 运营者的最大利润等于对应二部图(X,Y,E)最大匹配问题的值。对于最大匹配问题的每条链路，这里将对应的任务分配给对应的移动边缘节点。

证明 最大匹配问题就是找到值最大的匹配，匹配中每条链路的值对应于运营者的利润。因此，运营者的最大利润等于相应二部图(X,Y,E)的最大匹配问题的值。当找到最大匹配时，它的所有链路都表示相应任务的分配。**证毕。**

定理 5.2 (X,Y,E)的最大匹配问题可以通过求解所有子图$\left(X^n,Y^n,E^n\right)$的最大匹配问题得到。前者的最大匹配的值等于所有子图的最大匹配的值之和。

证明 由于(X,Y,E)的所有子图彼此独立，这里可以分别计算每个拍卖节点生成的子图。子图的最大匹配值之和等于(X,Y,E)的最大匹配值。**证毕。**

基于定理 5.1 和定理 5.2，可以通过求解一系列图匹配问题来解决运营者的利润最大化问题。因此，本节将重点放在单个固定边缘节点的最大匹配问题上，并在算法 5.2 中给出求解方法。对于$\text{profit}_{i^tm^t}$，假设定价p_{i^t}等于任务分配过程中的报价$b_{i^tm^t}$。如算法 5.2 所示，该过程被分解为图构造和最大匹配问题两个步骤来求解。第一步（第 1～6 行）会根据已知的U_c^t、M_c^t、S^t、$\text{profit}_{i^tm^t}$来构造加权二部图G。第二步（第 7～14 行）会采用经典的 Kuhn-Munkres（KM）算法[28]找到最大匹配，对应的时间复杂度是$O\left(\max\left\{|X|^3, |Y|^3\right\}\right)$。$E_m^n$是$E^n$的一个子集，是这里找到的最大匹配。此外，第 15 行中的P^t表示时隙t中运营者的最大利润。最后可得U_w^t、M_w^t，表示赢家、移动边缘节点的集合。

算法 5.2　CRI-2

输入： U_c^t、M_c^t、B^t、S^t、$\text{profit}_{i^t m^t}$。

输出： U_w^t、M_w^t、P^t。

1 图的构建：

2 以 U_c^t 的顺序对 X 节点进行排序；

3 以 M_c^t 和 S^t 的顺序对 Y 节点进行排序；

4 根据 $U_c^t \times M_c^t$ 和 $\text{profit}_{i^t m^t}$ 构建集合 E；

5 $\text{weight}_{xy} \leftarrow \text{profit}_{i^t m^t}$；

6 生成加权二部图 $G=(X,Y,E)$，并根据固定边缘节点将它分为一系列子图 $G^n=(X^n,Y^n,E^n)$，使其满足 $G=\{G^1,G^2,\cdots,G^N\}$；

7 最大匹配问题的求解(KM 算法)：

8 **for** each　$G^n, n\in N$　**do**

9 　　(1)初始化 X^n 和 Y^n 的节点标签；

10 　　(2)采用匈牙利算法[19]搜索一个完全匹配；

11 　　(3)若没有找到完全匹配，则修改相应的节点标签；

12 　　(4)重复(2)、(3)步骤直至找到相等子图的完全匹配；

13 　　将最终得到的最大匹配记为 E_m^n；

14 **end**

15 $P^t \leftarrow \sum_{n\in N}\sum_{X\times Y\in E_m^n} \text{weight}_{xy}$；

16 从 E_m^n 得到 U_w^t、M_w^t；

17 **return**　U_w^t、M_w^t、P^t。

使用 KM 算法之前，需要了解一些相关的概念。对于一个加权二部图 $G=(X,Y,E)$，其中链路 $(x,y)\in E$ 具有权重 weight_{xy}，若在 $X\cup Y$ 上存在一个实值函数 f 使得 $f(x)+f(y)\geqslant \text{weight}_{xy}, \forall x\in X, y\in Y$，则 f 称为 G 的可行节点标记。给定任意一个二部图 G，这里总能找到一个可行的节点标记。一个简单可行的节点标记是设置 $f(x)=\max_{y\in Y}\text{weight}_{xy}, \forall x\in X$，$f(y)=0, \forall y\in Y$。给定图 G 中的可行标记 f，链路集合 $\{(x,y)\mid f(x)+f(y)=\text{weight}_{xy},(x,y)\in E\}$ 被表示为 E_f，其中 (X,Y) 称为可行链路。图 $G_f=(X,Y,E_f)$ 称为 G 的相等子图。通过 KM 算法精心调整图上的节点标记，逐步考虑更多的链路，试图在图上找到一个完全匹配。

从算法 5.2 的第 7～14 行可以看出，步骤(2)的时间复杂度为 $O(N\times \max\{|X^n|^3,|Y^n|^3\})$，这比 $O(\max\{|X|^3,|Y|^3\})$ 好很多(即求解图 G 的时间)。然后

计算第 15 行的最大利润值,从而得到优胜者任务和优胜的移动边缘节点(第 16 行)。

5.3.4 任务处理和奖励支付

在任务分配完成后，优胜者(即移动边缘节点)将处理相应的用户请求并将结果返回给终端用户，这称为任务处理阶段。在这一阶段，胜出的移动边缘节点会调用合适的本地服务来响应收到的任务请求,这会以消耗自身的相关资源为代价,此后将响应结果反馈给对应的固定边缘节点，继续转发给终端用户。这一阶段最需要关注的问题是该移动边缘节点是否会执行对应的处理操作，以及如何确保其确实执行了对应的处理操作。如图 5.2 所示，除了生成候选集外，移动边缘节点还需要向固定边缘节点提交参与证书 PoP。PoP 可以是设备标识号，被用来识别和跟踪唯一的移动边缘节点。如果提交 PoP 并成为赢家的移动边缘节点放弃执行该任务，这将损害其自身声誉，甚至可能承担额外的赔偿和法律责任。另外，如果移动边缘节点没有在保证的时间内完成任务，则发起拍卖的固定边缘节点将得到补偿。因此，可以使用 PoP 来确保移动边缘节点的诚实行为。

当处理完所有获胜者的任务 U_w^t 时，固定边缘节点应向获胜的移动边缘节点 M_w^t 支付约定的奖励。如何使这个过程不可抵赖？这里使用 PoA(分配证明)来实现这一点。PoA 可以记录固定边缘节点向移动边缘节点分配任务的事实，据此固定边缘节点在完成任务后必须支付对应的奖励。

5.4 CRI 拍卖机制设计的理论分析

5.4.1 算法的时间复杂度分析

结合 CRI 设计的细节，这里提出了在每个时隙中实现 CRI 设计的具体算法。该算法包括获胜者候选集生成(参见算法 5.1)和任务分配确定阶段(参见算法 5.2)。算法 5.1 的第 6 行将 $M_{i'}^t$ 中的候选移动边缘节点进行排序,这一过程的时间复杂度为 $O\left(\left|M_{i'}^t\right|\log_2\left(\left|M_{i'}^t\right|\right)\right)$。第 7 行中 for 循环导致的时间复杂度为 $O\left(\left|M_{i'}^t\right|\right)$。第 4 行中 for 循环的时间复杂度为 $O\left(U^t\left|M_{i'}^t\right|\left(1+\log_2\left(\left|M_{i'}^t\right|\right)\right)\right)$。因此，算法 5.1 的时间复杂度为 $O\left(U^t\left|M_{i'}^t\right|\left(1+\log_2\left(\left|M_{i'}^t\right|\right)\right)\right)$。

在算法 5.2 中，KM 算法的时间复杂度为 $O\left(N\max\left\{|X^n|^3,|Y^n|^3\right\}\right)$。除此之外，第 2 行对 X 节点进行排序需要的时间复杂度为 $O\left(\left|U_c^t\right|\log_2\left(\left|U_c^t\right|\right)\right)$，第 3 行对 Y 节

点排序需要的时间复杂度为 $O\left(\left|M_c^t S\right|\log_2\left(\left|M_c^t S\right|\right)\right)$。因此，算法 5.2 的时间复杂度为 $O\left(N\max\left\{|X^n|^3,|Y^n|^3\right\}+\left|U_c^t\right|\log_2\left(\left|U_c^t\right|\right)+\left|M_c^t S\right|\log_2\left(\left|M_c^t S\right|\right)\right)$。

综上所述，本节提出的 CRI 拍卖机制的总时间复杂度为 $O\left(U^t\left|M_{i^t}^t\right|\left(1+\log_2\left(\left|M_{i^t}^t\right|\right)\right)+N\max\left\{|X^n|^3,|Y^n|^3\right\}+\left|U_c^t\right|\log_2\left(\left|U_c^t\right|\right)+\left|M_c^t S\right|\log_2\left(\left|M_c^t S\right|\right)\right)$。不难发现，CRI 拍卖机制可以在多项式时间内收敛到最终分配和定价结果。

5.4.2 重要性质的分析

在得出 CRI 拍卖机制相关算法的时间复杂度之后，这里用定理 5.3 进一步证明其满足个体理性。

定理 5.3 CRI 拍卖机制满足个体理性。

证明 CRI 拍卖机制满足个体理性，当且仅当 $\text{profit}_{i^t m^t} \geqslant 0, \text{profit}_{m^t i^t} \geqslant 0, \forall m^t \in M_c^t, i^t \in U_c^t$。将算法 5.1 的第 4～22 行和方程(5.3)结合起来，不难发现在算法 5.2 中当 $p_{i^t} = b_{i^t m^t}$ 时，对于运营者或固定边缘节点来说拍卖任务 i^t 一定是有收益的，即 $\text{profit}_{i^t m^t} \geqslant 0$，因此拍卖人的利润是非负的。对于参与竞拍的移动边缘节点而言，这里使用式(5.4)中的 $\text{profit}_{m^t i^t}$ 来表示每个竞拍者的利润。令 $p_{i^t} = b_{i^t m^t} \geqslant c_{i^t m^t}$，则 $\text{profit}_{m^t i^t} \geqslant 0$ 始终成立，因此竞拍者的利润是非负的。从每个移动边缘节点的角度来看，非负利润实际上促进了自身闲置资源的有效利用。因此，CRI 拍卖机制可以充分利用潜在的移动边缘节点，来提供整个边缘计算环境的服务能力。以上两个结论共同证明了本章提出的 CRI 拍卖机制能够满足个体理性。**证毕**。

定理 5.4 CRI 拍卖机制确保双方行为的真实性。

证明 CRI 拍卖设计的特殊之处在于只追求拍卖人的利润最大化，而不是竞拍人的利润最大化。在这个设计中，竞拍人决定自己的报价 B^t，这样他们就可以获得一些利润。然而在密封拍卖[29]机制下，每个竞拍人并不知道其他竞拍人的报价、计算能力和其他信息。如果借此机会哄抬价格，很可能导致竞拍人被排除在候选集之外，从而无法获得收益。因此，这里可以推断他们的报价基本合理。在 B^t 的基础上，为了使整个边缘计算运营方的利润最大化，每个拍卖商（固定边缘节点）用 KM 算法来决定能令自己利润最大化的中标者。定价策略是基于每个竞拍人的报价，因此固定边缘节点的决策不会损害竞拍人的利润。从上面的推理可以看出，拍卖人和竞拍人都必须诚实守信，才能使各自的利益得到保障。**证毕**。

定理 5.5 CRI 满足利润最大化。

证明 从定理 5.3 的证明可以看出，只有当式(5.4)中 $p_{i^t} = b_{i^t m^t}$ 成立时，固定边缘节点才能实现其利润的最大化。若 $p_{i^t} > b_{i^t m^t}$，则会损害固定边缘节点作为拍卖人的利益，应予以避免。若 $p_{i^t} < b_{i^t m^t}$，则 PoA 机制会降低拍卖人的可信度，最终会降低其长期利益。因此，本章的 CRI 拍卖机制设计保证了利润最大化。**证毕。**

上述重要性质的证明与算法的计算复杂性分析相结合，从理论上保证了本章的 CRI 拍卖机制的设计是可行的。

5.5 实验设计和性能评估

本节将通过性能评估来进一步佐证 CRI 拍卖机制设计的有效性。首先介绍实验的整体设计和考虑，然后验证算法的性能，进一步说明 CRI 机制设计的卓越性质，包括个体理性、真实性、利润最大化三个方面。除了一轮拍卖的短期获利之外，本节还通过实验验证 CRI 机制设计更有助于产生长期的收益。

5.5.1 实验设计

1. 边缘计算网络环境的构建

CRI 拍卖机制设计并没有对用户的服务请求、拍卖任务的价值，以及移动边缘节点的报价提出特别要求。因此，本章的实验评估方案并不局限于所使用的具体数据集，实验结果在其他可能的数据集上仍然有效。需要注意的是，在当前的边缘计算应用场景中，用户请求的价值以及移动边缘节点处理任务的成本都还没有相关的公开数据。不失一般性，这里随机生成用户请求的价值和承担每个任务的相应报价，两个随机变量都在(0,1]内服从均匀分布。

此外，这里引入参数 α，表示需要拍卖给移动边缘节点的候选任务数量与边缘计算环境中全体用户发起的服务请求数量的比率。实际上，参数 α 反映了现有全体固定边缘节点的资源供给短缺情况，α 越大则它们的资源就越短缺。这里通过调节参数 α 来随机生成不同规模的候选任务集。此外，还引入了参数 β，即参与拍卖的移动边缘节点数目与全体固定边缘节点覆盖区域内的移动边缘节点总量的比率。参数 β 可以用来反映整个边缘计算环境的资源应急能力，参数取值越大则资源应急能力越强。虽然 α 和 β 两个参数的取值都随时间动态变化，但是本节的目标是构建 α 和 β 取值比较接近的边缘计算环境，这意味着环境中的资源供需基本平衡。本节的实验设置首先模拟了图 5.4(a)所示的资源供需不匹配情况。这里选用成都市出租车用户的数据集[30]来模拟用户的服务访问需求，并配置了每个固定边缘节点的处理能力。由图 5.4(a)可知，固定边缘计算环境的资源供需不匹配问题非常严重。固定边缘节点在一天中的某些时段(如 0:00～8:00)处于资源过度闲置状态，而在某些时段(如 18:00～21:00)出现了资源过度短缺的状态，资源的整体供需不匹配现象非常严重。因此，这里将参数α和β设定如下：

$$\alpha = \max\left\{\left(\text{Demand} - \text{Supply}\right) / \text{Supply}, 0\right\} \tag{5.5}$$

$$\beta = \max\left\{\left(\text{Demand} - \text{Supply}\right) / \text{Supply} + \sigma, 0\right\} \tag{5.6}$$

式中，Demand 表示资源的需求量；Supply 表示资源的供给量。

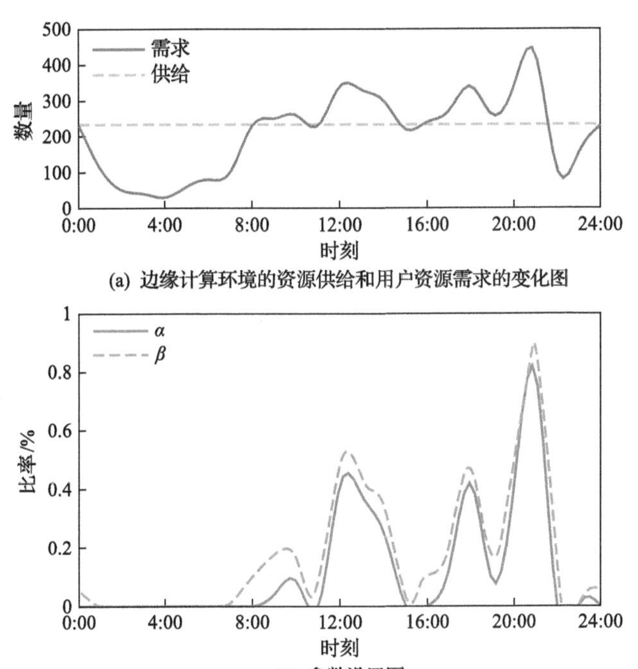

图 5.4　边缘计算环境的资源供需不匹配情况，以及关键参数α和β的变化图

图 5.4(b)显示参数β的取值与参数α的取值同步变化。这里根据[0,0.1]内的均匀分布设置随机数σ的值，确保α和β的取值比较接近。

2. 对比算法的选择和分析

为了佐证本章所提 CRI 拍卖机制的性能，这里将其与两个基准算法进行比较。

(1)贪婪分配(greedy allocation，GA)算法：其核心思想是将算法 5.3 中 3～9 行代替了原来的 KM 算法。第 8 行中的E^n_{greedy}是E^n的子集，表示贪婪算法搜索到的匹配项。贪婪分配算法的时间复杂度是$O\left(N\left|X^nY^n\right|^2\log_2\left|X^nY^n\right|\right)$。

算法 5.3　GA 算法

输入：U^t、M^t、S^t、B^t、V^t、$\text{profit}_{i^t m^t}$。

输出：U_w^t、M_w^t、P^t。

$\left(U_c^t, M_c^t\right) \leftarrow \text{CRI-1}\left(U^t, M^t, S^t, B^t, V^t\right)$；

执行算法 5.2 (CRI - 2) 的 1～6 行；

for each $G^n, n \in N$ **do**

　(1) 初始化 X^n 和 Y^n 的节点标签；

　(2) 寻找最大权重的链路，并移除与相应节点相关的链路；

　(3) 继续搜索剩余链路，重复步骤(2)直到子图中没有链路；

　(4) 记录步骤(2)、(3)中搜索到的所有链路；

　将最终得到的匹配记为 E_{greedy}^n；

end

$P^t \leftarrow \sum_{n \in N} \sum_{X \times Y \in E_{\text{greedy}}^n} \text{weight}_{xy}$；

从 E_{greedy}^n 得到 U_w^t、M_w^t；

return U_w^t、M_w^t、P^t。

(2) 云边协作(assistant cloud，AC)算法：旨在以固定边缘节点和远程云数据中心的能力响应所有用户的请求，学术界在这方面已经开展了很多研究[5,31]。在这种情况下，虽然固定边缘计算节点不需要向周围的移动边缘节点支付任何费用，但由于任务的完成率较低仍然损失不少经济收益。

5.5.2　性能评估

为了展示本章提出算法的性能，这里将其与两个基准算法(GA 和 AC)进行实验对比，并用如下三个指标进行合理评估。

1. 任务完成率

图 5.5(a)显示了候选移动边缘节点数量和任务数量的多种组合情况下，整个边缘计算环境的任务完成率。例如，*X* 轴中的 350×500 意味着随机生成 350 个候选移动边缘节点和 500 个候选任务。*Y* 轴的任务完成率表示候选任务的完成率。从图中不难发现，CRI 和 GA 的任务完成率远高于 AC 的任务完成率，这说明通过拍卖机制引入移动边缘节点可以显著提高整个边缘计算环境的整体任务完成率。同时，CRI 的任务完成率略高于 GA 的任务完成率，CRI 的 KM 算法在寻找等价子图的完全匹配，而 GA 算法可能不会搜索到这样的匹配结果。另外，任务完成率会随着候选移动边缘节点数量的增加而上升，也会随着候选任务数量的增

加而降低。这一结果可以解释为候选移动边缘节点越多(待响应的候选任务越少)，能够响应的任务越多(任务完成率越高)。因此，这里可以从中得出结论，CRI 拍卖机制的设计可以显著提高固定边缘节点的服务质量。

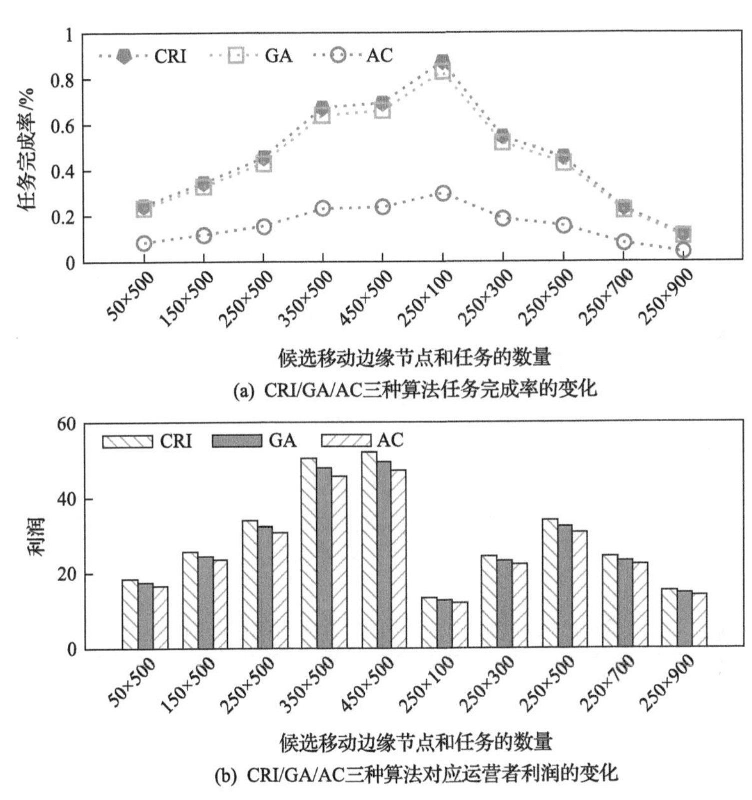

图 5.5　CRI/GA/AC 三种算法任务完成率和运营者利润的变化

2. 固定边缘计算节点的利润

图 5.5(b)显示了候选移动边缘节点数量和任务数量的多种组合情况下，传统固定边缘节点可以获得的利润。从中可以发现，CRI 算法产生的利润高于 GA 算法和 AC 算法产生的利润。CRI 算法的利润高于 GA 算法的利润原因是 CRI 中的 KM 算法追求最大匹配，而 GA 算法中的贪婪算法可能得不到最优解。CRI 算法的利润高于 AC 算法的利润原因是虽然每个被响应的任务会带来更多的利润，但是总利润会因为任务完成率的降低而减少。CRI 算法比其他两种算法多出的利润差距不是很明显的原因是很多利润来自于固定边缘节点处理了大量任务。若只考虑固定边缘节点收到的超额任务，则利润差距会非常显著，这也说明 CRI 算法能带来更好的性能。综合来看，本章 CRI 拍卖机制的利润总是优于其他两个基准算

法。此外，三种算法产生的利润都随着候选移动边缘节点的增加而增加，此时任务完成率会同步得到提高。由图可以发现，随着候选任务数量的增加，边缘计算运营者的利润先增加后减少。原因是整体的利润额度直接取决于完成的任务数量，这个数量由候选任务的总量和任务完成率的乘积决定。由图 5.5(a)可知，任务完成率会随着候选任务数量的增加而降低，这导致实际完成的任务数量会随着候选任务数量的增加先增加至一个峰值，然后开始下降。因此，这里可以确定 CRI 拍卖机制的设计可以为固定边缘节点带来切实的收益。

3. 算法求解的时间开销

为了进一步佐证此前针对算法时间复杂性得出的理论分析结论，这里用表 5.2 记录不同实验设置下 CRI 拍卖机制的运行时间。对于每种实验设置，这里随机生成 50 个实例并记录运行时间的平均结果。实验所用软硬件平台的配置是 Python3.6、Intel(R) Core(TM) i7-8750H 处理器以及 16G 内存。实验数据显示：CRI 的算法在关于候选任务数量和移动边缘节点数量的多项式时间内收敛。表 5.3 显示了 GA 算法的运行时间，结果表明 CRI 和 GA 两种算法都是计算高效型算法，且 GA 并不比 CRI 在运行时间上具有优势。至于 AC 算法，虽然它没有拍卖过程这个环节的时间成本，但后续研究表明它可能会产生其他成本。

表 5.2　CRI 拍卖机制的运行时间(N=10)

$\left\|U_c^t\right\|=500$	$\left\|M_c^t\right\|$	50	150	250	350	450
	时间/ms	0.323	1.243	13.358	32.564	45.637
$\left\|M_c^t\right\|=250$	$\left\|U_c^t\right\|$	100	300	500	700	900
	时间/ms	0.753	1.425	13.363	23.527	54.318

表 5.3　GA 算法的运行时间(N=10)

$\left\|U_c^t\right\|=500$	$\left\|M_c^t\right\|$	50	150	250	350	450
	时间/ms	0.412	1.431	13.675	32.335	46.582
$\left\|M_c^t\right\|=250$	$\left\|U_c^t\right\|$	100	300	500	700	900
	时间/ms	0.812	1.324	12.675	24.329	61.237

总体来说，与其他两种基准算法相比，本章提出的 CRI 拍卖机制在上述三个性能指标方面都取得了更好的性能。这些性能指标从服务质量、经济效益和时间开销三个方面反映了 CRI 拍卖机制的优势。因此，将 CRI 拍卖机制应用于本章提

出的移动边缘节点辅助的边缘计算架构中，可以通过获得更高的任务完成率和更高的利润以提高固定边缘节点的服务质量。

5.5.3　拍卖机制的性质分析

1. 个体理性

定理 5.3 证明了 CRI 拍卖机制的参与方是个体理性的。这意味着每个中标任务的价值都高于收费价格，如图 5.6(a)所示；每个获胜的移动边缘节点收到的付款都不低于其处理相应任务的成本，如图 5.6(b)所示。图 5.6(a)展示了中标任务的自身价值和拍卖胜出方的报价，而图 5.6(b)展示了胜出的移动边缘节点的报价和成本。结果表明，获胜的移动边缘节点从执行某获胜任务的过程中获得了正向的收益，即从 CRI 机制中获益。此外，由于每个获胜任务的收益都是正的，运营商仍然可以获得利润。因此，移动边缘节点愿意支持固定边缘节点，并且边缘计算运营商也倾向于拍卖一些固定边缘节点无法处理的任务。

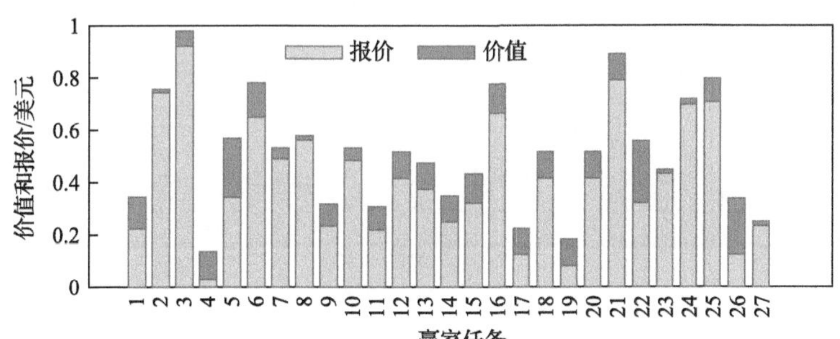

(a) 赢家任务的价值以及报价

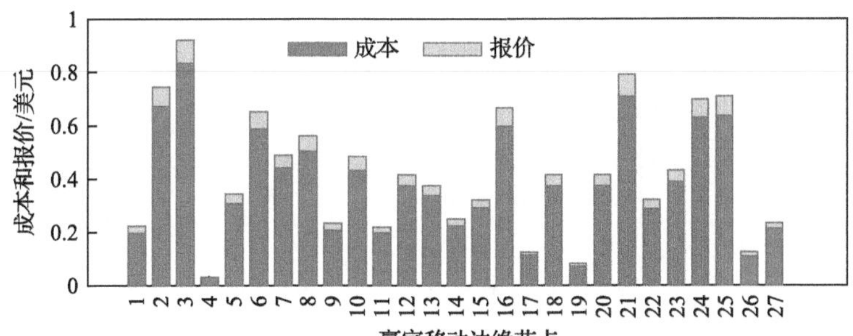

(b) 赢家移动边缘节点的报价以及成本

图 5.6　CRI 拍卖机制的个体理性实验结果

2. 拍卖双方行为的真实性

定理 5.4 证明了 CRI 拍卖机制参与方的行为真实性。为了佐证这一理论分析结果，随机选取一个移动边缘节点来研究其利润在不同报价后的变化。如图 5.7(a)所示，案例 a 显示当其报价为 0.448 美元且成本为 0.295 美元时，该移动边缘节点是赢家，其利润是 0.153 美元。当该移动边缘节点的报价低于 0.448 美元时，该移动边缘节点仍能赢得拍卖。但是，当其报价超过 0.448 美元后，该节点将输掉此次拍卖。由此可以看出，无论该移动边缘节点怎样报价，其利润都不会高于报价为 0.448 时的利润。然而，测试完所有移动边缘节点之后，出现了类似案例 b 的少量情况：当报价为 0.557 美元且成本为 0.306 美元时，移动边缘节点仍然可以通过提高报价来提高其利润。需要强调的是，虽然所有的移动边缘节点都可以灵活地调整其报价，但也存在很大的竞价失败风险，实验测试的失败率高达 97.87%。因此，理性的移动边缘节点将会真实地报价。

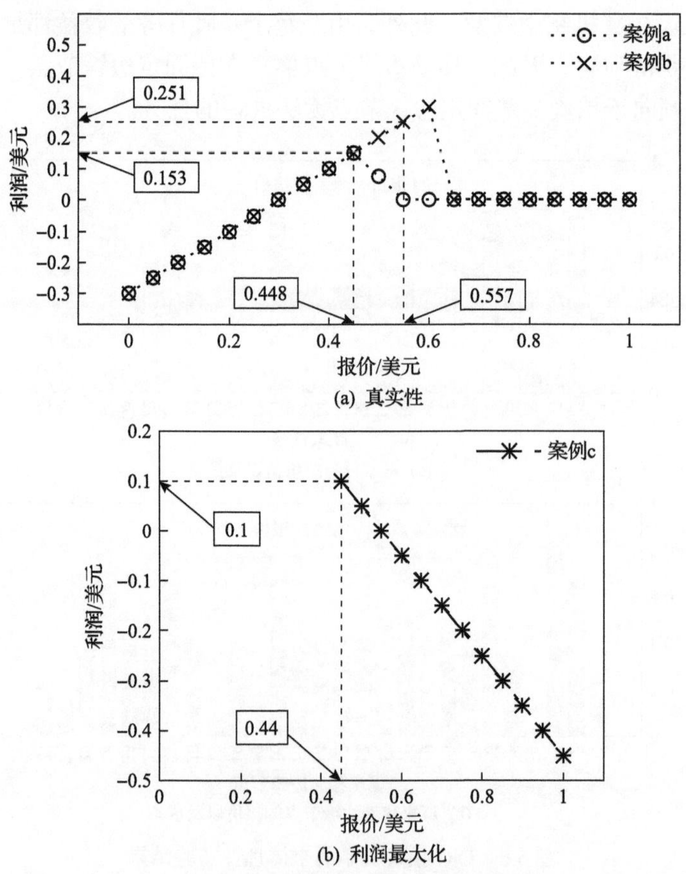

图 5.7　CRI 拍卖机制的真实性和利润最大化

此外，这里可以在两种情况下推断固定边缘节点报价的真实性：①如果价格低于胜出的移动边缘节点的报价，这将损害固定边缘节点的信誉，这是灾难性的；

②如果价格高于胜出的移动边缘节点的报价，则会损害固定边缘节点的利润。综上所述，CRI 竞拍机制可以保证移动边缘节点和固定边缘节点双方行为的真实性，因为不真实的行为无法提高利润。因此，CRI 拍卖机制不会受到不真实的参与者(固定边缘节点和移动边缘节点)的不良干扰，这些不真实的参与者试图以牺牲他人的利益为代价使自己受益。

3. 利润最大化

为了佐证定理 5.5 的利润最大化理论结果，这里使用图 5.7(b)中的案例 c 来分析。其中，胜出的移动边缘节点报价 0.44 美元，胜出的任务的价值为 0.55 美元。若价格小于 0.44 美元，则会损害固定边缘节点的信誉(参见定理 5.4)，这种情况要极力避免。若价格大于或者等于 0.44 美元，则固定边缘节点无法从任务中获得更多好处(请参阅式(5.3))。因此，CRI 拍卖机制保证了固定边缘节点从每个获胜任务中获得的利润最大化。

5.6　本章小结

本章提出了移动边缘节点辅助的边缘计算架构，利用潜在的移动边缘节点来分担固定边缘节点上过多的服务请求，可以有效地缓解和解决整个边缘计算环境的资源供需不匹配问题。为了推动这种新型的边缘计算架构，本章设计了一套独特的 CRI 拍卖机制，出发点是激励移动边缘节点承担和响应一些用户的服务请求。理论证明和实验验证都表明，CRI 机制表现出个体理性、真实性和利润最大化等良好性质，实验结果也证实了移动边缘节点辅助的边缘计算架构的诸多优越性。

此外，CRI 拍卖机制还会带来其他方面的性能改进，如运营者潜在的长期利润增长。从实验结果来看，CRI 拍卖机制有利于提高任务的完成率，提高边缘服务的用户体验，吸引更多终端用户使用边缘计算环境提供的网络服务。这为边缘计算的运营者提供了潜在的长期收益。本章的研究工作奠定了移动边缘节点辅助的边缘计算架构的基础，但是还有许多悬而未决的问题亟待研究。除了本章提出的 CRI 拍卖机制，是否可以设计一种双重拍卖机制来实现移动边缘节点和固定边缘节点的利润最大化？另外，对于潜在的大量移动边缘节点，如何根据用户访问边缘服务的时空分布变化规划合适的移动方案？如何进一步改善终端用户访问边缘服务的体验？这些都值得深入探讨。

参考文献

[1] Wu D P, Shi H, Wang H G, et al. A feature-based learning system for internet of things applications[J]. IEEE Internet of Things Journal, 2019, 6(2): 1928-1937.

[2] Chen L X, Xu J. Budget-constrained edge service provisioning with demand estimation via bandit learning[J]. IEEE Journal on Selected Areas in Communications, 2019, 37(10): 2364-2376.

[3] Zhang Y, Jiao L, Yan J Y, et al. Dynamic service placement for virtual reality group gaming on mobile edge cloudlets[J]. IEEE Journal on Selected Areas in Communications, 2019, 37(8): 1881-1897.

[4] Pu L J, Chen X, Xu J D, et al. D2D fogging: An energy-efficient and incentive-aware task offloading framework via network-assisted D2D collaboration[J]. IEEE Journal on Selected Areas in Communications, 2016, 34(12): 3887-3901.

[5] He T, Khamfroush H, Wang S Q, et al. It's hard to share: Joint service placement and request scheduling in edge clouds with sharable and non-sharable resources[C]//Proceedings of the 38th IEEE International Conference on Distributed Computing Systems, Vienna, 2018.

[6] Farhadi V, Mehmeti F, He T, et al. Service placement and request scheduling for data-intensive applications in edge clouds[C]//Proceedings of the 38th IEEE Conference on Computer Communications, Paris, 2019.

[7] Zyrianoff I, Heideker A, Silva D, et al. Architecting and deploying IoT smart applications: A performance-oriented approach[J]. Sensors, 2019, 20(1):84.

[8] Zhu S C, Gui L, Cheng N, et al. Joint design of access point selection and path planning for UAV-assisted cellular networks[J]. IEEE Internet of Things Journal, 2020, 7(1): 220-233.

[9] Wan S H, Gu Z H, Ni Q. Cognitive computing and wireless communications on the edge for healthcare service robots[J]. Computer Communications, 2020, 149: 99-106.

[10] Chen X, Jiao L, Li W Z, et al. Efficient multi-user computation offloading for mobile-edge cloud computing[J]. IEEE/ACM Transactions on Networking, 2016, 24(5): 2795-2808.

[11] Kim Y, Lee H W, Chong S. Mobile computation offloading for application throughput fairness and energy efficiency[J]. IEEE Transactions on Wireless Communications, 2019, 18(1): 3-19.

[12] Zhang Y, Li C L, Luan T H, et al. A mobility-aware vehicular caching scheme in content centric networks: Model and optimization[J]. IEEE Transactions on Vehicular Technology, 2019, 68(4): 3100-3112.

[13] Qiao G H, Leng S P, Maharjan S, et al. Deep reinforcement learning for cooperative content caching in vehicular edge computing and networks[J]. IEEE Internet of Things Journal, 2020, 7(1): 247-257.

[14] Lyu J B, Zeng Y, Zhang R, et al. Placement optimization of UAV-mounted mobile base stations[J]. IEEE Communications Letters, 2017, 21(3): 604-607.

[15] Afrin M, Jin J, Rahman A, et al. Multi-objective resource allocation for edge cloud based robotic workflow in smart factory[J]. Future Generation Computer Systems, 2019, 97: 119-130.

[16] Toczé K, Nadjm-Tehrani S. ORCH: Distributed orchestration framework using mobile edge

devices[C]//Proceedings of the 3rd IEEE International Conference on Fog and Edge Computing, Larnaca, 2019.

[17] Chen S T, Jiao L, Wang L, et al. An online market mechanism for edge emergency demand response via cloudlet control[C]//Proceedings of the 38th IEEE Conference on Computer Communications, Paris, 2019.

[18] Cao X Y, Zhang J S, Poor H V. An optimal auction mechanism for mobile edge caching[C]//Proceedings of the 38th IEEE International Conference on Distributed Computing Systems, Vienna, 2018.

[19] Sun W, Liu J J, Yue Y L, et al. Double auction-based resource allocation for mobile edge computing in industrial internet of things[J]. IEEE Transactions on Industrial Informatics, 2018, 14(10): 4692-4701.

[20] Yue Y L, Sun W, Liu J J. Multi-task cross-server double auction for resource allocation in mobile edge computing[C]//Proceedings of the 53th IEEE International Conference on Communications, Shanghai, 2019.

[21] Avasalcai C, Tsigkanos C, Dustdar S. Decentralized resource auctioning for latency-sensitive edge computing[C]//Proceedings of the IEEE International Conference on Edge Computing, Milan, 2019.

[22] Wang Y F, Liu S S, Wu X P, et al. CAVBench: A benchmark suite for connected and autonomous vehicles[C]//Proceedings of the IEEE/ACM Symposium on Edge Computing, Seattle, 2018.

[23] Zhang Q Y, Wang Y F, Zhang X Z, et al. OpenVDAP: An open vehicular data analytics platform for CAVs[C]//Proceedings of the 38th IEEE International Conference on Distributed Computing Systems, Vienna, 2018.

[24] Ahmed A, Pierre G. Docker container deployment in fog computing infrastructures[C]//Proceedings of the IEEE International Conference on Edge Computing, San Francisco, 2019.

[25] Doan T V, Nguyen G T, Salah H, et al. Containers vs virtual machines: Choosing the right virtualization technology for mobile edge cloud[C]//Proceedings of the 2nd IEEE 5G World Forum, Dresden, 2019.

[26] Cao J, Yang L, Cao J N. Revisiting computation partitioning in future 5G-based edge computing environments[J]. IEEE Internet of Things Journal, 2019, 6(2): 2427-2438.

[27] Zhang Y, Yang Q Y, Yu W, et al. An online continuous progressive second price auction for electric vehicle charging[J]. IEEE Internet of Things Journal, 2019, 6(2): 2907-2921.

[28] Zhu, H B, Liu D N, Zhang S Q, et al. Solving the many to many assignment problem by improving the Kuhn-Munkres algorithm with backtracking[J]. Theoretical Computer Science, 2016, 618: 30-41.

[29] Alvarez R, Nojoumian M. Comprehensive survey on privacy-preserving protocols for sealed-bid

auctions[J]. Computers & Security, 2020, 88: 101502.
[30] 滴滴出行科技有限公司. 滴滴科技合作[EB/OL]. https://outreach.didichuxing.com/[2022-01-08].
[31] Chen Y, Zhang Y C, Chen X. Dynamic service request scheduling for mobile edge computing systems[J]. Wireless Communications and Mobile Computing, 2018: 1-10.

第 6 章　边缘计算的数据协同存储和访问服务

边缘计算希望在邻近终端用户的网络边缘建设天然分散的计算环境。如第 5 章所讨论，边缘计算环境的首要定位是面向潜在的各类用户，在网络边缘提供计算、存储、人工智能等典型的基础服务。数据协同存储和访问服务正是一类非常重要的基础服务，其为各类计算服务提供不可或缺的数据底座，但是对数据读写延迟有较高的要求。本章为边缘计算环境提出一种高效的数据存储和访问服务，称为 GRED(greedy routing for edge data)服务，其对来自云数据中心或终端设备的全体数据实现统一的分布式组织、存储和索引，不仅有效地解决数据在边缘计算环境中的存储负载均衡问题，还缩短数据写入和访问过程的多跳转发路径长度。GRED 服务利用软件定义网络的思想来构建基于虚拟空间的分布式哈希表(distributed Hash table, DHT)。通过哈希映射将每个数据项或每台交换机设备关联到虚拟空间中的一个虚拟位置，并将该数据项存储到虚拟空间中同最邻近交换机相连的边缘服务器上。因此，无论是向边缘计算环境中写入还是检索某个数据项，都可以很容易地在 GRED 服务中获取其在虚拟空间以及物理网络空间中的存储位置。实验结果表明，与简单采用著名的 DHT 解决方案 Chord 相比，GRED 服务中数据读写过程的路由路径长度被缩短了 30%，同时在边缘服务器之间较好地实现了存储的负载均衡。

6.1　引　　言

6.1.1　问题背景

边缘计算提出在网络边缘[1-4]建设由大量分散的边缘节点构成的整体计算环境。每个边缘节点由一台或多台边缘服务器组成，可以为邻近的终端设备执行计算、存储等网络服务。边缘节点通常是地理分布的，具有异构的计算和存储能力[1]。在最近的某个边缘节点响应终端设备的数据和计算任务，并不总是最有效的方案。主要原因是：终端设备用户可能有位置移动的需求，以及单个边缘节点的资源往往受限。因此，本章考虑互连边缘网络中的全体边缘节点，这些节点通过协同工作的方式为用户提供整体性的存储和计算资源池。

边缘计算的一项核心需求是通过众多边缘节点的协同，实现高效的数据存储和访问服务[5]。本章将“数据存储”定义为将给定的数据项传送到合适的边缘节点进行存储的全过程，而将“数据访问”定义为查找到给定数据项的存储节点并请求该节点将数据传送给终端用户的全过程。在边缘计算环境中实现数据存储和访问服务，是很多网络服务和应用正常工作的基础。这项研究面临至少两个方面的挑战。首先，边缘数据存储和访问服务的引入应该给终端用户和边缘网络环境带来比较小的额外负担。例如，终端用户希望能够便捷透明地使用这一服务，而在边缘设备或路由器内部维护全部数据到存储位置映射的完整索引也是不切实际的。其次，考虑到边缘节点的资源异构性以及数据读写需求分布的不均衡性，在全体边缘节点之间实现存储负载均衡是非常必要和重要的，应避免某些边缘服务器出现过载现象并影响用户体验。

为了解决这些问题，本章为边缘计算环境提出一种高效的数据存储和访问服务，即 GRED 服务。GRED 服务的主要设计目标是获得突出的网络性能，其中平均路由路径短意味着数据传输环节的低延迟，而小规模的路由转发表能够降低对交换机稀缺的三态内容寻址存储器(ternary content addressable memory，TCAM)资源的消耗。GRED 服务在两个方面取得了新突破：一是在全体边缘节点之上构建了 Overlay 层面的互联网络，共同维护基于虚拟坐标空间的 DHT；二是利用软件定义网络的思想[6,7]在可编程交换机上实现对该 DHT 数据读写操作的高效路由支持。特别是，SDN 控制器维护一个虚拟空间，交换机和数据项根据其 ID 映射到空间的不同位置。每个数据项会被存储在连接到某台交换机的边缘服务器中，而在虚拟空间中该交换机的位置最接近该数据项的位置。

GRED 服务在数据读写路由路径长度和交换机转发表的规模方面都进行了针对性的设计，尤其是在 Overlay 网络中任意数据的存储或访问消息需一跳即可完成。也就是说，数据读写消息可以直接从源边缘节点通过转发抵达目的边缘节点，中间不需要经过其他的边缘节点。在 Chord 等传统 Overlay 网络中，任意数据的读写消息从源节点被路由到目的节点往往需要 $\log n$ 跳转发，历经 $\log n$ 量级的其他节点。具体来说，GRED 服务的控制平面设计了一个虚拟坐标空间，并将边缘计算网络中的每台交换机映射到虚拟坐标空间的某个点，但确保两台交换机之间的欧氏距离与其在虚拟坐标空间的距离成正比，这样可以获得最优的网络路由延展效果[8]。路由延展被定义为一条数据流从源节点到目的节点所经过的实际路径长度与两点之间最短路径长度的比值。此外，这里优化了哈希函数以调整各台交换机在虚拟空间的映射位置，以提高众多边缘节点协同存储大规模数据时的负载均衡水平。

同时，为了最小化每台交换机中路由转发表的大小，GRED 服务的数据平面不需要为每条数据存储/访问请求添加一条新的流表项。在此约束下，为了确保每条数据读写请求都能获得正确的路由支持，本章为数据平面设计了贪婪转发路由机制，每台交换机会在虚拟空间选择距离目标数据位置最近的邻近交换机作为路由转发的下一跳。因此，每台交换机的转发表大小与网络规模大小和网络中的流量数量无关。本章首先通过理论分析证明 GRED 服务的正确性和有效性，然后开展大量实验以评估 GRED 服务的性能。实验结果表明，与著名的传统 DHT 解决方案 Chord[9]相比，GRED 服务仅用了不超过 Chord 平均路由开销的 30%，同时在边缘节点之间实现了更好的存储负载均衡。

6.1.2　研究现状

本节首先介绍 DHT，然后介绍在三角剖分(delaunay triangulation, DT)图[10]上执行贪婪路由的一些相关基础理论。

1. DHT

对等网络的理念是聚集大量互联网终端设备，在应用层互联形成各种形态的 Overlay 网络，并据此实现全网节点之间的存储资源、计算资源以及内容的共享。学术界提出了大量非常优秀的对等网络解决方案，解决大规模数据的分布式存储和访问问题。在边缘计算时代，相似的数据存储和访问问题再度出现。然而，现有的对等网络系统已不能满足边缘计算对低延迟路由的需求。在这些系统中，每个数据项与一个键值相关联，每个节点负责存储键值空间的一个区间。例如，对等网络 Chord[9]是一种被广泛使用的数据存储和查找方案，其核心是实现一种全新的 DHT。如图 6.1 所示，该对等网络由 12 个节点组成，每个节点具有唯一的标识符。根据 Chord 的存储原理，键值为 12 的数据将被存储在节点 15 中。当用户想从接入节点 24 访问位于区间[8, 24)中键值为 12 的数据项时，节点 24 先查询其索引表后将查询请求转发到节点 11。索引表会指示要查找数据的一系列后续节点。然后，节点 11 将继续基于其索引表将查找请求转发到节点 15。在这种情况下，

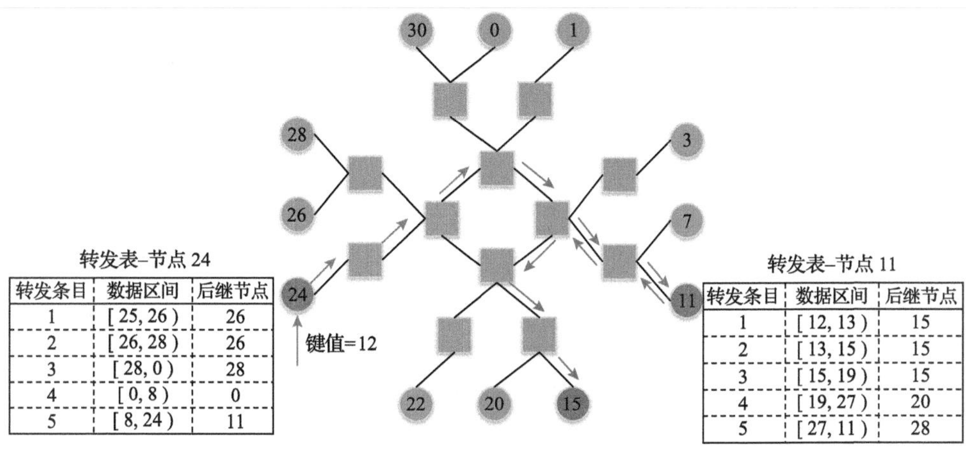

转发条目	数据区间	后继节点
1	[25, 26)	26
2	[26, 28)	26
3	[28, 0)	28
4	[0, 8)	0
5	[8, 24)	11

转发条目	数据区间	后继节点
1	[12, 13)	15
2	[13, 15)	15
3	[15, 19)	15
4	[19, 27)	20
5	[27, 11)	28

图 6.1　基于 DHT 的分布式存储系统中的索引表和数据定位过程

查询请求所经过的物理路径长度为 11 跳，这比从节点 24 到节点 15 跳数为 5 的最短路径长得多。

在由 n 个节点构成的基于 DHT 的对等网络系统中，数据定位过程涉及 Overlay 网络中从源节点到目的节点 $O(\log n)$ 跳转发，而每跳转发在物理网络中可能会是很长的一条转发路径。产生较长查找路径的主要原因是 Overlay 网络和物理网络之间存在严重的不匹配。也就是说，在 Overlay 网络中用于定位某个数据项的路径长度比从源节点到目的节点的物理网络最短路径长得多，从而导致较长的响应延迟。此外，最初的 Chord 系统并没有针对性地研究节点之间的负载均衡问题。尽管 Chord 可以通过为每个真实节点添加更多虚拟节点的方式来获得更好的负载均衡效果，但这种方法增加了各个节点的路由表空间，使系统更加复杂。本章提出一种更好的设计，能实现较低的路由延展和更好的负载均衡性能，可支持边缘计算环境实现高效的数据存储和访问服务。

2. DT 图的路由属性

在本章的设计中，每台交换机将根据自己的邻居信息执行贪婪路由转发策略。边缘计算环境的网络控制平面会维护一个虚拟 DT 图。需要注意的是，相关研究证明贪婪路由转发在任意图中都存在陷入局部最优搜索的风险，即路由停止在比其任何邻居更接近目的地的非目标节点上。然而，贪婪路由在 DT 图上却总是能够成功地找到最接近目的地 p 的节点。对于平面中一组给定的离散点(称为节点)集合 P，据此构成的三角剖分记为 DT(P)，其满足 P 中的任何点都不在 DT(P) 中任何三角形的外接圆内。如果两个节点共享一条 DT 边，则称为 DT 邻居。DT 图的一个重要性质是，贪婪路由到目的地 p 的过程总是在所有节点中最接近 p 的节点处停止[11]。

在全体边缘节点所构成的网络中维护对应 DT 图的主要困难在于，两个 DT 邻居在物理网络中可能并不直接连接。因此，不能在它们之间直接转发消息。针对任意的二层网络，MDT(multi-hop delaunay triangulation) 框架[10]被设计用于构造分布式节点之间的多跳 DT 图。如图 6.2(b) 所示，在二维欧几里得空间中存在 10 个节点的 DT 图，图 6.2(a) 中给出了这 10 个节点的物理连接关系。如图 6.2(b) 所示，节点 5 和节点 1 既是物理邻居又是 DT 邻居，然而节点 1 和节点 2 互为 DT 邻居但并没有在物理上直接相连。因此，在多跳 DT 图中，节点 1 将通过图 6.2(a) 中的多跳路径 $\{1,5,2\}$ 将数据包传送到节点 2。因此，节点 2 称为节点 1 的多跳 DT 邻居。对于一组形成正确多跳 DT 的节点，给定一个目的地 p，已被证明对于位于欧几里得空间(二维、三维或更高维)中的节点，MDT 贪婪转发总是能成功地找到 DT 图中最接近 p 的节点。

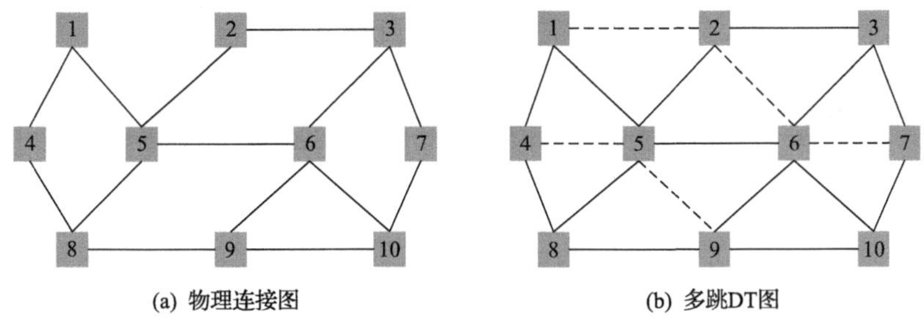

图 6.2　多跳 DT 图及其所对应的物理网络的示意图

6.2　边缘数据协同存储与访问框架的整体设计

GRED 框架规定了如何在整个边缘计算环境中存储数据项，并在给定某个数据项标识的情况下能从整个环境中找到其存储位置并获取该数据。在设计 GRED 框架时充分利用了软件定义网络的优势，其将网络的决策和控制功能集中于由一个或多个控制器构成的控制平面。交换机等数据平面设备从网络控制平面获得相关路由转发条目，并据此对收到的报文进行规则性转发[12]。软件定义网络的理念被引入边缘计算领域后，边缘计算环境所在的整体网络称为软件定义边缘网络(software defined edge network, SDEN)。

图 6.3 给出了软件定义边缘网络的通用层次化架构示意图，其包括控制平面、交换平面、边缘平面和用户平面。用户平面包括移动用户和各种终端设备，如移动手机、自动驾驶汽车、物联网设备、AR/VR 设备。终端用户通过无线接入点接入软件定义边缘网络。这些接入点和边缘服务器连接到网络交换机，构成边缘平面，其全面承担来自云数据中心下行的服务以及从终端设备上行的业务。交换机基于从控制器下发的路由转发条目，在全体边缘服务器之上提供数据协同存储和访问服务[6]。

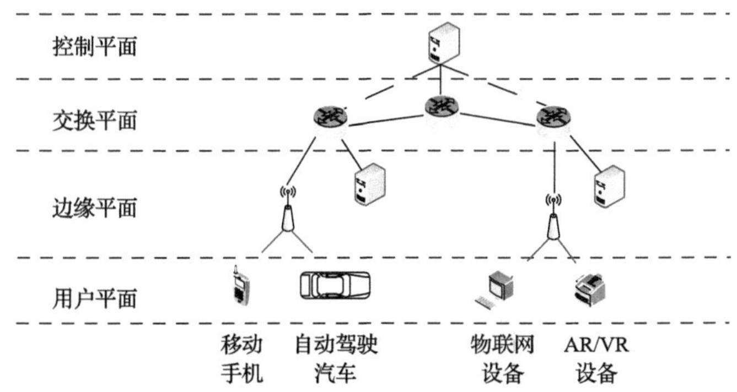

图 6.3　软件定义边缘网络的通用层次化架构

GRED 框架主要由控制平面和交换平面的功能组成。

(1) 控制平面。将软件定义边缘网络中的全体交换机映射到虚拟空间，得到相应数据的离散点，并据此构造对应的 DT 图。控制平面会根据每台交换机在虚拟空间中的 DT 相邻关系，将相关转发条目安装到对应的交换机，完成交换机的初始化配置。值得注意的是，全体交换机从控制平面获得各自的路由转发条目之后，交换机将根据目的地在虚拟空间中的位置而不是根据流量信息执行贪婪转发。该机制可以有效地减少控制平面的负载以及每台交换机的路由转发表的大小，因为各台交换机可以根据预先安装好的规则转发各种可能的数据请求，而无须再与控制平面进行交互。

(2) 交换平面。由全体交换机和传输链路组成，交换机根据已安装的转发规则贪婪地将数据存储请求或者数据访问请求转发到正确的边缘服务器。更准确地说，无论接收到数据存储请求还是数据访问请求，对应的交换机都会首先将数据的标识符映射到虚拟空间中的某个位置，然后通过直接链路或多跳路径将收到的数据请求转发给最接近该位置的 DT 邻居。该数据请求最终会停止在虚拟空间中最邻近的某台交换机，并依据特定规则选择某个挂载的边缘服务器进行处理。

当将一项数据存储到某台边缘服务器时，需要精确计算其数据标识符 d 的哈希值 $H(d)$ 。本节采用广为使用的哈希函数 SHA-256[13]，其输出一个 32 字节的二进制值。此外，哈希值 $H(d)$ 将被转换到控制平面构造的二维虚拟空间。具体而言，这里仅使用 $H(d)$ 的最后 8 字节，并将它们转换为两个 4 字节的二进制数 x 和 y 。这里对其进行了进一步限制，使每个维度的坐标值位于 0 到 1。至此，该被存储的数据项在二维空间中的数据位置是 $\left(\frac{x}{2^{32}-1},\frac{y}{2^{32}-1}\right)$。该数值可以以十进制格式存储，每个维度使用 4 字节。此后，对于任何数据标识符 $d, H(d)$ 表示其在虚拟空间中的位置。最后，该数据项会被贪婪路由转发至某个全局唯一的交换机，该交换机在虚拟空间中的位置最接近该数据项在虚拟空间中的位置。

本章在设计 GRED 框架时，会同时考虑以下三个目标。

(1) 成功路由：给定一项数据的标识符，GRED 框架总是能成功地找到全局唯一的交换机，其在虚拟空间中和该数据项的位置最邻近。该交换机会根据特定规则选定与其相连的某台边缘服务器来存储该数据项或输出数据查询结果。

(2) 低路由延展：针对任意数据存储或访问请求，GRED 框架产生的转发路径长度接近从消息源头到目的地的物理网络最短路径长度。

(3) 负载均衡：整个边缘网络环境中的全体边缘服务器通过协同的方式存储写入边缘环境的全体数据，以确保没有边缘服务器出现存储过载。

GRED 框架根据虚拟空间中的数据位置和交换机的位置贪婪地转发数据请求。确定交换机在虚拟空间中的位置是实现 GRED 框架优势的关键。不合适的虚拟位置会导致路由路径过长，也会令边缘服务器之间出现较差的负载均衡。因此，6.3 节将详细介绍如何为交换机和数据项在虚拟空间中构建虚拟位置。

6.3　交换机虚拟位置的构建方法

GRED 的控制平面首先确定所有交换机在虚拟二维欧几里得空间中的位置，并基于虚拟位置构造出对应的多跳 DT 图[14]。控制平面可以基于 DT 图的邻居关系为每台交换机配置转发路由表，据此每台交换机将执行贪婪转发策略。GRED 框架的关键是如何确定交换机在虚拟空间中的虚拟坐标，这将影响 GRED 框架的路由延展和负载均衡性能。

6.3.1　交换机虚拟坐标的产生方法

为了保证 GRED 框架获得较低的路由延展性能，本章要求虚拟空间中两台交换机的欧几里得距离与其物理网络中的最短路径长度成正比，这被称为贪婪网络嵌入[8]。目前，通过收集交换机、端口、链路和主机信息，控制平面可以获得整个网络的拓扑和运行状态[6]，并据此能够计算交换机之间的最短路径矩阵。关键的挑战是如何获得交换机所对应的 n 个点的坐标矩阵，使 n 台交换机之间在物理网络中的最短路径长度可以通过虚拟空间中 n 个点之间的欧几里得距离间接反映出来。换言之，这里需要根据一个给定的标量积矩阵，矩阵中的每个元素表示两点之间的欧几里得距离，来寻找可表示该矩阵的相关的点配置，即每个点的坐标。

为了实现这一目标，本章设计了 M-position 算法来计算各台交换机在虚拟空间中的位置，该算法利用了多维缩放(multi-dimensional scaling, MDS)技术[11]。MDS 的目标是将每个对象存储在 m 维空间中，使得距离矩阵中任意两个对象之间的距离关系在 m 维空间的欧几里得距离中尽可能得到保留，然后在 m 维空间中为每个对象指定坐标。通过预先指定，MDS 的维数 m 可以超过 2，选择 $m=2$ 可优化二维欧几里得空间中的对象位置。受 MDS 的启发，本章设计了 M-position 算法来计算交换机在虚拟空间中的位置，同时保持了交换机之间在物理网络距离上的邻近关系。根据已知的信息，网络控制平面易于获得交换机之间的物理网络最短路径和距离，并将其作为 M-position 算法的输入矩阵。

控制平面首先会计算物理网络中任意两台交换机之间的最短路径矩阵 $L=\left[l_{ij}\right]$，其中 l_{ij} 是第 i 台和第 j 台交换机之间最短路径的长度。M-position 算法利用了这样一个事实：坐标矩阵可以由 $B=QQ^{\mathrm{T}}$ 的特征值分解得出，其中矩阵 B 可以由距离矩阵 L 计算得到。然后，矩阵 Q 可以由矩阵 B 唯一确定。因此，M-position

算法首先通过将距离平方矩阵 L^2 与矩阵 $J = I - \frac{1}{n}A$ 相乘来构造标量积矩阵 $B = -\frac{1}{2}JL^2J$，其中 n 表示网络中交换机的数量，A 是所有元素均为 1 的方阵。这一过程也被称为双中心化。然后，确定矩阵 B 的 m 个最大特征值 $\lambda_1, \lambda_2, \cdots, \lambda_m$ 和相应的特征向量 $e_1, e_2, \cdots, e_m$，其中 m 是所需的空间维数。最后，得到了交换机的坐标 $Q = E_m \Lambda_m^{1/2}$，其中 E_m 是 m 个特征向量的矩阵，Λ_m 是矩阵 B 的 m 个特征值的对角矩阵。至此，边缘计算网络环境中的每台交换机将从坐标矩阵 Q 分配到虚拟空间中的一个点。

6.3.2 交换机虚拟坐标的调整方法

M-position 算法的一个潜在问题是对边缘节点间的负载均衡情况没有予以考虑。图 6.4(a)展示了 10 个生成元的 Voronoi 图[15]，其中每个生成元关联有一个 Voronoi 多边形。在每个 Voronoi 多边形内，任意一个内点到该生成元的距离不大于其到图中其他生成元的距离。前面已经阐述，进入边缘计算环境的任意数据项都会被存储到特定交换机连接的边缘服务器上，而在虚拟空间中该交换机的位置最接近该数据项的位置。假设全体交换机逐一映射到图 6.4(a)中的生成元处。当全体数据项均匀地映射到整个虚拟空间时，各个 Voronoi 多边形面积大小不同，这会令全体交换机之间出现存储负载不均衡的情况。为了促使这些交换机之间的负载变得均衡，有必要重新调整全体交换机的坐标，确保每个 Voronoi 多边形的面积近似相等。

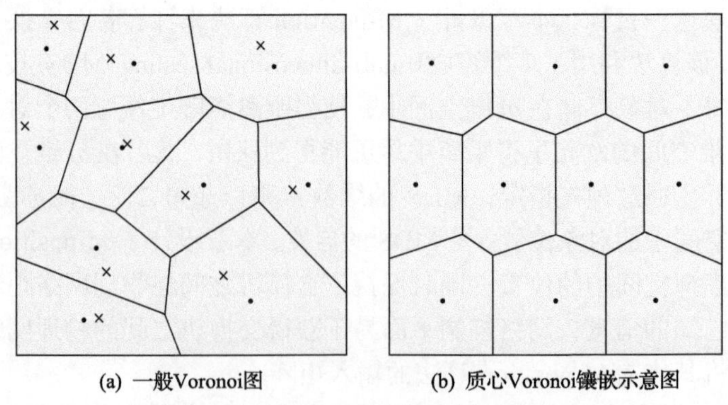

(a) 一般Voronoi图
(b) 质心Voronoi镶嵌示意图

图 6.4 由 10 个点构成的 Voronoi 图

在图 6.4(a)中，交叉点代表 Voronoi 图的生成元，而圆点代表相应 Voronoi 多边形的质心。不难发现，该 Voronoi 图的生成元和质心并不重合。图 6.4(b)给出了 10个生成元的质心 Voronoi 镶嵌(centroidal voronoi tessellation, CVT)[16]示意图，其可视为生成元分布下的最佳分割。也就是说，每个交叉点是 Voronoi 图的一个生成元，也是相应 Voronoi 多边形的质心。如果每台交换机被映射到虚拟空间中某个 Voronoi 多边形的质心，而且全体数据项均匀地映射到虚拟空间中，那么可以实现存储负载均衡的效果。

在几何学中，CVT[16]是 Voronoi 镶嵌或 Voronoi 图的一种特殊类型，它是根据到平面特定子集中的点的距离将平面划分为区域。CVT 的约束条件是每个 Voronoi 生成元必须是其相应 Voronoi 多边形的质心。给定 Ω 空间中的区域 R 和密度函数 ρ，区域 R 的质心 r^* 定义为

$$r^* = \frac{\int_R r\rho(r)\mathrm{d}r}{\int_R \rho(r)\mathrm{d}r} \tag{6.1}$$

令生成元的数量为 n，CVT 的目标是找到相应 CVT 能量的最小值或局部最小值，其中 CVT 能量函数的经典定义是图中任意点与其最近生成元之间距离的平方。设 Ω 为距离函数为 ϕ 的度量空间。假设有 n 个生成元，$(q_k)_{1\leqslant k\leqslant n}$ 是空间 Ω 中的一个生成元。如果 $\phi(r,P)=\inf\{\phi(r,q)\,|\,q\in P\}$ 表示点 r 和子集 P 之间的距离，那么这里定义与生成元 q_k 相关联的多边形区域 R_k 如下：

$$R_k = \left\{ r\in\Omega \,\middle|\, \phi(r,q_k) \leqslant \phi(r,q_j), j=1,2,\cdots,n, j\neq k \right\} \tag{6.2}$$

也就是说，多边形区域 R_k 是空间 Ω 中满足如下条件的所有点的集合，这些点与 q_k 的距离不大于到其他生成元 q_j 的距离，其中 $j\neq k$。相应地，这些多边形区域称为 Voronoi 单元，而最终产生的平面分割图称为一般 Voronoi 图。此外，给定在 Ω 上定义的密度函数 $\rho(\cdot)$，CVT 能量函数 F 的计算公式如下：

$$F\left((q_i,R_i), i=1,2,\cdots,n\right) = \sum_{i=1}^{n} \int_{r\in R_i} \rho(r)\left|r-q_i\right|^2 \mathrm{d}r \tag{6.3}$$

受 CVT 的启发，本章设计了 C-regulation 算法来细致调整此前 M-position 算法产生的交换机虚拟位置，如算法 6.1 所示。C-regulation 算法采用采样技术，来完成 CVT 能量这一重要指标的离散估计。C-regulation 算法在每轮次迭代后，都会对全体交换机虚拟坐标进行修订，使它们越来越接近所得 Voronoi 对应多边形的质心。此外，定理 6.1 给出了 CVT 能量函数 F 最小化的一个必要条件，即 R_i 正是生成元 q_i 对应的 Voronoi 多边形区域，同时，对于所有 $1\leqslant i\leqslant n$，生成元 q_i 都是相应 Voronoi 多边形区域 R_i 的质心。

算法 6.1 C-regulation：调整交换机在虚拟空间中的坐标以实现负载均衡

输入：在 6.3.1 节中获得的交换机虚拟坐标 Q 。

输出：调整后的交换机虚拟坐标 Q^* 。

1 $Q^* \leftarrow Q$ ；对于每一个 $q_i \in Q$ ，令 $j_i = 1, i = 1, 2, \cdots, n$ ；

2 在虚拟空间 Ω 中随机均匀地选取 1000 个点构成集合 W ；

3 对于每一个点 $w \in W$ ，找到最靠近 w 的生成点 q_i ；用 i^* 表示所找到的 q_i 的下标；

4 $q_{i^*} \leftarrow \dfrac{j_{i^*} q_{i^*} + w}{j_{i^*} + 1}$； $j_{i^*} \leftarrow j_{i^*} + 1$ ；

5 新的 q_{i^*} 以及未被改变的点 $q_i\ \left(i \neq i^*\right)$ 共同构成新的点集 Q^* ；记录点 q_i 被更新的次数；

6 若新的点集满足了收敛的标准，则算法终止；否则，返回步骤 2。

定理 6.1 CVT 能量函数 F 最小化的必要条件是对于所有的 $1 \leqslant i \leqslant n$ ，R_i 是生成元 q_i 交换机坐标所对应的 Voronoi 多边形区域，且生成元 q_i 是该 Voronoi 区域 R_i 的质心。

证明 给定一个区域 Ω 、正整数 n 以及在 Ω 上定义的密度函数 $\rho(\cdot)$ ，令 $\{q_i\}_{i=1}^n$ 表示区域 Ω 中的任意 n 个点，令 $\{R_i\}_{i=1}^n$ 表示将 Ω 划分为 n 个区域。令

$$F\left(\left(q_i, R_i\right), i = 1, 2, \cdots, n\right) = \sum_{i=1}^{n} \int_{r \in R_i} \rho(r) \left|r - q_i\right|^2 \mathrm{d}r \tag{6.4}$$

首先，检查 F 相对于单个点的变化，如对于 q_j 有

$$F\left(q_j + \varepsilon v\right) - F\left(q_j\right) = \int_{r \in R_j} \rho(r) \left\{\left|r - q_j - \varepsilon v\right|^2 - \left|r - q_j\right|^2\right\} \mathrm{d}r \tag{6.5}$$

式(6.5)中没有列出函数 F 的常量条件，并且 v 是满足 $q_j + \varepsilon v \in \Omega$ 的任意变量。当对 CVT 能量函数 F 最小化时，将式(6.5)除以 ε ，并取极限 $\varepsilon \to 0$ ，很容易得到

$$q_j = \frac{\int_{R_j} r \rho(r) \mathrm{d}r}{\int_{R_j} \rho(r) \mathrm{d}r} \tag{6.6}$$

因此，根据式(6.1)的含义，当能量函数 F 最小时，生成元 q_j 是区域 R_j 的质心。接下来，令全体交换机的虚拟坐标 $\{q_i\}_{i=1}^n$ 固定不变。如果选择除 Voronoi 镶嵌

$\{\hat{R}_j\}_{j=1}^n$ 之外的镶嵌 $\{R_i\}_{i=1}^n$ 会发生什么？为此，这里比较式(6.4)给出的 $F(q_i,R_i)$ 与 $F\left(q_j,\hat{R}_j\right)(i=1,2,\cdots,n)$ 的取值，即

$$F\left(\left(q_j,\hat{R}_j\right),j=1,2,\cdots,n\right)=\sum_{j=1}^{n}\int_{r\in\hat{R}_j}\rho(r)\left|r-q_j\right|^2\mathrm{d}r \tag{6.7}$$

在 r 的某个特定取值条件下，可得

$$\rho(r)\left|r-q_j\right|^2\leqslant\rho(r)\left|r-q_i\right|^2 \tag{6.8}$$

根据式(6.2)的定义，上述结果成立的原因是：r 属于 q_j 对应的 Voronoi 多边形区域 $\hat{R}_j$，但可能不属于 q_i 对应的 Voronoi 多边形区域，即 $r\in R_i$ 但 R_i 不一定是 q_i 对应的 Voronoi 区域。由于 $\{R_i\}_{i=1}^n$ 不是空间 Ω 的 Voronoi 镶嵌，式(6.8)一定在 Ω 的某个可测集上具有严格的不等式，此时有

$$F\left(\left(q_j,\hat{R}_j\right),j=1,2,\cdots,n\right)<F\left(\left(q_i,R_i\right),i=1,2,\cdots,n\right) \tag{6.9}$$

因此，当子集 $R_i(i=1,2,\cdots,n)$ 被选择为生成元 $r_i(i=1,2,\cdots,n)$ 对应的 Voronoi 区域时，F 函数的取值被最小化。**证毕**。

当 CVT 能量函数的取值低于给定阈值时，算法 6.1 的迭代过程终止，其中每轮迭代的采样点数为 1000，当然也可以采样更多的点。注意，当每轮迭代中的采样点更多时，C-regulation 算法可能需要更少的迭代轮次即可终止。然而，在每轮迭代中，更多的采样点意味着本轮执行将耗费更多的计算时间。此外，也可以设置迭代次数作为算法 6.1 的终止条件。在 C-regulation 算法的迭代过程中，通常每轮次迭代都应当使 CVT 能量函数的取值逐渐减少。此外，6.5 节通过实验评估了迭代次数对负载均衡效果的影响。当 C-regulation 算法终止时，这里可以得到算法 6.1 中的 Q^* 点集代表的交换机更新后的虚拟坐标。

6.3.3　多跳 DT 图的构建方法

为了保证路由转发消息准确抵达目的地，控制平面构造出了虚拟空间中的一个多跳 DT 图。图 6.2(b)给出了 10 个生成元的多跳 DT 图。此外，已经有理论证明多跳 DT 图的贪婪路由策略具有保障传递成功可达的基本性质[10]。对于二维空间中的一组点，三角剖分是在节点对之间构造边，使边形成覆盖节点凸包的不重叠三角形集。此外，二维空间中的三角剖分通常被定义为一种特殊的三角剖分，其中每个三角形的外接圆不包含除三角形顶点以外的任何其他节点。

获得调整后的交换机虚拟坐标 Q^* 后，本章设计一种随机增量算法来构造二维虚拟空间中的三角剖分 $\mathrm{DT}\left(Q^*\right)$。首先，添加一个适当的三角形边界框来包含 P。P 中的全部点以随机顺序添加到 DT 中，在此过程中算法会根据生成元当前集合生成并不断更新相对应的 DT。最后，移除三角形边界和相关联的三角形。同时，有必要确保三角剖分中所有单纯形的组合是包含所有点的凸包。此外，在 DT 图上的贪婪路由策略具有保障传递成功可达的性质[14]。也就是说，给定虚拟空间中的目的地位置 p 后，数据包总是能被传送到所有节点中最接近 p 的节点处。

考虑要添加 v_i 时的情形，节点 $v_1,v_2,\cdots,v_{i-1}$ 形成的 $\mathrm{DT}\left(v_1,v_2,\cdots,v_{i-1}\right)$ 已经是三角剖分。新添加的节点 v_i 会引起变化，$\mathrm{DT}\left(v_1,v_2,\cdots,v_{i-1}\right)\cup v_i$ 会产生新的 $\mathrm{DT}\left(v_1, v_2,\cdots,v_i\right)$。具体的调整过程如下：首先确定 v_i 落在哪条边上，该边为两个三角形的公共边，然后将 v_i 与这两个三角形的全部四个顶点连接起来形成四个三角形。若 v_i 落在某个三角形内，则将 v_i 与三角形的三个顶点连接起来形成三个新三角形。在构造上述新三角形的过程中，如果新生成的边和原始边可能不是 Delaunay 边，则需要进行翻转操作以使它们都成为 Delaunay 边，从而得到 $\mathrm{DT}\left(v_1,v_2,\cdots,v_i\right)$。以 $\mathrm{DT}\left(A,B,C,D\right)$ 为例，当两个原始三角形不满足 Delaunay 条件时，可以将公共边 $\langle B,D\rangle$ 改为公共边 $\langle A,C\rangle$，从而生成两个满足 Delaunay 条件的三角形，这种操作称为翻转操作[17]。

至此，需要考虑如何确保每台交换机都能将数据包传输到其 DT 邻居。尤其需要注意的是，交换机的 DT 邻居并不一定是物理网络中直接相连的物理邻居。因此，为了实现正确的路由传输，每台交换机维护两种流表条目，一种使其能够将请求转发给物理邻居，另一种使其将请求转发给多跳 DT 邻居。此外，未直接连接某些边缘服务器的交换机不会参与 DT 的构造，这些交换机只是作为中间节点协助向多跳 DT 邻居传输数据。对于交换机 u，其转发表 F_u 中的每个条目都是一个如下所示的四元组：

$$\langle \mathrm{sour},\mathrm{pred},\mathrm{succ},\mathrm{dest}\rangle$$

每个路由条目在本质上是一个节点序列，sour 和 dest 表示源节点和目标节点，pred 和 succ 是路由路径中交换机 u 的前一个节点和后继节点。F_u 用于将数据包转发到多跳 DT 邻居。对于一个特定的路由条目 t，这里使用 t.sour、t.pred、t.succ 和 t.dest 来表示其在四元组 t 中对应的节点。尽管贪婪路由策略并不总是找到最短的路由路径，但是贪婪路由策略的整体性能通常非常优异。研究表明：基于 DT 图的贪婪路由路径是相应一对节点之间的最优路径长度的常数倍[18]，大量的实验结果表明 GRED 框架下的贪婪路由路径长度非常接近最短路径的长度。

6.4　边缘网络中的数据存储和访问方法

为了实现有效的边缘数据共享，必须完成两个基本的数据操作，即数据存储和数据访问。本节将详细介绍 GRED 框架如何有效地支持数据存储和访问服务。首先将每个数据项转发到某个全局唯一的交换机，在虚拟空间中该交换机最接近该数据项的位置。然后，交换机将确定唯一的边缘服务器来存储该数据。此外，本节还讨论如何使用 GRED 框架来访问相应的数据项。

6.4.1　边缘数据的存储操作

在本章提出的 GRED 框架中，边缘网络的控制平面维护一个虚拟空间，每台交换机在该虚拟空间中获得一个映射的虚拟坐标。每台交换机知道自己的虚拟坐标、物理邻居的虚拟坐标以及 DT 邻居的虚拟坐标。如 6.3.1 节所讨论，交换机之间的物理网络距离已经嵌入虚拟空间中的欧几里得距离，而任何两台交换机在虚拟空间中的欧几里得距离可根据其坐标计算得出。在任意交换机上实现 GRED 转发路由的基本思想比较简单。如果要将标识符(ID)为 d 的数据存储到边缘计算环境中，接入该存储请求的交换机 u 会首先计算该数据在虚拟空间中的位置 $H(d)$，它将被转换为虚拟空间中的坐标，最后交换机 u 将存储该数据项的消息转发到最接近 $H(d)$ 的某个 DT 邻居交换机。如果该 DT 邻居交换机是交换机 u 的物理邻居，则直接转发数据存储消息；否则，通过虚拟链路将数据存储消息转发到最接近 $H(d)$ 的 DT 邻居。如果没有比 u 更接近 $H(d)$ 的邻居，则证明 u 是最接近 $H(d)$ 的交换机。当数据到达最接近 $H(d)$ 的交换机时，该交换机会选定一台边缘服务器来存储该数据。算法 6.2 给出了一台交换机 u 如何转发数据项 d 的过程。

算法 6.2　GRED(u,d)，交换机 u 转发数据项 d

对于每一个物理邻居 v，计算 $R_v \leftarrow \mathrm{ED}(v,d)$，$\mathrm{ED}(v,d)$ 表示交换机 v 和数据项 d 在虚拟空间的欧几里得距离；
对于每一个 DT 邻居 $\tilde{v}$，计算 $R_{\tilde{v}} \leftarrow \mathrm{ED}(\tilde{v},d)$；
令 v^* 表示使得 $R_{v^*} = \min\{R_v, R_{\tilde{v}}\}$ 的交换机；
if $R_{v^*} < \mathrm{ED}(u,d)$ **then**
　直接(或者通过多跳转发路径)发送数据包到交换机 v^*；
else
　交换机 u 在虚拟空间中最接近数据项 d，则选定某边缘服务器来存储该数据项；
end if

首先，当某台交换机 u 接收到要转发的数据项 d 时，交换机 u 会以如下本地数据结构进行组织和存储：$d = \langle \text{d.dest}, \text{d.sour}, \text{d.relay}, \text{d.data} \rangle$。注意，d.dest 是虚拟链路的目的交换机，d.sour 是源交换机，d.relay 是中继交换机，d.data 是数据项的有效负载。当 $\text{d.relay} \neq \text{null}$ 时，说明数据项 d 正在经过一条虚拟链路，该数据包会按照如下方式被处理。当 $u = \text{d.dest}$ 时，交换机 u 是该虚拟链路的端点，并根据算法 6.2 继续转发数据。当 $u = \text{d.relay}$ 时，交换机 u 从转发表 F_u 中找到使 $\text{t.dest} = \text{d.dest}$ 的路由条目 t。然后，交换机 u 基于匹配的路由条目 t 修改 $\text{d.relay} = \text{t.succ}$。最后，交换机 u 将数据传输到 d.relay。基于以上步骤，可以将数据包成功地转发到交换机的 DT 邻居。需要注意的是，对于图 6.4(b) 中映射到 Voronoi 边缘的那些数据项，它们的全局最短路由路径可能不是唯一的。在这种情况下，可以通过先依据交换机的 x 坐标值进行排序，再根据交换机的 y 坐标值进行排序，来确定最终选定的交换机。

6.4.2 确定边缘服务器

基于以上分析，GRED 框架可以保证任意数据项会被成功地转发到某个全局唯一的交换机，在虚拟空间中该交换机的位置最接近数据项的位置。此外，交换机还需要确定唯一的边缘服务器来存储该项数据。假设在虚拟空间中，交换机 u 的位置最接近该数据项的位置，并且交换机 u 直接与 s 台边缘服务器相连。在 GRED 框架中，交换机 u 将为这些边缘服务器维护一个从 0 到 $s-1$ 的序列号。然后，交换机 u 将标识符为 d 的数据发送到序列号为 $[H(d) \bmod s]$ 的边缘服务器，此处使用统一的哈希函数 SHA-256。此外，该方法可以有效地均衡这些边缘服务器之间的存储负载，因为 SHA-256 哈希函数在其输出范围内尽可能实现均匀映射。

考虑到众多边缘服务器的资源配置存在异构性，当各台交换机挂载有数量不同且存储容量异构的边缘服务器时，一些存储容量较低的边缘服务器很可能会出现过载情况。为了解决这个问题，这里进一步扩展每台交换机的管理范围从一跳直连的边缘服务器到多跳可达的边缘服务器。在此前的讨论中，每台交换机仅限于存储在虚拟空间中与其位置最邻近的那些数据项。当发现某台边缘服务器的存储即将过载时，相应的交换机会向控制平面发送扩展请求，这可以借助 SDN 技术得以实现。此时，控制平面会从发出请求的交换机的物理邻居交换机中进行选择，基本依据是该交换机挂载的某台边缘服务器具有最大剩余容量，从而令该边缘服务器来接管相应的存储负载。相应地，如果要启用此特殊设计，控制平面需要更新相关交换机的相应转发条目。

如图 6.5 所示，当连接到交换机 switch1 的边缘服务器 $h3$ 将过载时，该交换机会向控制平面发送扩展请求。然后，控制平面指派连接到交换机 switch2 的边缘服务器 $h6$ 来接管边缘服务器 $h3$ 的后续存储任务。在更新之前，对于交换机

switch1 而言，本应存储在服务器 $h3$ 中的数据项将根据表 6.1 中的转发条目从端口 $p3$ 转发出。但是，在控制平面将表 6.1 中的转发条目替换为表 6.2 中的转发条目之后，相关的数据项将被端口 $p5$ 转发。正如表 6.2 所示，当数据项的目的地址为服务器 $h3$ 的地址时，交换机 switch1 首先将数据的目的地址设置为服务器 $h6$ 的地址，然后将数据转发到端口 $p5$ 。同时，交换机 switch2 也将接收到相应的转发条目，后续会据此将相关数据转发到其边缘服务器 $h6$ 进行存储。此外，当交换机 switch2 直连的一些边缘服务器过载时，它也会向控制平面发送扩展请求。因此，上述扩展机制可以通过共享多台边缘服务器的资源，有效地避免单台边缘服务器的存储过载问题。

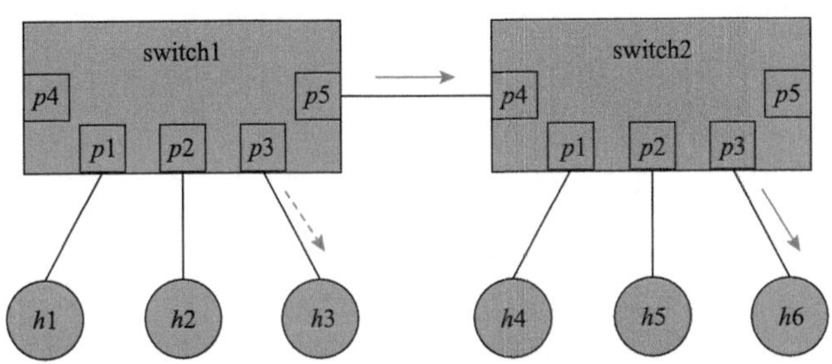

图 6.5　当服务器 $h3$ 过载时，原本该存储在 $h3$ 的数据项最终被移交给服务器 $h6$

表 6.1　更新之前交换机 switch1 中的转发条目

匹配	操作行为
d.dest = $h3$.address	Output: port　$p3$

表 6.2　更新之后交换机 switch1 中的转发条目

匹配	操作行为
d.dest = $h3$.address	Set:　d.dest = $h6$.address Output: port　$p5$

另外，考虑到边缘服务器中不少数据不会被永久存储，有些数据可能会失效被删除，有些数据可能会被迁移到云数据中心，这会令某些过载的边缘服务器再次变回负载较轻的状态。在这种情况下，再度轻载的边缘服务器会首先将一些本应放在本地但却被存放于其他边缘服务器的数据提取回来。当所有这类数据被重新提取回最初的边缘服务器后，相关交换机的某些路由转发条目需要得到恢复。

6.4.3　边缘数据的访问操作

在边缘计算环境中访问一项数据的过程与存储一项数据的过程类似。数据访问操作的基本出发点也是数据的标识符，每台交换机贪婪地将数据访问请求转发到虚拟空间中位置最接近所访问数据位置的交换机。此外，交换机使用 6.4.2 节中方法来确定用于响应该访问请求的具体边缘服务器。若相应的交换机扩展了其管理范围，则需要仔细地确定存储所请求数据的边缘服务器。

如图 6.5 所示，当交换机 switch1 扩展其管理范围时，本应被存储在服务器 $h3$ 中的数据被转发到交换机 switch2 下的边缘服务器 $h6$。如果此时查询和访问这些数据，那么当基于 $[H(d) \bmod s]$ 的值将数据访问请求定向到边缘服务器 $h3$ 时，无法判定该数据已存储在服务器 $h3$ 还是服务器 $h6$ 中。因此，为了有效地访问数据，访问请求会被同时转发到这两台边缘服务器，进而由真正存储该数据的边缘服务器来响应数据访问请求。为了区分相同数据项的存储和访问请求，可以在数据包头中使用标记来进行区分。至此，在接收到某项数据访问请求后，可以有效地定位其在边缘网络中的存储位置。

6.5 实验设计和性能评估

本节首先介绍实验设计，然后通过大规模模拟实验来评估 GRED 框架的性能，涉及路由延展指标、路由条目数量和存储负载均衡性能三个方面。

6.5.1 实验设计

本章的大规模模拟实验使用基于 Waxman 模型的 BRITE 工具[19]来生成交换机之间的网络拓扑，其中每台交换机连接 10 台边缘服务器。事实上，交换机可以连接不同数量的同构或异构边缘服务器。考虑到 Chord 框架曾用于支持对等网络中大规模数据的分布式存储和访问，这里将本章提出的 GRED 框架与 Chord[9]进行实验比较。GRED 框架包括两种版本：GRED 和 GRED-NoCVT（没有经过 C-regulation 算法调整交换机的虚拟坐标）。本章使用三个性能指标来评估二者的性能。

(1) 路由延展。路由延展被定义为在一对源节点和目的节点之间，所选的实际路由路径长度与两点之间最短路由路径长度的比值。

(2) 路由条目数量。实现这两种框架时每台交换机所需的路由条目数量。

(3) 存储负载均衡。首先每台边缘服务器的存储负载被定义为其存储的数据项数量，而边缘存储系统的负载均衡水平被定义为负载最大的边缘服务器存储的数据项数（max）与所有边缘服务器的平均负载（avg）之比。

本节通过改变交换机的数量和网络中交换机的最小度数来评估 GRED 等三种框架的路由延展性能。在边缘网络的每种设置下，随机生成 100 个数据项存储到网络中，并为每个数据项随机选择一个访问的发起交换机。图 6.6 中每个点都代

表 100 个路由延展的平均值。此外，本节还评估了 GRED 等三种框架的存储负载均衡性能，分析了交换机数量和网络存储数据的规模变化带来的影响。最后，本节评估了 C-regulation 算法的迭代次数对 GRED 框架负载均衡性能的影响。

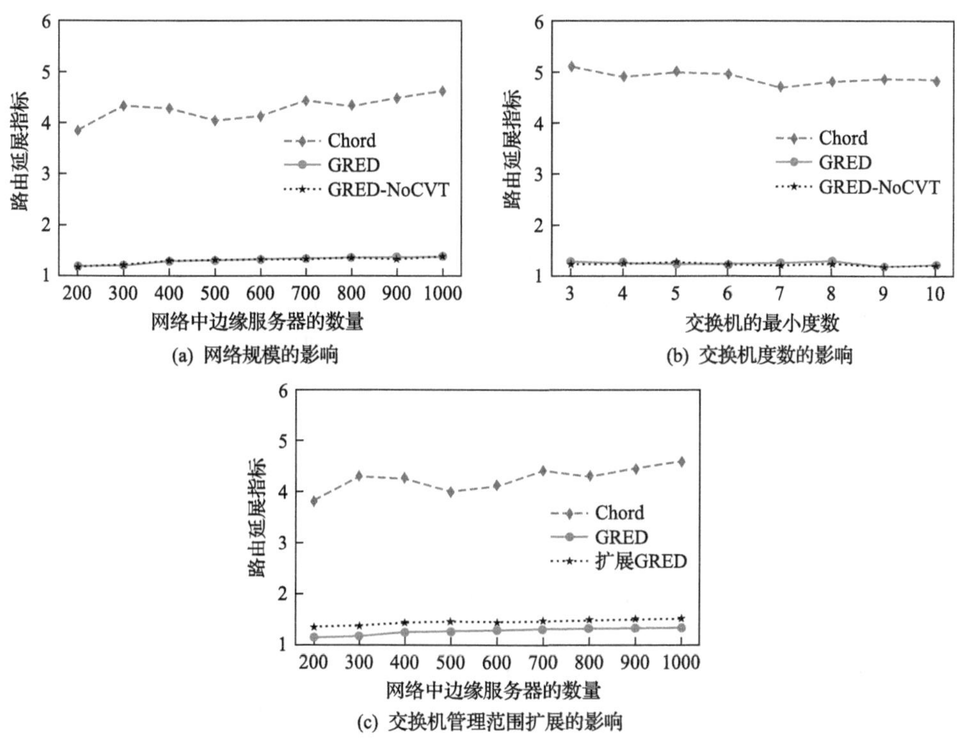

图 6.6 在不同网络配置下，三种框架的路由延展性能比较

6.5.2 路由延展指标的评估

1. 网络规模的影响

本节首先评估网络规模变化对路由延展指标的影响。图 6.6(a)给出了 Chord、GRED 和 GRED-NoCVT 三种框架下的路由延展指标。从中不难发现，GRED 和 GRED-NoCVT 框架获得了显著低于 Chord 框架的路由延展指标。这是因为在 Overlay 网络中，Chord 框架需要 $O(\log n)$ 跳才能找到要访问的数据项，而 GRED 框架需要一跳即可找到要访问的数据项。实验表明，在不同网络规模下 Chord 框架的平均路由延展指标都大于 3.5，而 GRED 和 GRED-NoCVT 框架的平均路由延展指标都低于 1.5。这意味着与使用 Chord 框架相比，GRED 框架使用的路由路径长度小于 Chord 框架所使用的路径长度。较短的路由路径也意味着较少的带宽消耗和较低的存储/访问数据的延迟。在某些情况下，GRED 比 GRED-NoCVT 获得

更好的路由延展性能，即更小的路由延展指标。这是因为 M-position 算法已经将交换机之间的网络距离嵌入到了虚拟空间中的欧几里得距离，交换机之间的相对位置应尽可能地保持不变。然而，为了获得更好的存储负载均衡，C-regulation 算法对交换机的虚拟位置进行了调整，这令交换机之间的相对位置受到了一定程度的影响。

2. 交换机度数的影响

本节评估了边缘网络中交换机最小度数对路由延展指标的影响。该网络由 100 台交换机和 1000 台边缘服务器组成，交换机的最小度数从 3 逐渐增加到 10。图 6.6(b)给出了实验结果，从中不难发现 GRED 和 GRED-NoCVT 框架获得的路由延展性能明显好于 Chord 框架下的路由延展性能。另外不难看出，交换机的最小度数对各个框架的路由延展性能都有一定的影响，即路由延展指标随着交换机最小度数的增加而呈略微减小的趋势。可以理解为，当每台交换机将更多端口用于网络互联时，贪婪路由策略所选择的路径将更接近源节点和目的节点之间的最短路径。

3. 交换机管理范围扩展的影响

如前所述，当某台边缘服务器过载时，相应的交换机需要向控制平面申请扩展其管理范围，即把其过载服务器的后续数据存储请求都转发到某个相邻交换机接入的边缘服务器。这一特殊操作可能会增加路由延展，为此本节比较了 GRED 框架和扩展 GRED 框架在迭代 50 次后的路由延展性能。这里向边缘网络中存储 100 个数据项，以获取在每种网络规模设置下的平均路由延展。从图 6.6(c)可以看出，扩展 GRED 框架的路由延展指标略高于 GRED 框架的路由延展指标。尽管如此，扩展 GRED 框架的路由延展指标仍然明显低于 Chord 所获得路由延展指标。

6.5.3 路由条目数量的评估

本节将展示不同网络规模下 GRED 框架中每台交换机的路由转发条目的平均数量。图 6.7 显示了所有交换机上转发条目的平均数量随边缘服务器数量的变化情况。从中不难发现，在 Chord 框架中交换机的转发条目的平均值随着网络规模的增加呈现明显增加的趋势，但是 GRED 和 GRED-NoCVT 框架下该指标随着网络规模的增加呈现小幅度增加的趋势。同时可以发现，在 GRED 框架中每台交换机需要少量的转发条目就可以实现边缘数据存储和访问功能。此外，根据 Chord 框架，不仅交换机要使用转发条目来支持数据存储和访问服务，而且边缘服务器还需要维护相关的索引表来实现数据的定位。因此，本章提出的 GRED 框架在可扩展性方面具有明显的优势，因为每台交换机的转发条目数量与网络规模和数据流的数量无关。

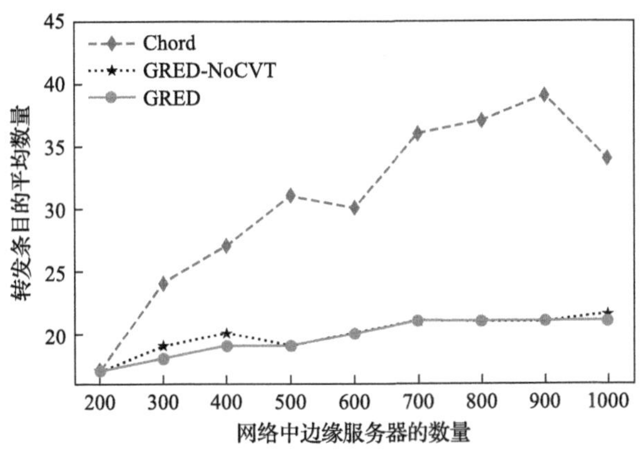

图 6.7　不同框架下每台交换机的路由转发条目平均数量比较

6.5.4　存储负载均衡性能的评估

1. 网络规模的影响

这里首先评估了网络规模对不同框架下存储负载均衡性能的影响，网络中边缘服务器的数量从 200 增加到 1000，且每次增加 100 台。从图 6.8(a)可以看出，GRED(T=10)和 GRED(T=50)在各种网络规模下都获得了更低的最大值同平均值的比值，因此实现了比 Chord 框架更好的负载均衡性能，其中 T 表示 C-regulation 算法的迭代次数。此外，Chord 框架下最大值同平均值的比值随着网络规模的增加而呈现整体增长的趋势，但是 GRED(T=10)和 GRED(T=50)框架下该比值受网络规模的影响并不显著。同时，GRED(T=50)比 GRED(T=10)实现了更好的负载均衡，这意味着 GRED 框架可以通过增加 C-regulation 算法的迭代次数获得更好的负载均衡。

2. 数据项数量的影响

在整个网络中部署 1000 台边缘服务器之后，将存储的数据项从 100000 条增加到 1000000 条，从而测试数据项数量对不同框架负载均衡性能的影响。如图 6.8(b)所示，无论数据项处于何种规模，GRED(T=50)在三种框架中都获得了最佳的负载均衡性能。同时，不难发现 Chord 框架在上述实验中表现出的负载均衡性能最差，其最大值同平均值的比值总是高于 6，GRED(T=10)框架下的最大值同平均值的比值小于 2.5，以及 GRED(T=50)的最大值同平均值的比值小于 2。需要特别注意的是，最大值同平均值的比值越低越好，而且最优取值是 1。综上所述，本章设计的 GRED 框架可以在众多边缘服务器之间实现较好的负载均衡性能。

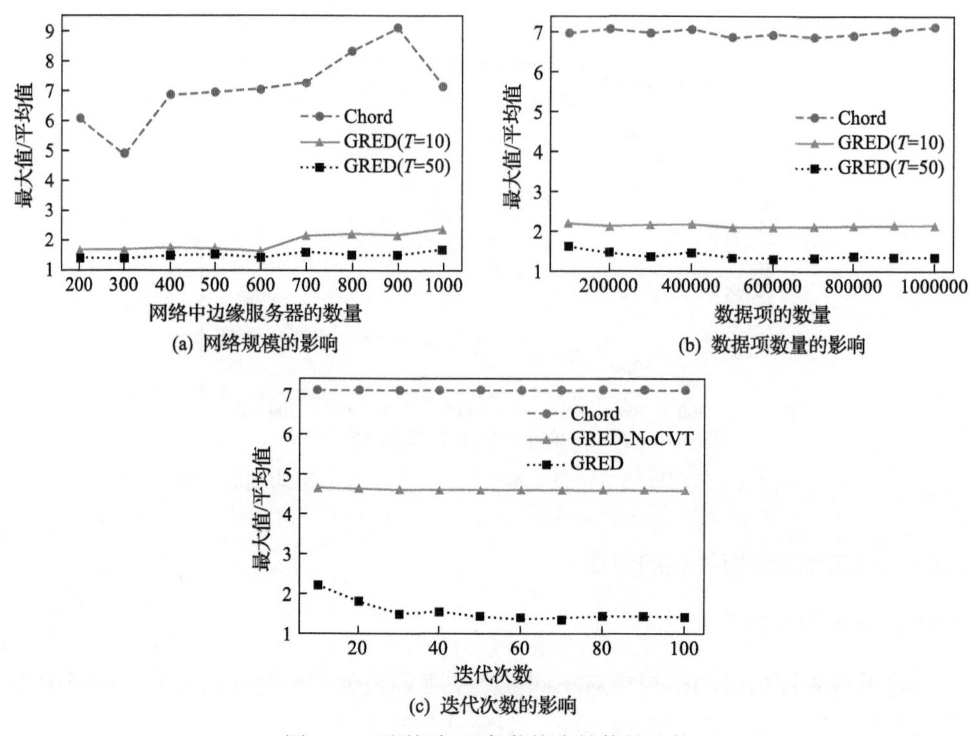

(a) 网络规模的影响

(b) 数据项数量的影响

(c) 迭代次数的影响

图 6.8 不同框架下负载均衡性能的比较

3. C-regulation 算法迭代次数的影响

本节测试迭代次数 T 对三种框架下边缘存储系统的负载均衡性能的影响，实验结果如图 6.8(c)所示。如前所述，C-regulation 算法的迭代次数 T 将影响全体交换机在虚拟空间中的位置，并进一步影响 GRED 框架的负载均衡性能。本节采用的网络参数设置与图 6.8(a)对应实验的参数设置相同，但是边缘存储系统中存入了 100000 个数据项。由设计原理可知，Chord 和 GRED-NoCVT 的负载均衡性能与迭代次数 T 无关。因此，如图 6.8(c)所示参数 T 的变化对 Chord 和 GRED-NoCVT 框架没有影响。此外，从图 6.8(c)中可以看出，GRED 框架的最大值同平均值的比值随着 T 值的增加呈先减小后趋于平缓的趋势，这意味着 GRED 框架在 T 的取值增大时可以获得更佳的负载均衡性能。同时，即使 GRED-NoCVT 框架没有使用 C-regulation 算法来重新确定交换机的位置，其也会获得比 Chord 框架更好的负载均衡性能。此外，当参数 T 大于 20 时 GRED 框架的最大值同平均值的比值小于 2，而当参数 T 大于 70 时最大值同平均值的比值停止下降。这意味着 C-regulation 算法在 T=70 时找到了全体交换机在虚拟空间中的最佳位置，这令整个边缘存储系统达到了最佳的负载均衡状态。此后，参数 T 的取值继续增加对 GRED 框架的负载均衡性能的影响较小。

6.6　相关问题讨论

6.6.1　数据副本对边缘存储系统的影响

数据副本是存储系统提高容错能力的重要方法，而且每项数据的多个数据副本也有助于提高存储系统的数据访问性能。因此，边缘存储系统的后续设计也需要考虑数据副本机制，这要求 GRED 框架必须对数据副本机制的实现和灵活运用提供良好的支持。当每项数据都存在多个数据副本时，为了易于区分和便捷使用，需要为每个数据副本添加序列号。此后，数据标识符和序列号连接起来形成一个新字符串，据此可以标识各个数据项。通过对新字符串进行哈希运算，可以获得相应数据副本在虚拟空间中的位置。此后，基于 6.4.1 节给出的方案，可以将数据副本存储到边缘网络中恰当的边缘服务器。如前所述，当需要从边缘存储系统中读取一项数据时，GRED 框架可以确定哪个副本最靠近该请求的接入交换机。如前所述，此时已经将交换机之间的网络距离嵌入虚拟空间中相关两点之间的欧几里得距离中。因此，通过在虚拟空间中计算该数据副本和访问交换机二者对应点之间的距离，可以获知任意访问请求的目标数据项的哪个副本最接近数据请求的接入交换机，从而可以最快地响应用户的数据访问请求。

6.6.2　网络动态性对边缘存储系统的影响

边缘网络中不可避免地会新增一些边缘服务器甚至边缘交换机，另外交换机或边缘服务器的故障都会导致一些边缘节点退出边缘网络。因此，GRED 框架需要能够适应边缘网络的动态性。如 6.3.3 节所述，控制平面采用增量式方法构造 DT 图。当边缘网络中新增边缘交换机时，在 DT 图中加入一些边来连接新的边缘交换机及其在 DT 图中已经存在的邻居节点。值得注意的是，新增的边缘交换机仅对其邻居节点有影响。在 DT 图得到更新之后，边缘网络的控制平面会为新增边缘交换机及其邻居节点配置或更新转发路由条目。然后，控制平面重新计算新增边缘交换机的相邻边缘交换机中的全体数据应该存放的位置。如果这些数据最接近新出现的边缘交换机，则它们将被转发到新增的边缘交换机。此外，当一个边缘交换机离开边缘网络时，它与邻居交换机之间相连的边将被删除，然后在其原来的邻居交换机之间添加一些新边形成一个新的 DT 图。之后，离开的边缘交换机所挂载服务器存储的全体数据将基于它们在虚拟空间中的位置寻找新的存储节点，并进行数据迁移，相关的存储过程已在 6.4.1 节中进行描述。

6.7　本章小结

边缘计算系统需要为潜在的各类应用提供数据存储和访问这一基础服务。然而，这一问题尚没有得到学术界的重视，也缺乏合适的解决方案。边缘数据存储和访问服务的关键挑战是在众多边缘服务器中如何高效地确定每项数据的存储位置。为此，本章提出 GRED 框架，其根据每个数据项的标识符即可唯一确定一台边缘服务器来负责存储该数据。另一需求是用户会频繁地向边缘存储系统查询和获取一项数据，而 GRED 框架支持的数据访问操作同样仅需要获知该数据项的标识符。GRED 框架具有路由算法简单、路由正确性有保障、路由延展低、负载均衡较好等优点。本章的理论分析和实验结果都证实了 GRED 框架的高效性和有效性。考虑到终端设备的移动性和边缘服务器之间的协作性，GRED 框架将成为边缘计算生态中的重要和基础性服务，从而为边缘计算生态中的各类行业应用提供高效的数据存储和访问服务。

参考文献

[1] Shi W S, Cao J, Zhang Q, et al. Edge computing: Vision and challenges[J]. IEEE Internet of Things Journal, 2016, 3(5): 637-646.

[2] Yu Y, Li X, Qian C. SDLB: A scalable and dynamic software load balancer for fog and mobile edge computing[C]//Proceedings of the Workshop on Mobile Edge Communications, Los Angeles, 2017.

[3] Patel M, Hu Y, Hédé P, et al. Mobile-edge computing introductory technical white paper[R]. Mobile-edge Computing Industry Initiative, 2014.

[4] Hu Y C, Patel M, Sabella D, et al. Mobile edge computing: A key technology towards 5G[Z]. European Telecommunications Standards Institute White Paper, 2015.

[5] Xie J J, Qian C, Guo D K, et al. Efficient data placement and retrieval services in edge computing[C]//Proceedings of the IEEE International Conference on Distributed Computing Systems, Dallas, 2019.

[6] Xie J J, Guo D K, Hu Z Y, et al. Control plane of software defined networks: A survey[J]. Elsevier Computer Communications, 2015, 67: 1-10.

[7] Kreutz D, Ramos F M V, Veríssimo P E, et al. Software-defined networking: A comprehensive survey[J]. Proceedings of the IEEE, 2015, 103(1): 14-76.

[8] Qian C, Lam S S. Greedy routing by network distance embedding[J]. IEEE/ACM Transactions on Networking, 2016, 24(4): 2100-2113.

[9] Stoica I, Morris R, Karger D, et al. Chord: A scalable peer-to-peer lookup service for internet

applications[C]//Proceedings of ACM Special Interest Group on Data Communication, San Diego, 2001.

[10] Lam S S, Qian C. Geographic routing in *d*-dimensional spaces with guaranteed delivery and low stretch[J]. IEEE/ACM Transactions on Networking, 2013, 21(2): 663-677.

[11] Borg I, Groenen P J F. Modern Multidimensional Scaling: Theory and Applications[M]. 2nd ed. New York: Springer, 2005.

[12] Yu Y, Belazzougui D, Qian C, et al. Memory-efficient and ultra-fast network lookup and forwarding using Othello hashing[J]. IEEE/ACM Transactions on Networking, 2018, 26(3): 1151-1164.

[13] Biryukov A, Lamberger M, Mendel F, et al. Second-order differential collisions for reduced SHA-256[C]//Proceedings of the 17th International Conference on the Theory and Application of Cryptology and Information Security, Seoul, 2011.

[14] Qian C, Lam S S. ROME: Routing on metropolitan-scale ethernet[C]//Proceedings of the 20th IEEE International Conference on Network Protocols, Austin, 2012.

[15] Aurenhammer F, Klein R, Lee D T. Voronoi diagrams and delaunay triangulations[M]//Goodman J E, O'Rourke J. Handbook of Discrete and Computational Geometry. 2nd ed. Boca Raton: CRC Press, 2004.

[16] Du Q, Faber V, Gunzburger M. Centroidal voronoi tessellations: Applications and algorithms[J]. SIAM Review, 1999, 41(4): 637-676.

[17] De Loera J A, Rambau J, Santos F. Triangulations Structures for Algorithms and Applications[M]. Berlin: Springer, 2010.

[18] Lee D Y, Lam S S. Protocol design for dynamic delaunay triangulation[C]//Proceedings of the 27th IEEE International Conference on Distributed Computing Systems, Toronto, 2007.

[19] Medina A, Lakhina A, Matta I, et al. BRITE: An approach to universal topology generation[C]//Proceedings of the 9th International Symposium on Modeling, Analysis and Simulation of Computer and Telecommunication Systems, Cincinnati, 2001.

第 7 章　边缘计算的数据缓存高效索引机制

大量分布式边缘服务器部署于互联网边缘之后，各台边缘服务器会独立缓存来自云数据中心的下行数据或大量终端的上行数据。如果全体边缘服务器愿意共享所缓存的数据，则会为终端用户开辟数据获取的新途径。本章讨论的数据缓存服务和第 6 章的边缘数据存储和访问服务有本质区别，因为进入边缘计算环境的数据随机分散存储于各台边缘服务器，而不是依据特定规则对数据分布进行规划和调整。为了提高数据缓存服务的可用性，终端用户希望边缘缓存数据的检索延迟不宜过长。为此，本章提出一种高效的数据索引机制，即 COIN（coordinate based indexing）机制。COIN 机制维护一个虚拟空间，并将各个边缘交换机和数据索引项映射到该虚拟空间，分别获得各自的虚拟坐标。至此，根据交换机在虚拟空间中的坐标对虚拟空间进行分割，每台交换机会选择一台连接的边缘服务器来负责关联的一个多边形区域，该索引服务器负责存储坐标落入所辖区域的全部索引数据。COIN 这种分布式索引机制的优势在于，如果某项数据已被缓存到边缘网络中，那么任意终端用户关于该数据项的查询请求一定能从边缘缓存中得到响应。实验结果表明，与简单运用基于 DHT 的解决方案 Chord 相比，COIN 机制使用更短的查询路径和更少的转发条目来完成分布式数据索引的快速查询。

7.1　引　　言

7.1.1　问题背景

边缘计算提出在邻近终端设备和用户的网络边缘[1,2]建设边缘计算环境，与现有的云计算环境相辅相成。边缘计算环境由一系列分散部署的边缘服务器（也称为边缘节点）组成，可为各方用户提供计算卸载、数据存储、数据缓存以及数据处理等网络服务。这些边缘服务器通常在地理上分布广泛，并且具有异构的计算和存储能力[3,4]。当终端用户发送数据获取请求时，该请求首先抵达最近的边缘服务器。如果该边缘服务器正好缓存有所需的数据，则它将数据返回给终端用户，否则它将从远程云数据中心检索数据。然而，从云数据中心检索数据将导致大量的回程流量和较长的延迟。同时，已有研究表明其他边缘服务器可能已经缓存了当前用户所需的数据，如果从这些边缘服务器中检索数据，则可以显著减少网络带宽消耗和降低数据请求响应的延迟[5,6]。因此，本章研究边缘计算环境的数据缓存和共享机制，实现两个目标：①只要边缘计算环境中存有目标数据，任意用户的数据检索请求都能够从中快速定位并获取到该数据；②不论缓存数据来自于云数据中心还是边缘设备，不论缓存数据如何被存储到各台边缘服务器，任意用户的数据检索请求都能够从边缘缓存中定位和获取目标数据。

要实现边缘数据缓存和共享的上述目标，关键在于数据索引的构建和维护，该索引指示全体缓存数据在边缘计算环境中的存储位置。构建高效的数据索引机制对于实现边缘数据共享至关重要，但是这仍然是一个尚未被关注和解决的问题。早期有关分布式存储的数据索引研究主要分为三种：第一种是完整索引[7]。如果边缘数据缓存系统采用这种索引方法，那么每个边缘节点都要为边缘网络中的所有数据保留一份完整的全局索引。该方法的主要缺点是在全体边缘节点之间确保一致的完整索引带来的维护代价太高，因为任意边缘节点上出现数据新增或删除情况时都需要确保全体边缘节点同时更新数据索引。第二种是集中式索引[8]，该方法需要专用的索引服务器来维护整个边缘计算环境中全体数据的唯一索引。然而，集中式索引存在性能瓶颈、易于单点失效以及扩展性差等不足。第三种是 DHT 索引[9]，该方法在对等网络中已经得到广泛的研究，并且可以作为边缘数据缓存和共享的候选解决方案。通过分析发现，与两个边缘节点之间的实际最短路径相比，DHT 索引方式通常要通过一条更长的路径才能获取到数据索引，这将引发较长的数据定位延迟。

为此，本章提出一种高效的数据索引机制，称为 COIN，用于跨边缘节点的数据缓存和共享。来自云数据中心和边缘设备的相关数据会在对应的边缘服务器进行本地缓存，并且在整个边缘环境中没有全局的数据缓存规则，最终形成了一种类似数据随机缓存的局面。为了实现 COIN 机制，边缘网络的控制平面会维护一个虚拟的二维坐标空间，首先将每台交换机映射到该虚拟空间的一个坐标点，然后依特定规则划分虚拟空间并令每台交换机管理一个划分后的区域。此外，每个数据索引条目也映射到该虚拟空间中的一个坐标点。然后，将每个数据索引条目存储在对应交换机相连的一台边缘索引服务器中，约束条件是在虚拟空间中该交换机的坐标最接近该数据索引条目的坐标。

COIN 机制可以确保只要某个数据项已缓存到边缘计算环境中，那么关于该数据的任何检索请求都可以得到及时的响应。更重要的是，COIN 机制与其他索引方法相比，定位并获取目标索引项的搜索路径长度更短，而且交换机为此需要维护的转发条目也较少。此外，为了增强该分布式索引系统的鲁棒性，每个数据项在边缘网络中必不可少地存在多个数据副本和多个索引副本。在这种情况下，最关键的挑战是如何找到最近的边缘服务器并快速检索数据索引和数据项。为了实现这些优势，COIN 机制将任意一对交换机之间的物理路径长度嵌入虚拟空间中对应坐标之间的欧几里得距离。因此，数据请求者可以通过比较数据副本对应的索引条目在虚拟空间中同请求者的距离，而无须对所有副本进行探测，即可立即识别并从最近的边缘服务器取回所需的数据索引和数据本身。

本章通过大规模的模拟实验评估 COIN 机制的性能。实验结果表明，与已知的 DHT 索引机制相比，COIN 机制令每台交换机使用的转发条目减少了 30%，分布式索引的搜索路径长度缩短了 59%。

7.1.2 研究现状

随着互联网技术的发展，人们对网络数据的共享需求迅速增长。单个管理域内的数据共享已经不能满足用户的需求。不少用户需要的可能是另一个管理域内的数据，因此迫切需要一种安全的方式在不同的管理域之间共享数据。跨域共享面临的主要问题是不同域之间的数据安全和身份验证，而基于属性的加密是解决跨域共享的主要方法。在边缘计算环境中，每个边缘节点是一个域的管理员，负责部分数据的传输和处理。Fan 等[10]提出了一种利用边缘计算模型在不同域之间安全共享数据的方法，将边缘节点和被管理的终端设备作为一个域，所有域通过云计算环境连接在一起，由云计算环境作为信任根，这样就容易解决不同域之间的认证问题。同时，采用基于密文策略属性的加密来保证信息的机密性和一对多的数据共享。

随着大数据的广泛应用，如何确保数据访问的正确性和安全性变得至关重要[11]，这要求在扩大数据传播范围的同时严格控制数据的访问。例如，可以根据用户类型的不同，授权访问不同质量的数据或者不同部分的数据。Karafili 等[12]引入了一种基于策略分析语言的替代机制，更准确地说是一种限制机制。该机制反映了用户的信任程度和关系，并在数据共享协议中表示为策略。将这些协议附加到数据上，并在每次访问、使用或共享数据时强制执行。数据量的急剧增加和数据类型的增加，催生了很多先进应用和服务。例如，提高驾驶安全性，并通过车辆间的数据共享和数据分析极大地丰富现有的车辆服务。由于车辆资源有限，车辆边缘计算与网络是移动边缘计算与车辆网络的集成，其可以提供可观的计算能力和海量的存储资源。然而，大量的路边设备作为最重要的用户群体并不被完全信任，因为可能会给此类集成平台带来严重的安全和隐私挑战。Kang 等[13]利用联盟区块链和智能合约技术，在车辆边缘网络中实现安全的数据存储和共享。这些技术有效地防止了未经授权的数据共享。此外，他们还提出了一个基于信誉的数据共享方案，以确保车辆之间的高质量数据共享。

边缘计算的很多研究关注于从终端向边缘服务器卸载计算任务，或者从云数据中心向边缘服务器卸载服务，但大多忽略了如何在边缘服务器上存储任务和服务，如预先训练的模型或数据集。近年来，深度学习、增强现实等数据密集型任务越来越普遍，需要大量的数据存储和强大的计算资源，而许多轻量级边缘服务器的资源有限。如果边缘服务器没有任务运行所需要的数据，则需要将任务加载到云数据中心或从云数据中心下载所需的数据。这两种情况都会极大地增加数据处理的延迟。针对这一问题，Li 等[14]提出了一种边缘协同存储框架。全体边缘服务器通过协同的方式存储和处理数据密集型任务所需的数据。特别是，如果某台边缘服务器没有所需的数据，它会将任务转发到包含数据的邻近边缘服务器。为了提高性能，本章提出一种有效的迭代数据放置算法。

当前，视频流量已经占据了移动数据流量的极大比重，而且流行度较高的视频内容会在不同时间被大量重复请求[15]。目前，已有研究利用缓存技术将流行度高的视频内容缓存到移动通信基站的边缘服务器中，从而减少视频下载延迟[16]。除此之外，在边缘计算中设计内容缓存策略时，还需要考虑终端设备的大量数据请求和边缘设备的有限容量限制。这些缓存数据的共享也将有效缩短终端用户获取数据的延迟，从而提升终端用户的体验。当前，已经有学者在多个边缘设备之间开展对等数据共享。Song 等[17]提出的对等数据共享使移动设备能够快速发现附近对等设备中存在什么数据，并从可能的多个边缘设备中检索所需的数据。然而，关于边缘服务器之间的数据共享问题仍然缺乏深入研究，这为边缘设备之间的对等数据共享提供了更多的机会。边缘数据共享问题仍然面临诸多挑战：首先，边缘数据的体量大，然而边缘节点或边缘服务器的存储能力有限；其次，终端设备的移动性使得边缘数据的共享更加困难，数据请求具有较大的不确定性；最后，边缘节点在地理上的广泛分布给边缘节点之间的对等数据共享带来了很大挑战。

7.1.3　研究动因

在边缘计算中，每个边缘节点会缓存一些数据为部分终端用户提供数据服务。如图 7.1 所示，用户 (1) 向边缘计算环境发起一个数据请求，该请求首先被定向到最近接入点/基站后端的边缘节点。如果该边缘节点已缓存了所请求的数据，那么它将立即将该数据返回给终端用户；否则，它将从远程云数据中心为用户检索所需的数据。需要注意的是，该请求的应答数据在回程时会被缓存在相应的边缘节点中。显然，从远程云数据中心检索数据会消耗过多的网络带宽，并导致相当长的响应延迟。

在边缘计算环境中，对数据的共享需求主要来自两个方面：①云数据中心的许多热点内容将被大量终端用户异步重复请求。这种服务的一个独特属性是内容请求高度集中。基于这一事实，多个研究团队提出了内容缓存机制，以避免频繁地远程检索相同的内容[18-20]。②边缘服务器可以将某些终端设备生成的数据共享给位于不同地理区域的其他终端设备。不少网络应用要求众多终端设备之间协同工作，通过边缘计算环境的数据共享机制避免多个终端重复产生相同的数据。

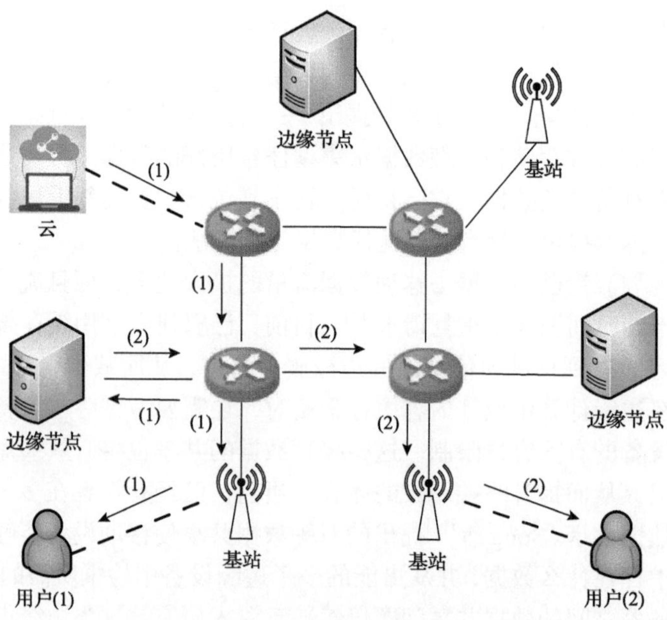

图 7.1　边缘计算环境中的数据获取和缓存

多个边缘节点之间的数据共享可以有效减少数据访问的延迟和网络带宽的消耗[6]。其基本理念是：当某边缘节点接收到来自任意用户的数据请求时，它将首先查找所求数据是否已缓存在自身或边缘网络中的其他边缘节点中。如果数据已缓存在边缘网络中，则从对应的其他边缘节点检索数据比从远程云数据中心检索数据更有效。如图 7.1 所示，当用户(2)与用户(1)请求相同的数据时，用户(2)可以从边缘网络中的特定边缘节点而不是远程云数据中心中获取数据。此外，如果用户从其他边缘节点检索数据不能满足低延迟的需求，则最靠近该终端用户的边缘节点将再次缓存该数据，这令边缘网络中出现了所求数据的多个数据副本。实现上述理想场景的关键在于，如何快速定位最接近终端用户所求数据的存储位置。因此，边缘数据缓存和共享框架需要充分发掘利用好每项数据存在多个副本的优势。同时，为了提高边缘数据索引系统的鲁棒性，需要优化索引系统以支持索引内容的多个副本。

7.2　边缘计算的数据缓存索引机制的整体设计

实现跨边缘节点之间数据共享的关键在于，在哪里放置数据索引，如何搜索数据索引以及如何在获取数据索引后检索数据。本章提出的 COIN 机制主要解决了前两个问题。当数据请求者获得指示数据存储位置的数据索引时，可以使用最短路径路由或其他更有效的路由方案从相应的边缘服务器获取数据。在一个边缘网络中存在众多边缘节点，其中每个边缘节点都由多台边缘服务器组成。此外，这些边缘节点会缓存来自云数据中心或大量终端设备的数据项，并为其他用户提供数据服务。本章使用以下术语来描述定义的数据共享框架。

(1) 入口边缘服务器(ingress edge server)是指最接近某个基站的边缘服务器。从该基站接入的所有数据请求首先被转发到该边缘服务器。

(2) 存储边缘服务器(storing edge server)是指存储了共享数据的边缘服务器。

(3) 索引边缘服务器(indexing edge server)是指存储了共享数据索引的边缘服务器。每个边缘节点都将确定一台边缘服务器作为索引边缘服务器。

(4) 间接边缘服务器(indirect edge server)是指仅转发针对数据索引的任何查询请求的中间边缘服务器，不包括入口边缘服务器和索引边缘服务器。

本节首先介绍和比较几种有代表性的数据索引机制，以反衬本章提出的 COIN 机制的合理性，为边缘计算环境构建全体数据的索引。

第一种是令每个边缘节点都维护涵盖边缘计算环境中全体共享数据的完整数据索引表(data indexing table，DIT)，如图 7.2(a)所示。在此基础上，每个边缘节点都可以确切地知道整个边缘计算环境中是否存在用户所请求的数据，如果有还可以知晓其具体的存储位置。这种索引机制的缺点是全体边缘节点之间完全索引的一致性更新和维护成本太大。任意边缘节点缓存新数据项或者删除某个数据项时，都需要将该数据的位置更新信息发布到边缘计算环境中的其他所有边缘节点，这将造成巨大的网络带宽消耗。

第二种是选择专用的边缘服务器为整个边缘计算环境中的所有共享数据提供集中式索引服务，如图 7.2(b)所示。在这种情况下，专用索引服务器存储所有数据完整的 DIT，并且每个边缘节点会将数据请求首先转发到唯一的索引服务器。这种设计机制的明显缺陷是集中式索引服务器将成为性能瓶颈，而且还具有较差的容错能力和负载均衡能力。

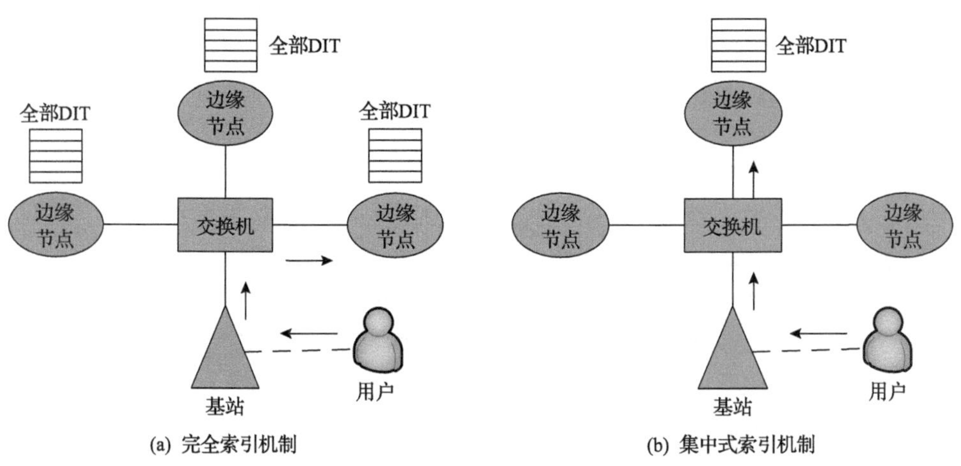

(a) 完全索引机制　(b) 集中式索引机制

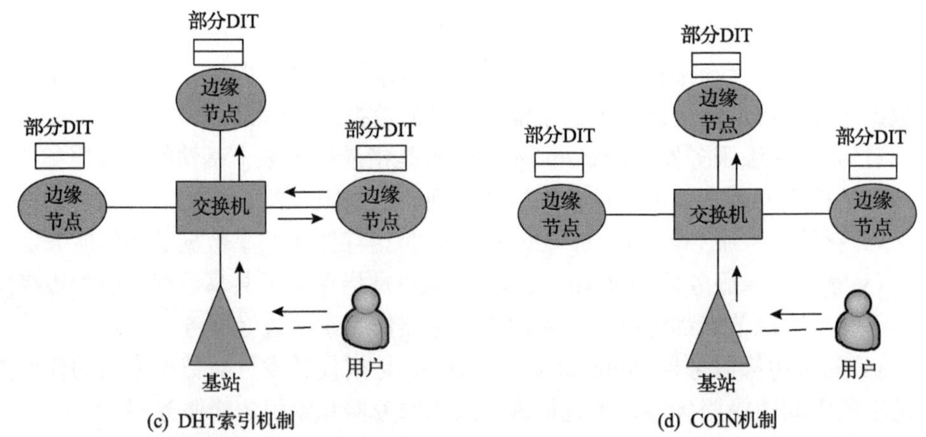

图 7.2　不同索引机制下用户请求数据包的转发过程

第三种是 DHT 索引机制，该机制已在对等网络领域获得广泛的研究[21,22]。DHT 索引是一种分布式索引机制，每个索引边缘服务器仅存储部分 DIT。但是，DHT 索引机制在 Overlay 网络中通过多跳转发才能定位到目标数据索引。更准确地说，对于任何查询，搜索过程通常涉及 $O(\log n)$ 次 Overlay 网络中的数据转发，其中 n 是边缘计算环境中边缘节点的数量[9,22]。也就是说，入口边缘服务器可以在到达最终索引边缘服务器之前将每个传入的数据请求转发到一系列中间的间接边缘服务器，如图 7.2(c)所示。显然，更长的转发路径会增加查询处理延迟以及边缘服务器的负载，并消耗更多的网络带宽。

本章提出的解决方案 COIN 机制如图 7.2(d)所示，该机制在 Overlay 网络中一跳转发即可搜索到数据索引。此外，与 DHT 索引机制相比，COIN 机制同样具有分布式数据索引的优势，并且每台交换机上需要更少的转发条目来支持数据分布式索引的实现。

表 7.1 总结了四种代表性索引机制的特征。本章所设计的 COIN 机制充分利用了软件定义网络的优势[23]，边缘网络的控制平面可以收集网络拓扑和状态的信息，包括交换机、交换机端口、链路和主机等信息[24]。图 7.3 给出了 COIN 机制的基本框架，涵盖了其控制平面和交换平面的主要功能。其中，整个网络的控制决策集中在一个或多个软件控制器组成的控制平面[25,26]中，同时控制平面将为各台交换机生成并下发必要的转发条目。交换平面中的交换机仅根据从控制器下发的转发条目进行配置，并按照该转发表严格执行各类转发请求。

为了实现 COIN 机制，软件定义边缘网络的控制平面需要维护一个虚拟二维坐标空间，其中每台交换机都被映射到某个坐标点。如图 7.3 所示，控制平面首先从交换平面中收集网络拓扑，然后依据 7.3.1 节介绍的方法来计算每台交换机的虚拟坐标，根据 7.3.2 节介绍的方法构造出一个 DT 图[27,28]来连接全体交换机在虚

表 7.1　四种索引机制的特征

索引机制	查询速度	可扩展性	负载均衡	带宽消耗
COIN 机制	中等	好	好	低
DHT 索引机制	慢	好	好	中等
集中式索引机制	中等	差	差	低
完全索引机制	快	差	好	高

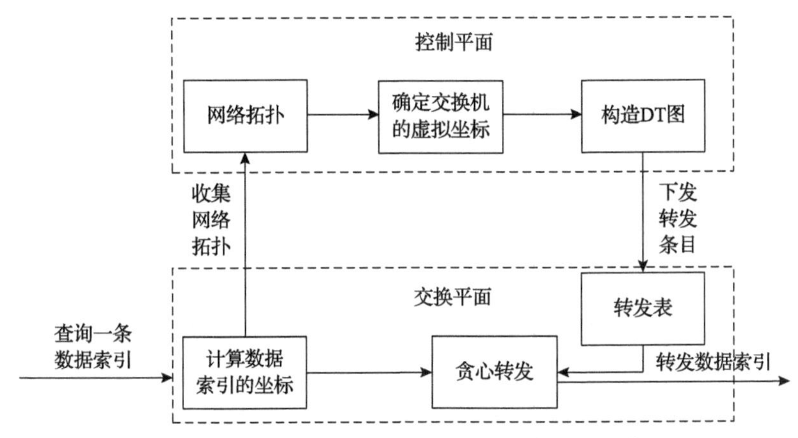

图 7.3　软件定义边缘网络的 COIN 机制架构示意图

拟空间中的坐标点，并根据该 DT 图确定交换机在虚拟空间中的邻接关系。此外，控制平面为每台控制器生成转发条目并下发到相应交换机安装在其转发表中，其中每个转发条目包含了一个相邻交换机的虚拟坐标。对于每个共享数据的索引项，以该数据的标识符为输入，调用 7.3.1 节介绍的方法为其分配虚拟空间中的坐标。在 7.3.2 节中，将某项数据的索引贪婪地转发到虚拟空间中与其坐标最接近的邻居交换机。最后，目标交换机将收到的数据索引转发到其唯一的索引边缘服务器进行存储。需要注意的是，网络控制平面的性能和可扩展性将影响 COIN 机制的性能。当前，在改善网络控制平面的性能和可扩展性方面已有许多研究[29-31]，本章不再赘述。

7.3　基于坐标的数据索引机制

本节将详细介绍 COIN 机制，涵盖图 7.3 所示的主要功能。首先，必须确定任意交换机和数据索引在虚拟空间中的坐标。然后，描述如何将一项数据索引发布到正确的索引边缘服务器，该索引服务器直接连接的交换机在虚拟空间中的坐标最接近该数据索引的坐标。最后，介绍数据请求如何在 COIN 机制下检索数据索引，获得所求数据在边缘计算环境中的存储位置。

7.3.1 确定交换机和数据索引的虚拟坐标

本节介绍如何确定交换机和数据索引在虚拟空间中的坐标。

1. 确定交换机的虚拟坐标

边缘网络的控制平面不断收集交换机、端口、链路和主机信息，从而获取网络拓扑和网络状态的最新情况。在此基础上，控制平面会计算出交换机之间在物理网络中的最短路径矩阵。紧接着的挑战是如何计算虚拟空间中 n 台交换机的坐标矩阵，从而确保边缘网络中 n 台交换机之间的最短路径长度可以通过虚拟空间中对应的坐标点之间的欧几里得距离间接反映。换句话说，需要寻找能代表给定矩阵的标量积的一个点配置方案。在矩阵论知识体系下，这需要求解以下方程：

$$B = XX^{\mathrm{T}} \tag{7.1}$$

式中，X 为 m 维空间中 n 个点的 $n \times m$ 维坐标矩阵；X^{T} 为矩阵 X 的转置。

众所周知，只要矩阵 B 的每个元素都是实数，每个 $n \times n$ 矩阵 B 都可以分解为几个矩阵的乘积。另外，特征分解可以适用于大多数矩阵，而且始终适用于对称矩阵。具体的形式化描述如式(7.2)所示：

$$B = Q \Lambda Q^{\mathrm{T}} \tag{7.2}$$

式中，Q 为正交矩阵(即 $QQ^{\mathrm{T}} = Q^{\mathrm{T}}Q = I$)，且 Λ 为对角矩阵。每个 $n \times m$ 矩阵 X 都可以进行如下分解：

$$X = P \phi Q^{\mathrm{T}} \tag{7.3}$$

式中，P 为一个 $n \times m$ 正交矩阵(即 $P^{\mathrm{T}}P = I$)；ϕ 为一个 $m \times m$ 对角矩阵；Q 为一个 $m \times m$ 正交矩阵(即 $Q^{\mathrm{T}}Q = I$)。

假设知道矩阵 X 被分解为如式(7.3)所示的结果，则可以得到

$$L^2 = \left[l_{ij}^2 \right] \tag{7.4}$$

这正是基于式(7.2)的 XX^{T} 的特征分解结果。这证明 XX^{T} 的特征值都是非负的，因为它们由 ϕ_i^2 组成，平方数始终是非负值。

此外，假设对矩阵 B 进行特征分解后得到 $B = Q \Lambda Q^{\mathrm{T}}$。由于矩阵的标量积是对称的，并且根据式(7.2)和式(7.4)可知其具有非负特征值，因此可以得出

$B=\left(Q\Lambda^{1/2}\right)\left(Q\Lambda^{1/2}\right)^{\mathrm{T}}=UU^{\mathrm{T}}$，其中 $\Lambda^{1/2}$ 是对角元素为 $\lambda_i^{1/2}$ 的对角矩阵。因此，$U=Q\Lambda^{1/2}$ 给出了能重构矩阵 B 的坐标矩阵。U 中的坐标可能不同于公式中 X 的坐标。这仅表示它们处于两个不同的坐标系，它们之间可以通过旋转操作来互相转换[32]。

基于以上分析，本节设计出物理网络中交换机之间最短路径长度的嵌入算法，如算法 7.1 所示，进而计算虚拟空间中各台交换机的坐标。算法 7.1 采用了 MDS 技术，因此任意两台交换机之间的距离关系在虚拟空间的欧几里得距离中尽可能得到保留。首先，算法 7.1 采用一个输入矩阵，该矩阵给出了任意一对交换机之间的网络距离，该信息可由网络控制平面计算而得。边缘网络的最短路径矩阵表示为 $L=\left[l_{ij}\right]$，其中 l_{ij} 是第 i 台交换机和第 j 台交换机之间的最短路径的长度。然后，算法 7.1 通过 $B=UU^{\mathrm{T}}$ 的特征值分解来导出坐标矩阵，其中步骤 2 可以使用双中心化(double centering)方法从距离矩阵 L 计算矩阵的标量积 B。最后，步骤 4 通过将特征值和特征向量相乘来获得虚拟空间中交换机的坐标。因此，基于算法 7.1，可以确定虚拟空间中全体交换机的坐标。

算法 7.1　计算虚拟空间中交换机的坐标

输入：最短路径矩阵 L。

输出：交换机的坐标 U。

1　计算平方距离矩阵 $L^2=\left[l_{ij}^2\right]$；

2　将 L^2 乘以 $J=I-\frac{1}{n}A$ 构造矩阵的标量积 B，即 $B=-\frac{1}{2}JL^2J$，n 表示交换机的数量，A 是元素都为 1 的方阵；

3　确定矩阵 B 的 m 个最大特征值 $\lambda_1,\lambda_2,\cdots,\lambda_m$ 和特征向量 $e_1,e_2,\cdots,e_m$，m 是虚拟空间的维数；

4　计算交换机的坐标 $U=Q_m\Lambda_m^{1/2}$，Q_m 是 m 个特征向量构成的矩阵，Λ_m 是 m 个特征值组成的对角矩阵。

2. 确定数据索引的虚拟坐标

每个数据索引项的坐标是通过数据索引 d 的标识符的哈希值 $H(d)$ 来实现的。本章采用哈希函数 SHA-256[33]，该函数输出 32 字节的二进制值，当然也可以使用其他哈希函数。在以极低概率发生哈希冲突时，两个或多个数据索引被分配到了同一坐标点，并被存储在同一个索引边缘服务器。然后进一步将哈希值 $H(d)$ 缩减到二维虚拟空间的范围内。仅使用 $H(d)$ 的最后 8 字节，并将它们转换为两个 4 字节的二进制数 x 和 y。限制每个维度的坐标值为 0～1。至此，二维虚拟空间中数据索引的坐标被记为二元组$\left(\dfrac{x}{2^{32}-1},\dfrac{y}{2^{32}-1}\right)$。坐标以十进制格式存储，每个维度使用 4 字节。此后，对于任何数据标识符d，使用$H(d)$表示其索引项在二维空间中的虚拟坐标。

7.3.2 发布数据索引的方法

在 COIN 机制下，任意边缘服务器对外共享一个数据项后，其数据索引需要向整个边缘网络发布。每台接收到该数据索引的交换机会贪婪地将其转发到某个直接相连的邻居交换机，该邻居交换机在虚拟空间中的坐标最接近该数据索引的坐标。严格的理论证明，DT 图上的贪婪路由机制提供了有保证的传输属性[34]。因此，软件定义边缘网络的控制平面首先构造一个 DT 图，该图连接虚拟空间中所有交换机所对应的坐标点。

1. DT 图的构造方法

给定一组交换机，其对应的虚拟坐标点的集合为 P，采用随机增量方法在二维虚拟空间中构造 DT 图 $\mathrm{DT}(P)$。首先，构造一个适当的三角形边界框以包含集合 P 中所有的坐标点。然后，以随机顺序添加集合 P 中的剩余坐标点，并在整个过程中维护和更新与当前坐标点集合相对应的 DT 图。最后，删除包含三角形边界框的任何顶点的边界框和三角形。同时，必须确保三角剖分中所有单纯形的并集是这些点的凸包。

假设所有先前添加的坐标点$v_1,v_2,\cdots,v_{i-1}$已经形成了 DT 图$\mathrm{DT}(v_1,v_2,\cdots,v_{i-1})$。添加新的坐标点$v_i$引起的变化需要得到必要的调整，并将$\mathrm{DT}(v_1,v_2,\cdots,v_{i-1})\cup v_i$调整为新的 DT 图$\mathrm{DT}(v_1,v_2,\cdots,v_i)$。具体的调整过程如下。首先，确定新增坐标点$v_i$落在现有 DT 中的哪个三角形上，然后将点$v_i$与三角形的三个顶点连接起来形成三个三角形。如果点$v_i$落在现有 DT 中某条边，那么将点$v_i$与共享该公共边的两个三角形的四个顶点连接，从而形成四个三角形。其次，新生成的边和原始边可能不是 Delaunay 边，因此需要采用翻转操作[35]使所有的边都成为 Delaunay 边，以获得$\mathrm{DT}(v_1,v_2,\cdots,v_i)$。例如，在$\{A,B,C,D\}$四个点所组成的两个三角形中，原始的公共边为$\langle B,D\rangle$。当两个原始三角形不满足 Delaunay 条件时，将公共边$\langle B,D\rangle$更改为公共边$\langle A,C\rangle$以产生两个新三角形，其必将满足 Delaunay 条件，以形成$\mathrm{DT}(A,B,C,D)$，此操作即为翻转操作[27]。

在控制平面构造完 DT 图之后，某些交换机在虚拟空间中的 DT 邻居可能不是其物理邻居。因此，为了保证路由转发的有效性，每台交换机都要维护两类转发表。第一类负责将数据包转发到其物理邻居，该物理邻居同时也是其 DT 邻居；

第二类负责将请求转发到其 DT 邻居，但并不是其物理网络中的邻居。为了便于表述，在本章接下来的叙述中，交换机的 DT 邻居指代那些非物理邻居的 DT 邻居。需要注意的是，未提供索引边缘服务器的交换机将不参与 DT 图的构建，这些交换机仅用作将数据索引传输到某些 DT 邻居时的中继转发交换机。

对于交换机 u 而言，其转发表 F_u 用于将数据索引查询转发到它的 DT 邻居。F_u 中的每个条目都是一个四元组 $\langle \text{src,pred,succ,des} \rangle$，其中 src 和 des 是路由路径的源和目标交换机，而 pred 和 succ 是路由路径中交换机 u 的前驱和后继交换机。交换机 u 查询和比对 F_u 中的四元组信息，选择正确的转发端口将消息从交换机 src 逐渐转发到 des。对于特定的元组 t，使用 t.src、t.pred、t.succ 和 t.des 表示元组 t 中的相应交换机。下面介绍如何基于 DT 图将数据索引转发到正确的索引边缘服务器。

2. 转发数据索引

如前所述，每台交换机不仅知道自己在虚拟空间中的虚拟坐标，而且通晓其物理邻居和 DT 邻居的虚拟坐标。交换机可以根据其转发条目获得其邻居交换机的坐标，具体而言可以借助 P4 交换机的功能来实现相关的操作。P4 交换机[35,36]声明了多个匹配动作(match-action)表，其中的标准表包括 key 和 action 两个属性，而 action 可以包括一些由控制平面提供的参数。如前所述，控制平面采用 7.3.1 节中的方法计算出每台交换机的坐标，并根据交换机在 DT 中的邻居关系为各交换机下发转发条目，每条转发条目指代 DT 中某个邻居交换机的坐标。具体而言，控制平面通过表添加命令将坐标 x 和 y 作为 action 的参数安装到匹配动作表中。此后，在每台交换机的每个匹配动作阶段，计算其邻居交换机在虚拟空间的坐标与数据索引的坐标之间的距离。

当任意边缘服务器要缓存某数据项时，该边缘服务器需要将相应的数据索引 d 发布到边缘计算环境中唯一确定的一台索引边缘服务器。数据索引首先被发送到与共享数据的边缘服务器相连的交换机 u，该交换机使用其物理邻居和 DT 邻居的虚拟坐标以及数据索引 d 的坐标 $p = H(d)$ 来评估在虚拟空间中每个邻居到该数据索引的距离。如前所述，为了便于表达，采用 DT 邻居来表示那些物理邻居以外的 DT 邻居交换机。每台交换机会选择在虚拟空间中距离数据索引 d 最近的那个邻居交换机作为下一跳的转发对象，这个过程称为贪婪转发。

算法 7.2 详细显示了上述贪婪转发过程。对于每个物理邻居 v，交换机 u 计算在虚拟空间中从 v 的坐标到 d 的坐标之间的欧几里得距离 $R_v = \text{Dis}(v,d)$。对于每个 DT 邻居 $\tilde{v}$，交换机 u 也通过同样的方法获得欧几里得距离 $R_{\tilde{v}} = \text{Dis}(\tilde{v},d)$。交换机 u 选择使 $R_{v^*} = \min\{R_v, R_{\tilde{v}}\}$ 的邻居交换机 v^*。当满足条件 $R_{v^*} < \text{Dis}(u,d)$ 时，

如果 v^* 是交换机 u 的物理邻居，则交换机 u 将数据索引数据包直接发送到 v^*；如果 v^* 是 DT 邻居，则通过虚拟链路将数据索引数据包发送到 v^*。当不满足条件 $R_{v^*} < \mathrm{Dis}(u,d)$ 时，交换机 u 在虚拟空间中的位置最接近数据索引的坐标，而且将该数据索引直接转发到与其连接的唯一索引边缘服务器。

算法 7.2　交换机 u 的贪婪路由策略

对每个物理邻居 v，在虚拟空间中从 v 到数据索引 d 的欧几里得距离 $R_v = \mathrm{Dis}(v,d)$；

对每个 DT 邻居 $\tilde{v}$，在虚拟空间中从 $\tilde{v}$ 到数据索引 d 的欧几里得距离 $R_{\tilde{v}} = \mathrm{Dis}(\tilde{v},d)$；

$R_{v^*} = \min\{R_v, R_{\tilde{v}}\}$；

if $R_{v^*} < \mathrm{Dis}(v,d)$ **then**

　若 v^* 是交换机 u 的物理邻居，则直接转发数据索引数据包到 v^*；若 v^* 是 DT 邻居，则通过虚拟链路转发数据索引数据包到 v^*；

else

　转发数据索引 d 到交换机 u 的索引边缘服务器；

end if

3. 转发到 DT 邻居

如前所述，全体交换机根据本节的方法在二维虚拟空间中构造 DT 图，然后通过虚拟链路连接到它的 DT 邻居，而每条虚拟链路本质上是一条多跳的物理路径。当交换机 u 收到沿某条虚拟链路转发的数据包时，接收到的数据包将按如下方式处理。当某交换机 u 接收到要转发的数据索引 d 后，会将其以如下格式存储在本地数据结构中：$d = \langle d.\mathrm{des}, d.\mathrm{src}, d.\mathrm{relay}, d.\mathrm{index}\rangle$，其中 $d.\mathrm{des}$ 是源交换机 $d.\mathrm{src}$ 的 DT 邻居交换机，$d.\mathrm{relay}$ 是中继交换机，而 $d.\mathrm{index}$ 是数据索引的有效负载。当 $d.\mathrm{relay}$ 为非空时，这表示数据索引的转发要经历一条虚拟链路。

交换机 u 的转发决策由表 7.2 所示的两个条件以及相应的操作指定。当发现第一个条件 $u == d.\mathrm{des}$ 为真时，交换机 u 是交换机 $d.\mathrm{src}$ 的 DT 邻居交换机，它是虚拟链路的目的端点。此时，交换机 u 继续将数据索引 d 转发到其最接近虚拟空间中数据索引坐标的物理邻居交换机。第二个条件用于处理正在虚拟链路上传输的消息。交换机 u 首先从转发表 F_u 中找到元组 t，其中 $t.\mathrm{des} == d.\mathrm{des}$，$F_u$ 在本节前文中已经被定义。然后，交换机 u 根据匹配的元组 t 修改 $d.\mathrm{relay} = t.\mathrm{succ}$。交换机 u 的最后一步是将数据索引转发到 $d.\mathrm{relay}$。基于以上步骤，可以将消息转发到交换机的某个 DT 邻居。最后，该数据索引 d 会被转发到某台交换机，其虚拟坐标最接近数据索引的虚拟坐标，然后该交换机会将数据索引转发至其索引边缘服务器。此外，为了找到全局最短路由路径，可以先对 x 坐标排序，然后对 y 坐标排序。此外，如定理 7.1 所示，基于虚拟空间中的 DT 图，COIN 机制总是能成功地将数据索引转发到全局唯一的交换机。

表 7.2　交换机 u 的匹配动作表

$u == d$.des	转发数据索引到最接近它的邻居交换机
$u == d$.relay	从 F_u 中找到满足 t.des == d.des 的元组 t； 修改 d.relay = t.succ；转发数据包到 d.relay

定理 7.1　基于虚拟空间中的 DT 图，COIN 机制始终成功地将数据索引 d 转发到全局唯一的交换机，该交换机在虚拟空间中的坐标最接近数据索引的坐标。

证明　首先，通过对数据标识符进行 $p=\text{Hash}(d)$ 的散列映射来获得数据索引 d 的坐标。通过证明 DT 中的每个顶点 u 都有一个严格地比 u 更接近 p 的邻居来证明这个定理。因此，在每一步路由选择之后，数据索引都将更接近位置 p。在最多 n 步之后，数据索引将到达最接近 p 的交换机 w^*。

用 P 表示全体交换机的虚拟坐标集合，令 DT(P) 表示由这些点组成的 DT 图，同时 Voronoi 图 VD(P) 是三角剖分 DT(P) 的对偶图。令 Ω 为具有距离函数 ϕ 的度量空间。假设有 n 台交换机，交换机 $w_k\,(1 \leqslant k \leqslant n)$ 的坐标为空间 Ω 中的一个点。如果 $\phi(r,W)=\inf\{\phi(r,w) \mid w\in W\}$ 表示点 r 与子集 W 之间的距离，则可以定义与交换机 w_k 相关的区域 R_k：

$$R_k=\left\{r\in W \mid \phi\left(r,w_k\right)\leqslant\phi\left(r,w_j\right), j=1,2,\cdots,n, j\neq k\right\} \tag{7.5}$$

也就是说，区域 R_k 是 Ω 中到 w_k 的距离不大于到其他 w_j 的距离的所有点的集合，其中 j 是不同于 k 的任意下标取值。相应地，这些区域称为 Voronoi 元胞，该图称为一般 Voronoi 图。

考虑由 P 中的点所构成的 Voronoi 图 VD(P)，e 为 VD(P) 的第一条边，并且和有向线段 (u,p) 相交。此处，e 在两个 Voronoi 元胞的公共边上，其中一个是包含点 u 的元胞，另一个用于其他点 v，e 的支撑线将平面划分为两个开放的半平面 $h_u=\{r:\phi(r,u)<\phi(r,v)\}$ 和 $h_v=\{r:\phi(r,v)<\phi(r,u)\}$。边 $(u,v)\in$ DT(P) 是因为三角剖分 DT(P) 是 Voronoi 图 VD(P) 的对偶图。因此，当 $p\in h_v$ 时，交换机 u 将把数据索引转发到交换机 v。最后，数据索引 d 将被转发到最接近 p 的交换机 w^*。

然而，有两种特殊情况可能会出现。第一种情况，点 p 可能在 VD(P) 的边 e 上。在这种情况下，假设边 $(u,v)\in$ DT(P) 与 e 相交。此时，u 和 v 到点 p 的距离相同，且与 DT(P) 中的所有其他点相比，u 和 v 都更接近点 p 。假设首先将数据索引转发到交换机 u 。交换机 u 发现其邻居 v 与 p 具有相同的距离。此时需要进一步比较 u 和 v 的坐标值。使用 (x_1,y_1) 和 (x_2,y_2) 分别表示交换机 u 和 v 的坐标。如果 $x_1 < x_2$ ，则 $w^* = u$ ；如果 $x_1 > x_2$ ，则 $w^* = v$ ，并且交换机 u 将数据索引 d 转发到交换机 v ；如果 $x_1 = x_2$ 且 $y_1 < y_2$ ，则 $w^* = u$ 。如果 $x_1 = x_2$ 且 $y_1 > y_2$ ，则 $w^* = v$ ，并且交换机 u 将数据索引 d 转发到交换机 v 。第二种情况，点 p 在 DT(P) 中的三角形内，并且也是 VD(P) 的端点。在这种情况下，三角形的三个点到 p 的距离相同。同时，这三个点在 DT(P) 中彼此相邻。因此，先对 x 坐标值排序，然后对 y 坐标值排序，以确定交换机 w^* 。

通过以上步骤，数据索引 d 总是能被成功地转发到最接近点 p 的交换机 w^* 。定理 7.1 得证。

7.3.3 存储数据索引的方法

数据索引将以 $\langle \text{key,value} \rangle$ 的形式存储在索引边缘服务器中，其中 key 是数据标识符，value 是相应的边缘存储服务器的地址。显然，一台索引边缘服务器可以存储大量的数据索引。为了减少搜索数据索引的等待时间，每个索引边缘服务器采用 HashMap 数据结构来存储收到的数据索引。HashMap $\langle \text{key,value} \rangle$ 可为获取和放置这两类基本操作提供常数级的时间复杂性保证。函数 put (key, value) 用于将一对键和值存储到 HashMap 中。此外，函数 get (key) 用于获取指定键 (key) 所对应的数据存储位置。当 HashMap 不包含所查找的键值 (key) 时，返回一个空值 (null)。

7.3.4 查询数据索引的方法

到目前为止，7.3.2 节介绍了如何向边缘计算环境发布一项共享数据的数据索引的过程。在 COIN 机制下，查询数据索引的过程类似于数据索引的发布过程。查询过程同样会使用数据索引的标识符，每台交换机贪婪地将查询请求转发到其某个邻居交换机，其在全体邻居交换机中虚拟坐标最邻近数据索引的虚拟坐标。也就是说，交换机使用 7.3.2 节中所论述的方法，通过多跳转发来最终确定索引边缘服务器的位置，并由其响应查询请求，输出所需数据在边缘网络中的真正存储位置。最后，数据请求者可以使用最短路径路由或其他更加有效的路由方案来取回所需的数据。

7.3.5 多副本的设计优化方法

本节将详细介绍针对多个数据副本和多个索引副本的 COIN 机制的优化设计，这些设计用于提高容错和负载平衡能力。在这种情况下，关键的挑战是如何快速找到最接近访问请求位置的最佳数据副本。

1. 多数据副本的优化方法

当从其他边缘服务器取回所需数据不能满足低延迟需求时，入口边缘服务器可以缓存相应的数据副本以达到快速响应用户请求的目的。同时，边缘计算环境中的一些热点内容往往会被很多用户同时访问。在这种情况下，为了实现数据访问的负载平衡，在边缘网络选定的一些服务器也需要提前缓存多个数据副本。为了支持多个数据副本，本章选用数据结构 $\langle \text{Key,Vector} \rangle$ 来存储多个数据副本的索引，其中 Vector 中包含多个元素，每个元素指示一个数据副本的位置。当某台边缘服务器新缓存一个数据副本时，需要将该副本的数据索引通过前面所述的转发方式发布到其索引边缘服务器。然后，该索引边缘服务器找到相应的键值 Key 并将新元素添加到相应的 Vector 中。在边缘计算环境中部署好数据副本后，还需要研究如何充分利用这些数据副本为分散式的大量终端用户提供更好的数据服务。也就是说，每个数据请求者都希望从最近的存储边缘服务器中取回数据副本。

但是，从数据请求者的入口边缘服务器到每个数据副本的路径长度是未知的，一种简单方法是向所有数据副本所在位置发送探测数据包，进而从中选择最近的数据副本位置，但这会导致更长的探测延迟和更多的带宽消耗。如前所述，在 7.3.1 节中将交换机之间的网络距离嵌入虚拟空间中坐标点之间的欧几里得距离。因此，可以通过计算两台对应交换机在虚拟空间中的欧几里得距离来估计两台边缘服务器之间的路径长度。为了记录每个数据副本的存储位置，令每个数据位置由存储边缘服务器的地址和直连交换机的坐标共同表示。当某个数据请求者检索到格式为 $\langle \text{Key,Vector} \rangle$ 的数据索引后，可以从中获知多个数据副本的存储位置。该数据请求者的入口边缘服务器可以从多个数据副本的存储位置中，选择一个最近的存储边缘服务器来取回相应的数据。

2. 多索引副本的优化方法

前面只为每个共享数据存储了一份数据索引。从容错或负载均衡的角度考虑，边缘计算环境可以为每个共享数据存储多个数据索引副本，即共享数据的数据索引可以存储在多个不同的索引边缘服务器中。为此，本节在多个索引副本条件下进一步优化了 COIN 机制。在 7.3.1 节中已经描述了数据索引的索引边缘服务器由数据索引的哈希值 $H(d)$ 确定，其中 d 是数据索引的标识符。现在，为了启用多个索引副本，第 i 个索引副本的索引边缘服务器由哈希值 $H(d+i-1)$ 来确定。数据标识符是一个字符串，将索引副本的序列号 i 转换为字符，然后将数据标识符的字符串和该字符连接起来。最后，新字符串的哈希值能唯一确定某个存储索引副本的索引边缘服务器。此外，当存在 α 个索引副本时，由哈希值 $H(d+\alpha-1)$ 唯一地确

定存储第 α 个索引副本的索引边缘服务器。

至此，还需要考虑如何快速选择最接近任意数据请求者的最佳索引副本，从而确保取回所需数据索引的路径最短。实现此目标的困难在于每个数据请求者仅知道数据索引的标识符。有益的启发是：数据索引的坐标是根据每个索引副本的哈希值计算得到的，并且数据索引会被转发到其虚拟坐标最接近虚拟空间中数据索引坐标的交换机，并且该交换机的唯一索引边缘服务器将存储该数据索引。在这种工作模式下，选择最佳索引副本的关键是通过虚拟空间中相应点之间的距离来反映两台交换机之间的路径长度，这一点已在 7.3.1 节中得到实现。至此，数据请求者的入口交换机可以根据自身的虚拟坐标和各个索引副本的虚拟坐标，将数据索引的查询请求转发到最近的索引边缘服务器。因此，在 COIN 机制下，入口边缘服务器可以便捷地从最近的索引边缘服务器取回所需的数据索引。

7.4 实验设计和性能评估

本节通过大规模仿真实验来评估 COIN 机制的有效性和效率，具体评估索引查询路径的平均长度、交换机的转发条目数量两个指标，最后分析数据多索引副本的影响以及评估其可扩展性。

7.4.1 实验设计

在模拟实验中，本节使用基于 Waxman 模型的 BRITE 工具[37]生成交换机层面的网络拓扑结构，其中每台交换机都连接 10 台边缘服务器。在实验过程中，边缘网络中交换机的数量会从 20 台逐渐增加到 100 台，同时边缘网络中的边缘服务器的数量将从 200 台逐渐增加到 1000 台。本章设计的 COIN 机制可以扩展到更大规模的网络环境，但受制于软件定义网络技术可支持的最大网络规模[23]。实验结果显示，当网络规模增加时，本章设计的 COIN 机制的优势更加明显。本节比较如下几种相关的索引机制。

(1) C-index 机制：在边缘网络中，有专用的边缘服务器被选作全局索引服务器，其中每个入口边缘服务器使用最短路由路径从该集中式索引服务器中检索数据索引。

(2) D-index 机制：采用基于 DHT 代表性解决方案 Chord 的分布式存储原理在边缘网络中存储和查询数据索引。

(3) COIN 机制：如 7.3 节所述，该索引机制基于交换机和数据索引在虚拟空间中的坐标关系，以分布式的方式存储和查询数据索引。

采用两个性能指标来对比分析上述三种索引机制，包括索引查询路径的平均长度和交换机的转发条目数量。在 COIN 机制下，相关交换机转发表中的每个条目都给出了一台相邻交换机在虚拟空间中的坐标。在 C-index 机制和 D-index 机制下，通过匹配源地址和目的地址来转发索引查询数据包。在这种情况下，每条转发条目给出转发数据包的下一跳交换机，并且每当出现一对新的源和目的地址时，都需将新的转发条目添加到转发表中。为了减少 C-index 和 D-index 机制所需的转发条目的数量，本节使用了基于通配符的转发条目。此外，还评估了多个副本对索引查询路径长度的影响。

7.4.2　索引查询路径平均长度的评估

本节评估在不同索引机制下索引查询路径的平均长度。首先计算从所有边缘服务器到索引边缘服务器的路径长度，然后计算不同索引机制下索引查询路径的平均长度。

当每个共享数据仅维护一个索引副本时，获得如图 7.4(a)所示的实验结果。从中可以看出，对于 COIN 和 C-index 机制而言，二者的索引查询路径平均长度几乎相同。因为 C-index 机制使用了从每台入口边缘服务器到专用索引服务器的最短路径来访问和查询数据索引。此外，同 D-index 机制的效果相比，COIN 和 C-index 机制的索引查询路径的平均长度明显小很多。如图 7.4(a)所示，D-index 机制下的索引查询路径平均长度随着交换机数量的增加而呈明显增加的趋势。然而，在交换机数量逐渐增大的过程中，COIN 和 C-index 机制下的索引查询路径的平均长度增长得很缓慢。

此外，当每个共享数据有三个索引副本时，再度评估索引查询路径平均长度的变化。在每个网络设置下，测试入口边缘服务器到每个索引副本的路径长度，并为不同的索引机制记录了到最近索引副本所需的最短路径的长度。实验结果如图 7.4(b)所示，其趋势几乎与图 7.4(a)相同。也就是说，COIN 机制下用于取回数据索引路径的平均长度接近于 C-index 机制下的平均长度，并且明显短于 D-index 机制下的平均长度。值得注意的是，C-index 机制是集中式索引机制，在容错性和可扩展性方面存在一定的缺陷。

在 100 台交换机组成的边缘网络中，进一步评估单个索引副本和三个索引副本时，三种索引机制下索引查询路径的平均长度，实验结果如图 7.4(c)所示。同单个索引副本的实验效果相比，三个索引副本条件下三种索引机制的索引查询路径的平均长度都显著下降。另外，在 D-index 机制下，索引副本的数量对索引查询路径平均长度的影响比其他两种机制更为明显。但是，与 COIN 和 C-index 机制相比，D-index 机制仍需要更长的索引查询路径。当每个共享数据都有三个索引副本时，与 D-index 和 C-index 机制相比，COIN 机制下索引查询路径的平均长度最短。具体而言，当分别只有一个索引副本和三个索引副本时，COIN 机制使用

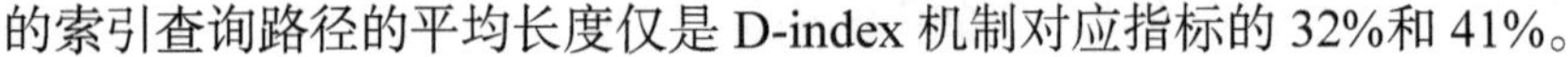

的索引查询路径的平均长度仅是 D-index 机制对应指标的 32%和 41%。

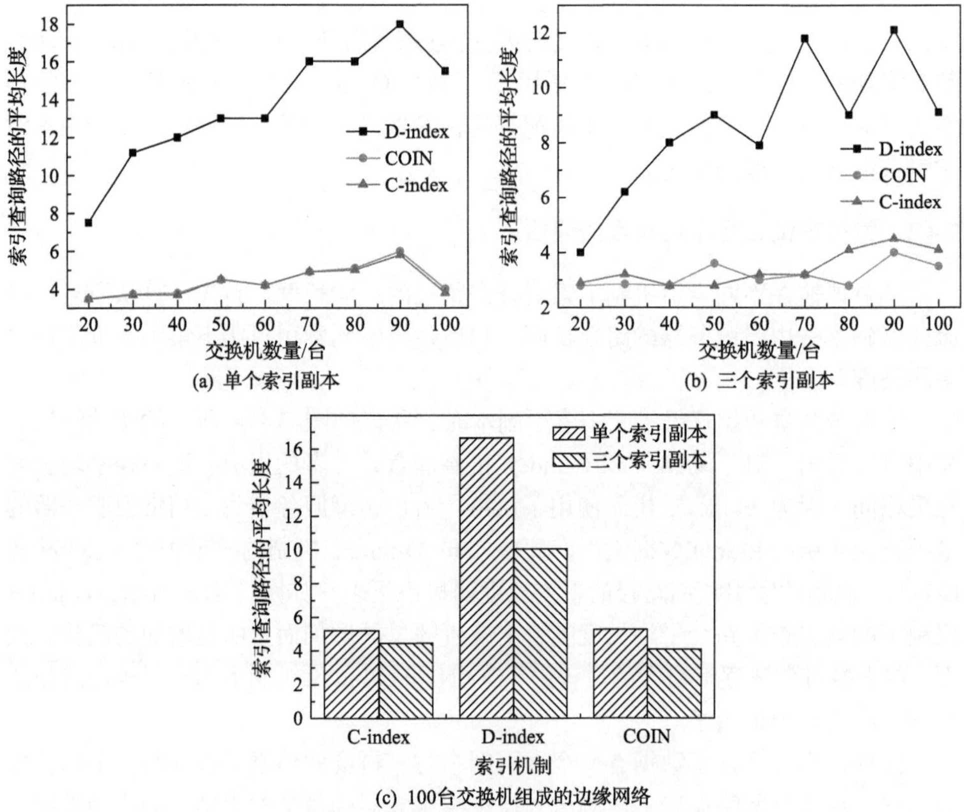

(a) 单个索引副本

(b) 三个索引副本

(c) 100台交换机组成的边缘网络

图 7.4　不同索引机制下索引查询路径的平均长度

7.4.3　交换机转发条目数量的评估

本节将评估不同索引机制下，相关交换机中所需转发条目的数量。如前所述，C-index 和 D-index 机制利用通配符转发条目来显著减少转发条目的数量。

图 7.5(a)给出了在不同索引机制下，转发条目的数量随着交换机数量的增加而变化的趋势。图中的每个点表示在每种网络设置下所有交换机上转发条目的数量。从中不难发现，对于 C-index 和 D-index 机制，交换机转发条目数量随着交换机数量的增加呈增加趋势。然而，本章设计的 COIN 机制的平均转发条目几乎与网络规模无关，因为它仅与每台交换机的邻居交换机的数量有关，也就是和交换机的平均度数有关。此时，C-index 机制采用最短路径路由策略转发数据索引，某些交换机会在大多数最短路径中出现，因此需要为其安装大量的转发条目来支持不同的源和目的节点之间的数据转发。

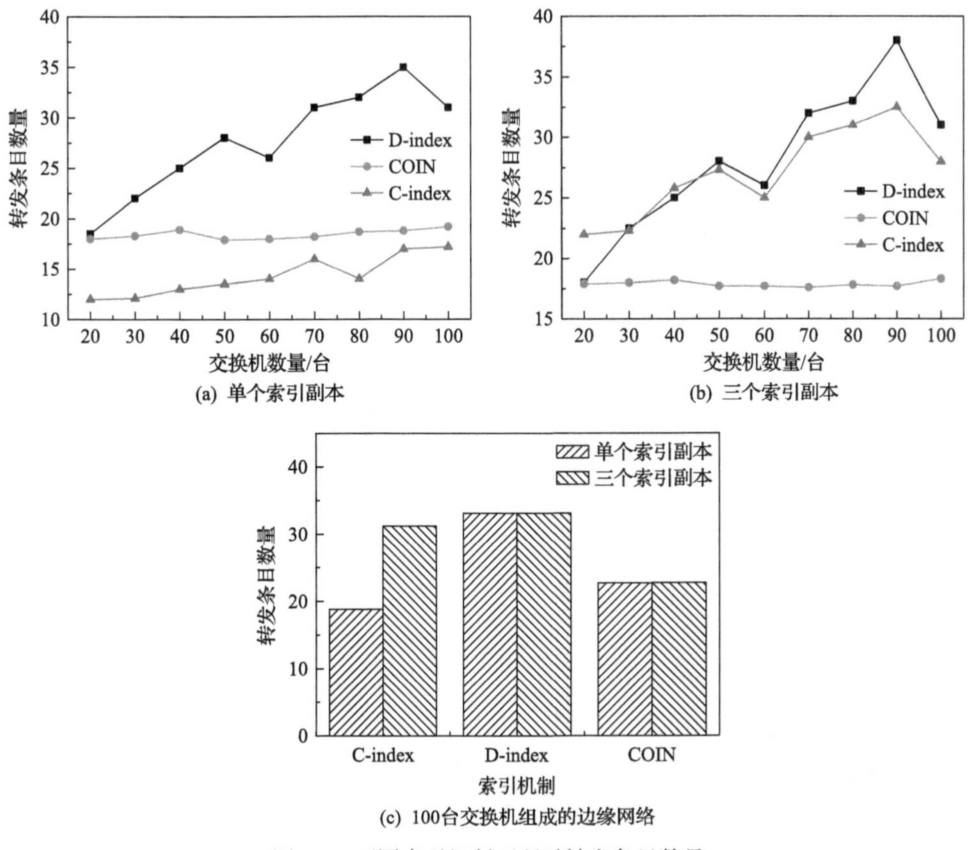

图 7.5　不同索引机制下所需转发条目数量

图 7.5(a)给出了每个共享数据只有一个索引副本时的实验结果，而图 7.5(b)显示了每个共享数据用三个索引副本时的实验结果，在这种情况下，COIN 机制下交换机的平均转发条目数量是三种索引机制中最少的。另外，对于 D-index 机制而言，当交换机的数量从 90 台扩展为 100 台时，转发条目数量出现了微弱的减少。

图 7.5(c)显示了在不同索引机制下索引副本的数量对交换机转发条目数量的影响，实验所用的边缘网络规模是 100 台交换机。从中可以看到，对于 C-index 机制，索引副本数量的增加导致了交换机转发条目数量的增加。这是因为在 C-index 机制下维护了多个索引服务器以支持多个索引副本。然而，更多的索引副本对 D-index 和 COIN 机制的转发条目数量几乎没有影响，因为二者都是分布式索引机制，转发条目数量之和与交换机的邻居数量有关。此外，与 Chord 这种典型的分布式索引机制 D-index 相比，COIN 机制令交换机使用的转发条目减少了。

7.4.4 多索引副本的影响评估

本节进一步评估多个索引副本对索引查询和数据获取的路径长度的影响，实验结果如图 7.6 所示。首先，为每个共享数据维护三个索引副本。对于 C-index 和 D-index 机制，随机选择一个索引副本进行索引查询。对于 Co-random 机制，也采用基于坐标的索引机制，但是随机选择一个索引副本进行索引查询。如图 7.6(a)所示，在 Co-random 和 C-index 两种机制下的索引查询路径平均长度非常接近，并且明显短于 D-index 机制下的索引查询路径平均长度。此外，从图 7.6(a)中可以看出，在任意网络规模下，与其他三种索引机制相比，COIN 机制的索引查询路径平均长度都最短。也就是说，与从某个随机选择的索引副本中进行索引查询相比，任意数据查询者从虚拟空间中与其最近的索引副本中进行索引查询，其路径长度明显要短得多。

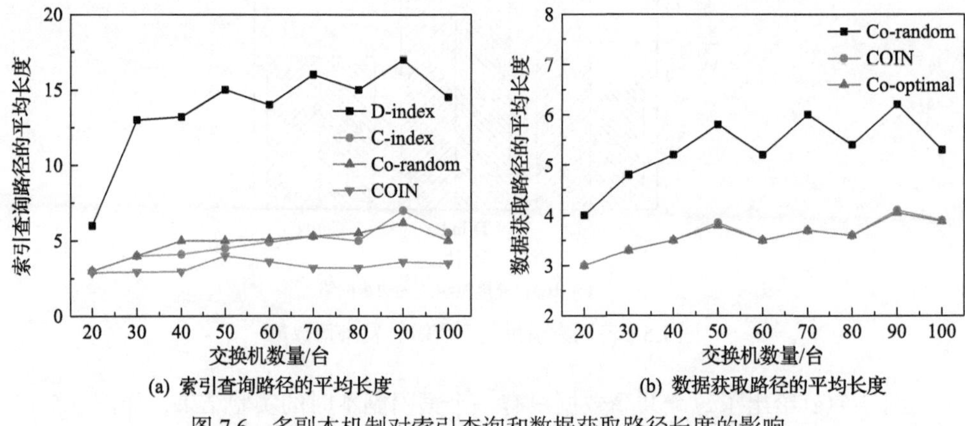

(a) 索引查询路径的平均长度　　(b) 数据获取路径的平均长度

图 7.6 多副本机制对索引查询和数据获取路径长度的影响

此外，进一步评估多个数据副本对获取数据项所需路径长度的影响，此时在边缘网络中为每个数据项存储了三个数据副本。本节比较三种不同索引机制下的数据获取方法。Co-random 机制利用基于坐标的索引机制，但会为数据请求者随机反馈一个数据副本的位置。Co-optimal 机制主动探测到所有数据副本的路径长度，为数据请求者反馈距离最近的数据副本的位置，并记录数据请求者据此获取数据的路径长度。如图 7.6(b)所示，在 COIN 机制下数据获取路径的平均长度非常接近在 Co-optimal 机制下数据获取路径的平均长度，并且比 Co-random 机制下数据获取路径的平均长度要短得多。在这些实验中，COIN 机制仅在极少数情况下无法达到最优的效果，但也非常接近 Co-optimal 机制的效果，此时 COIN 机制下数据获取路径的平均长度仅比最佳路径稍长一点。总体来看，在大多数情况下，COIN 机制可实现数据获取的最佳路径长度，而无须探测所有数据副本。这是因为交换机之间的物理路径长度被嵌入虚拟空间中相应点之间的欧几里得距离中。

7.4.5　可扩展性的评估

软件定义边缘网络的控制平面需要维护一个虚拟空间中的 DT 图，当网络规模较大时，控制平面需要稍长的时间来构造 DT 图，并为各台交换机下发路由转发条目。但是，各台交换机此后无须再和控制平面进行交互，可针对任何索引查询或数据获取消息按照贪婪转发策略进行快速处理，从而显著地减轻控制平面的负载。此外，当前已有不少研究专注于改善控制平面的性能和可扩展性。为了评估 COIN 机制的可扩展性，本节进一步将交换机的数量从 100 台增加到 1000 台，在边缘网络逐渐增大的场景下进行实验。

图 7.7(a)显示了网络规模大小对三种索引机制的索引查询路径平均长度的影响。图 7.7(a)与图 7.6(a)呈现出了类似的变化趋势。在图 7.7(a)中，COIN 机制下索引查询路径的平均长度几乎与 C-index 机制下的路径平均长度相同，并且明显短于 D-index 机制下的路径平均长度。在 C-index 机制下，每个入口边缘服务器都使用最短路径路由将查询请求转发到唯一的索引边缘服务器。然而，C-index 机制的不足在于其集中式实现机制，这导致其具有较差的可扩展性和潜在的性能瓶颈。此外，图 7.7(b)展示了不同索引机制下网络规模大小对交换机的转发条目数量的影响。图 7.7(b)与图 7.5(a)呈现出了相似的变化趋势。从图 7.7(b)可以看出，COIN 机制下的交换机转发条目数量明显少于 D-index 机制的相应指标。因此，与典型的分布式索引机制 Chord 相比，本章的 COIN 机制具有分布式索引机制的所有优点，索引查询的路径长度比典型的分布式索引机制明显短，且交换机所需的转发条目数更少。

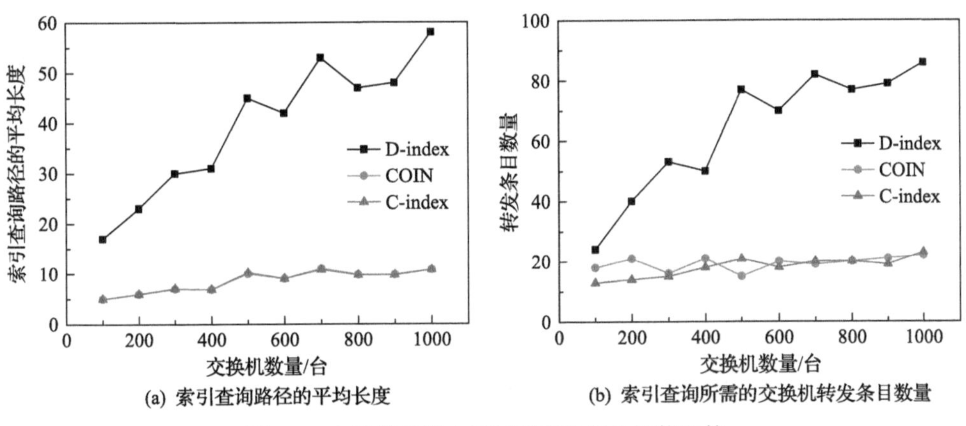

(a) 索引查询路径的平均长度　(b) 索引查询所需的交换机转发条目数量

图 7.7　大规模网络中不同索引机制的性能比较

7.5 本章小结

在边缘计算环境中，相关边缘服务器独立缓存来自多方的数据，从而为各类终端用户和许多新兴应用提供数据服务。边缘服务器之间的数据共享可以有效地缩短用户从边缘计算环境乃至云数据中心获取数据的延迟，并显著降低网络带宽消耗。实现此目标的关键在于为广泛分布的共享数据构建高效的数据索引机制。本章提出的 COIN 机制解决了这一难题，COIN 机制的优势包括路由机制简单易行、路由正确性可保障、查询路径长度较短，以及交换机转发条目较少。大量实验结果证实了 COIN 机制的有效性和高效性，相信 COIN 机制将成为边缘计算环境的重要组成部分。COIN 机制利用了贪婪路由的一些最新方法，即 MDT[27]和 GDV[34]，从而可为任意一对交换机提供正确性有保障的路由性能。

参 考 文 献

[1] Shi W S, Cao J, Zhang Q, et al. Edge computing: Vision and challenges[J]. IEEE Internet of Things Journal, 2016, 3(5): 637-646.

[2] Hu Y C, Patel M, Sabella D, et al. Mobile Edge Computing-A key technology towards 5G[Z]. European Telecommunications Standards Institute White Paper, 2015.

[3] Vaquero L M, Rodero-Merino L. Finding your way in the fog: Towards a comprehensive definition of fog computing[J]. ACM SIGCOMM Computer Communication Review, 2014, 44(5): 27-32.

[4] Yi S H, Hao Z J, Qin Z R, et al. Fog computing: Platform and applications[C]//Proceedings of the 3rd IEEE Workshop on Hot Topics in Web Systems and Technologies, Washington D.C., 2015.

[5] Xie J J, Qian C, Guo D K, et al. Efficient indexing mechanism for unstructured data sharing systems in edge computing[C]//Proceedings of the 37th IEEE Conference on Computer Communications, Paris, 2019.

[6] Bastug E, Bennis M, Debbah M. Living on the edge: The role of proactive caching in 5G wireless networks[J]. IEEE Communications Magazine, 2014, 52(8): 82-89.

[7] Fan L, Cao P, Almeida J, et al. Summary cache: A scalable wide-area web cache sharing protocol[J]. IEEE/ACM Transactions on Networking, 2000, 8(3): 281-293.

[8] Yang B, Garcia-Molina H. Comparing hybrid peer-to-peer systems[C]//Proceedings of the 27th International Conference on Very Large Data Bases, Roma, 2001.

[9] Stoica I, Morris R, Karger D, et al. Chord: A scalable peer-to-peer lookup service for internet applications[C]//Proceedings of ACM 25th Special Interest Group on Data Communication, Santiago, 2001.

[10] Fan K, Pan Q, Wang J X, et al. Cross-domain based data sharing scheme in cooperative edge computing[C]//Proceedings of the IEEE International Conference on Edge Computing, San Francisco, 2018.

[11] 安星硕, 曹桂兴, 苗莉, 等. 智慧边缘计算安全综述[J]. 电信科学, 2018, 34(7): 135-147.

[12] Karafili E, Lupu E C, Cullen A, et al. Improving data sharing in data rich environments[C]//Proceedings of the IEEE International Conference on Big Data, Boston, 2017.

[13] Kang J W, Yu R, Huang X M, et al. Blockchain for secure and efficient data sharing in vehicular edge computing and networks[J]. IEEE Internet of Things Journal, 2019, 6(3): 4660-4670.

[14] Li Y H, Luo J Z, Jin J H, et al. An effective model for edge-side collaborative storage in data-intensive edge computing[C]//Proceedings of the 22nd IEEE International Conference on Computer Supported Cooperative Work in Design, Nanjing, 2018.

[15] 田辉, 范绍帅, 吕昕晨, 等. 面向 5G 需求的移动边缘计算[J]. 北京邮电大学学报, 2017, 40(2): 1-10.

[16] Wang X F, Chen M, Taleb T, et al. Cache in the air: Exploiting content caching and delivery techniques for 5G systems[J]. IEEE Communications Magazine, 2014, 52(2): 131-139.

[17] Song X N, Huang Y D, Zhou Q, et al. Content centric peer data sharing in pervasive edge computing environments[C]//Proceedings of the 37th IEEE International Conference on Distributed Computing Systems, Atlanta, 2017.

[18] Mao Y Y, You C S, Zhang J, et al. A survey on mobile edge computing: The communication perspective[J]. IEEE Communications Surveys &Tutorials, 2017, 19(4): 2322-2358.

[19] Gomes A S, Sousa B, Palma D, et al. Edge caching with mobility prediction in virtualized LTE mobile networks[J]. Future Generation Computer Systems, 2017, 70: 148-162.

[20] Shanmugam K, Golrezaei N, Dimakis A G, et al. FemtoCaching: Wireless content delivery through distributed caching helpers[J]. IEEE Transactions on Information Theory, 2013, 59(12): 8402-8413.

[21] Bo J, Zhao J P. Index-based search scheme in peer-to-peer networks[M]//Jin B, Zhao J. Computer Science for Environmental Engineering and EcoInformatics. Berlin: Springer, 2011: 102-106.

[22] Dannewitz C, D'Ambrosio M, Vercellone V. Hierarchical DHT-based name resolution for information-centric networks[J]. Computer Communications, 2013, 36(7): 736-749.

[23] Nunes B A A, Mendonca M, Nguyen X N, et al. A survey of software-defined networking: Past, present, and future of programmable networks[J]. IEEE Communications Surveys & Tutorials, 2014, 16(3): 1617-1634.

[24] Berde P, Gerola M, Hart J, et al. ONOS: Towards an open, distributed SDN OS[C]//Proceedings of the 3rd Workshop on Hot Topics in Software Defined Networking, Chicago, 2014.

[25] Xie J J, Guo D K, Hu Z Y, et al. Control plane of software defined networks: A survey[J]. Computer Communications, 2015, 67: 1-10.

[26] Kreutz D, Ramos F M V, Veríssimo P E, et al. Software-defined networking: A comprehensive survey[J]. Proceedings of the IEEE, 2015, 103 (1) : 14-76.

[27] Lam S S, Qian C. Geographic routing in d-dimensional spaces with guaranteed delivery and low stretch[J]. IEEE/ACM Transactions on Networking, 2013, 21 (2) : 663-677.

[28] Bose P, Morin P. Online routing in triangulations[J]. SIAM Journal on Computing, 2004, 33 (4) : 937-951.

[29] Xie J J, Guo D K, Zhu X M, et al. Minimal fault-tolerant coverage of controllers in IaaS datacenters[J]. IEEE Transactions on Services Computing, 2020, 13 (6) : 1128-1141.

[30] Panda A, Zheng W T, Hu X H, et al. SCL: Simplifying distributed SDN control planes[C]//Proceedings of the 14th USENIX Conference on Networked Systems Design and Implementation, Boston, 2017.

[31] Yeganeh S H, Tootoonchian A, Ganjali Y. On scalability of software-defined networking[J]. IEEE Communications Magazine, 2013, 51 (2) : 136-141.

[32] Borg I, Groenen P J F. Modern Multidimensional Scaling: Theory and Applications[M]. 2nd ed. New York: Springer, 2005.

[33] Biryukov A, Lamberger M, Mendel F, et al. Second-order differential collisions for reduced SHA-256[C]//Proceedings of the 17th Advances in Cryptology and Information Security Asiacrypt, Seoul, 2011.

[34] Qian C, Lam S S. Greedy routing by network distance embedding[J]. IEEE/ACM Transactions on Networking, 2016, 24 (4) : 2100-2113.

[35] Bosshart P, Daly D, Gibb G, et al. P4: Programming protocol-independent packet processors[J]. ACM SIGCOMM Computer Communication Review, 2014, 44 (3) : 87-95.

[36] The P4 Language Consortium $P4_{16}$ Language Specification[EB/OL]. https://p4.org/p4-spec/docs/P4-16-v1.0.0-spec.pdf[2024- 04-15].

[37] Medina A, Lakhina A, Matta I, et al. BRITE: An approach to universal topology generation[C]// Proceedings of the 9th International Symposium on Modeling, Analysis and Simulation of Computer and Telecommunication Systems, Cincinnati, 2001.

第 8 章　边缘计算的跨层混合数据共享机制

如前面章节所讨论，数据存储和访问是边缘计算环境的基础性服务之一。第 6 章详述了如何跨全体边缘节点提供全局的数据存储和访问服务，要求进入边缘计算环境的所有数据按照统一的规则进行分布式存储。第 7 章详述了当众多边缘节点不具备协作条件，只能独立维护本地缓存数据时，如何通过高效的索引机制解决跨边缘节点的数据定位和获取问题。上述两章揭开了边缘数据存储和访问服务的研究序章，也很好地回应了边缘计算架构的横向协同设计维度，但是没有兼顾云边纵向融合的设计维度。为此，本章将纵向融合横向协同的边缘计算架构划分为一系列区域，区域之间在更高层次互联为整体。针对这种层次化的边缘计算架构，本章设计跨层 HDS 机制，其将数据定位和获取服务分为区域内和区域间两部分。针对区域内的数据共享问题，本章设计 CS 协议来实现区域内的数据快速定位。针对区域间的数据共享问题，本章提出一种基于地理位置的贪婪路由方案，可以在区域之间实现有效的数据定位和共享服务。实验结果表明，与目前最新的解决方案相比，HDS 机制的数据查找路径缩短了 50.21%，误判率降低了 92.75%。

8.1　引　　言

网络终端设备的数量呈现爆炸式增长趋势，这令资源规模线性扩展的云数据中心难以满足终端数据的处理需求。如前所述，边缘计算是一种新兴的互补性解决方案，其基本理念是在靠近庞大终端设备的网络边缘提供一系列计算环境。文献[1]和[2]提出了分层边缘计算架构，为大量终端应用提供数据和计算支撑。该层次架构包括位于根部的传统广域云数据中心(data center, DC)和部署在网络末端的大量边缘服务器。此外，这些边缘服务器被划分为不同的区域，其中每个区域内有一个小型数据中心来管理该区域中的全体边缘服务器，该数据中心称为区域数据中心。这种分层边缘计算架构可以由单个组织机构来构建和维护，也可以借助第 3 章提出的边缘联盟机制来实现。为了抢占边缘计算市场的先机，不少边缘基础设施供应商会在重要地域建设诸多边缘服务器。这些原本孤立的边缘服务器在边缘联盟机制的引导下可以加入各个区域，并被某个区域数据中心统一管理。

大量边缘服务器之间的数据共享是这种分层边缘计算环境的一个独特性质，

它可以有效地降低大规模用户向边缘计算环境请求数据的响应延迟[3]。边缘计算环境中的数据共享主要分为两类。第一类，共享数据由边缘服务器从邻近的终端设备中收集。如此一来，某个终端设备产生的数据可以被另一个终端设备从边缘服务器获取并用来执行一些协作任务。同时，各台边缘服务器承载的应用也可以再次使用这些从终端设备收集到的数据。很多终端设备可能会从原来的区域移动到另一个区域，它可能需要访问此前生成但不在本地保存的数据，这使得边缘计算环境中的数据共享更加复杂。第二类，共享数据源自远程云数据中心，边缘服务器将需要的共享数据传送到某些终端设备。总体来看，共享数据分布于云数据中心和诸多边缘服务器，实现高效数据共享的关键是数据定位。数据定位是查找存储特定数据项的服务器的过程，该服务在数据存储和访问过程中都会被使用到，而且有时也和数据存储、数据访问这两个术语互用。

基于 DNS[4]和 DHT[5]的技术方案可以作为数据定位服务的备选方案。但是，这两种方案在边缘计算环境中处理数据查找请求时会造成很长的响应延迟。在基于 DNS 的方案下，一些数据查询请求需要被转发到根 DNS 服务器，因此会经过较长的查询路径并面临较长的响应延迟。基于 DHT 的解决方案在对等网络领域已经得到广泛研究。但是，数据查询请求通常通过 $O(\log n)$ 个覆盖跳才能定位到数据。更糟糕的是，在边缘计算环境中有些数据查询请求遍历的物理路径可能比直接访问远程云数据中心的路径还要长。有研究提出了一种扁平的边缘计算架构来减少路由延迟，但是它面临严重的可扩展性问题，无法实现跨分布式边缘服务器的高效数据共享。因此，迫切需要研究跨大量分布式边缘服务器和云数据中心的高效数据定位问题。

本章基于分层边缘计算架构的特点，提出了 HDS (hybrid data sharing) 框架，以实现低延迟、可扩展的数据定位服务。在 HDS 框架下，对于某个共享数据项，相关的边缘服务器会首先将其数据索引发布到唯一的区域数据中心。全体区域数据中心共同维护所有共享数据项的全局索引。此外，HDS 框架将共享数据的查询定位分为区域内和区域间。具体来说，数据查询请求首先在本地边缘服务器中处理。如果无法找到数据，则将其转发到相应的区域数据中心，后者将执行区域内的数据查找。如果该区域中尚未缓存所查询的数据，则区域间数据定位服务将进一步处理该数据查询请求。在 HDS 框架下，所有边缘服务器、区域数据中心和云数据中心的共享数据都可以被快速定位。

区域内数据共享面临节省网络带宽、快速数据定位和低内存消耗这三个方面的挑战。为了节省网络带宽和快速数据定位，数据查询请求不应该向区域内的其他全部边缘服务器进行广播。为此，每个区域数据中心需要维护该区域内全部共享数据的分布信息。为了进一步实现低内存消耗的目标，一种可选的方法是令每个区域数据中心维护区域内共享数据的摘要缓存 (summary cache[6])，它使用布隆过滤器(bloom filter)来压缩表示共享数据的摘要信息，并据此可以高效地判定数据是否存在。然而，由于大量的内存访问以及较高的误判率，摘要缓存方法并不能很好地适应边缘数据高效定位的需求。查询误报表示未在区域中缓存的数据项在摘要缓存中的查询结果是“yes”，这将导致在区域内无效传播数据查询消息并产生额外的处理成本。为了克服摘要缓存方法的缺点，本章设计了 CS 协议，以实现区域内高效的数据共享。CS 协议的核心组件是布谷鸟哈希表(cuckoo Hash table)[7],其中每个条目包括缓存数据项的指纹(fingerprint)和存储该数据的边缘服务器的标识符。CS 协议不仅可以获得更高的查找吞吐量，而且可以减少误报。

区域间数据共享面临的挑战是确保查询路径短和实现开销低。为此，本章设计一种基于地理位置路由的区域间数据定位方法，也称为基于 MDT[8]的数据定位方法。该方法充分利用了多跳三角剖分和软件定义网络[9,10]的特性。具体过程如下：①软件定义边缘网络的控制平面首先维护一个虚拟空间；②各个区域数据中心的出口交换机将被映射到该虚拟空间中的一个个坐标点；③根据所求数据项的标识符在虚拟空间中的位置，数据查询请求将会在各个区域数据中心之间进行转发。基于 MDT 的数据定位方法，任意数据查找请求可以从所在区域数据中心直接传递到目的区域数据中心。同时，基于 MDT 的方案具有较低的实现开销，因为相关交换机需要少量的转发条目就可以支持基于 MDT 方案的实现。

8.2　跨层混合数据共享框架的整体设计

针对云边融合的层次化计算架构，本章设计了跨层 HDS 框架。如图 8.1 所示，全体边缘服务器被划分为不同的区域，每个区域都有一个区域数据中心，它比边缘服务器具有更多的计算和存储容量。每个区域数据中心负责管理区域内的边缘服务器，并调度本区域内的用户数据请求。HDS 框架的主要设计目标包括快速的数据定位、很少的误报和较低的实现开销。为了达到这些目标，本节在设计时考虑了边缘计算业务的两个主要需求。首先，区域内的全体边缘服务器应该尽可能地共享各自缓存的数据，因为从相邻边缘服务器获取所需数据明显比从远程云数据中心获取数据更快。特别是，边缘服务器可以快速知道同一区域内其他邻居边缘服务器是否缓存了其所请求的数据。其次，不同区域之间也应该互相共享所辖边缘服务器的缓存数据。至此，任意数据查询请求首先在本地边缘服务器中处理。如果无法找到数据，则将其转发到相应的区域数据中心，后者将执行区域内的数据查找。如果该区域中尚未缓存所查询的数据，则区域间数据定位服务将进一步处理该数据查询请求。

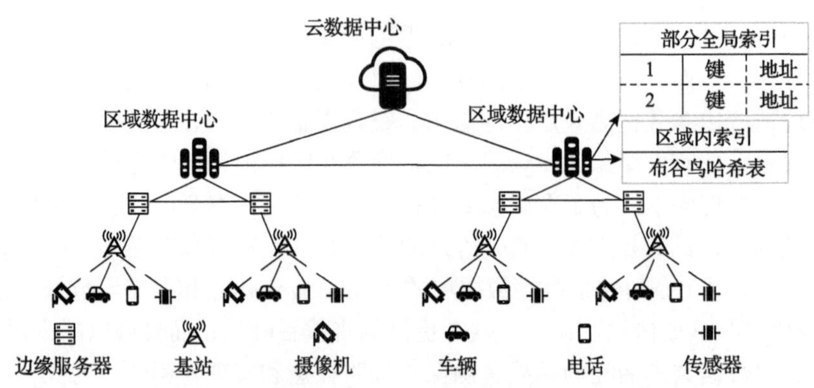

图 8.1　云边融合层次化计算架构下的数据共享示意图

本章提供了一种通用的数据定位服务，不对数据项的命名或类型施加任何约束。例如，数据项可以通过统一资源定位器(uniform resource locator, URL)来标识，物联网设备可以将设备 ID、日期和数据类型融合在一起来标识产生的数据。在 HDS 框架下，各台边缘服务器会存储所连接终端设备的上行数据或云数据中心的下行数据，如果愿意将部分数据共享，则需要将其数据索引发布到所在区域的区域数据中心。每条数据索引由数据标识符及其地址两部分组成，其中地址是其宿主边缘服务器的 IP 地址。

如图 8.1 所示，每个区域数据中心不仅维护区域内的共享数据索引，而且要维护全体共享数据的部分全局索引，具体的维护方法将在后续内容中详细介绍。当任意终端用户发出数据查询请求时，该请求会首先通过基站或 AP 抵达最近的边缘服务器。如果该边缘服务器已缓存所需的数据，则它会立即将数据返回到用户终端。当请求的数据尚未被缓存在最近的边缘服务器中时，该数据请求将被转发到相应的区域数据中心。该区域数据中心将检查其自身或同一区域中的其他边缘服务器是否缓存了请求的数据。如果发现所求数据没有缓存在其所辖区域中，则需要查找全体区域数据中心共同维护的全局索引，获得所求数据在其他区域中的存储位置，或者最终发现所有区域内都没有缓存所查询的数据项。

为了实现区域内的数据共享，本章设计共享协议 CS。每台边缘服务器将其所有缓存数据的信息发送到相应的区域数据中心，而不是广播给同一区域中的所有其他边缘服务器。此外，为了减少区域数据中心维护区域内数据索引造成的内存消耗，区域数据中心仅保留该区域中所有缓存数据索引的摘要。通过时间复杂度为常数的摘要查询操作，区域数据中心可以立即知道数据是否缓存在此区域中，以及哪台边缘服务器缓存了所需数据。CS 的核心部分是布谷鸟哈希表，每个区域数据中心都会维护一个布谷鸟哈希表。布谷鸟哈希表中的每个条目都由缓存数据项的指纹(fingerprint)和宿主边缘服务器的地址组成。与已知的摘要缓存(summary cache)协议相比，本章提出的 CS 协议更加高效，其不仅占用更少的内存，而且访问内存的次数也更少。

HDS 框架的另一个优点是，对于区域间的数据定位服务，数据查询请求从入口区域数据中心即可识别出一跳可达的目的区域数据中心。同时，全体区域数据中心和相关交换机为实现和维护全局数据索引付出的代价较低。为了实现快速的区域间数据定位服务，本章为全局索引设计了一种基于 MDT 的分布式实施方案，主要由控制平面和交换平面组成。软件定义边缘网络的控制平面维持一个虚拟二维坐标空间，其中每个区域数据中心的入口或出口交换机被映射到虚拟空间中的一个坐标。在此基础上，控制平面会构造出 DT 图来连接这些交换机的坐标。最重要的是，整个边缘环境中任何物理载体共享出的数据项都会依据同样的方式映射到虚拟空间中，获得一个二维坐标点。为了形成全体共享数据的全局索引，发布一项共享数据的索引时，其会被发往虚拟空间中与之最邻近的交换机，该交换机进一步将其发送至对应区域数据中心负责存储。最终的结果是，每个区域数据中心会维护共享数据全局索引的一个局部，并维护其他区域数据中心在虚拟空间中的坐标信息。当某个区域数据中心需要进行区域间的数据定位时，只需要计算在虚拟空间中距离所需数据坐标最近的那个区域数据中心，并将数据查询请求一跳转发即可。

8.3　区域内的数据共享机制

研究发现很多用户的数据请求遵循一些局部性模式[11]，这推动了边缘计算环境中各区域内的数据共享应用。第一个局部性模式是：生活在相近地理区域内的用户全体在向网络空间请求数据时，往往表现出一定的相似性。因此，在边缘服务器缓存过往用户从远程云数据中心请求过的各种数据，并通过区域内全体边缘服务器的数据共享，可以为各个区域内的后续用户请求提供数据服务。第二个局部性模式是：用户通常对其所在区域内产生的数据有较高的兴趣，因此往往能通过区域内的共享数据得到快速响应，这就是邻里效应。此外，这两种数据访问的局部性模式可以大幅度避免不必要的区域间数据查询，从而对降低广域网络的带宽消耗和减少数据查询延迟起到重要作用。

本节的主要目标是在每个区域内的诸多边缘服务器之间实现高效的数据共享。一种比较直观的方法是，每台边缘服务器将其缓存数据的目录广播到同一区域内的其他所有边缘服务器。然而，这种方法在数据目录的每一轮同步过程中，会产生 $O(n^2)$ 个消息，其中 n 表示一个区域内的边缘服务器数目，这显然会浪费太多的网络带宽。因此，本节倾向于为每个区域构建集中式索引，并进一步设计区域内 CS 协议。每台边缘服务器将所共享数据的索引信息发送到所在区域的区域数据中心，该数据中心具有比边缘服务器更强的资源配置，因而负责维护所在区域全体共享数据的集中式索引。具体而言，每个区域数据中心维护由多个桶(bucket)组成的布谷鸟哈希表，并且每个桶有多个数据槽来存储多个数据条目。例如，图 8.2 展示了一个(2,4)-布谷鸟哈希表，其中每个数据条目有 2 个候选桶 x 和 y，每个桶有 4 个槽。最终，每个数据条目会被存储在 8 个槽位中的某个空闲槽位里。此外，从布谷鸟哈希表的优化角度看，每个数据条目除了有 2 个标准配置的候选桶外，还可以考虑使用更多的候选桶。但是，这会令写入和查询一条数据条目时产生更多的内存访问操作，进而增加数据条目的写入延迟和查询延迟。此外，为了减少内存消耗，本方法采用了基于部分键值的布谷鸟哈希表设计方法[12-14]。具体来说，本章将缓存数据的指纹存储在布谷鸟哈希表中，该指纹只有几个比特位，而不是存储其完整的数据标识符。

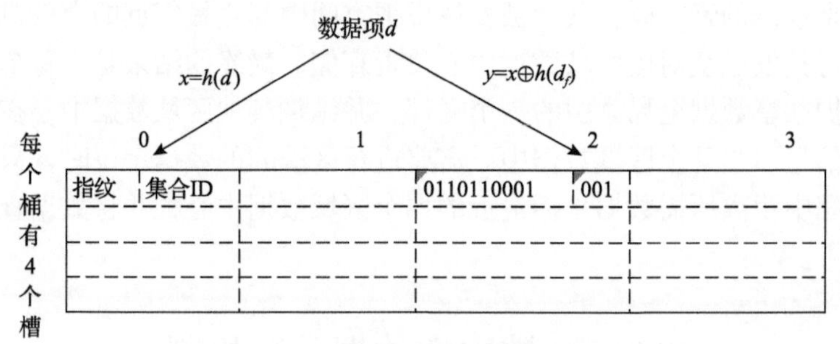

图 8.2　(2,4)-布谷鸟哈希表构成的 CS 协议

此外，对于一个共享数据项，为了快速知道哪台边缘服务器对其进行了缓存，本节将缓存数据项的指纹与一个集合 ID 连接起来。如图 8.2 所示，存储在布谷鸟哈希表中的基本单元是一个数据条目，它由缓存数据项的指纹及其集合 ID 组成。集合 ID 指示了区域内存储该数据的某台边缘服务器的位置信息，可以是 IP 地址、标识符、序号等。虽然集合 ID 的引入会增加一些内存开销，但是它能显著提高查找吞吐量。后续实验结果表明，CS 协议比最新的相关解决方案具有更高的查找吞吐量和更少的误判率。在 CS 协议的支持下，当区域数据中心收到数据请求时，它将首先检查本地 CS 协议以确认所查询的数据是否已缓存在该区域中。若是，则需要回答哪些边缘服务器上存储有此数据，具体过程在 8.3.2 节详细讨论。接下来，本节会依次介绍 CS 协议如何对这些缓存的数据项执行插入、查询和删除操作。

8.3.1　数据项的插入操作

在共享机制的设计中，每个要共享的数据项都有一个数据标识符。当边缘服务器缓存数据项 d 时，它首先通过对其标识符进行哈希操作，来获取该数据项的指纹 d'_f 和第一个候选桶 x 。然后，它将带有指纹 d'_f 和 x 值的数据项插入信息发送到相应的区域数据中心。需要注意的是，数据指纹比数据项的原始标识符要短得多，只包含一些比特位，这可以有效地节省传输和存储代价。当区域数据中心接收到插入消息时，通过将数据指纹与其相应的集合ID(指示哪台边缘服务器缓存该数据)连接起来后形成一条存储条目。根据布谷鸟哈希表[7]的设计原则，每个存储条目有两个候选桶 x 和 y ，二者可根据式(8.1)计算而得。如算法 8.1 所示，区域数据中心将新数据项的存储条目插入其 CS 协议中。如果 flag == true ，则区域节点成功地插入了新的数据项。如果插入失败，则表明当前 CS 协议已经太满，无法继续插入。在这种情况下，为了容纳更多的数据项，有必要增加 CS 协议中桶的数量。

算法 8.1　插入数据指纹 d_f 到摘要缓存 CS 协议中

```
输入：数据指纹 $d_f$ 、候选桶的编号 $x$ 、集合 ID $\kappa$ 。
输出：操作成功的标识符 flag=false 。
通过连接 $d_f$ 和 $\kappa$ 来构造字符串 $\mu$ ；
$y = x \oplus h(d_f)$ ；
if 桶 $x$ 中有一个空的槽 then
    插入 $\mu$ 到桶 $x$ ；
    flag=true; return;
else if 桶 $y$ 中有一个空的槽 then
    插入 $\mu$ 到桶 $y$ ；
    flag=true; return;
else
    随机选择 $x$ 或 $y$ 赋给 $i$;
    for $j = 0; j < 300; j++$ do
        随机选择一个槽 $\varepsilon$ ；
        交换 $\mu$ 和 $\varepsilon$ 中的字符串;
        从 $\mu$ 中取出数据指纹 $d'_f$ ；
        $i = i \oplus h(d'_f)$ ；
        if 桶 $i$ 中有一个空的槽 then
            将 $\mu$ 插入桶 $i$ ；
```

```
                flag=true; return;
            end if
        end for
    end if
```

图 8.2 给出了将新的数据项 d 插入包含 4 个桶的哈希表中的示例，其中每个桶具有 4 个槽，即可以存储 4 个数据条目。数据 d 先被插入第一个桶中的某个空闲槽，如果发现该桶没有空闲槽，那么尝试第二个桶。如果两个桶都没有空闲槽，CS 协议会从两个中随机选择一个候选桶，踢出现有的数据条目，并将其重新插入另一个备用位置。这个过程可以重复执行，直至找到一个空桶或者达到最大替换次数(如 300 次)。尽管布谷鸟哈希表可能需要执行一系列的替换操作，但它的平均插入时间是 $O(1)$ 。

$$\begin{aligned} x &= h(d) \\ y &= x \oplus h(d_f) \end{aligned} \tag{8.1}$$

式(8.1)中的异或运算 $\oplus$ 确保了一个重要的性质：对于任何数据项 d ，其替代桶 y 可以直接从当前桶的编号 x 和桶 x 中存储的数据指纹 d_f 计算得到，同时，x 也可以通过如下公式计算得到：

$$x = y \oplus h(d_f) \tag{8.2}$$

因此，任意条目的重新插入操作需要哈希表中的信息就足够，而不必取回原始数据项 d 。

8.3.2 数据项的查询操作

在各个区域数据中心部署 CS 协议以后，当某个区域数据中心接收到数据查询请求时，它将查询其布谷鸟哈希表以回答数据是否缓存在该区域中。对于任何数据查询请求，针对 CS 协议的查询过程都很简单，在常数量级的时间复杂度内完成。已知布谷鸟哈希表中的每个条目都由数据指纹及其集合 ID 组成，该集合 ID 指示存储数据的边缘服务器。给定一条数据项 d，对应区域数据中心首先根据式(8.1)计算 d 的数据指纹和两个候选桶。然后检查这两个桶，如果任一桶中现有的数据指纹匹配了请求的数据项 d 的指纹，则 CS 协议返回相应的集合 ID。否则，CS 协议返回一个假标识(false)。只要不发生桶溢出的情况，就不会出现假阴性的结果。此外，同一个数据指纹可以与多个集合 ID 匹配，这意味着多台边缘服务器都拥有所请求的数据。这种情况在摘要缓存中也可能出现。所求的数据被定位之后，数据查询请求将被转发给那些与之匹配的边缘服务器，并从响应最快的边缘服务器获得数据。

8.3.3　数据项的删除操作

当某台边缘服务器删除了缓存的数据项时，区域数据中心需要从其布谷鸟哈希表中删除相应的条目，具体过程如下。当任意边缘服务器删除缓存的数据项 d 时，它将向所在区域的区域数据中心发送删除消息。该区域数据中心会首先根据数据项 d 生成一个查询条目，该条目由已删除数据项 d 的指纹及其集合 ID 组成。然后，它会检查数据项 d 的两个候选存储桶中的全体条目，并和数据项 d 的指纹进行比对。如果仅发现了一个条目与之匹配，则从该存储桶中删除所匹配的条目，删除操作完成。如果发现了多个条目与之匹配，则仅仅删除这样的条目，其集合 ID 对应于发起删除操作的边缘服务器。需要注意的是，删除的数据项必须是之前已经插入布谷鸟哈希表中的数据项。否则，上述操作也会连带删除同一台边缘服务器中的另外一个数据项，只是该数据项恰好和真正被删除的数据项共享同一个数据指纹。此外，具有相似删除过程的其他数据结构显示出比 CS 协议更高的复杂性。例如，移位布隆过滤器（shifting Bloom filter, SBF）和摘要缓存必须使用额外的计数器，以防止哈希冲突导致的“假删除”问题。这些计数器的引入会产生额外的内存开销。

8.3.4　性能分析

布谷鸟哈希表确保了较高的空间占用率，因为它在插入新数据项时会重新修正早期数据项的放置决策。如文献[15]所建议，在布谷鸟哈希表的大多数实现中通过使用包含多个槽的桶来扩展上述基本操作。当所有哈希函数完全随机时，使用 k 个哈希函数和包含 b 个槽的桶的最大可能载荷已经被证明。通过适当配置布谷鸟哈希表的参数，哈希表的空间会以 95%的高概率被填充[13]。

为了节省布谷鸟哈希表的内存消耗，哈希表只存储缓存数据项的数据指纹，而不是将完整的键值存储在布谷鸟哈希表中。CS 协议面临同一个指纹出现在一个桶多次的情况。这是因为多台边缘服务器可能会存储相同的数据，另外两个不同的数据项 d_1 和 d_2 可能具有相同的指纹。然而，CS 协议不允许任意数据指纹出现的次数超过 $2b$ 次，其中 b 是桶中槽位的数量。否则，这会导致对应的两个存储桶过载。为了解决这个问题，本章一方面增加桶中槽位的数量，另一方面增加数据指纹的长度以减少发生哈希冲突的可能性。

当在一个区域中查询某个实际未被缓存的数据项时，如果该数据与已缓存的某个数据具有相同的数据指纹，则会出现假阳性误判，导致查询请求被转发到并没有其所求数据的边缘服务器。数据指纹的长度仅取决于系统要求的假阳性误判概率。和其他过滤器一样，当没有任何桶发生溢出现象时，CS 协议不会出现假阴性误判，即所求数据切实存储在区域内的某台边缘服务器，但是查询对应区域数据中心的 CS 协议时得到了空的反馈。

如果每个桶包含更多的槽位，每次数据项的查询操作都会检查更多的条目，那么有更多的机会遇到数据指纹冲突。在最坏的情况下，查询必须探测两个桶，每个桶都有 b 个条目。对于每个条目，当查询项的数据指纹与该条目所存数据指纹相匹配时，二者对应的数据项本身可能并不相同。这类事件的概率最多为 $1/2^f$，其中 f 是数据指纹大小。在和布谷鸟哈希表中 $2b$ 个条目比对之后，数据指纹假阳性命中事件的概率上界为

$$1-\left(1-\frac{1}{2^f}\right)^{2b} \approx \frac{2b}{2^f} \tag{8.3}$$

不难发现，式(8.3)的取值与桶大小 b 成正比。给定可接受的假阳性误判率 ε，CS 协议需要确保 $2b/2^f \leqslant \varepsilon$。因此，每个条目所需的最小数据指纹长度约为

$$f \geqslant \left\lceil \log_2\left(\frac{2b}{\varepsilon}\right) \right\rceil = \left\lceil \log_2\left(\frac{1}{\varepsilon}\right) + \log_2(2b) \right\rceil \tag{8.4}$$

如果希望假阳性误判率低于 1%，则 $f \geqslant \lceil \log_2(2b/0.01) \rceil = \lceil 9.64 \rceil = 10$ 比特，其中每个桶有 $b=4$ 个槽位。这是许多基于布谷鸟哈希表应用的推荐参数设置[16,17]，其在空间效率和假阳性误判率之间实现了良好的权衡。

8.4　区域间的数据共享机制

当在本地区域中不能响应用户发起的数据请求时，必须跨其他区域查询数据。区域间数据查询的前提条件是首先构建能覆盖所有共享数据的区域间分布式索引机制。也就是说，云边融合层次化计算环境中的全体共享数据项的索引被分散存储在这些区域数据中心。当需要跨其他区域检索某个数据项时，会首先访问分布式索引系统，定位到负责所查数据索引的区域数据中心，然后从其索引中获知该数据项存储于哪台或哪些边缘服务器。为了从分布式索引中准确定位所请求数据的索引信息，此前的层次结构[11,18]采用典型的 DHT 方法来实现区域间的数据索引查询。但是，这些方法会导致较长的响应延迟，因为每次查询都涉及 Overlay 网络中 $O(\log n)$ 次转发。为了实现区域间的快速数据定位服务，本节充分利用 MDT[9]和软件定义网络[9,19]的优点，设计一种基于 MDT 的分布式索引方案，其具有较低

的实现代价和 Overlay 网络中一跳查询可达的索引搜索效率。

在软件定义边缘网络中，网络系统由控制平面和数据平面组成，相关的技术已经成功运用于软件定义广域网和软件定义数据中心网[20,21]。在 HDS 框架下，本章并不限制每个区域内的网络技术体制，可以采用现有的网络技术体制或软件定义网络的新技术体制。同时，只需要在全体区域数据中心之间采用软件定义网络，而且区域数据中心的数量不是太多，HDS 框架具有很好的可扩展性。在这种情况下，本节提出的分布式索引方案需要控制平面和数据平面的互相配合。

8.4.1　基于 DT 图的数据索引发布

如上所述，全体区域数据中心网络的控制平面保持虚拟的二维空间 Ω，每条共享数据项 d 的索引和每个区域数据中心的出口交换机都会在该虚拟空间中各自映射到某个坐标点。需要注意的是，数据项索引的坐标可以通过对其标识符进行哈希操作来获得。具体而言，确定数据的位置使用哈希函数 SHA-256，其会输出 32 字节的二进制值。本节只使用哈希值的最后 8 字节，并将它们转换为两个 4 字节的二进制数作为二维空间中数据索引的坐标。此外，每个数据索引将存储在满足特定条件的唯一区域数据中心中，其出口交换机在二维虚拟空间中的坐标最邻近数据索引的坐标。假设 z 个区域数据中心的出口交换机在虚拟空间中的坐标为 $\{r_i\}_{i=1}^{z}$。这 z 个出口交换机的坐标点将二维虚拟空间划分为 z 个凸多边形，称为 Voronoi 划分。对于任意被发布的数据索引项，假设其被映射到虚拟空间中的 p 点。这项数据索引应该被发布到出口交换机为 r_j 的区域数据中心，其中 $\{|p-r_j|<|p-r_i|, i=1,2,\cdots,z, i\neq j\}$。

至此，针对任意共享数据项 d，虽然从理论上确定了其数据索引的存储位置，但还需要数据索引的分布式转发方法，确保该数据索引能从源头边缘服务器发送到所在区域的区域数据中心，然后被正确地转发到目的区域数据中心。为此，本节要求全体区域数据中心的出口交换机依据该虚拟空间，执行基于地理位置的贪婪路由策略。具体而言，每台区域数据中心的出口交换机仅基于数据索引及其相邻交换机在虚拟空间中的坐标就能决策，把数据索引转发给其中一个邻居交换机，其在虚拟空间中最邻近待发布数据索引的坐标，整个过程无需其他更多信息。

然而，地理位置贪婪路由可能会被困在一个局部极小值。为了保证转发过程的正确性，网络的控制平面构造一个 DT 图来连接虚拟空间中全体数据中心出口交换机的坐标。基于 DT 图中的这些连接和邻居关系，控制平面将转发条目插入这些交换机中，其中每个转发条目指示相邻 DT 交换机的虚拟空间坐标。如算法 8.2 所示，交换机 v 将数据索引 d 转发到其相邻的交换机 u^*，该交换机更接近虚拟

空间中 d 的位置。否则，交换机 v 自身在虚拟空间中最接近 d 的位置，并将数据索引直接转发到交换机 v 所连接的区域数据中心。因此，基于 DT 图的地理位置贪婪路由策略总是能成功地将数据索引项发布到最佳的区域数据中心。

算法 8.2　交换机 v 转发数据索引 d

对于交换机 v 的每一个 DT 邻居 u，计算虚拟空间中 u 和数据索引 d 对应坐标点之间的欧几里得距离 $R_u = \mathrm{Dis}(u,d)$；

$R_{u^*} = \min\{R_u\}$；

if $R_{u^*} < \mathrm{Dis}(v,d)$ **then**

　　转发 d 到邻居交换机 u^*；

else

　　转发 d 到以交换机 v 为入口交换机的区域数据中心；

end if

8.4.2 优化交换机的虚拟空间坐标

此外，为了确保贪婪路由策略选择的路径等于或接近从入口区域数据中心到目的区域数据中心之间的最短路径，本章利用多维尺度变换技术[22]将交换机之间的网络路径嵌入虚拟空间坐标之间的欧几里得距离中。因此，交换机的坐标矩阵 Q 可由以下方程导出：

$$QQ^{\mathrm{T}} = -\frac{1}{2}JB^2J \tag{8.5}$$

式中，B 为这些交换机中的最短路径矩阵。

矩阵 $J = I - \frac{1}{z}A$，其中 A 是所有元素均为 1 的方阵。与其他软件定义网络的应用[20,21]一样，上述方法也需要一个或多个部署在云数据中心或区域数据中心的控制器来获知所覆盖网络的近实时态势信息。这些信息被用于计算这些交换机之间的最短路径矩阵 B。然后，通过矩阵 B 的特征值分解计算坐标矩阵 Q，通过嵌入网络路径，可以确定交换机在二维空间中的坐标，并且这些坐标间的距离与相应交换机之间的物理路径长度成正比。

8.4.3 基于 DT 图的数据索引查询

发布数据索引时，首先将数据索引转发到虚拟空间中距离数据索引最近的交换机。然后，交换机将数据索引转发到与其直接连接的区域数据中心。之后，区域数据中心存储数据索引并响应数据的所有请求。数据索引的查询过程类似于数据索引的发布过程。

如图 8.3 所示，在二维坐标空间中数据 d_1 的坐标最接近交换机 r_7 的坐标。因此，数据 d_1 的索引会被存储在以 r_7 为入口交换机的区域数据中心。当连接到交换机 r_1 的区域数据中心需要查询数据 d_1 的索引时，首先将查询请求转发到交换机 r_1。交换机 r_1 逐个比较其 DT 邻居在虚拟空间中与位置 d_1 的距离，并将请求转发到交换机 r_5，因为交换机 r_5 比其他两个邻居交换机 r_2 和 r_6 更接近数据 d_1。然后，交换机 r_5 贪婪地将请求转发给交换机 r_7，因为其最接近数据 d_1 的坐标。至此，交换机 r_7 将数据请求转发到其后端的区域数据中心，由其查询所存储的全部索引项来获取数据项 d_1 的宿主边缘服务器的位置。接着，通过最短路径路由或其他更有效的路由策略访问该宿主边缘服务器来取回数据。基于以上分析发现，数据请求可以通过上述多跳转发的方式逐步实现，但是如果各个区域数据中心都维护有如图 8.3 所示的信息，那么也可以直接从入口区域数据中心传送到其目的区域数据中心，而无需其他区域数据中心参与数据请求的中间转发。因此，基于 MDT 的区域间贪婪路由策略可以实现时间复杂度为一跳转发的数据高效查询效果。

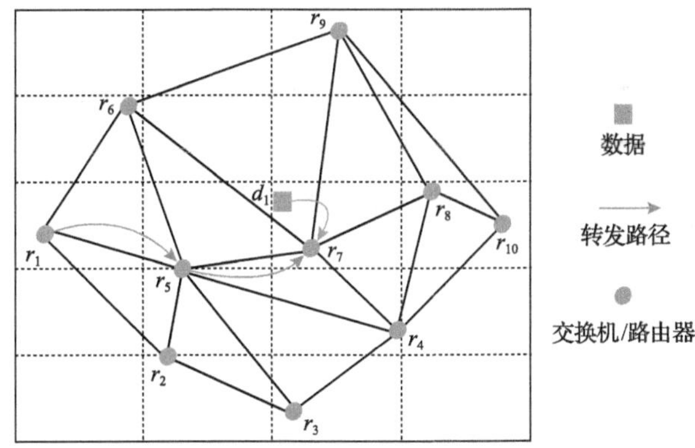

图 8.3　基于 MDT 的区域间贪婪路由策略实现过程

8.5　实验设计和性能评估

本节通过大规模模拟实验来评估 HDS 框架的性能，首先介绍实验设计，然后分别对区域内数据查询和区域间数据查询的效果进行评估。

8.5.1　实验设计

本章使用 Java 代码实现 CS 协议，并将其与摘要缓存技术采用的多重布隆过滤器(multiple Bloom filter, MBF)[6]和最新的 SBF[23]进行比较。区域数据中心保存来自同一区域内所有边缘服务器中缓存数据的摘要数据结构。当一个区域数据中心接收到一项数据请求时，它会首先检查本地的摘要数据结构，以查看该区域中的边缘服务器是否匹配该请求。本节对如下三种数据结构进行分析和比较。

(1)本章提出的CS协议包含一个(2,4)-布谷鸟哈希表。每个缓存的数据项有2个候选存储桶，每个存储桶有4个槽位，每个槽位可以容纳一个数据条目，这是许多基于布谷鸟哈希表的应用程序建议的设置[12,13]。CS协议中的每个条目都是一个数据项的指纹和其宿主边缘服务器的标识符。

(2)MBF[6]由 s 个布隆过滤器组成，s 表示一个区域中边缘服务器的数量，每个布隆过滤器需要使用 k 个哈希函数。每台边缘服务器将全体缓存数据的摘要信息存入一个布隆过滤器。

(3)SBF[23]由1个布隆过滤器和 k 个哈希函数组成，并使用偏移量记录集合标识符的信息。要插入一个元素，它将元素映射到二进制序列中的 k 个位置，并对其按照与集合标识符相关的一个参数进行偏移，然后将 k 个新位置设置为1。为了查询一个元素，它执行 k 个哈希计算，并在这 k 个位置之后继续检查 s 个比特位。

随机数生成器为每个缓存数据分配一个64位数据标识符。本章没有消除重复的数据标识符，因为对于该随机整数生成器，发生碰撞的概率非常小。同时，在边缘计算环境中的一个区域中可以存在多个数据副本，从而满足大量用户查询时的严格延迟要求。在实验中考虑的性能指标包括数据查询的误判率、数据查询的吞吐量和数据更新的吞吐量。

(1)数据查询的误判率。数据共享机制判定未缓存的数据项存储在某个区域的某些边缘服务器，这被称为假阳性误报。这会导致发送一个甚至多个不必要的查询消息至相关的边缘服务器，以期获取所需要的数据，这将进一步导致较长的响应延迟。

(2)数据查询的吞吐量，即单位时间内响应数据查询请求的数量，较高的查询吞吐量意味着边缘计算环境可以更快地响应数据查询请求。

(3)数据更新的吞吐量，考虑到边缘服务器的容量有限，一些数据只是临时缓存在边缘服务器中，数据更新包括旧数据的删除和新数据的插入。

8.5.2 区域内数据查询的效果评估

1. 数据查询的误判率

数据结构的假阳性误判率和其所占用的内存量之间存在一定权衡。对于那些基于布隆过滤器的数据结构，可以通过占用更多内存来获得较低的误判率。因此，本节对所比较的三种数据结构分配了相同额度的内存，然后对它们的性能进行比较。当一个区域中的边缘服务器数量从10台增加到100台时，缓存的共享数据项从 10 万个增加到 100 万个，同时在实验中测试不同数据结构支持数据查询时的假阳性误判率。需要注意的是，当需要在这些数据结构中插入更多缓存数据时，会为每个数据结构分配更多内存。

从图 8.4(a)中可以看到，当一个区域内边缘服务器的数量稳步增加时，本章提出的 CS 协议的假阳性误判率相对稳定，并且低于其他两个数据结构的假阳性误判率。正如 8.3.4 节给出的理论分析，CS 协议的假阳性误判率仅与数据指纹长度有关。需要特别注意的一个实验现象是，当边缘服务器的数量从 50 台增加到 60 台时，MBF 和 SBF 的假阳性误判率出现了下降的情况。这是因为此时需要为这些数据结构重新分配更多的内存来容纳更多的缓存数据项。因此，当一个区域中有 60 台边缘服务器时，这些数据摘要的内存空间占用率比有 50 台边缘服务器时要低。具体而言，当区域内有 50 台边缘服务器时，CS 协议的内存空间占用率为 95.37%。占用率被定义为已经使用的槽位数量与 CS 协议中槽位总数的比值。因此，CS 协议中的布谷鸟哈希表中有 4.63%的空闲插槽。然而，当该区域中存在

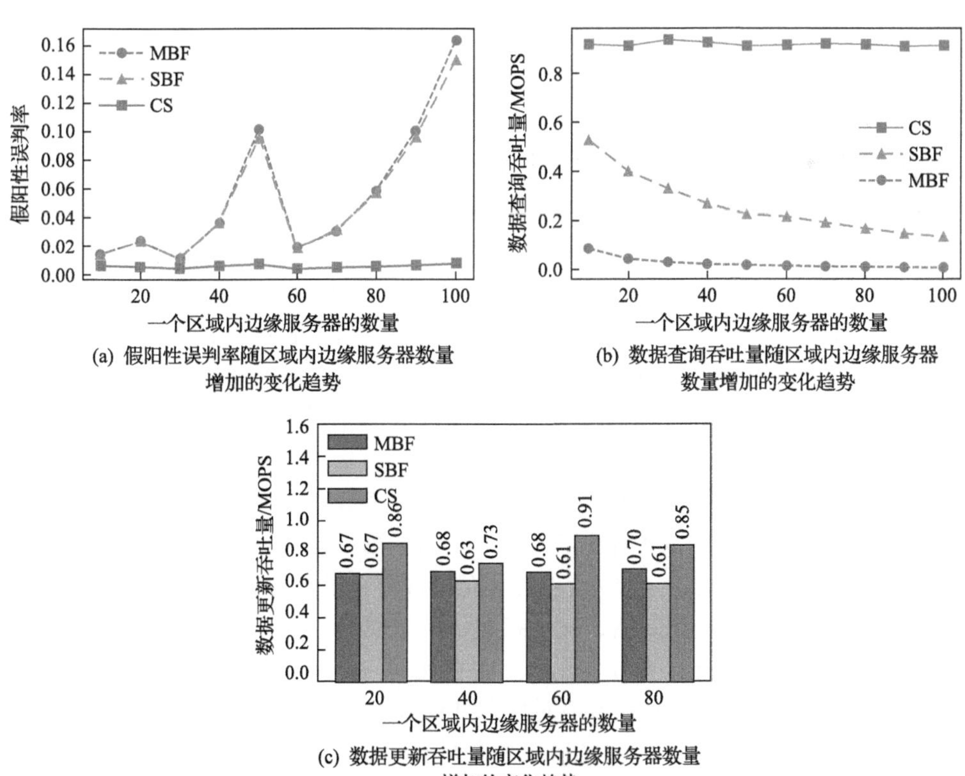

(a) 假阳性误判率随区域内边缘服务器数量增加的变化趋势

(b) 数据查询吞吐量随区域内边缘服务器数量增加的变化趋势

(c) 数据更新吞吐量随区域内边缘服务器数量增加的变化趋势

图 8.4　一个区域内不同数据查询策略的性能比较

吞吐量的单位用 MOPS(millions operations per second)来表示，代表在该数据结构下每秒支持几百万次操作

60 台边缘服务器时，CS 协议的内存空间占用率仅为 57.22%。值得注意的是，当边缘网络中存在 50 台边缘服务器时，CS 协议明显比 SBF 和 MBF 数据结构的假阳性误判率低。

2. 数据查询的吞吐量

三种数据查询策略的查询吞吐量结果如图 8.4(b)所示，其中每个点代表 10 次运行结果的平均值。该实验首先在不同数据结构的摘要中插入 100 万个条目，然后执行大规模的查询操作。从实验图中可以看到，当采用 CS 协议时，区域数据中心可以实现明显高于其他 2 种数据结构的查询吞吐量。同时，随着该区域内边缘服务器数量的增加，SBF 和 MBF 两种数据结构的查询吞吐量呈显著降低的趋势。这是因为 MBF 需要检查更多的布隆过滤器，而 SBF 需要更多次的内存访问，以便获得更多的比特位取值。但是，CS 协议结构的数据查询吞吐量与边缘服务器的数量无关。对于任何一个数据请求，对应的区域数据中心使用 CS 协议只需要 2 次内存访问就可以检查出所求数据项是否存储在该区域内。

3. 数据更新的吞吐量

在边缘计算环境中，由于边缘服务器的容量受限以及数据的时效性强，所存数据的替换操作非常常见[24]。在这种情况下，区域数据中心需要删除先前缓存的数据项，并插入新的数据项。因此，更新吞吐量这一性能对区域内的数据共享至关重要。如图 8.4(c)显示，CS 协议可以实现比 MBF 和 SBF 数据结构更高的更新吞吐量。同时，当边缘服务器的数量从 60 台增加到 80 台时，CS 协议下的数据更新吞吐量降低，这是因为此时 CS 协议中的布谷鸟哈希表具有更高的占用率。具体而言，当该区域中存在 60 台和 80 台边缘服务器时，其布谷鸟哈希表的占用率分别为 57.22%和 76.29%。因此，为了实现较高的数据更新吞吐量，本章建议布谷鸟哈希表的占用率低于 90%。

此外，实验还评估了缓存比率和指数 α 两个参数对数据查询假阳性误判率的影响，其中该区域内有 100 台边缘服务器，而且每台边缘服务器可以缓存 1 万个数据项。如文献[25]论述，web 请求的分布通常遵循指数为 $0<\alpha\leqslant 1$ 的 Zipf 分布。该文献在分析大量流量记录后，发现指数 α 的取值为 0.6～0.8，α 的取值越高意味着请求越集中。因此，本节首先固定缓存比率为 10%，然后将 α 的取值从 0.6 逐渐增加到 0.8，以测试 α 的取值对假阳性误判率的影响。实验结果如图 8.5(a)所示，无论 α 的取值是多少，CS 协议总是具有最小的假阳性误判率。此外，对于三种域内数据查询方法而言，$\alpha=0.6$ 时的假阳性误判率高于 $\alpha=0.8$ 时的假阳性误判率。这是因为当 $\alpha=0.8$ 时，数据请求会更加集中，区域内缓存的数据项可以满足更多的请求。

实验进一步评估缓存比率(即区域内缓存数据项与总数据项的比率)的不同取值对假阳性误判率的影响。此时，本节固定指数 $\alpha = 0.8$，然后将缓存比率从 0.1% 逐渐变化到 10%。当缓存比率为 0.1%，区域内的数据项总数为 10 亿个时，该区域可以共享 100 万个数据项。实验结果如图 8.5(b)所示，CS 协议下的假阳性误判率显著小于分配了相同内存的其他两种设计方案。同时，当缓存比率从 0.1% 变化到 10% 时，假阳性误判率也陆续减少。

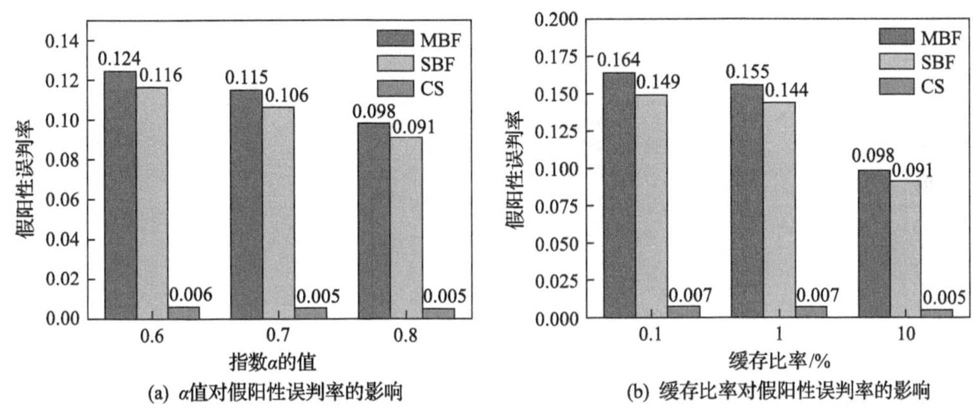

(a) α值对假阳性误判率的影响　(b) 缓存比率对假阳性误判率的影响

图 8.5　区域内数据查询的假阳性误判率

8.5.3　区域间数据查询的效果评估

本节将评估区域间数据共享机制的性能。性能指标包括查询请求路径的平均长度和交换机中转发条目的数量。如果在本地区域内找不到请求的数据，则发起区域间数据查询，且查询路径由区域内路径和区域间路径组成。在单个区域内，本节采用最短路径路由。对于区域间的数据定位服务，具体的比较方案如下：①MDT-based。8.4 节设计了基于 MDT 区域间数据查询方案，任意区域数据中心的入口交换机接到区域间数据查询的请求后，会选择在虚拟空间中与所请求数据的坐标最近的邻居交换机进行贪婪转发。②DHT-based。基于 DHT 的方案则基于分布式哈希表，各区域数据中心维护其指针表[6,22]以实现分布式的数据定位服务。③DNS-based。基于 DNS 的方案是一种分层索引机制，如果在本地区域中找不到请求的数据，则请求将被转发到云数据中心。

1. 查询请求的路径长度

实验评估在不同的查询定位方案下任意数据查询请求的路由路径长度，该路由路径包括区域内的路径和区域间的路径。实验场景由一个云数据中心、多个区域数据中心和大量边缘服务器组成。每台边缘服务器都连接到最近的区域数据中心。令每台边缘服务器向其他所有边缘服务器发起数据查询请求，通过记录每个查询请求历经的查询路径，在每种网络设置下计算查询路径的平均长度。本实验首先评估区域的数量对查询路径平均长度的影响。令区域的数量从 10 个增加到 100 个，而每个区域内有 10 台边缘服务器。实验结果如图 8.6(a)显示，本章提出的 MDT-based 的方案比 DNS-based 和 DHT-based 两种方案产生的查询路径平均长度短得多。考虑到这些边缘服务器分布在广域网中，较短的路径长度意味着对这些数据请求更快的响应。在 DHT-based 方案中，区域数目的增加会导致查询路径平均长度呈明显增加趋势，这主要是因为区域间的路径长度增加了不少。

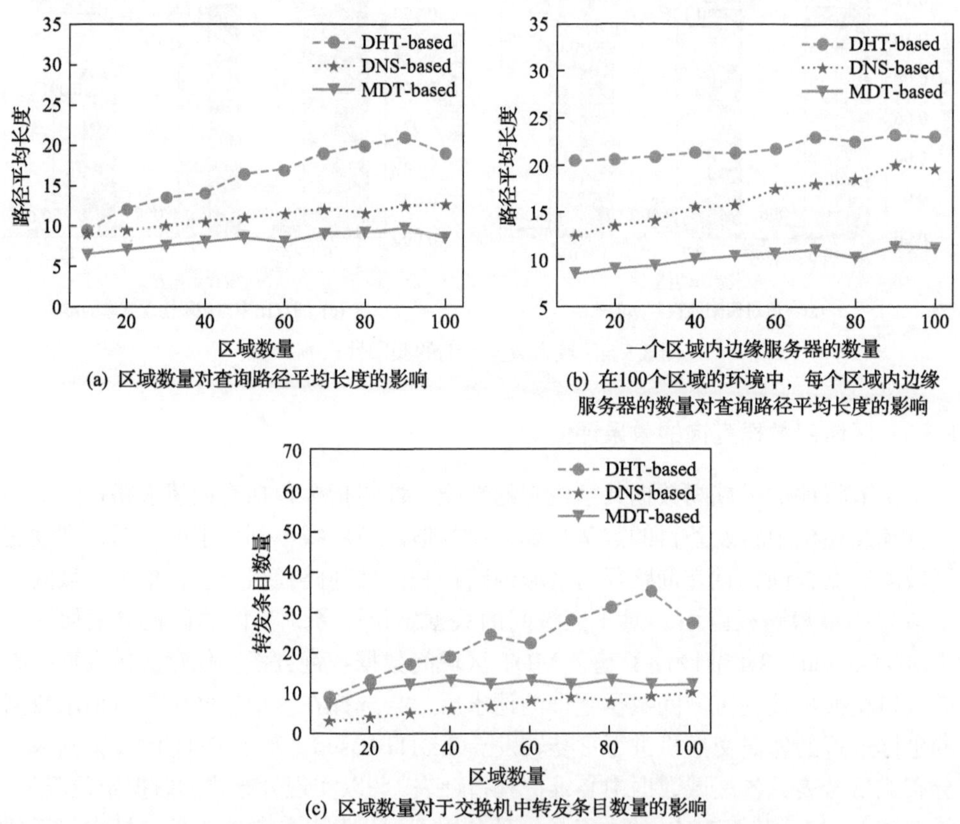

(a) 区域数量对查询路径平均长度的影响

(b) 在100个区域的环境中，每个区域内边缘服务器的数量对查询路径平均长度的影响

(c) 区域数量对于交换机中转发条目数量的影响

图 8.6　不同网络配置下区域间数据查询方案的性能比较

此外，本节还评估了单个区域中边缘服务器数量对数据查询路径平均长度的影响。评估环境的配置是：网络由 100 个区域组成，每个区域内边缘服务器数量从 10 台逐渐增加到 100 台，即整个网络中边缘服务器的数量从 1000 台逐渐增加到 10000 台不等。实验结果如图 8.6(b)所示，DNS-based 方案在单个区域内边缘服务器的数量增加时，其数据查询路径平均长度会呈明显增加趋势，这是因为很

多查找请求可能会被转发到远程云数据中心。但是，单个区域中边缘服务器数量的逐渐增加对 MDT-based 和 DHT-based 两种方案的性能影响较小，其数据查询路径平均长度变化不大。同时，当 100 个区域每个都下辖 100 台边缘服务器时，本节的 MDT-based 方案的查询路径平均长度仅仅是 DNS-based 和 DHT-based 方案的查询路径平均长度的 56.3%和 49.79%。

2. 转发条目数量

本实验评估区域间三种不同数据定位方案中相关交换机需要配置的转发条目数量，转发条目数量较少意味着实现该策略的开销较少。因为 DNS-based 方案是一种集中式方案，所以相关交换机配置最少的转发条目。另外，在 DHT-based 和 DNS-based 方案下，交换机之间存在明显的负载不平衡，即某些交换机的转发条目数量明显多于其他交换机。实验结果如图 8.6(c)所示，与同为分布式索引机制的 DHT-based 方案相比，本章的 MDT-based 方案花费更少的转发条目来支持区域间的数据查找。另外，在 DNS-based 和 DHT-based 方案下，相关交换机转发条目的数量会随着边缘服务器总量的增加而增长。然而，在本章提出的 MDT-based 方案中，边缘服务器的总量变化对交换机转发条目数量的影响不大，因为交换机中转发条目的数量只与交换机的邻居数量有关。

8.6　本 章 小 结

本章将纵向融合横向协同的边缘计算架构划分为一系列区域，区域间在更高层次互联为整体。在这种边缘计算架构中，边缘服务器之间的数据共享对减少数据检索的延迟至关重要，而数据定位服务是实现数据共享的关键服务。为此，本章设计了 HDS 机制，该框架将数据定位和获取服务分为两部分：区域内和区域间。针对区域内的数据共享问题，设计了 CS 协议来实现区域内的数据快速定位。针对区域间的数据共享问题，开发了一种基于地理位置的贪婪路由策略，可以在区域间实现有效的数据定位和共享服务。HDS 框架具有数据查询路径短、假阳性误报率小、查询吞吐量高等优点。大量模拟实验结果表明，本章所设计的 HDS 架构比现有最新解决方案的平均查询路径缩短了 50.21%，并减少了 92.75%的假阳性误报率。

参 考 文 献

[1] Tiwari A, Ramprasad B, Mortazavi S H, et al. Reconfigurable streaming for the mobile edge[C]//Proceedings of the 20th International Workshop on Mobile Computing Systems and Applications, Santa Cruz, 2019.

[2] Mortazavi S H, Salehe M, Gomes C S, et al. Cloudpath: A multi-tier cloud computing framework[C]//Proceedings of the 2nd ACM/IEEE Symposium on Edge Computing, San Jose, 2017.

[3] Bastug E, Bennis M, Debbah M. Living on the edge: The role of proactive caching in 5G wireless networks[J]. IEEE Communications Magazine, 2014, 52(8): 82-89.

[4] Nygren E, Sitaraman R K, Sun J. The Akamai network: A platform for high-performance internet applications[J]. ACM SIGOPS Operating Systems Review, 2010, 44(3): 2-19.

[5] Stoica I, Morris R, Liben-Nowell D, et al. Chord: A scalable peer-to-peer lookup service for internet applications[C]//Proceedings of the 25th ACM Special Interest Group on Data Communication, San Diego, 2001.

[6] Fan L, Cao P, Almeida J, et al. Summary cache: A scalable wide-area web cache sharing protocol[J]. IEEE/ACM Transactions on Networking, 2000, 8(3): 281-293.

[7] Pagh R, Rodler F F. Cuckoo hashing[J]. Journal of Algorithms, 2004, 51(2): 122-144.

[8] Lam S S, Qian C. Geographic routing in *d*-dimensional spaces with guaranteed delivery and low stretch[J]. ACM SIGMETRICS Performance Evaluation Review, 2011, 39(1): 217-228.

[9] Xie J J, Guo D K, Hu Z Y, et al. Control plane of software defined networks: A survey[J]. Computer Communications, 2015, 67: 1-10.

[10] Xie J J, Guo D K, Qian C, et al. Validation of distributed SDN control plane under uncertain failures[J]. IEEE/ACM Transactions on Networking, 2019, 27(3): 1234-1247.

[11] D'Ambrosio M, Dannewitz C, Karl H, et al. MDHT: A hierarchical name resolution service for information-centric networks[C]//Proceedings of the 1st ACM SIGCOMM Workshop on Information-Centric Networking, Toronto, 2011.

[12] Lim H, Fan B, Andersen D G, et al. SILT: A memory-efficient, high-performance key-value store[C]//Proceedings of the 23rd ACM Symposium on Operating Systems Principles, Cascais, 2011.

[13] Fan B, Andersen D G, Kaminsky M, et al. Cuckoo filter: Practically better than bloom[C]//Proceedings of the 10th ACM International on Conference on emerging Networking Experiments and Technologies, Sydney, 2014.

[14] Shi S Q, Qian C, Wang M M. Re-designing compact-structure based forwarding for programmable networks[C]//Proceedings of the 27th IEEE International Conference on Network Protocols, Chicago, 2019.

[15] Dietzfelbinger M, Weidling C. Balanced allocation and dictionaries with tightly packed constant size bins[J]. Theoretical Computer Science, 2007, 380(1/2): 47-68.

[16] Fan B, Andersen D G, Kaminsky M. MemC3: Compact and concurrent memcache with dumber caching and smarter hashing[C]//Proceedings of the 10th USENIX Conference on Networked

Systems Design and Implementation, Lombard, 2013.

[17] Zhou D, Fan B, Lim H, et al. Scalable, high performance ethernet forwarding with cuckooswitch[C]//Proceedings of the 9th ACM Conference on Emerging Networking Experiments and Technologies, Santa Barbara, 2013.

[18] Li R D, Harai H, Asaeda H. An aggregatable name-based routing for energy-efficient data sharing in big data era[J]. IEEE Access, 2015, 3: 955-966.

[19] Xie J J, Guo D K, Li X Z, et al. Cutting long-tail latency of routing response in software defined networks[J]. IEEE Journal on Selected Areas in Communications, 2018, 36(3): 384-396.

[20] Hong C Y, Kandula S, Mahajan R, et al. Achieving high utilization with software-driven WAN[C]//Proceedings of the 37th ACM Special Interest Group on Data Communication, Hong Kong, 2013.

[21] Jain S, Kumar A, Mandal S, et al. B4: Experience with a globally-deployed software defined WAN[C]//Proceedings of the 37th ACM Special Interest Group on Data Communication, Hong Kong, 2013.

[22] Borg I, Groenen P J F. Modern Multidimensional Scaling: Theory and Applications[M]. 2nd ed. New York: Springer, 2005.

[23] Yang T, Liu A X, Shahzad M, et al. A shifting bloom filter framework for set queries[J]. Proceedings of the VLDB Endowment, 2016, 9(5): 408-419.

[24] Li C Z, Li S R, Hou Y T. A general model for minimizing age of information at network edge[C]//Proceedings of the 37th IEEE International Conference on Computer Communications, Paris, 2019.

[25] Breslau L, Cao P, Fan L, et al. Web caching and Zipf-like distributions: Evidence and implications[C]//Proceedings of the 18th IEEE International Conference on Computer Communications, New York, 1999.

第 9 章　安全可信的边缘存储架构

大量终端设备产生的海量数据给传统的云存储系统带来了巨大的压力。如前面章节所论述，在网络传输开销、响应延迟等方面，边缘存储系统往往比云存储系统更能满足终端数据的存储和应用需求。然而，由于所采用的容错存储技术和访问控制方法的限制，现有的边缘存储模型很难提供可靠且安全的数据存储。本章旨在设计一种可靠且安全的边缘存储模型，同时使该模型具备灵活的数据访问控制能力，从而有效地应对边缘存储面临的上述挑战。具体来说，本章首先提出一种新的容错编码方法，称为 TLRC。基于 TLRC 编码，本章设计一种可靠且安全的 RoSES 模型，其可以在边缘环境中实现较好的存储可靠性和安全性。基于 RoSES 模型的良好特性，本章进一步提出一种 TODA 策略。该策略以一种更加灵活的方式实现边缘数据的访问控制，使边缘数据的共享更加高效灵活。最后，本章通过理论分析和实验验证该模型的安全性和有效性。

9.1　引　言

9.1.1　问题背景

随着网络技术及其应用的蓬勃发展，网络终端设备的数量和类型日趋庞大和多样化。在此背景下，在网络终端侧产生的数据呈爆炸式增长，这些大规模数据的高效组织和处理成为重要的挑战。新兴的边缘存储系统[1-4]为这一挑战提供了有效的解决方案，通过按需提供足够的资源来实现大规模数据的就近快速响应，并提供便捷的基础性数据服务。随着边缘存储系统的快速发展和能力提升，其可以接入更多的网络终端设备和更庞大的数据，这反而对边缘存储系统提出了更高的要求。为了存储海量数据，边缘存储系统需要大量的边缘服务器参与其中，不断扩展系统的整体存储容量。

分散式边缘服务器的异构性、低安全防护等特性对边缘存储系统的设计提出了巨大的挑战。首先，与大规模云数据中心相比，边缘存储系统中的单个服务器更容易发生故障，这使得边缘存储系统的可靠性更加难以保障，因此需要高效的容错技术来保障数据的可用性。其次，许多私有或公有提供商在广阔的地域提供一系列分散和异构的边缘服务器，这种松散的边缘存储系统使得数据存储的安全性和隐私性更具挑战。最后，数据生产者会同时成为数据使用者，大量不确定终端设备或用户之间的数据共享非常迫切。因此，设计一种可靠安全、访问控制灵活的边缘存储系统变得至关重要，同时这是对第 6～8 章所讨论的边缘数据存储和访问服务的重要补充。

近年来，学术界围绕这个问题开展了一系列相关研究[1-4]。为了保障数据的可用性，现有的边缘存储系统[1-3]通常为每个文件部署多个副本，并将其分布在不同的边缘服务器上。当某些边缘服务器由于磁盘损坏、停机等原因部分数据不可用时，边缘存储服务会自动调用其他数据副本，以确保数据存储的可靠性和可用性。另有一些边缘存储系统采用纠删码方法[4,5]，以获得更低的存储空间开销。它们将原始文件编码为多个块进行存储，并使用其中一部分编码块即可重构出原始文件。此外，为了保护数据的隐私，这些文件将在终端设备上加密，然后其不同的副本或各个编码块会被传输到不同的边缘服务器进行存储。只有密钥所有者或专门分配的数据请求者才能访问被加密的文件或一系列编码块，然后通过边缘存储系统提供的接口来解密出原始文件。

虽然学术界已经开展了上述探索性研究，但是这些研究仍然不能有效地解决边缘存储系统的实际需求。本章关注其中的两个挑战性问题。第一个是数据的安全性和存储的可靠性。为保护私有数据而进行的加密操作通常会带来较高的计算开销，这对于大规模轻量级的终端设备来说是非常不友好的，如日益普及的物联网设备。基于纠删码的存储系统可以潜在地获得更高的数据安全性，这是因为每个存储节点只保存原始文件的一小部分，但是仍然存在数据泄露的潜在风险。根本原因是一些边缘服务器在数据编码或失效数据恢复过程中会访问整个数据内容，这并不利于数据的安全。第二个是灵活的访问控制。为密钥所有者或专门分配的数据请求者提供一个专有接口来访问数据，会极大地限制大规模数据的广泛共享。由数据所有者或第三方代理机构评估数据请求者的信任级别，会是一种更灵活的访问控制方案[6]。然而，第三方代理机构在实际中往往并不完全可信，因为其可能会出于某些商业利益而违背用户协议，从而导致用户的数据泄露。此外，代理机构只能根据注册信息和历史日志对数据请求者进行信任级别的评估，因此其只对已注册并且有一段使用历史记录的数据用户才有效。这会导致一些新的数据用户在初期无法及时在当前代理机构获得信任评估，从而无法访问数据。

本章提出一个可靠且安全的边缘存储模型，以应对上述挑战。为了实现数据的安全可靠，本章提出了基于 TLRC 的 RoSES 模型。RoSES 模型可以通过终端设备的轻量级计算来实现数据的可靠存储，并且每台边缘服务器在整个存储周期内都无法访问完整的数据文件，从而保证了数据的安全性。在此基础上，本章进一步设计了 TODA 策略对 RoSES 模型进行改进，以实现灵活的数据共享。

9.1.2 研究现状

本节介绍边缘存储系统中数据可靠性存储和访问控制方面的相关工作。

1. 边缘存储系统的数据可靠性

为了减轻服务器故障(如磁盘损坏、停机等)造成的不良影响，边缘存储系统需要采用容错机制来保持存储数据的高可用性。许多现有的边缘存储系统[1-3]通常为每个文件部署多个副本，并将它们存储在不同的边缘服务器上，以保证数据存储的可靠性。当一个存储节点发生故障时，可以将服务自动切换到另一个副本，以确保数据存储的可靠性。然而，在这样的系统中维护副本会非常昂贵，因为有非常高的存储空间开销。此外，当一个存储服务器受到攻击时，整个数据很容易泄露，不利于私有数据的安全性。虽然一些数据可能会被提前加密，但是除了额外的高计算开销外，还不能完全排除加密密钥被破解的可能性。因此，应该从根本上防止恶意用户获取整个数据或其密文。

与基于副本的存储系统相比，基于纠删码的存储系统[4,5]可以显著地节省存储空间，避免整个数据泄露，因为每个存储节点只保留原始文件的一小部分。然而，在复杂的边缘环境中，服务器在恢复过程中不一定要遵循既定的规则来保护数据隐私。例如，当一个存储块由于服务器故障而不可用时，正确操作将在一个新的存储节点上启动，通过提取所有相关的数据块来恢复这个失效的块。如果新的存储节点是恶意节点，那么该节点可以通过这些相关的块重构出原始文件而不仅仅是某个失效的文件块，从而导致数据泄露。

本章提出一种新的纠删码，即 TLRC。在这种容错编码方案中，数据恢复可以在分组的范围内完成，因此在存储和恢复过程中没有服务器能够访问所有的存储块来生成原始文件。在 TLRC 的基础上，RoSES 模型既能实现数据的安全可靠，还能将纠删码的编码操作迁移至边缘服务器以异步的方式完成，实现终端的计算轻量化。

2. 边缘存储系统的访问控制

在许多现有的边缘存储模型中[1,2]，只有密钥所有者或指定的用户才能通过系统接口访问存储的数据，这极大地限制了大规模数据的广泛共享。为此，学术界提出几种方法来实现更灵活的数据访问控制。在基于访问控制列表的(access control list, ACL)方法[7,8]中，所有者将首先为数据指定一个访问控制列表，并且只有列表中的请求者才能使用其密钥访问数据。在基于角色的访问控制(role-based access control, RBAC)方法[9]中，只有具有适当角色的请求者才能解密密文。相比之下，基于属性加密(attribute-based encryption, ABE)的数据访问控制方法[10,11]可以根据用户的相关属性来控制数据的访问，比前两种方法更加灵活。

尽管学术界已经做了很多努力和探索，但是大多数方案很难支持新加入请求者的数据访问控制，特别是在边缘计算环境中数据用户群体难以提前预测，具有不确定性。这一事实极大地影响了现有方案的实际部署。为了方便用户之间的数据共享，数据所有者或可信第三方代理可以基于已建立的规则，通过对用户的信任级别进行评估，以实现更加灵活和可控的数据共享[6]，但是仍然存在两方面重大问题：①现有很多研究假设第三方代理是完全可信的，但是第三方代理应该是半信任的，因为在实际应用中可能会出于某些目的而有意对数据请求者进行错误评级；②数据请求者可能没有在某个数据所有者指定的第三方代理注册，从而无法得到全面、合理的可信度评价，进而无法得到数据访问的授权。

在本章中，TODA 策略采用多个代理来进行信任评估。每个代理独立管理相应边缘服务器的数据访问控制。在这种情况下，每个代理只对一台边缘服务器的部分数据访问拥有控制权，通过合理的规则设计可以减少出于特别目的造成的数据泄露风险。此外，即使数据请求者只在部分第三方代理上注册，TODA 策略也可以使其安全地访问数据。这不仅扩大了用户的范围，还促进了边缘计算环境中大规模数据的高效共享。

9.2　安全可信边缘存储系统框架的整体设计

本章考虑一种包含四种不同实体的安全可信边缘存储系统，如图 9.1 所示。第一种实体是以物联网设备为代表的大量终端设备，其持续生成实时数据并将数据发送到边缘存储系统。这些终端隶属于不同的用户，因此其产生的数据也是由不同的用户所私有。第二种实体是边缘网络中的边缘服务器，它们是各类可用的边缘计算/存储设备，它们靠近物联网设备进行分散式部署，也具有相对丰富的带

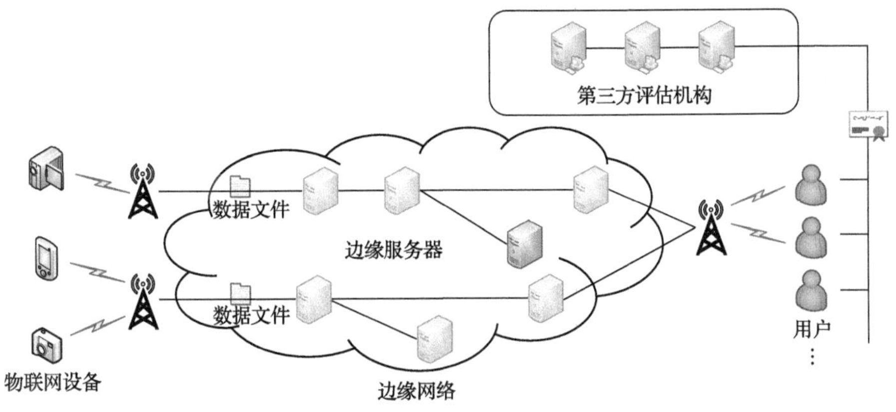

图 9.1　RoSES 模型总览

宽资源。这些边缘服务器可能属于某些基础设施供应商，也可能是某些企业和个人的私有设备。它们在边缘联盟等新架构的吸引下对外提供协作式的边缘服务，并从中获得一定的收益。第三种实体是数据用户，他们与边缘服务器交互以使用各种服务(如数据存储和数据访问)。用户可以是数据所有者或数据请求者。数据所有者可以直接访问数据，而数据请求者在获得访问权限之前应该先对其进行信用级别评估，评估的规则由数据所有者制定。第四种实体是第三方评估代理，其具有为已注册的用户提供信用级别评估的能力，例如判定数据请求者是否满足数据所有者制定的访问规则，是否具有数据访问的权限。

在数据共享的过程中，数据所有者可以自行决定自己的数据可以共享给哪些数据请求者。然而，数据所有者往往不能时刻保持在线，因此某些数据请求者的请求无法及时得到响应。相比之下，第三方代理是一类专业的平台，可以对用户的数据访问进行在线管理，从而提高数据共享的效率。因此，数据所有者可以把数据访问的规则告诉第三方代理，由代理机构和平台控制数据的访问。值得注意的是，这里的边缘服务器和第三方代理都并非完全可信。对于边缘服务器而言，它们隶属于不同的个体和机构，这些边缘服务器的所有者可能会出于某些营利目的私自访问其中存储的数据，造成用户数据的泄露。同样，第三方代理也应当并非完全可信，他们同样可能出于一些目的而违反用户制定的访问规则，也可能通过已有的权限泄露用户数据。

9.2.1　设计挑战

1. 数据存储的挑战

边缘网络中存在多样化的异构边缘服务器，其面临频繁的离线、故障等不可靠因素，据此形成的边缘存储系统相比云存储系统具有较低的可靠性。为了在某些存储服务器发生故障时确保数据存储的可靠性，数据副本或纠删码等容错存储模型得到了边缘存储系统的探索性应用。然而，现有的容错存储模型存在数据泄露的潜在风险，因为总有一些边缘服务器能在文件存储或文件编码的过程中访问文件的全部数据。如前所述，这些边缘服务器的所有者很可能擅自查看或泄露用户数据，从而威胁边缘数据存储的安全性。纠删码可以将原始数据切分为多个数据块，每台服务器只存储原始文件的一部分数据块，从而可以在保证数据可靠性的条件下实现存储的安全性。然而，数据编码过程较为耗时，会消耗大量的计算资源，这对很多物联网终端设备而言是不友好的。因此，在考虑可靠性的基础上，应该进一步解决安全性和轻量化的问题，以适应边缘存储的实际需求。

2. 访问控制的挑战

大规模终端设备产生的数据会存储在边缘网络，数据所有者可以根据自身目的决定哪些用户可以获得该数据，但是这种方式会限制数据共享的灵活性。此外，边缘网络面临大量移动用户可能会频繁加入和退出，导致用户对边缘存储数据的访问控制变得非常复杂和困难。为了便于大规模数据的广泛共享，数据所有者可以委托一些可信的第三方代理负责数据的访问控制。在这种情况下，基于信任的访问控制存在两个局限性：①第三方代理应当是半信任的，在实际操作中可能会授权某些恶意用户违规使用数据，或者出于营利目的泄露数据所有者的数据；②数据请求者必须在第三方代理注册，否则代理无法判定数据请求者是否满足数据所有者制定的规则，这限制了数据共享的灵活性。

9.2.2　设计目标

为了在网络边缘为各类数据提供安全的存储和灵活的访问控制，设计的边缘存储系统应该实现以下性能目标。①轻量级：减轻终端设备的计算和存储负担。具体来说，终端设备应当尽可能地只负责数据的产生和传输，而计算等操作应当尽可能在边缘服务器完成；②可靠性：在一些边缘服务器离线或者故障时，数据不能丢失，数据存取不应当受到影响；③安全性：数据的访问应当按照数据所有者的规则进行，系统应当避免不合法的数据访问，避免数据泄露。

9.3　安全的边缘存储模型

本节对原有的纠删码理论进行改进，首先提出一种新的纠删码方案 TLRC，然后进一步提出安全可靠的 RoSES 模型。

9.3.1　完全局部重构码

使用传统的纠删码机制恢复某个文件的失效块通常会有数据泄露的风险，因为服务器需要提取该文件的完整数据才能生成奇偶校验块。在这种情况下，恶意服务器可以很容易地在该过程中获得整个数据。针对这一点，本节提出一种新的纠删码——TLRC，以实现更高安全性的数据可靠存储。

相比于传统的纠删码编码方案，TLRC 方案只生成局部奇偶校验块，这些奇偶校验块仅根据一部分数据块来计算获得，以避免数据泄露。具体来说，对于包含 l 行和 r 列的编码结构 $\text{TLRC}(k,r,l)$，原始数据首先被划分为 k 个数据块，其中 $k = r\times l$。每一列有 l 个数据块，每一行有 r 个数据块。每一行或每一列的数据块都在一个组中。每个局部奇偶校验块是根据每个组中的数据块计算的。编码操作从不同的位置检索数据块，并分别生成 l 行 r 列的奇偶校验块。也就是说，通过提取每一行中的 r 个数据块并对其执行异或操作(XOR)来生成每个水平的局部奇偶校验块，而生成每个垂直的局部奇偶校验块则需要在每一列中传输 l 个数据块。TLRC(k,r,l) 的块总数(数据块和奇偶校验块)是 $n=k+r+l$ 。

在某个块失效时需要调用TLRC的恢复操作。当一个数据/奇偶校验块失效时，其他相关的块将被复制到某个新的服务器来恢复这个失效的块。操作可以在一个数据块组的范围内完成，不需要接触其他组的数据块。恢复任何一个数据/奇偶校验块只需要从同一列收集 l 个块或从同一行收集 r 个块。这样，任何服务器都不会获得完整数据，同时减少了修复过程的传输数据量。

本章设计的 TLRC 实现了上述这些优点，不能完全容忍任意的 $n-k$ 个服务器故障[12,13]。尽管如此，TLRC 可以容忍任意 2 个块同时失效，在某些情况下可以容忍 3 个或更多的块同时失效。例如，当图 9.2 中 L_3、L_6、M_9 同时失效时，则失效数据块无法得到恢复。

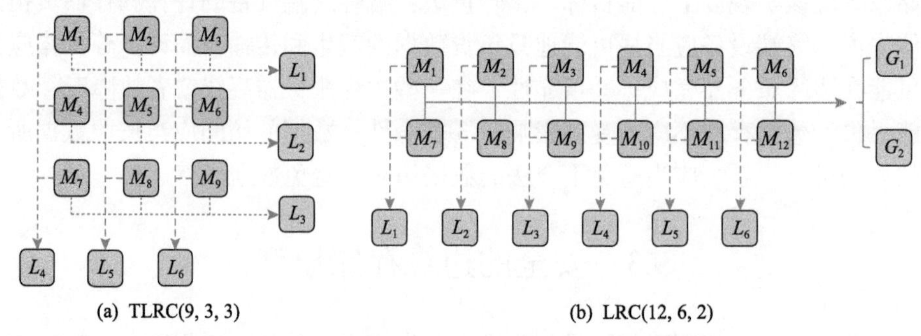

图 9.2　TLRC(9,3,3) 和 LRC(12,6,2) 的对比

一般情况下，TLRC(k,r,l) 中任意 3 个节点故障导致数据不可恢复的理论概率为

$$P_{\mathrm{TLRC}(k,r,l)}(u=3)=\frac{k}{C_{k+r+l}^{3}} \tag{9.1}$$

本章的方案最多使用 $l+r-1$ 个数据块来重构失效块。对于图 9.2(a) 中的编码，当失效时，M_4 和 M_7 可以分别用 M_5、M_6、L_2 和 M_8、M_9、L_3 恢复。以此类推，M_1、M_2、M_3 可以用同样的方法恢复。在实际的应用场景中，超过 98%的故障由单个数据块产生，1.87%的故障涉及两个同时失效的数据块，只有不到 0.13%的故障出现三个或更多失效数据块[14,15]。因此，TLRC 具有较为满意的可靠性，适用于大部分的存储故障情况。

与微软的 Azure 存储系统[16]、Facebook 的 HDFS-Xorbas[13]所采用的局部重构码(local reconstruction code, LRC)相比，TLRC 在奇偶校验块的计算过程中传输成本更低。如图 9.2 所示，TLRC(9,3,3) 和 Azure 存储系统采用的 LRC(12,6,2) [17]包含相同比例的冗余数据，分别为

$$\frac{l+r}{k+l+r}=\frac{3+3}{9+3+3}=0.4, \quad \frac{l+r}{k+l+r}=\frac{6+2}{12+6+2}=0.4$$

在降级读的过程中恢复失效的数据块或局部奇偶校验块时，TLRC 只需在组的范围内收集少量的数据块，而恢复 LRC 中的全局块 (G_1, G_2) 需要收集所有的数据块。

此外，TLRC 方案会确保边缘存储服务器在整个存储周期内都不可能获得某个文件的完整数据，这很好地保护了文件的数据隐私。相比之下，现有的纠删码方案在恢复全局校验块的过程中，修复节点需要提取完整的数据块，从而容易导致恶意节点有机会获得完整的数据内容，不利于边缘数据存储的安全性。

在可恢复性方面，当节点故障随机发生时，给出任意 3 个节点同时失效导致数据不可恢复的理论概率为

$$P_{\text{TLRC}(9,3,3)}(u=3)=\frac{9}{C_{9+3+3}^{3}}=1.978\%$$

而 LRC(12,6,2)发生相同事件的理论概率为

$$P_{\text{LRC}(12,6,2)}(u=3)=\frac{6C_2^1}{C_{12+2+6}^{3}}=1.053\%$$

虽然此时 TLRC 的不可恢复概率略高于 LRC，但是 TLRC 更加利于边缘数据存储的安全性，并通过边缘服务器的异步计算减少终端节点的计算资源消耗(见 9.3.2 节)。

9.3.2　安全的边缘存储模型

在 TLRC 的基础上，进一步设计安全可靠的 RoSES 模型。具体来说：①TLRC 不需要计算全局校验块，因此没有边缘服务器有机会接触到任意文件的所有数据块，这加强了数据的安全和隐私保护效果；②校验块是根据部分数据块编码而产生，因此可以有效减少故障恢复时提取相关数据块的带宽开销。

除了数据的可靠性和安全性，RoSES 模型的另一个突出特点是终端设备仅产生轻量级的计算开销。建议在边缘服务器而不是终端设备上完成奇偶校验块的编码。这种做法可以有效地节省终端设备宝贵的计算资源，充分利用边缘服务器的

计算资源和带宽资源，延长终端设备的续航时间。

为了实现这一目标，使奇偶校验块在边缘服务器进行计算，而终端设备只需将原始数据分割成多个数据块，发送到不同的边缘服务器进行存储。每台边缘服务器从终端设备接收一个数据块，然后根据所使用的 TLRC 方案将其传输到一个第一级服务器。然后，每个第二级服务器利用来自第一级服务器的数据块生成一个本地奇偶校验块。通过这种方式，数据被编码到数据/奇偶校验块中，并在网络边缘进行分布式存储。注意，由于 TLRC 的特性，提取文件任意的一小部分数据块即可恢复失效块。因此，在整个存储周期中，任何服务器都无法获得完整的数据，这进一步加强了数据存储的安全性。

图 9.3 显示了一个使用 TLRC(4,2,2) 的 RoSES 模型。原始数据 M 首先被分成 4 个数据块，即 M_1、M_2、M_3、M_4，每一个数据块都被传输并存储在附近的第一级边缘服务器上。然后，根据网络拓扑和 TLRC 的生成结构，将 M_1 和 M_2 传输到同一个第二级边缘服务器上，该服务器通过对 M_1 和 M_2 进行异或操作计算出一个局部奇偶校验块 L_1，其余的校验块也按照类似的方式产生。在实际应用中，TLRC(k,r,l) 的参数 l 和 r 的值可以是相同的，这样能避免不同边缘服务器之间不平衡的通信开销，从而提供更好的网络性能和数据安全性。

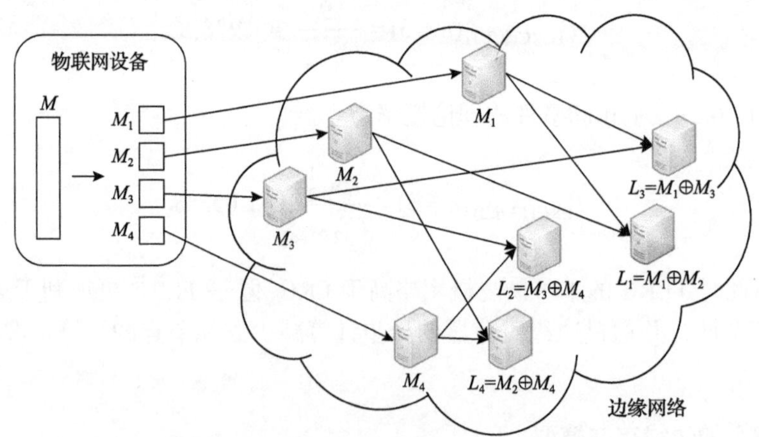

图 9.3　基于 TLRC(4,2,2) 的 RoSES 模型

9.4　辅以信任驱动数据访问控制的 RoSES 模型

为了方便不同数据用户之间的数据共享，本章基于 RoSES 模型提出了 TODA 策略。通常，数据所有者自身决定哪些数据请求者能够访问其所拥有的数据。然而，当数据所有者离线或无法确定请求者的相关资格时，可以委托第三方代理进行

数据访问控制。这为更普遍情况下的数据共享提供了一种更加灵活的访问模式。

后续章节均使用信誉中心(reputation center, RC)作为第三方代理，来阐述本章提出的模型。信誉中心是管理注册材料和记录历史行为(如数据请求日志)的一种第三方平台。基于所管理的信息，信誉中心可以评估注册用户的信任级别。然而，信誉中心并非可以完全信任，其可能会为了自己的利益给出错误的评估。此外，信誉中心不能评估未注册数据请求者的信任级别，这在一定程度上限制了数据共享的应用范围。TODA 策略引入了多个第三方代理用于信任级别的评估，这可以很好地突破上述限制。

9.4.1　面向信任的数据访问控制信息流

面向信任的数据访问控制信息流分为两类：数据所有者可用或数据所有者不可用。当数据所有者 u 可用时，数据访问权完全由数据所有者控制。如果数据请求者评估的信任级别超过预定义的阈值，则数据所有者将为数据请求者 u' 颁发密钥[10,18]。当数据所有者不可用时，RC 负责数据访问控制。信息流由图 9.4 所示的 11 个步骤组成，包括数据存储和数据访问两个阶段，相关函数的定义如下。

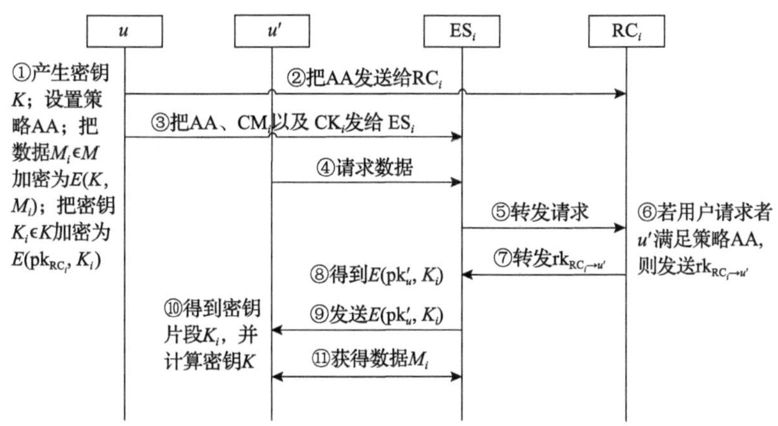

图 9.4　当数据所有者不可用时的数据访问控制信息流

(1) $E(\mathrm{Key},P)$：该函数描述了一个明文 P（消息片段 M_i 或密钥片段 K_i）由密钥 Key（生成的加密密钥 K，或 RC 的公钥 $\mathrm{pk_{RC}}$）加密。

(2) $\mathrm{REKeyGeneration}(\mathrm{pk_{RC}},\mathrm{sk_{RC}},\mathrm{pk}_{u'})$：该函数使 RC 基于其公钥 $\mathrm{pk_{RC}}$、私钥 $\mathrm{sk_{RC}}$ 和请求者 u' 的公钥 $\mathrm{pk}_{u'}$ 产生一个再加密密钥 $\mathrm{rk}_{\mathrm{RC}\to u'}$[19]。

(3) $\mathrm{RE}(\mathrm{rk}_{\mathrm{RC}\to u'},E(\mathrm{pk_{RC}},P))$：该函数使用再加密密钥 $\mathrm{rk}_{\mathrm{RC}\to u'}$ 把 $E(\mathrm{pk_{RC}},P)$ 转换为 $E(\mathrm{pk}_{u'},P)$[20]。

(4) $\mathrm{DivideKey}(K,h)$：该函数把输入的密钥 K 分成 h 个片段，其中 RC 数量 $\mathrm{NoRC} > h \geqslant 1$。

(5) CombineKey$(K_1,K_2,\cdots)$：该函数将密钥片段 K_i 解码为完整的密钥 K。

数据存储阶段调用了 3 个步骤，分别是如图 9.4 所示的步骤①～③。步骤①是数据准备。为了加强数据的安全性，数据在从终端设备发送到网络边缘之前可以先被加密。具体来说，数据所有者 u 生成加密密钥 K 和策略 AA，其中 AA 与访问数据的规则相关。每个数据块 M_i 将被生成的加密密钥 K 加密成 $E(K,M_i)$。密钥 K 也通过 DivideKey 被分割成多个片段，然后由纠删码编码生成 NoRC 个密钥片段。每个单独的密钥 K_i 被 RC_i 的公钥加密成 $E(\mathrm{pk}_{\mathrm{RC}_i},K_i)$。之后，数据所有者发送数据访问策略至 RC_i(步骤②)。与此同时，每一个加密的数据块 $\mathrm{CM}_i = E(K,M_i)$ 被发送到边缘服务器，每个加密的密钥片段 $E(\mathrm{pk}_{\mathrm{RC}_i},K_i)$ 会被传输到 RC_i 控制的边缘服务器(步骤③)。被 RC_i 控制的边缘服务器被称为 slave 边缘服务器，其存储 CK_i 和 CM_i。需要注意的是，即使原始数据没有加密，只要传输过程保证安全，本章的模型也可以在一定程度上保证数据存储的安全性。

数据请求阶段由 8 个步骤组成，分别是图 9.4 所示的步骤④～⑪。具体来说，当数据请求者 u' 要求获得数据时(步骤④)，所有有关的边缘服务器都会收到请求。相应的 RC_i 会对用户信任级别进行评估，确定其所属的 slave 边缘服务器是否可以传输数据给请求者，而其他相关服务器可以直接传输数据到数据请求者 u'(步骤⑤)。在步骤⑥中，当 RC_i 完成资格检查(例如，请求者的信任级别满足策略 AA)时，其通过 REKeyGeneration$(\mathrm{pk}_{\mathrm{RC}},\mathrm{sk}_{\mathrm{RC}},\mathrm{pk}_{u'})$ 产生再加密密钥 $\mathrm{rk}_{\mathrm{RC}_i\to u'}$。然后，每个 RC_i 将它的 $\mathrm{rk}_{\mathrm{RC}_i\to u'}$ 发送给下一级的 slave 边缘服务器(步骤⑦)。在步骤⑧，slave 边缘服务器首先将利用 $\mathrm{rk}_{\mathrm{RC}_i\to u'}$ 对 $E(\mathrm{pk}_{\mathrm{RC}_i},K_i)$ 进行再加密，产生 $E(\mathrm{pk}_{\mathrm{RC}_i},K_i)$，然后发送给数据请求者 u'(步骤⑨)。请求者可以利用其私钥解密获得密钥片段 K_i。当获得足够的密钥片段后，其可以利用 CombineKey$(K_1,K_2,\cdots)$ 函数获得完整的密钥 K(步骤⑩)和获得数据 M_i(步骤⑪)。这种方法支持加密数据的共享，而不暴露数据内容和用户的加密密钥。

9.4.2 信任驱动的数据访问控制

为了适应数据请求者未注册或某些 RC 处于非完全信任状态的情况，在 TODA 策略中加入了多个 RC 来共同进行访问控制。RC 在接收到数据请求时，有三种操作：①同意，即请求者的信誉度评估超出了策略 AA 的预定义阈值；②拒绝，即请求者的信誉度低于阈值；③中立，若数据请求者没有注册，则 RC 没有足够的数据来评估它的信誉度。

RC 可以根据信任级别的评估结果决定是否将再加密密钥 $\mathrm{rk}_{\mathrm{RC}_i\to u'}$ 发送到相应的 slave 边缘服务器。每个 RC 只管理自己负责的 slave 边缘服务器，这样不同 RC 对数据访问控制是独立的。如果 slave 边缘服务器的 RC 同意，那么该服务器发送数据，否则它将不发送数据。这样，请求者只能从获得 RC 同意的边缘服务器接收数据。当同意的 RC 数量超过一定阈值时，请求者可以按照 TLRC 方案对原始文件进行解码。因此，即使请求者没有在所有的 RC 上注册，只要有一定数量的 RC 认为请求者是可信的，他仍然可以访问数据，从而实现了灵活的数据访问控制。

此外，一些 RC 可能与请求者“串通共谋”，因为这些 RC 并非完全可信。为了避免这种情况，在 RC 将其评估结果发送到相应的 slave 边缘服务器之前部署一个 Summary 模块，如图 9.5 所示。具体来说，若至少一个 RC 的结果是拒绝，Summary 模块将直接禁止所有边缘服务器发送数据。通过这种方式，即使部分 RC 意图泄露数据，剩余的 RC 也可以通过其权限否决非法请求。

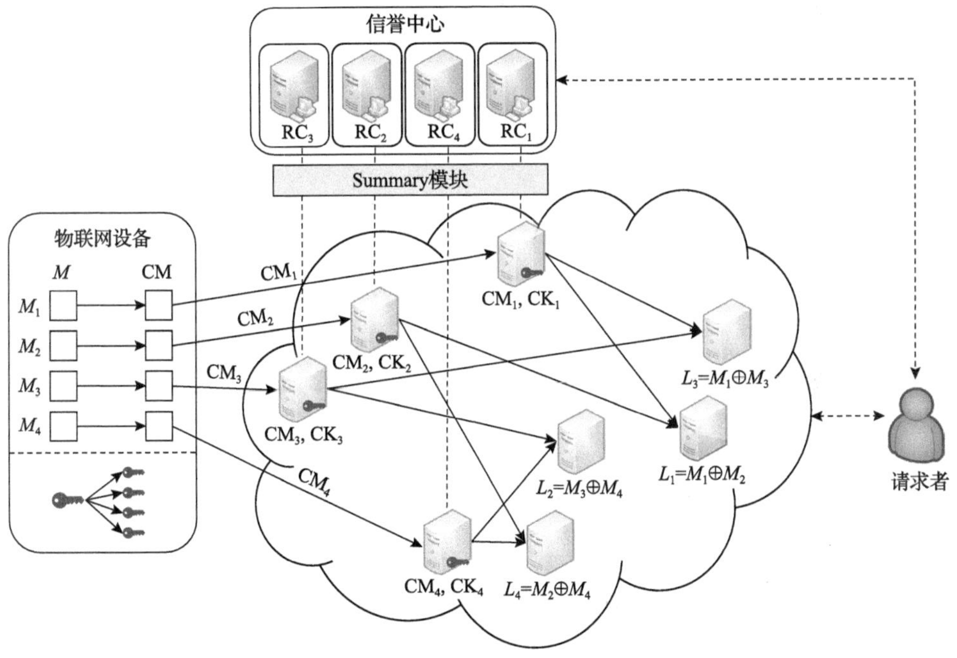

图 9.5　基于 TODA 策略的 RoSES 模型

图 9.5 展示了一个基于 TODA 策略的 RoSES 模型存储过程。本章设置了四个 RC（RC_1、RC_2、RC_3、RC_4）来管理数据的授权访问，即 NoRC=4 。在数据存储阶段，数据所有者 u 首先将原始数据 M 划分为 4 个数据块，然后使用生成的加密密钥 K 对其进行加密。密钥 K 通过 DivideKey(K,3) 被划分为 3 个单独的密钥，然后在终端设备上通过 RS(3,1) 纠删码编码为 NoRC=4 个密钥段。每个密钥段 K_i 分别使 RC_i 用的公钥 pk_{RC_i} 进行加密。所有这些加密密钥段 CK_i 被传输到附近的边缘服务器。

四个 slave 边缘服务器存储加密的数据块 CM_1、CM_2、CM_3、CM_4 和加密的密钥片段 CK_1、CK_2、CK_3、CK_4。当数据块的数量超过 RC 的数量时，即在 TLRC(k,r,l)

中，$k > \mathrm{NoRC}$，4 个 RC 仍然是足够的。因为即使用户获得其余服务器上的所有数据块，但是没有这四个 slave 边缘服务器上的数据块，用户依然无法通过 TLRC 获得原始数据。这是根据 TLRC 方案的特性设计的。也就是，当一行和一列中都有两个失效的块时，TLRC 不能重构原始数据。有了这个特性，可以选择安全性更高的边缘服务器作为 slave 边缘服务器，由 RC 直接管理。这一特性带来的另一个优势是能力弱的终端设备可以不需要对数据进行加密，RoSES 模型也可以在一定程度上保证数据存储的安全性。

9.4.3 不同 RC 数目下的数据泄露概率

在图 9.5 的案例中，设置 4 个 RC 来共同负责数据的访问控制。实际上，RoSES 模型可以使用更多的 RC 来共同管理全体数据的访问，以加强数据访问的安全性。数据加密和未加密时数据泄露的概率如下所示。

1）数据加密时的数据泄露概率

用 p 表示 RC 的不可信度，即 RC 故意做出错误决定的概率，用 γ 表示请求者在某一 RC 注册的概率。假设使用四个 RC 来进行信任度评估。原始数据采用 TLRC(9,3,3) 编码，加密密钥采用 RS(3,1) 编码。这样，当一个或多个 RC 同意而没有 RC 拒绝数据请求时，就可以重构加密的数据。只有在没有 RC 拒绝且至少有 3 个 RC 态度一致的情况下，才能对密钥进行重构。因此，加密数据泄露的概率 $\mathrm{DL}_e(4)$ 为

$$\mathrm{DL}_e(4) = p^4 + \mathrm{C}_4^3 p^3 (1-p)(1-\gamma) \tag{9.2}$$

式(9.2)可以进一步扩展到有 i 个 RC 的情况，其中 $i > 4$。假设加密密钥是用 RS$(i-1,1)$ 编码的，可得数据泄露的概率为

$$\mathrm{DL}_e(i) = p^i + \mathrm{C}_i^{i-1} p^{i-1} (1-p)(1-\gamma) \tag{9.3}$$

2）数据未加密时的数据泄露概率

加密时的数据泄露概率比未加密时要小，给出 4 个 RC 情况下数据不加密时的泄露概率 $\mathrm{DL}_{\mathrm{ue}}(4)$ 为

$$\begin{aligned}\mathrm{DL}_{\mathrm{ue}}(4) = {} & \mathrm{C}_4^1 p[(1-p)(1-\gamma)]^3 + \mathrm{C}_4^2 p^2 [(1-p)(1-\gamma)]^2 \\ & + \mathrm{C}_4^3 p^3 (1-p)(1-\gamma) + p^4\end{aligned} \tag{9.4}$$

式(9.4)也可以扩展到具有更多 RC 的场景中。值得注意的是，由于 TLRC 的特性，数据泄露概率会随着 RC 数量的不同甚至对应位置的不同而变化。考虑到数据泄露概率的不规律性和复杂性，本章只给出了 5 个和 6 个 RC 时的数据泄露概率

$$\begin{aligned}\mathrm{DL}_{\mathrm{ue}}(5) = &\mathrm{C}_5^1 p[(1-p)(1-\gamma)]^4 + \mathrm{C}_5^2 p^2[(1-p)(1-\gamma)]^3 \\ &+ \mathrm{C}_5^3 p^3[(1-p)(1-\gamma)]^2 + \mathrm{C}_5^4 p^4(1-p)(1-\gamma) + p^5\end{aligned} \tag{9.5}$$

$$\mathrm{DL}_{\mathrm{ue}}(6) = \mathrm{C}_6^1 p[(1-p)(1-\lambda)]^5 + \mathrm{C}_6^2 p^2[(1-p)(1-\gamma)]^4 + \mathrm{C}_6^3 p^3[(1-p)(1-\gamma)]^3 + \cdots + p^6 \tag{9.6}$$

9.5　实验设计和性能评估

本节首先介绍实验设计细节，包括拓扑结构、对比算法和评价指标，然后展示实验结果并对相关性能指标进行评估。

9.5.1　实验设计

1. 拓扑结构

本章生成了节点数量从 40 个到 220 个不等的网络拓扑来进行实验。网络拓扑采用了随机 ER 图[21]构造方法而生成。在实验中，网络拓扑中的每个节点都代表一台边缘服务器。假设链路的使用成本与它的物理长度成正比。为此，将生成的随机图均匀地嵌入 25×25 的网格中，并将链路代价设为相应的距离。此外，将网络拓扑中每条链路的带宽设置为 1Gbit/s，每个数据文件的大小设置为 1GB。

2. 对比算法

在后续实验中，对以下两种方案进行对比：①LRC。该编码是微软的 Azure 存储系统[16]、Facebook 的 HDFS-Xorbas[13]等采用的容错编码方案，其会代替传统的 RS 编码。LRC(12,2,2) (缩写为 LRC2）是微软 Azure 存储系统采用的编码方式，而 LRC(12,6,2) (缩写为 LRC6）是 Xia 等[17]针对微软 Azure 存储系统而设计的一种快速编码方式。在实验中，LRC 的局部和全局奇偶校验块均在边缘服务器上计算，以减少终端设备的计算压力。②TLRC。本章提出的该算法仅根据同一行或同一列上的一组数据块生成局部奇偶校验块。比较不同的 TLRC 编码结构 TLRC(4,2,2)、TLRC(9,3,3)和 TLRC(16,4,4)的性能，分别记为 TLRC4、TLRC9、TLRC16。

3. 评价指标

主要评估以下三个操作的性能：①数据存储。在数据存储操作中，原始数据以分布式的方式分别存储在多台边缘服务器上。这个过程包括数据块传输（被分割的数据块从终端设备传输到边缘服务器）和奇偶校验块生成（数据块在边缘服务器之间进一步传输以生成本地/全局奇偶校验块）。②降级读。当读取某个不可用的数据块(如服务器暂时故障或者离线)时，系统调用降级读操作来恢复这个失效的数据块。③数据访问。对于数据所有者，可以通过生成的密钥直接访问数据。对于数据请求者，需要重构加密数据和加密密钥以获得原始数据。当恶意数据请求者也通过该过程获取原始数据时，就会发生数据泄露。

主要对比如下两个性能指标：①代价：以网络拓扑中每条链路的预设代价为基础，存储/降级读代价是指数据存储/降级读过程中数据传输的总代价。传输路径是基于最小生成树[22]来确定的。②延迟：在链路带宽和数据量给定的情况下，存储/降级读延迟是指在存储/降级读操作中，所有相关的数据块通过最低成本的链路到达其目标边缘服务器的传输时间。

9.5.2 性能评估

本节开展大规模实验来评估本章提出的 RoSES 模型的性能。后续所有的实验结果都是在每个实验配置下重复 100 轮次后的平均结果。

1. 数据存储操作的性能评估

使用五种编码结构来评估数据存储操作，即 LRC(12,2,2)、LRC(12,6,2)、TLRC(4,2,2)、TLRC(9,3,3)和 TLRC(16,4,4)。

图 9.6(a)描述了存储过程的代价与边缘服务器数量的关系。虽然 LRC(12,6,2)和 LRC(12, 2, 2) 编码方案中存储一个文件的数据块比 TLRC(16,4,4) 编码方案少，但 LRC 方案的存储代价更高。因为 LRC 方案要求所有的数据块都被传输并集齐后才能生成全局奇偶校验块，而 TLRC 方案需要传输并集齐一组数据块即可生成局部奇偶校验块。此外，对于 TLRC 方案，存储过程的代价随着数据块粒度的减小而增大(原始数据被分割成更多的数据块)。其根本原因是当原始数据被划分成更多的数据块时，在块传输过程中会消耗更多的网络资源。此外，随着网络规

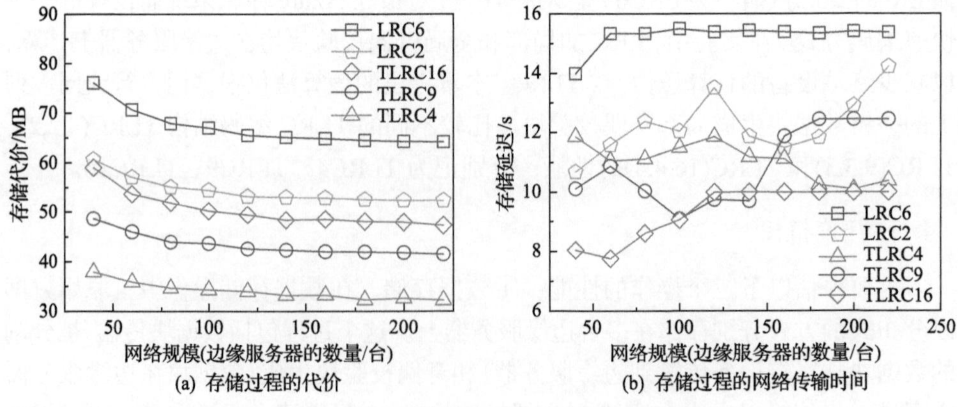

(a) 存储过程的代价　(b) 存储过程的网络传输时间

图 9.6 LRC 和 TLRC 数据存储操作的性能对比

模(边缘服务器的数量)的扩展，所有方法在存储过程中的传输代价都逐渐降低，这是因为网络中备选的边缘服务器变多了，终端设备可以选择代价更低的边缘服务器来存储数据。

图 9.6(b)根据网络规模的大小，描述了存储过程的平均传输时间。TLRC 方案会随着文件被切分为更小的数据块而获得更低的传输延迟。其根本原因是，当原始文件被分割成粒度更小的更多数据块时，其可以选择更多的存储服务器来分散存储这些数据块，数据块也因此被分散到更多的链路上进行传输，从而降低了全体数据块的存储延迟。

2. 降级读操作的性能评估

分别从降级读的传输代价和延迟两个方面评估单台服务器故障和两台服务器同时故障时的数据块恢复性能。为了揭示 LRC 和 TLRC 方案的本质区别，本节只比较 TLRC(9,3,3) 和 LRC(12,6,2) 的性能，它们包含相同比例的冗余数据，即 $\frac{l+r}{k+l+r}=\frac{3+3}{9+3+3}=\frac{6+2}{12+6+2}=0.4$。

图 9.7 展示了边缘存储系统采用 LRC 和 TLRC 编码时的降级读操作性能。其中，图 9.7(a)和(b)展示了两种编码在恢复单个失效块时的性能，两个失效块同时修复的性能在图 9.7(c)和(d)中展示。可以看出，TLRC(9,3,3)的平均降级读代价显著大于 LRC(12,6,2)。根本原因是，在 LRC(12,6,2)编码中，只有很小的可能性恢复全局奇偶校验段，但是会产生巨大的降级读代价。对于一般数据块或局部奇偶校验块的失效，数据块的重构过程可以在单个分组的范围内完成。也就是说，LRC 方案将两个存储块转移到新的存储服务器即可修复一个失效块，相比之下，TLRC 方案需要转移 3 个相关的数据块到新的存储服务器才可修复一个失效块。另外，所有参与比较的编码方案中，其降级读操作的代价都会随着网络规模的扩大而逐渐降低。基本原因是网络规模扩大之后易于找到代价更小的最小生成树结构，支持多个数据块向新的存储服务器汇聚。

图 9.7(b)展示了 LRC(12,6,2) 和 TLRC(9,3,3) 编码支持下恢复一台故障服务器时，降级读延迟的平均取值随网络规模扩展的变化趋势。结果显示，LRC(12,6,2)的降级读延迟比 TLRC(9,3,3) 的降级读延迟要长，这是因为在 LRC(12,6,2) 方案中，构建失效的全局奇偶校验块会给低代价的链路造成更严峻的拥塞，从而对平均延迟带来较大影响。

图 9.7(c)展示了 LRC(12,6,2) 和 TLRC(9,3,3) 编码支持下恢复两台故障服务器时，降级读代价随网络规模扩大的变化趋势。两条曲线的变化趋势同恢复一台故障服务器场景下的实验结果图 9.7(a)一致。但是，无论是 LRC(12,6,2) 编码还是 TLRC(9,3,3) 编码，恢复两台故障服务器时的降级读代价要比恢复一台故障服务

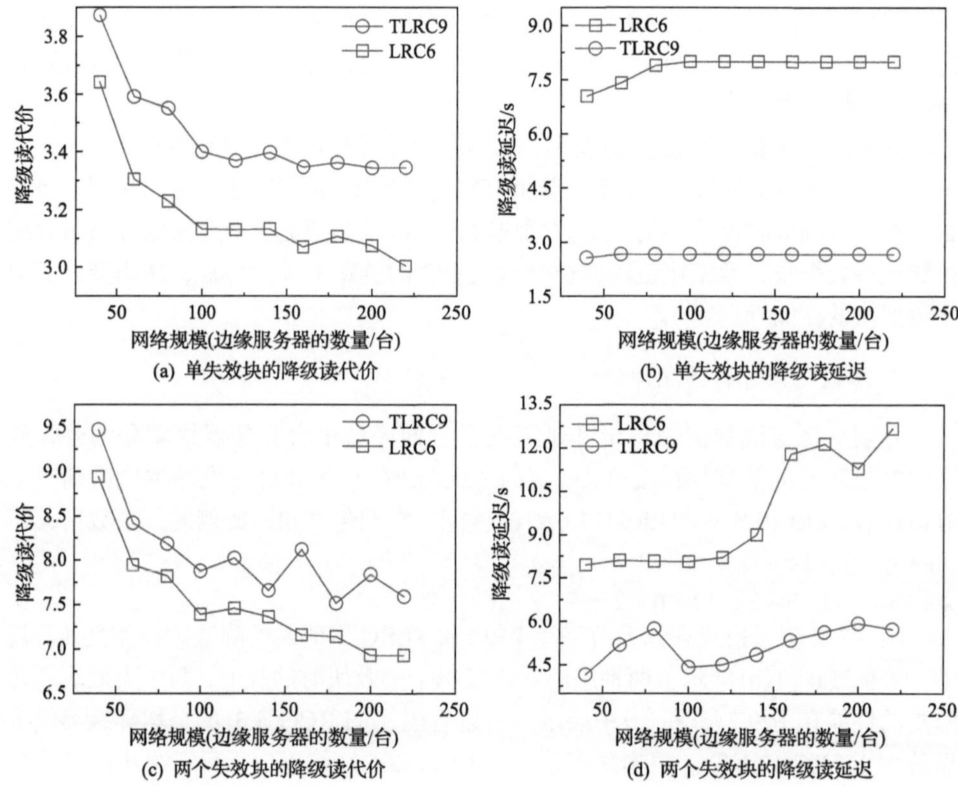

(a) 单失效块的降级读代价　(b) 单失效块的降级读延迟

(c) 两个失效块的降级读代价　(d) 两个失效块的降级读延迟

图 9.7　采用 LRC(12,6,2) 和 TLRC(9,3,3) 时降级读操作的性能

器时的降级读代价多 1 倍不止。发生这一现象的原因是基于最小代价生成树的最优传输路径被用于恢复单台故障服务器上的一个失效块。但是，当有两个失效块分别发生在两个故障服务器时，一台故障服务器可能正好位于恢复另一台故障服务器失效块的最优路径上。此时，不得不使用次优的传输路径来恢复这两个失效数据块，因此造成更多的降级读代价。

图 9.7(d)展示了 LRC(12,6,2) 和 TLRC(9,3,3) 支持下恢复两台故障服务器时，降级读延迟的平均取值随网络规模扩大的变化趋势。无论何种编码场景，恢复两个失效块的降级读延迟随着网络规模扩大的增长趋势比恢复一个失效块的降级读延迟的增长趋势显著很多。根本原因是构造的最优生成树涵盖更多的节点，其中低代价链路会被过度消耗，导致更严重的拥塞和降级读延迟的增加。

3. 数据访问操作的性能评估

评估每个 RC 在不同贿赂概率下发生数据泄露的概率。数据存储采用 TLRC(9,3,3) 编码，加密后的密钥用 RS($i-1$,1) 进一步编码产生多个密钥片段，其中 i 表示 RC 的数量。

图 9.8 显示了使用不同数量的 RC 时消息加密/不加密场景下的数据泄露概率。交叉线表示贿赂概率，作为测试基准，其用来表示只使用一个 RC 时的数据泄露概率。相比于测试基准，当 RC 数量较多时，数据泄露概率会被有效地降低，这证明了多个 RC 参与数据访问控制的有效性。随着对数据请求者进行信用级别评估时借助的 RC 数量的增加，数据泄露概率会下降，因为恶意的数据请求者必须和更多个 RC 合谋才能重构原始文件。此外，消息不进行加密时 (DL_{ue})，边缘存储系统也可以在一定范围内避免数据泄露。这主要是依赖 TLRC 的独特编码机制，数据请求者必须获得足够数量的数据块才能解码获得原始数据。然而，在相同数量的 RC 配置下，消息不加密面临的数据泄露概率比消息加密面临的数据泄露概率要大很多。背后的根本原因是消息不加密时会忽略加密密钥重构的环节，这会弱化边缘存储系统的数据安全防护能力。

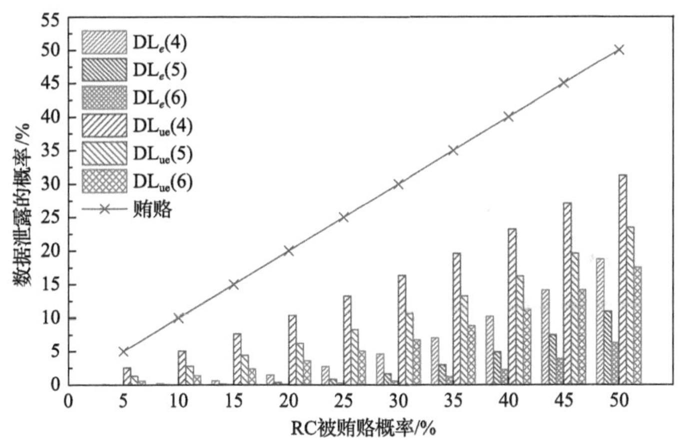

图 9.8　不同 RC 数量下的数据泄露概率

综上所述，本章所提基于 TODA 的 RoSES 模型能够实现边缘数据存储、数据访问，以及数据块失效恢复的功能。尤其是，在数据块冗余度相同的情况下，TLRC 模式能够节省 35.4%的存储代价和降低 30.8%的存储延迟。在一台存储服务器故障导致的数据恢复场景下，TLRC 编码模式能够将数据的读延迟降低 76.6%，同时只带来 8.7%的降级读代价。此外，在 TODA 策略下，数据泄露概率随着更多 RC 的引入会显著下降。

9.6　本 章 小 结

本章提出了一种安全可信的边缘存储模型 RoSES，实现了大量终端数据在边缘存储系统中的可靠性存储和高效共享。首先对现有的纠删码进行改进，提出了

TLRC 方案，以保证边缘数据安全且可靠地存储。基于 TLRC 方案，利用边缘服务器之间异步的编码方式，降低了终端设备的计算负担。为实现终端设备数据的灵活高效共享，进一步提出了 TODA 策略，为大规模数据共享提供了适应性更强的数据访问控制机制。最后，实验结果证明了该边缘存储模型的安全性和可靠性。

参 考 文 献

[1] Neumann D, Bodenstein C, Rana O F, et al. STACEE: Enhancing storage clouds using edge devices[C]//Proceedings of the 1st ACM/IEEE Workshop on Autonomic Computing in Economics, Karlsruhe, 2011.

[2] Rizzo F, Spoto G L, Brizzi P, et al. Beekup: A distributed and safe P2P storage framework for IoE applications[C]//Proceedings of the 20th Conference on Innovations in Clouds, Internet and Networks, Paris, 2017.

[3] Aral A, Ovatman T. A decentralized replica placement algorithm for edge computing[J]. IEEE Transactions on Network and Service Management, 2018, 15(2): 516-529.

[4] Lin H Y, Tzeng W G. A secure erasure code-based cloud storage system with secure data forwarding[J]. IEEE Transactions on Parallel and Distributed Systems, 2012, 23(6): 995-1003.

[5] Lin H Y, Tzeng W G. A secure decentralized erasure code for distributed networked storage[J]. IEEE Transactions on Parallel and Distributed Systems, 2010, 21(11): 1586-1594.

[6] Yan Z, Li X Y, Wang M J, et al. Flexible data access control based on trust and reputation in cloud computing[J]. IEEE Transactions on Cloud Computing, 2017, 5(3): 485-498.

[7] Goh E J, Shacham H, Modadugu N, et al. SiRiUS: Securing remote untrusted storage[C]//Proceedings of the Network and Distributed System Security Symposium, San Diego, 2003.

[8] Bethencourt J, Sahai A, Waters B. Ciphertext-policy attribute-based encryption[C]//Proceedings of the IEEE Symposium on Security and Privacy, Oakland, 2007.

[9] Zhou L, Varadharajan V, Hitchens M. Achieving secure role-based access control on encrypted data in cloud storage[J]. IEEE Transactions on Information Forensics and Security, 2013, 8(12): 1947-1960.

[10] Yu S C, Wang C, Ren K, et al. Achieving secure, scalable, and fine-grained data access control in cloud computing[C]//Proceedings of IEEE International Conference on Computer Communications, San Diego, 2010.

[11] Wang G J, Liu Q, Wu J, et al. Hierarchical attribute-based encryption and scalable user revocation for sharing data in cloud servers[J]. Computers and Security, 2011, 30(5): 320-331.

[12] Tamo I, Barg A. A family of optimal locally recoverable codes[J]. IEEE Transactions on Information Theory, 2014, 60(8): 4661-4676.

[13] Sathiamoorthy M, Asteris M, Papailiopoulos D, et al. XORing elephants: Novel erasure codes for big data[J]. Proceedings of the VLDB Endowment, 2013, 6(5): 325-336.

[14] Rashmi K V, Shah N B, Gu D K, et al. A "hitchhiker's" guide to fast and efficient data reconstruction in erasure-coded data centers[C]//Proceedings of the ACM Conference on SIGCOMM, Chicago, 2014.

[15] Rashmi K V, Shah N B, Gu D K, et al. A solution to the network challenges of data recovery in erasure-coded distributed storage systems: A study on the Facebook warehouse cluster [C]//Proceedings of the 5th USENIX Conference on Hot Topics in Storage and File Systems, San Jose, 2013.

[16] Huang C, Simitci H, Xu Y K, et al. Erasure coding in windows azure storage[C]//Proceedings of the USENIX Conference on Annual Technical Conference, Boston, 2012.

[17] Xia M Y, Saxena M, Blaum M, et al. A tale of two erasure codes in HDFS[C]//Proceedings of the 13rd USENIX Conference on File and Storage Technologies, Santa Clara, 2015.

[18] Wan Z G, Liu J E, Deng R H. HASBE: A hierarchical attribute-based solution for flexible and scalable access control in cloud computing[J]. IEEE Transactions on Information Forensics and Security, 2012, 7(2): 743-754.

[19] Ateniese G, Fu K, Green M, et al. Improved proxy re-encryption schemes with applications to secure distributed storage[J]. ACM Transactions on Information and System Security, 2006, 9(1): 1-30.

[20] Okamoto E, Mambo M. Proxy cryptosystems: Delegation of the power to decrypt ciphertexts[J]. IEICE Transactions on Fundamentals of Electronics, Communications and Computer Sciences, 1997, A-80(1): 54-63.

[21] Erdős P, Rényi A. On random graphs I[J]. Publicationes Mathematicae-Debrecen, 1959, 6: 290-297.

[22] Pettie S, Ramachandran V. An optimal minimum spanning tree algorithm[J]. Journal of the ACM, 2002, 49(1): 16-34.

第 10 章　边缘计算的在线任务分派和调度方法

前面章节详述了边缘计算的新型架构，以及如何提供边缘存储这一基础性服务。本章和后续章节将重点讨论边缘计算环境如何提供第二类基础服务，即计算服务。大量终端设备会将本地任务分派到附近的边缘服务器进行计算，并希望边缘服务器通过有效的任务调度方法使任务平均响应时间最小化。然而，要实现这一目标面临两方面的挑战：①在任务分派阶段，边缘计算环境中各类可用资源的动态特性使得终端设备很难选择最佳的边缘服务器；②在任务调度阶段，每台边缘服务器常常会面临多个卸载的计算任务需要处理，这会导致任务的平均响应时间长，甚至出现严重的任务饥饿问题。为了解决上述问题，本章结合 OL 和 DRL 理论，提出一种在线任务分派和调度(online task dispatching and scheduling, OTDS)方法。该方法会实时估计网络状况和各台边缘服务器的负载，并同时考虑任务对网络资源和计算资源的消耗，保持任务调度的公平性和效率。实验结果表明，OTDS 方法能够根据任务的时间敏感性要求，将边缘计算环境的网络资源和计算资源动态分配给大量终端设备的卸载任务。此外，OTDS 方法在任务调度的效率和公平性方面优于现有方法，并会显著降低任务的平均响应时间。

10.1　引　　言

10.1.1　问题背景

物联网[1]设备等网络终端设备取得了蓬勃发展，产生了大规模历史数据和实时数据。当前，终端设备配置的计算和存储资源并不充裕，这令其执行本地数据处理任务时往往会花费大量的时间，从而导致较差的 QoS[2]。为此，终端设备会选择将计算密集型的本地任务卸载到远程的云数据中心去执行[3]。然而，终端设备与云数据中心之间的网络传输距离太长，大规模数据和任务传输会带来不小的通信延迟，这对那些时间敏感的应用/服务来说是无法接受的。近年来，边缘计算模式的出现成为云计算模式的有益补充，其通过在更靠近终端设备的网络边缘[4,5]提供边缘计算环境来解决上述问题。通过将终端设备上难处理的任务卸载到合适的边缘服务器，终端用户可以获得比云计算服务更好的 QoS，同时有效节省了终端设备上的有限资源。

与云数据中心提供的计算资源相比，每台边缘服务器配备的计算资源非常局限，难以同时响应从终端用户卸载的所有任务，特别是分派来的任务数量太大时[6,7]。为此，边缘计算环境在为大规模终端设备提供计算服务时需要解决两个基本问题：①每个从终端设备卸载的任务应该分派到哪台边缘服务器来处理，即任务分派问题；②每台边缘服务器以怎样的顺序处理被分派的卸载任务，即任务调度问题。任务调度问题的理想方法应使已卸载任务的平均响应时间(延迟)最小。虽然任务分派和调度问题在云计算环境中已经得到了很好的研究[7-9]，但是在新兴的边缘计算场景中这两个问题仍然面临很大的挑战。

在探索边缘计算的任务分派问题时，本章发现各台边缘服务器的计算负载总是处于变化状态，并且难以预先开展较为准确的预测。此外，边缘计算环境中网络链路的可用带宽也是如此。然而，现有的一些研究并没有考虑服务器负载和网络可用资源的动态特性。Nearest 调度方法[10-12]只是将终端用户的请求分派到最近的边缘服务器，这可能会导致严重的网络拥塞和服务器过载。另外，一些文献假设可以提前获知网络状态和服务器负载[10,13-15]，然而这一假设在实际场景中难以成立。

边缘计算的任务调度问题在本质上是令各台边缘服务器采用一种高效的方法来调度已分派的大量计算任务，以使整批计算任务的平均响应时间最小化。然而，传统的解决方案可能会导致严重的任务饥饿问题，即任务由于较长的等待时间而错过了要求的最后期限。例如：①广泛应用的先到先服务(first come first serve, FCFS)[10,11,16]调度方法，由于大任务可能会较早到达某台边缘服务器，此方法会导致后续到达的小任务出现严重的饥饿问题；②最流行的短任务优先(shortest job first, SJF)[17,18]方法，由于大量小任务处理的优先级可能会较高，此方法会导致少数大任务出现饥饿问题。本章发现循环调度(round robin, RR)[19]方法可以保证任务间资源分配的公平性，具有缓解上述饥饿问题的潜力。然而，传统的 RR 方法只是在每一轮中为每个任务分派相同数量的资源或资源占用时间。由于任务之间的异构性，这种仅追求调度公平性的方法实际调度效率比较低下。因此，大任务在完成前可能会运行多轮次，这仍然会导致其错过要求的最后期限。

本章提出边缘计算环境中终端设备卸载任务的 OTDS 问题。具体而言，重点解决如下两个问题：①如何估计动态变化的边缘网络状态和服务器负载，并令每个任务分派到最优边缘服务器并且不会造成网络拥塞和服务器过载；②每台边缘服务器如何调度被分派的任务并分配资源，以最小化任务的平均响应时间，同时保证调度的效率和公平(如避免严重的任务饥饿问题)。

本章结合 OL[20]和 DRL[21]理论，提出一种 OTDS 方法。该方法在边缘网络状态和边缘服务器负载动态变化的情况下，同时考虑任务调度的效率和公平性。具体来说，本章提出一个基于 OL 的任务分派模块和一个基于 DRL 的任务调度模块。对于任务分派模块来说，OTDS 采用了多臂老虎机方法，以任务的响应延迟作为奖励，实时更新边缘网络的状态和服务器的负载状态。本章为每个卸载的终端任务选择回报最大的边缘服务器，可以有效地提高调度效率，避免网络拥塞和服务器过载。对于任务调度器来说，OTDS 结合了 RR 方法和深度 Q 网络(deep q-network, DQN)方法训练一个神经网络。它会通过最大化奖励函数评估的奖励额度来生成最优调度策略，该奖励函数会将任务的处理时间和任务的等待时间都考虑在内。任意边缘服务器可以根据每个任务的时间敏感性要求动态地为其分配资源。OTDS 方法可以最小化任务的平均响应时间，保持所有任务之间的调度效率和公平性。本章的主要贡献总结如下。

(1)本章对边缘计算场景中的最优任务分派和任务调度问题进行建模，并将其建模为一个非线性优化问题。考虑到边缘网络的动态性以及边缘服务器资源受限的特性，本章分析现有的解决方案存在调度效率低下和不公平的严重问题。

(2)本章提出 OTDS 方法。该方法通过在线估计网络状态和服务器负载，将任务动态分配给最佳边缘服务器。此外，每台边缘服务器上的任务调度方法运用了一种新的 RR 机制，其与 DRL 理论相结合可以根据任务的时间敏感性为其动态分配资源，以保持任务调度的效率和公平性。

(3)用真实数据集进行广泛的实验。结果表明，与其他对比方法相比，OTDS 方法能够保持较低的平均响应时间和最低的任务延误率。此外，OTDS 方法能够很好地平衡大任务和小任务之间的资源分配，从而避免发生严重的任务饿死现象。

10.1.2 研究现状

和本章关系最密切的相关研究主要归为三类：边缘计算中的任务分派、云计算中的多任务公平调度和循环调度理论。

1. 边缘计算中的任务分派

边缘计算中的任务调度问题引起了人们的广泛关注。OnDisc[13,22]是边缘计算领域代表性的在线任务分派和调度方法，它将每个任务分派到边缘服务器，使全体任务的加权总响应时间最小。Meng 等[14]提出了一种在线任务分派调度方法 Dedas，该方法以完成任务数最大和平均完成时间最小为目标，将每项卸载任务分派到合适的边缘服务器。Guo 等[15]提出了 eDors 方法，其动态地卸载任务并为其调度资源以获得节能优化的终端任务卸载。Jia 等[10]通过排队理论和几种可以实现负载均衡的启发式策略来解决边缘计算的任务分派问题。

上述方法的共同假设是网络状态和服务器负载是预先可知的，但实际情况是这两方面的状态在不断动态变化。为此，边缘任务分派问题的求解首先需要实时估计动态变化的边缘网络状态和边缘服务器负载。

2. 云计算中的多任务公平调度

任务公平调度在集群和云计算中得到了广泛研究。Ghodsi 等[23]提出了一种多维资源的公平分配机制，该机制可以将单资源分配扩展为多种类型的资源分配。Chen 等[24]提出了一种基于公平共享的任务公平调度方法，可以提供可预测的性能，保证任务在一定的延迟内完成。Wei 等[25]提出了一种基于博弈论和演化机制的方法，改变了多方参与情况下初始最优解的多路复用策略，使其效率损失最小化，该机制在调度效率和公平性方面都有很好的表现。

与云数据中心相比，边缘计算环境中单台服务器的资源配置非常有限，因此其更需要合理、公平地为承载的全体任务调度和分配好资源。然而，关于如何解决边缘计算中任务调度不公平问题的研究很少，因此为了支持越来越多的终端设备向边缘计算环境卸载任务，本章特别研究边缘计算中多任务调度的公平性和效率问题。

3. 循环调度理论

RR 方法[19]是一种简单且广泛应用的多任务公平调度方法。如图 10.1 所示，传统的 RR 方法只有一个任务队列，其对队列中的任务按顺序依次进行处理，确保每个任务在执行时分配到相同的计算资源。然而，该方法在调度大规模大小混合任务时，不能根据任务的时间敏感性需求而动态地分配资源给任务，导致效率变得很低。因此，为了提高 RR 方法的效率，研究者对其原始方法进行了各种改进。

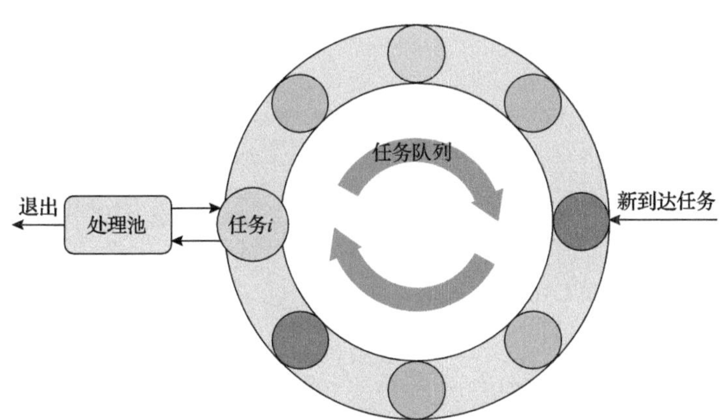

图 10.1　循环调度理论的一个简单模型

在每一轮中，处理池将分配资源给队列的头部任务，其他任务在队列中等候

Yadav 等[26]提出了一种改进的 RR 方法，该方法将传统的 RR 方法与 SJF 方法相结合，在任务调度过程中考虑了任务的优先级。学术界提出了另一种版本的多

级反馈队列调度方法[27,28]，该方法设计了多个任务队列，并给每个队列分配了不同的优先级。另有一些基于优先级的 RR 方法[29-31]，会按照优先级对任务进行排队，具有较高优先级的任务在早期被处理，具有较低优先级的任务在后期被处理。这些方法考虑了任务的时间敏感性，因此能够更好地提供较高的 QoS。

任务发生的随机性和网络状态的动态变化特性会严重制约这些方法的性能。因此，工业界迫切需要一种在线调度方法来应对上述挑战。本章首次结合 DRL 方法，提出一种改进的 RR 方法。这种组合能够很好地适应诸多任务的多样化时间敏感性要求，并且能同时兼顾调度的效率和公平性。

10.2　问题表述和系统模型

10.2.1　问题表述

如图 10.2 所示，本章认为某边缘网络中有 J 台边缘服务器，记为 $E=\{E_1,E_2,\cdots,E_J\}$。每台边缘服务器上可能有多个已配置好的应用程序/服务。此外，假定有 K 个 AP，如蜂窝通信网络的基站，每个基站都在一定通信半径内为用户提供服务，例如，一个宏基站的服务范围是 1km。终端用户以无线方式接入某个 AP，并将本地任务从终端设备卸载到该 AP，然后 AP 将卸载的任务分派给边缘网络中的边缘服务器。任务到达边缘服务器后，它将在任务队列中等待处理。值得注意的是，边缘网络可以连接到具有更充足计算资源的远程云数据中心，本章只研究边缘服务器之间的任务协同调度问题。

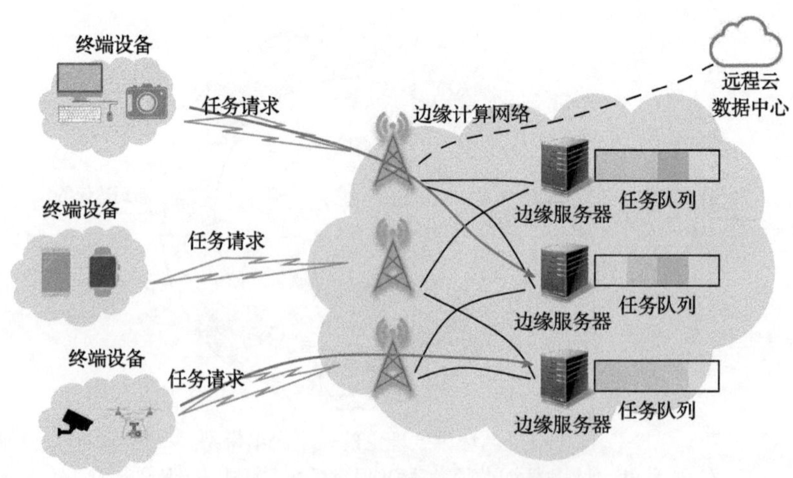

图 10.2　边缘计算系统的示意图

边缘服务器放置在网络边缘，以较低的延迟响应从终端设备卸载而来的任务。边缘服务器存储和管理各种来源的数据，执行本地和分派而来的各种任务。特别地，对于任意边缘服务器E_j，本章分别用S_j和C_j表示它的存储和计算资源(每秒处理的数据量)。受资源数量的限制，每台边缘服务器都期望合理地分配资源，以最大限度地提高执行效率。此外，同文献[14]和[22]一样，本章假设每台边缘服务器一次最多只能执行一个任务，并且不能将某台边缘服务器上的任务迁移到另一台边缘服务器上执行。

本章用集合$T=\{T_1,T_2,\cdots,T_N\}$表示从用户终端设备卸载的任务，其中$|T_i|$表示任务T_i的大小，以字节为基本单位。值得注意的是，终端设备卸载到边缘计算环境的很多任务可能是时间敏感类任务，如自动驾驶车辆[32]、虚拟现实[33]和实时检测[34]，这些任务往往会有严格的完成截止期限。因此，对于任意给定的边缘任务T_i，本章用T_i^d表示用户要求的完成截止期限。

为了使所有边缘任务的平均响应延迟最小，本章将每个任务的总延迟D_i分为两部分：由任务分派环节决定的外部延迟D^e和由任务调度环节决定的内部延迟D^f。任务T_i的响应总延迟定义为$D_i=D_i^e+D_i^f$。如果$D_i>T_i^d$，那么该任务就会错过用户要求的截止期限；否则，该任务会赶在截止期限之前完成。其中：①任意任务的外部延迟表示该任务从用户的终端设备传送到被分派边缘服务器的传输延迟；②任意任务的内部延迟表示该任务从抵达某边缘服务器到被完成的时间，包括等待延迟和处理延迟。本章后续分别对任意任务的这两部分延迟进行建模。

10.2.2　外部延迟和内部延迟的建模

1. 外部延迟的建模

本章将任务T_i的外部延迟D_i^e进一步划分为四个阶段：①$D_i^{e_1}$表示从用户端设备到 AP 的传输延迟；②$D_i^{e_2}$表示从 AP 到边缘服务器的传输延迟；③$D_i^{e_3}$表示从该边缘服务器返回到 AP 的传输延迟；④$D_i^{e_4}$表示从该 AP 返回到用户终端设备的传输延迟。因此，任务的上传延迟为$D_i^{e_1}+D_i^{e_2}$，而任务执行结果的下载延迟为$D_i^{e_3}+D_i^{e_4}$。

终端用户如果要向边缘计算环境卸载特定任务，首先应该以无线方式连接到最近的 AP。为了表示任务T_i和 AP 之间的连接关系，本章为任务T_i定义了以下向量：

$$c_i=[c_i^{\,1},c_i^{\,2},\cdots,c_i^{\,K}] \tag{10.1}$$

式中，$c_i^{\,k}$为二进制取值，$c_i^{\,k}=1$表示任务T_i将被分派并传输到第k个 AP，否则

$c_i^k = 0$。

考虑到 AP 提供的带宽会动态变化，本章将 t 时刻的带宽表示为

$$b^w(t) = [b_1^w(t), b_2^w(t), \cdots, b_K^w(t)] \tag{10.2}$$

式中，$b_k^w(t)$ 表示第 k 个 AP 提供的带宽(单位是 bit/s)，并且任务从终端设备传输到最近 AP 会存在信道传播延迟(第一个报文从终端设备抵达该 AP 的时间)。

本章用 l_k 表示从终端设备到第 k 个 AP 的信道传播延迟。由于终端设备与 AP 之间的距离相对较短，本章假设在同一个 AP 覆盖区域内上传的任务具有相同的信道传播延迟 l_k。因此，$D_i^{e_1}$ 可以表示为

$$D_i^{e_1} = l_k + \frac{|T_i|}{c_i b_k^w(t)} \tag{10.3}$$

式中，右侧的第一部分是信道传播延迟 l_k；第二部分是该任务的上传延迟。

本章进一步定义了如下矩阵来表示任务 T_i 在 AP 和边缘服务器之间的传输：

$$F_i = \begin{bmatrix} f_i^{1,1} & \cdots & f_i^{1,J} \\ \vdots & & \vdots \\ f_i^{K,1} & \cdots & f_i^{K,J} \end{bmatrix} \tag{10.4}$$

式中，$f_i^{k,j} (k = 1,2,\cdots,K; j = 1,2,\cdots,J)$ 为二进制取值，$f_i^{k,j} = 1$ 表示任务 T_i 将从第 k 个 AP 传输到第 j 台边缘服务器 E_j，否则，$f_i^{k,j} = 0$。

在任意时刻 t，AP 与边缘服务器之间链路的带宽可以表示为

$$B^n(t) = \begin{bmatrix} b_{1,1}^n(t) & \cdots & b_{1,J}^n(t) \\ \vdots & & \vdots \\ b_{K,1}^n(t) & \cdots & b_{K,J}^n(t) \end{bmatrix} \tag{10.5}$$

式中，$b_{k,j}^n(t)$ 表示第 k 个 AP 与边缘服务器 E_j 在 t 时刻的带宽(单位是 bit/s)，$b_{k,j}^n(t) = 0$ 表示第 k 个 AP 与边缘服务器 E_j 没有连接。另外，第 k 个 AP 与边缘服务器 E_j 之间的链路都有一个传播延迟 $e_{k,j}$，主要由对应的距离决定。

因此，$D_i^{e_2}$ 可以表示为

$$D_i^{e_2} = e_{k,j} + \frac{|T_i|}{\left\| F_i \otimes B^n(t) \right\|_2} \tag{10.6}$$

式中，符号 $\otimes$ 表示两个矩阵相应元素的乘法操作；$\|\cdot\|_2$ 为矩阵的 L2 范数。本章假设任务在边缘服务器上处理所得的数据量较小，为此只考虑处理结果从边缘服务器到终端用户下载过程的传播延迟，即 $D_i^{e_3}=e_{k,j}$，$D_i^{e_4}=l_k$。

因此，任务 T_i 的外部延迟(四个阶段)可表示为

$$D_i^e = D_i^{e_1} + D_i^{e_2} + D_i^{e_3} + D_i^{e_4} \tag{10.7}$$

2. 内部延迟的建模

在原有 RR 模型的基础上，本章设计一种新的多队列加权 RR 模型，其框架如图 10.3 所示。作为 RR 模型的一种变体，多队列加权 RR 模型包含两种队列：①一个任务等待队列，用于保存到达边缘服务器但尚未完成的任务；② n 个任务完成队列，用于保存 n 个任务中已完成部分的结果。具体而言：①等待队列中的第一个任务进入处理池进行任务处理，而且边缘服务器 E_j 具有固定的计算能力 C_j；②每个任务完成队列只存储同一任务的结果，因此只有当前任务完成并且其计算结果被反馈回终端用户后，新任务才能清空并使用该队列。

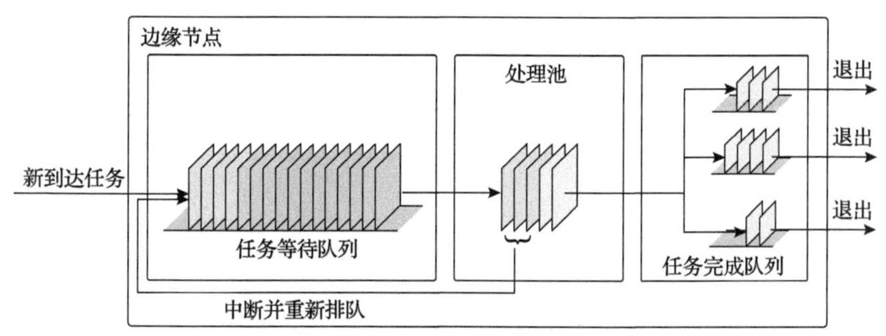

图 10.3　边缘服务器上的多队列加权 RR 模型

当一个任务的部分任务完成时，该部分的结果进入该任务的完成队列；同时任务未完成部分返回到等待队列(尾部)等待下一轮迭代处理

在上述多队列加权 RR 模型下，每台边缘服务器内部产生的延迟主要包括两部分。对于任意任务 T_i，其内部延迟 D_i^f 可以表示为

$$D_i^f = D_i^{f_w} + D_i^{f_p} \tag{10.8}$$

式中，$D_i^{f_w}$ 为其在等待队列中的等待时间；$D_i^{f_p}$ 为其在处理池中的任务处理时间。

对于分配给边缘服务器 E_j 的任意任务 T_i，其在边缘服务器内的总处理时间可通过以下方法估计：

$$D_i^{f_p}=\frac{|T_i|}{C_j} \tag{10.9}$$

式中，C_j 表示边缘服务器 E_j 的计算能力，即每秒能处理的数据量。

为了刻画一批任务的调度过程，令 q_i 表示为任务 T_i 分配的计算资源(或分配的计算量)。因此，q_i 表示在每一轮中 T_i 的处理时间长度。对于相同的任务，在每轮迭代中为其分配相同的计算量。据此，任务 T_i 在等待队列中的等待时间 $D_i^{f_w}$ 可表示为

$$D_i^{f_w}=\sum_{m=1}^{M}\sum_{n=1,n\neq i}^{N} q_n I_{m,n} \tag{10.10}$$

式中

$$M=\left\lceil\frac{D_i^{f_p}}{q_i}\right\rceil \tag{10.11}$$

给出了任务 T_i 需要历经的最大迭代轮次。而

$$I_{m,n}=\begin{cases}1, & m\leqslant\left\lceil\dfrac{D_i^{f_p}}{q_i}\right\rceil\\ 0, & \text{其他}\end{cases} \tag{10.12}$$

指示任务是否已在 m 轮迭代中完成。由于每台边缘服务器的存储资源有限，队列中同时等待的任务数量受到限制。

分配给边缘服务器 E_j 的全体任务应该保持如下约束：

$$\sum_{i=1}^{N}(|T_i|+|R_i|)\leqslant S_j^w+\sum_{i=1}^{N}S_j^{c(i)} \tag{10.13}$$

式中，S_j^w 和 $S_j^{c(i)}$ 分别表示边缘服务器 E_j 上任务等待队列的存储容量和第 i 个任务完成队列的存储容量；$|R_i|$ 为任务 T_i 中已完成部分的输出数据大小。

需要强调的是，等待队列中的任务需要进一步满足以下约束：

$$\sum_{i=1}^{N'}|T_i|\leqslant S_j^w,\quad i\in T^w \tag{10.14}$$

式中，T^w 为等待队列中的任务集合；N' 为 T^w 中的任务数量。

此外，第 n 个完成队列中对应任务完成部分的输出数据大小应满足以下约束：

$$|R_i| \leqslant S_j^{c(n)}, \quad i \in T^{c(n)} \tag{10.15}$$

式中，$T^{c(n)}$ 为第 n 个完成队列中的任务。

10.2.3　最小化所有任务的平均响应时间

根据上述分析，大量终端任务在边缘计算环境中的分派和调度过程可以描述为如下过程。在某个时刻 t，一组任务 T 从终端设备被卸载到网络边缘的多台边缘服务器。具体来说，任意任务 T_i 从用户的终端设备被卸载，并在时长为 $D_i^{e_1}+D_i^{e_2}$ 的外部延迟之后到达被分派的边缘服务器 E_j。然后，任务 T_i 在等待队列中等待 $D_i^{f_w}$ 时间，并在处理池中历经时间为 $D_i^{f_p}$ 的处理。最后，将任务处理结果从该边缘计算节点原路回传给用户，产生大小为 $D_i^{e_3}+D_i^{e_4}$ 的回传延时。

更短的延迟意味着更好的服务质量和用户体验。因此，为了给用户提供更高的服务质量，本章通过求解如下优化问题，最小化所有任务的平均延迟 D(或平均响应时间)：

$$\min_{F_i,q_i} \frac{1}{N}\sum_{i=1}^{N}(D_i^e + D_i^f) \tag{10.16}$$
$$\text{s.t. 式(10.13)～式(10.15)成立}$$

在上述优化问题中，目标函数为最小化各项任务的外部延迟和内部延迟（D_i^e 和 D_i^f）之和的平均值，而其约束条件是各台边缘服务器有限的存储资源和计算资源。该优化问题还面临两个需要求解的未知变量，分别是任务 T_i 在 AP 与边缘服务器之间的传输矩阵和边缘服务器每轮分配的处理时长。通过求解该优化问题，可以得到使所有任务平均响应延迟最小的最优分派和调度策略。

然而，解决上述优化问题面临着以下两个挑战。

(1)过高的计算复杂度：上述优化问题中嵌入了 NP 难子问题。首先，在现实场景中，AP 和边缘服务器的数量从数百台增加到数千台。传统的优化算法在任务分派阶段寻找最优边缘服务器和最优传输链路需要花费很长时间。其次，终端设备可能向边缘计算环境卸载大量的任务，从而导致复杂的任务分派和调度问题。这两个挑战令上述优化问题的求解面临一个巨大的搜索空间，因此任何基于暴力搜索的方法都无法奏效。

(2)动态变化的网络状态和服务器负载：上述优化问题假设网络状态和边缘服

务器的负载相对稳定并且可以提前获知，因此获得的最优解也是离线状态下的最优解，但是这些假设在现实中并不成立。首先，大量终端设备卸载任务的时机存在很大的随机性，边缘计算环境观测到的卸载任务是一个随机序列。边缘网络状态的动态变化进一步加重了卸载任务序列的不确定性。因此，上述问题的离线优化解决方案可能与实际情况相去甚远。科学的方法应该是，在选择最优服务器进行任务分派和在边缘服务器中进行最优任务调度时，应该实时估计网络状态和各台边缘服务器的负载，并在求解过程中特别考虑。

为了应对上述挑战，本章的后续小节将介绍一种基于 OL 和 DRL 的 OTDS 方法。

10.3　在线任务分派和调度框架

在OTDS框架中，本章分别提出一个基于OL的任务分派模块和一个基于DRL的任务调度模块来处理从终端设备卸载到边缘环境的全体任务。具体而言，对于任务分派模块，本章采用基于多臂老虎机的 OL 方法，预估网络状态和服务器的负载，然后将每个卸载的任务分派到最优的边缘服务器。对于每台边缘服务器的任务调度模块，本章提出一种基于加权多队列 RR 和 DRL 的调度方法，其根据每个任务的时间敏感性要求动态地为其分配资源，而且还能适应服务器负载的动态变化。通过在线开展任务的联合分派和调度，OTDS 框架期望能够显著提高终端用户卸载任务的服务质量，如最低的平均任务响应时间。

10.3.1　基于在线学习的任务分派模型

任务分派模型部署在每个 AP 上，其作用是将 AP 覆盖区域内的终端设备需卸载的任务分派到适当的边缘服务器。此前的任务分派模型[10-12]并没有考虑网络状态和服务器负载[13,14,22]的动态变化特性。

本章提出一种基于多臂老虎机框架[35,36]的在线任务分派模型，其允许任务分派者实时估计网络带宽和边缘服务器的负载。当发生链路拥塞或服务器过载时，任务分派者可以为任务选择利用率较低的链路和服务器。

10.3.2　基于深度强化学习的任务调度模型

在 10.2.2 节提出的多队列加权 RR 模型的基础上，本章进一步设计如图 10.4 所示的边缘任务调度模型，其由调度器、队列缓冲区和处理池三个模块组成。该调度模型集成了 DRL 技术，能自适应地将计算资源分配给具有不同时间敏感性要求的任务。

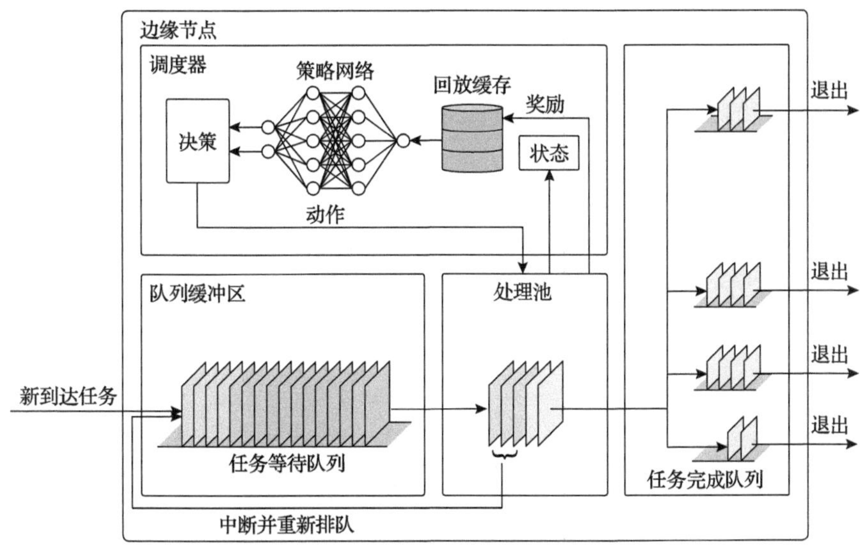

图 10.4　基于 DRL 和加权多队列 RR 的边缘任务调度模型

事实上，调度器的作用是确定加权多队列 RR 模型在每轮迭代中为每个任务安排的处理时长，即 q_i 的取值。具体而言，首先新抵达的任务会进入边缘服务器的任务等待队列，然后等待队列中的全体任务以迭代的方式逐一进入处理池。在此过程中：①调度程序获取当前任务的基本信息(如任务大小、截止期限等)，从而生成 DRL 环境的状态；②在策略网络完成迭代后，调度器生成一个向量，其表示分配给处理池中当前任务的处理时长 q_i；③调度器根据返回的 q_i 取值将计算资源分配给当前任务。在每次迭代之后，调度器会同时更新其调度策略，参考上一轮迭代中所做决策的奖励。

本章的后续小节将分别介绍基于 OL 的任务分派模型和基于 DRL 的任务调度模型的详细设计。

10.4　基于在线学习的任务分派模型

本节提出一种基于多臂老虎机框架的在线任务分派模型。它会充分利用其他任务的过往分派经验来估计当前环境的状态，如传输路径的实时带宽和边缘服务器的负载，为每个新任务选择最佳的边缘服务器来响应。

10.4.1　基本概念

本节将介绍 OL 框架的技术细节，其使用多臂老虎机模型，而且每次操作获得的奖励会动态变化。

(1)手臂(arm)：在多臂老虎机问题中，最基本的组成部分是手臂，每次都要从所有手臂中选择最优的手臂。本章将每台边缘服务器视为手臂，设$J=\{1,2,\cdots\}$表示J个手臂的集合。算法必须基于之前$t-1$次手臂选择所获得的奖励，决定第t次应该选择哪个手臂。

(2)奖励(reward)：选择好目标手臂后，算法在与环境交互后会获得一个复合奖励，其包含$u_j(t)$和$v_j(t)$两个部分，分别是对外部延迟和内部延迟的度量。$u_j(t)$和$v_j(t)$的定义分别为

$$u_j(t)=\exp\left(-\left(D_i^{e_2}+D_i^{e_3}\right)\right) \tag{10.17}$$

$$v_j(t)=\frac{D_i^{f_p}}{D_i^{f}} \tag{10.18}$$

复合奖励的定义为$g_j(t)=u_j(t)+\alpha v_j(t)(0\leqslant\alpha\leqslant 1)$。只有当任务$T_i$被某边缘服务器完成并向用户终端设备返回处理结果时，该服务器对应的手臂的权重才会得到更新，否则其将保持当前权重。本章的设计目标是最大化一个时间段T内的总复合奖励，即$E\left[\sum_{t=1}^{T}g_{j(t)}(t)\right]$，其中$j(t)$是$t$时刻选择的手臂。

(3)遗憾(regret)：为了提高算法的效率，多臂老虎机框架中引入了遗憾的概念。遗憾指代最优手臂和所选手臂之间的奖励差异。令$j^*(t)=\max\limits_{j}\left|g_j(t),1\leqslant j\leqslant J\right|$，$j^*(t)$表示在$t$时刻最佳的手臂。本章的目标是设计一个策略$\pi$来选择手臂$j(t)$，使得与Oracle之间的遗憾差尽可能小。这里Oracle代表一个最优的选择策略，它在选择过程中总是知道整个边缘网络和边缘服务器的状态变化，因此可以在每个时刻t选择最优的手臂$j^*(t)$。策略π的遗憾被定义为

$$R_\pi(T)=E\left[\sum_{t=1}^{T}g_{j^*(t)}(t)-g_{j(t)}^{\pi}(t)\right] \tag{10.19}$$

Oracle选择策略完全了解参数$u_j(t)$和$v_j(t)$，因此它可以一直选择最优的手臂。然而，这些参数只能在每次选择手臂$j(t)$时进行估计。因此，很难利用部分知识就设计出一个策略π，从而令总复合奖励最大化或总的遗憾值最小化。

10.4.2 方法设计

本章提出了基于置信区间上界(upper confidence bound, UCB)方法的在线分派策略。UCB方法会选择奖励值均值最大的手臂，奖励值包含手臂j在前面$t-1$次

选择后获得的复合奖励以及红利。具体来说，红利本质上是奖励值均值的标准差，反映了候选手臂的不稳定性，而且是置信区间的上界。在每一步，算法遵循正面不确定性优化探索原则，选择具有置信区间上界最大的候选手臂，其定义为

$$j(t)=\arg\max_{j}\left[M_j(t)+c\sqrt{\frac{\ln t}{N_j(t)}}\right],\quad 1\leqslant j\leqslant J \tag{10.20}$$

$$M_j(t)=\frac{1}{t-1}\sum_{i=1}^{t-1}g_j(i),\quad t\geqslant 2$$

其中，$M_j(t)$为手臂 j 的复合奖励均值；$N_j(t)$为手臂 j 被选择的次数；c 为在探索和利用之间取得平衡的控制参数。

算法 10.1 详细描述了基于 OL 的任务调度算法。首先对每条手臂进行一次选择，以获得每条手臂的初始复合奖励(第 1～7 行)，然后选择置信区间上界最大的手臂(第 8～13 行)。

算法 10.1　基于在线学习的任务分派算法

```
输入：任务集 T = {T_1, T_2, ..., T_N}。
输出：选择手臂 j(t), 1 ≤ t ≤ J。
1  for  t = 1:J  do
2      选择手臂 j(t) = t；
3      接收到手臂 j 的 u_j(t) 和 v_j(t)；
4      手臂 j 的复合奖励值为 g_j(t)；
5      更新手臂 j 的平均复合奖励值 M_j(t)；
6      N_j(t) = 1；
7  end
8  for  t = J+1:T  do
9      选择手臂 j(t) = argmax_j [ M_j(t) + c·sqrt( ln t / N_j(t) ) ]；
10     接收到手臂 j 的 u_j(t) 和 v_j(t)；
11     手臂 j 的复合奖励值为 g_j(t) = u_j(t) + v_j(t)；
12     更新手臂 j 的平均复合奖励值 M_j(t)；
13 end
```

10.5　基于深度强化学习的任务调度模型

在各台边缘服务器接收到被分派的任务之后，采用基于 DRL 框架的在线调

度策略来处理全体任务。其基本思想是采用深度 Q 网络(deep q-network, DQN)进行策略训练，通过适应边缘服务器状态的动态变化，最小化任务 T_i 的内部延迟 D_i^f 。

10.5.1 基本概念

文献[37]和[38]探讨了如何通过 DRL 框架来产生任务调度策略，智能体通过与动态环境的交互而学习，并在动态环境中产生一系列行动以实现奖励的最大化。一个典型的强化学习模型由智能体、状态、行动、策略和奖励共同组成。

(1) 智能体(agent)：每台边缘服务器中的智能体(调度器)会根据环境的当前状态决定每个处理操作的时长 q_i 。智能体通过与环境的交互提高决策能力，最终目标是在每轮中做出最优决策，令时间段 T 内的全体任务的平均响应时间最小。

(2) 状态(state)：调度器通过与环境的交互令边缘服务器的状态发生变化。当有任务进入处理池时，调度器会获知当前任务和其他等待任务的状态。边缘服务器 E_j 的状态表示为 $s(t)=\left\{D_0^{f_p}(t),D_0^{f_w}(t),D_1^{f_w}(t),\cdots,D_n^{f_w}(t)\right\}$ 。$D_0^{f_p}(t)$ 和 $D_0^{f_w}(t)$ 分别代表在时刻 t 处理池中任务的剩余处理时间以及等待时间。$D_1^{f_w}(t)\sim D_n^{f_w}(t)$ 代表等待队列中各项任务的等待时间。

(3) 行动(action)：通过观察环境的当前状态，智能体将相应地采取行动。在在线分派任务和调度模型中，任务调度的关键步骤是选择分配多少计算资源给进入资源池中的任务，即当前任务将被服务多长时间。一个动作可以用向量 $a(t)$ 表示，它表示在这一轮中任务 T_i 从边缘服务器 E_j 获得的处理时长是 $q_i(t)$ 。此外，这个时长必须小于处理池中任务的剩余处理时长，即 $q_i(t)\leqslant D_0^{f_p}(t)$ ，因为分配更多时间会造成浪费。

(4) 策略(policy)：任务调度策略 $\psi(s(t)):S\rightarrow A$ 定义了从任务状态到动作的映射关系，其中 S 和 A 分别表示状态空间和动作空间。具体来说，调度策略可以表示一组动作 $a(t)=\psi(s(t))$ ，将任务状态映射到 t 时刻的动作。在 DRL 中，策略设计是最重要的部分，它是在神经网络中通过与环境的交互生成的。

(5) 奖励(reward)：在观察到处理池中的任务和等待队列中的其他任务在时刻 t 的状态后，智能体将根据调度策略采取相应的行动，然后在 $t+1$ 时刻获得奖励。此后，智能体会根据奖励来更新调度策略网络，以便在下一次决策中做出最优的行动。由于智能体的目标是总奖励最大化，因此在与环境的持续交互中，智能体倾向于做出一系列最优的行动。

综上所述，在线任务调度策略的基础是 DRL 理论，其目标是在每次决策中做出最优行动，使总奖励最大化。

10.5.2　奖励函数设计

在智能体完成每一项决策并与环境进行行动交互后，它会通过奖励函数来评价行动的效果，使智能体在后续的行动中表现得更好。一般而言，智能体的目标是通过迭代更新策略网络，使每个行动都是最优的，从而使总收益最大化。

在时刻 t，调度器将观察处理池中当前任务和等待队列中其他任务的状态 $s(t)$，并经过策略网络迭代后选择行动 $a(t)$，本章提出的 OTDS 模型将使用以下奖励函数评估该行动的性能：

$$R(s(t),a(t))=\exp\left(-\left(V_t^{\text{waiting}}+\mu V_t^{\text{processing}}\right)\right) \tag{10.21}$$

式中，$0<\mu<1$ 为权重。

$V_t^{\text{waiting}}=\dfrac{1}{N}\sum_{i=1}^{N}D_i^{f_w}(t)$ 表示等待队列中任务的平均等待时间，反映了一个长期和全局的奖励。如果调度器做出了一个好的决策，就可以为资源池中的任务分派一个合适的处理时长 q_i，从而令所有任务的平均等待时间较小。

$V_t^{\text{processing}}=D_0^{f_w}(t)$ 表示在时刻 t 任务已经在当前处理池中的等待时间，反映了短期和局部的奖励。一个好的调度策略允许大多数任务在足够的时间内被处理，而不会因为漫长的等待时间而超过截止期限。

在时刻 t，智能体通过奖励函数 $R(s(t),a(t))$ 返回的奖励 $r(t)$ 来评估决策的执行情况。对于 DRL 任务，其目标是最大化预期的累积折扣奖励，可通过以下方式来度量：

$$E\left[\sum_{t=0}^{\infty}\gamma^t R(s(t),a(t))\right] \tag{10.22}$$

式中，$\gamma\in(0,1]$ 为折扣奖励因子。

10.5.3　学习过程设计

在传统的 Q 学习方法中，由于状态空间和动作空间是离散的，且维数较低，每个状态-行动对都可以很容易地存储到 Q 表中。然而，如果任务状态空间和行动空间是本章所考虑的连续巨大空间，那么用 Q 表来表示状态-行动对是非常困难的。为了解决这个问题，本章采用 DQN 模型[37]，该模型将卷积神经网络与 Q 学习方法相结合，将 Q 表转化为 Q 网络。DQN 的学习过程如图 10.5 所示，其主要依赖于以下关键技术。

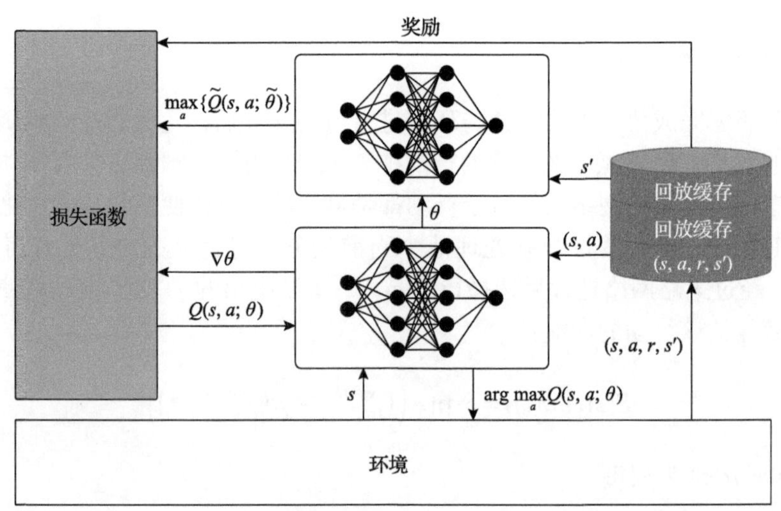

图 10.5　调度器中 DQN 的学习过程

(1) 回放缓存(replay buffer，RB)：深度神经网络要求训练数据服从独立和均匀分布才能发挥出良好的性能。然而，从传统 Q 学习中获得的数据之间存在相关性。为了打破数据之间的相关性，DQN 采用了回放缓存的方法来解决这个问题。智能体与环境互动后，将交互经验以 $\langle s(t), a(t), r(t), s(t+1)\rangle$ 的形式存储进回放缓存中。智能体每隔 k 时间步会随机选择一小批经验 $\langle s(t), a(t), r(t), s(t+1)\rangle$，然后通过随机梯度下降法来更新网络参数 θ：

$$\theta_{i+1} = \theta_i + \sigma\nabla_\theta \text{Loss}(\theta) \tag{10.23}$$

式中，σ 表示学习速率。通过使用回放缓存，可以避免样本间相关性的影响，提高数据的使用效率。

(2) 神经网络(neural network)：DQN 中有两种结构相同但参数不同的神经网络，即目标网络和主网络。主网络生成当前 q 值，目标网络生成目标 q 值。具体而言，$Q(s,a;\theta)$ 表示主网络的输出，是一个价值函数，用于评估当前的一对状态和行动。$\tilde{Q}$ 表示目标网络的输出，$\tilde{Q} \leftarrow r + \gamma \max_{a'} Q(s', a'; \tilde{\theta})$ 通常用来逼近价值函数的最优目标，即目标 q 值。主网络的参数会进行实时更新。每隔 τ 时间步，目标网络从主网络复制参数，并通过式(10.25)和式(10.26)来更新参数，使主网络产生的当前 q 值与目标网络产生的目标 q 值之间的均方误差最小。引入目标网络后，目标网络生成的目标 q 值在一段时间内保持不变，降低了当前 q 值与目标 q 值的相关性，提高了算法的稳定性。

(3) 损失函数(loss function)：Q 学习的损失函数以贝尔曼公式为基础，神经网络模型的效果和优化目标都由损失函数定义。它通过期望值与实际值的差值来评价模型的性能。Q 学习使用以下损失函数进行更新和学习：

$$Q(s,a) \leftarrow Q(s,a) + \rho\left[r + \gamma \max_{a'} Q(s',a') - Q(s,a)\right] \tag{10.24}$$

式中，ρ 为步长因子；γ 为折扣奖励因子。智能体从下一个状态 s' 中选择可产生最大 q 值的行动 a'，$r + \gamma \max\limits_{a'} Q(s',a')$ 是 q 值的估计值，而 $Q(s,a)$ 是真实的 q 值。

DQN 的更新方式类似于 Q 学习，但 DQN 使用神经网络作为 q 值的逼近函数。DQN 的损失函数定义为

$$\text{Loss}(\theta) \leftarrow E\left[\left(\tilde{Q} - Q(s,a;\theta)\right)^2\right] \tag{10.25}$$

式中，θ 为主网络的网络参数；$\tilde{Q}$ 为目标 q 值，其计算方法为

$$\tilde{Q} \leftarrow r + \gamma \max_{a'} Q(s',a';\tilde{\theta}) \tag{10.26}$$

式中，$\tilde{\theta}$ 为目标网络的网络参数，其通过每 τ 个时间步从主网络复制网络参数而实现更新。

算法 10.2 对文献[37]提出的调度算法的核心思想进行了总结。调度器首先初始化回放缓存 RB 和网络参数 θ（算法的 1～3 行）。在获得环境的当前状态 $s(t)$ 后，智能体依概率 ε 随机选择行动 $a(t)$，或者依概率 $1-\varepsilon$ 选择令 $Q\langle s(t),a(t);\theta\rangle$ 取值最大的行动（算法 6～7 行）。在执行选择的行动并在处理池中完成和环境的交互后，智能体将获得奖励 $r(t)$，并观察到环境的下一个状态 $s(t+1)$，然后将状态 $\langle s(t),a(t),r(t),s(t+1)\rangle$ 存储到 RB。智能体每隔 k 步从 RB 中随机抽取一批样本来更新网络参数（算法的 8～10 行）。在每轮循环中，智能体与环境相互作用后，通过随机梯度下降方法更新网络参数。每隔 τ 步，目标网络将复制主网络的参数来更新自己的参数（算法的 11～13 行）。

算法 10.2　基于 DRL 的任务调度算法

输入：任务集 $T = \{T_1, T_2, \cdots, T_N\}$。

输出：$a(t), 1 \leqslant t \leqslant T$。

1　将回放缓存 RB 的容量初始化为 N；

2　初始化主网络的参数为随机权重 θ；

3　初始化目标网络 $\tilde{Q}$ 的参数，权重 $\tilde{\theta} = \theta$；

for episode =1:MaxLoop **do**

  for $t=1:T$ **do**

    获取环境的状态 $s(t)$ ；

    $a(t)=\begin{cases}\arg\max\limits_{a} Q(s(t),a(t);\theta)\text{对应的动作，依概率}\varepsilon \\ \text{随机动作，依概率}1-\varepsilon\end{cases}$

    执行行动 $a(t)$ 并接收到 $r(t)$ 和 $s(t+1)$ ；

    将 $\langle (s(t),a(t),r(t),s(t+1)\rangle$ 储存进 RB 中；

    每 k 步从 RB 中以 $\langle (s(t),a(t),r(t),s(t+1)\rangle$ 的形式随机取样一批经验；

    $r(t)=\begin{cases}r(t), & \text{在第}t+1\text{步结束} \\ r(t)+\gamma\max\limits_{a'}\left\{\tilde{Q}(s',a';\tilde{\theta})\right\}, & \text{其他}\end{cases}$

    针对 $(f(t)-Q(s,a;\theta))^2$ 执行随机梯度下降操作；

    每 τ 步执行 $\tilde{Q}=Q$ ；

  end

end

在学习过程中，本章设置奖励函数中的权重 μ 为 1，学习速率 σ 为 0.001，参数 ε 为 0.9，折扣奖励因子 γ 为 0.9，参数 τ 和 k 都被设定为 2000。基于 DRL 的调度器的性能将会在后面讨论。

10.5.4 计算复杂度分析

对于从终端设备卸载的任意任务，其无线接入 AP 首先调用基于 OL 的任务分派模块，将该任务分派到最优的边缘服务器，然后该边缘服务器的调度模型会对该任务进行后续安排。

具体而言：①在任务分派阶段，算法 10.1 的计算复杂度为 $O(T)$ ，T 为被划分的时间片总量；②在任务调度阶段，算法 10.2 的计算复杂度为 $O(C_{\text{conv}}T)$ ，其中 $C_{\text{conv}}=\sum_{i=1}^{n}C_{\text{in}}^{i}C_{\text{out}}^{i}$ ，C_{in}^{i} 和 C_{out}^{i} 代表神经网络中第 i 层输入神经元和输出神经元的数目，n 表示神经网络的层数。因此，对于任务分派和调度的整个过程而言，本章所提 OTDS 方法的计算复杂度为 $O(C_{\text{conv}}T)$ 。

根据后续实验，本章所提 OTDS 方法具有较低的计算复杂度，其可以在几秒钟内处理任务并快速收敛。

10.6　实验设计和性能评估

本节使用谷歌某集群公开的真实数据集，开展详实的仿真评估工作，将 OTDS 方法与基准方法进行性能比较。

10.6.1　实验设计

本章使用来自谷歌某计算集群中大规模任务的数据集，包括任务到达时间、任务处理时间和任务的截止期限等信息。数据集由 5000 个任务组成，本章将其分成十个不重叠的任务集，每个任务集包含 500 个任务，如图 10.6(a)所示。这些任务不仅包括大型任务，如大数据分析和实时视频处理任务，还包括小任务，如虚拟现实中的图像处理任务。由于每个任务集的任务到达密度、任务处理时间等特征不同，本章可以根据实验要求选择相应的任务集。本章使用真实的网络拓扑，随机选取 10 个位置来放置边缘服务器并进行仿真实验。实验试图回答以下问题。

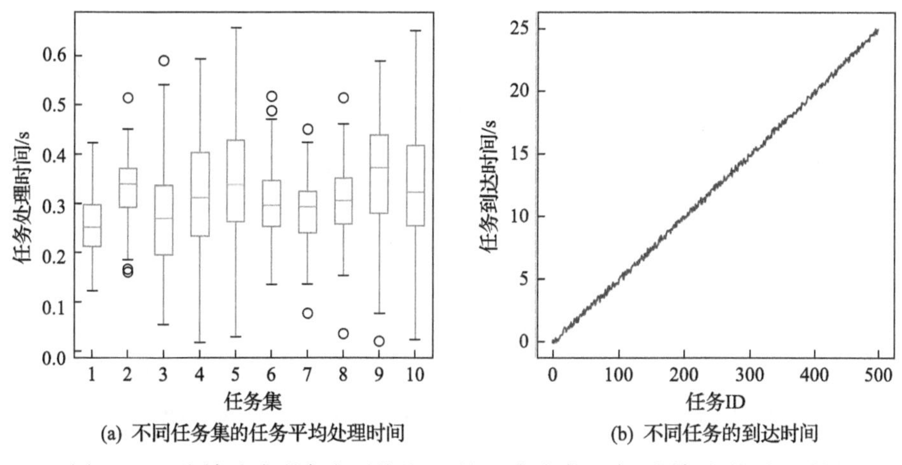

图 10.6　不同任务集的任务平均处理时间和任务集 1 中不同任务的到达时间

(1) OTDS 方法分派任务时的实际表现如何？实验表明，根据 OTDS 方法分派的全体任务的平均响应时间和截止期限错过率均低于基准方法的对应指标。根本原因是 OTDS 方法会根据边缘网络带宽和边缘服务器负载动态地进行任务分派。OTDS 方法中的 OL 任务分派模型会根据获得的奖励 $r(t)$ 不断更新手臂的权重，以便每次决策时都能选择到最优的手臂。

(2) OTDS 方法调度任务时的实际表现如何？实验表明，在任务数量和任务密度的多种设置下，根据 OTDS 方法调度的全体任务的平均响应时间和截止期限错过率均低于基准方法的对应指标。通过连续学习，OTDS 方法可以在每一轮中做出最佳的行动，从而在减少任务平均响应时间的同时，将截止期限错过率维持在一个很低的水平。

(3) OTDS 方法如何在公平和效率之间进行权衡？实验表明，随着越来越多的大任务到达边缘服务器，OTDS 方法比其他基准方法能够更好地平衡大任务和小任务的资源分配，使所有任务都能获得足够的资源。因此，OTDS 方法比基准方法获得更低的大任务平均响应时间。

为了更好地评价 OTDS 方法的性能，反映 OTDS 在任务分派和调度方面的效率和公平性，本章对以下三类基准方法进行对比实验。

(1) 任务分派的基准方法：为了展示本章所提任务分派方法的性能，本章比较四种基准的任务分派方法。①Nearest：分派任务 T_i 到距离最近的边缘服务器；②Random：随机分派任务 T_i 到一台边缘服务器；③Least Load：分派任务到等待时间最短的边缘服务器；④AUSP：根据汤普森采样法，分派任务 T_i 到某边缘服务器。

(2) 任务调度的基准方法：为了展示本章所提任务调度方法的性能，本章比较四种基准的任务调度方法：①FCFS：根据任务被分派到某边缘服务器的时间先后顺序处理任务。较早到达的任务会早处理，而晚到的任务则晚处理；②SJF：对处于等待状态的全体任务，根据每个任务的处理时间 $D_i^{f_p}$ 进行调度，$D_i^{f_p}$ 较小的任务会被提前处理，而 $D_i^{f_p}$ 较大的任务会被推迟处理；③RR：在处理池中为各个任务分配一个固定的处理时长 q_i，如果某任务不能在 q_i 内完成，则再次排在等待队列的尾部；④CECS-A3C[39]：根据各个任务的时间敏感性需求，为任务动态分配计算资源。

(3) 任务分派和调度的联合基准方法：本章将任务分派和调度两个阶段的上述基准方法结合起来，分析比较任务分派和调度的整体性能。代表性的联合基准方法包括 Nearest+FCFS (NF)、Random+SJF (RS)、Least Load+RR (LR) 及 AUSP+CECS-A3C (AC)。

10.6.2 性能评估

这一部分展示 OTDS 方法与上述基准方法在效率和公平性方面的性能指标。

1. 任务数量的影响

本节选择任务集 1 的任务开展实验，全体任务均匀到达各台边缘服务器，如图 10.6 (b) 所示，而每项任务的处理时间小于 0.5s。具体来说，多组实验分别使用了任务集 1 中前 50、前 100、前 200、前 300、前 400、前 500 个任务，来分别比较不同分派和调度方法的任务平均响应时间和截止期限错过率这两项性能指标。

图 10.7 展示了多种方法的任务平均响应时间和截止期限错过率随任务数量增

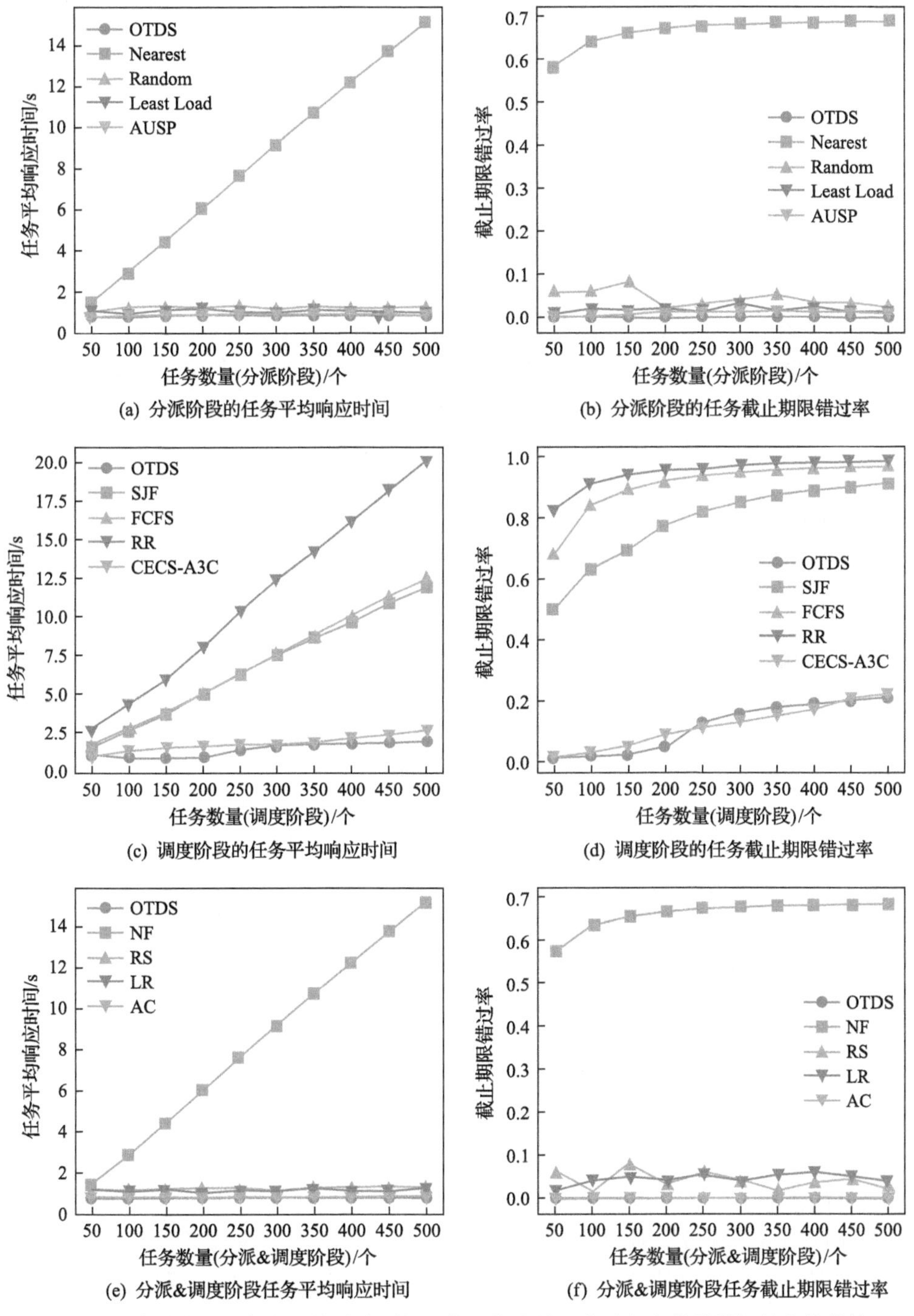

(a) 分派阶段的任务平均响应时间　(b) 分派阶段的任务截止期限错过率

(c) 调度阶段的任务平均响应时间　(d) 调度阶段的任务截止期限错过率

(e) 分派&调度阶段任务平均响应时间　(f) 分派&调度阶段任务截止期限错过率

图 10.7　多种方法的任务平均响应时间和截止期限错过率随任务数量增加的变化趋势

加的变化趋势。在任务分派方法方面，Least Load 方法在分派任务时只考虑了全体边缘服务器的计算资源情况，而 Nearest 方法只考虑了边缘网络资源的情况。本章提出的 OTDS 方法则同时考虑了边缘服务器的计算资源和边缘网络资源的动态变化情况，从而相对其他方法能获得更好的性能。由于 Nearest 方法只会将终端设备的任务迁移到最邻近的边缘服务器，一旦某台边缘服务器出现过载，则任务平均响应时间和截止期限错过率这两项指标会非常大。与之相反，本章的 OTDS 方法则可以根据边缘网络带宽和服务器负载的当前情况，动态地将任务分配给最佳的边缘服务器，以避免链路拥塞和服务器过载。

本章在单台边缘服务器上开展了实验，比较了不同任务调度方法的性能。FCFS 是一种非抢占式的方法，其将边缘服务器的计算资源按照任务到达的先后顺序依次进行独占式分配。在这种调度方法下，后到的任务需要等待更长的时间才能得到计算资源，因此容易导致任务错过其截止期限。SJF 方法的基本思想是赋予小任务更高的执行优先级。但是，较早到达边缘服务器的大型任务由于优先级低而无法及时获得计算资源，容易错过其截止期限。传统的 RR 方法忽略了各种任务不同的时间敏感性要求，简单地将计算资源平均分配给每个任务，最终导致大任务无法获得足够的资源而错过了截止期限。本章提出的 OTDS 方法和 CECS-A3C 方法的性能优于其他基准方法，因为其会根据任务的时间敏感性要求动态分配计算资源，并通过不断学习历史经验来提高调度能力。

2. 任务到达密度的影响

任务到达密度表示单位时间内到达边缘服务器的任务数量。如图 10.8 所示，数字 1～10 表示不同的任务到达密度，其中 1 表示非常低的任务到达密度，而 10 表示非常高的任务到达密度。本章在不同的任务到达密度设置下，分别开展关于任务分派和调度方法的实验，并比较不同算法的性能。

如图 10.8 所示，这里采用任务平均响应时间和截止期限错过率两个指标来衡量不同方法的性能。在任务分派阶段，OTDS、AUSP 和 Least Load 方法都将任务分派到负载最小的服务器，因此边缘服务器可以应对任务到达密度增加带来的服务器过载压力。在任务调度阶段，随着任务到达密度的增加，任务的平均响应时间也增加。RR 方法为每个任务分配相同的计算资源，因此每个任务的平均等待时间相对较大，从而导致其性能最差。OTDS 方法可以根据卸载任务的时间敏感性要求调整调度策略，使平均响应时间最小化。因此，OTDS 方法与其他方法相比具有最好的性能。此外，在截止期限错过率方面，OTDS 方法也取得了较好的效果，其截止期限错过率比其他基准方法低得多。另外，在联合考虑任务分派和任务调度的情况下，本章设计的 OTDS 方法在任务平均响应时间和截止期限错过率两个指标方面均优于其他基准方法。

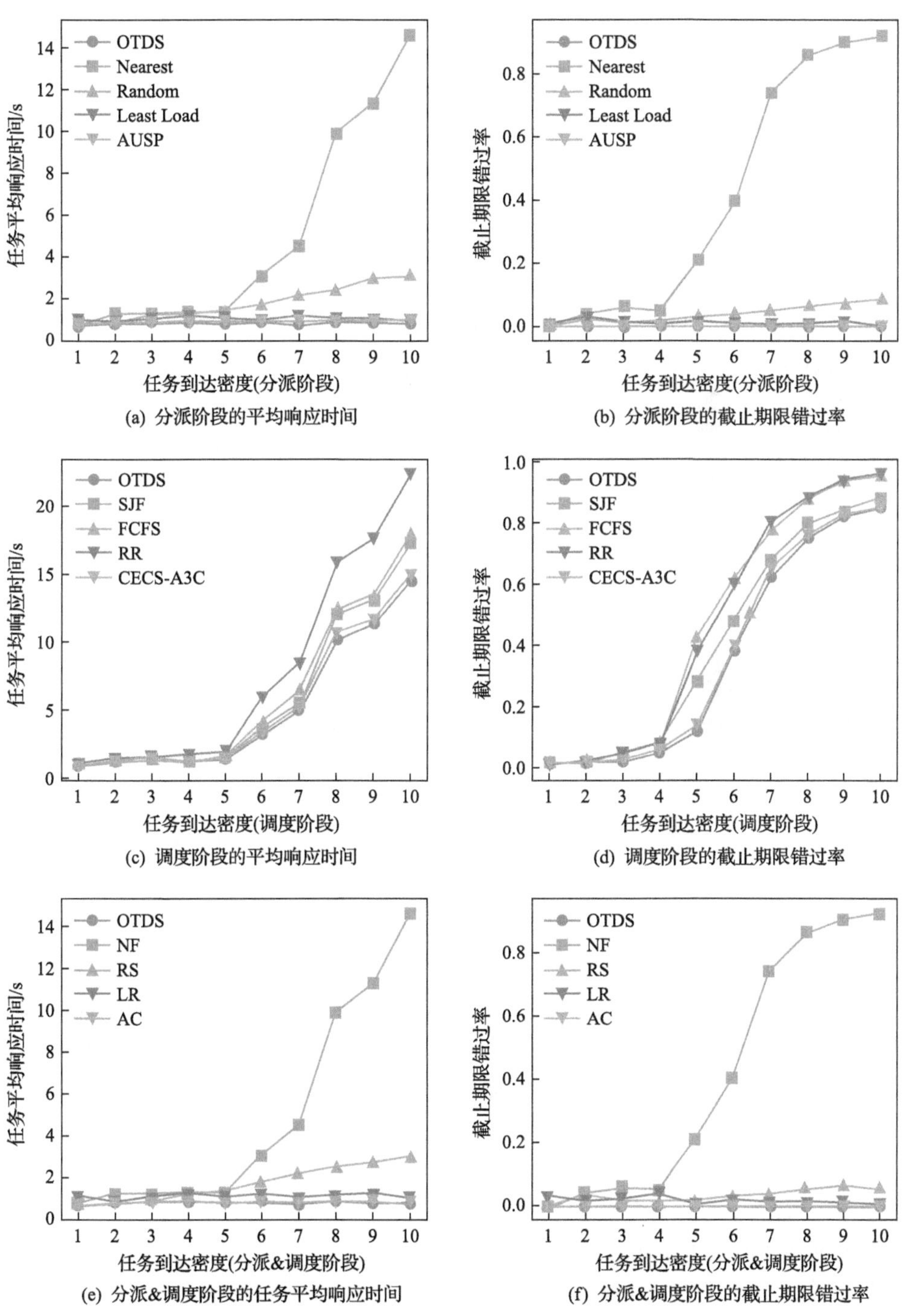

(a) 分派阶段的平均响应时间

(b) 分派阶段的截止期限错过率

(c) 调度阶段的平均响应时间

(d) 调度阶段的截止期限错过率

(e) 分派&调度阶段的任务平均响应时间

(f) 分派&调度阶段的截止期限错过率

图 10.8　不同任务到达密度对多种方法的任务平均响应时间和截止期限错过率的影响

3. 边缘服务器数量的影响

本章从边缘服务器规模这个角度来进一步比较不同基准方法的性能表现，实验结果如图 10.9 所示。一个重要观察是：当服务器数量很少(少于 3 台边缘服务器)时，所有方法的截止期限错过率都非常高。这是因为从终端设备卸载的全部任务只分配给少量的几台边缘服务器，必然会导致服务器过载。然而，随着边缘服务器数量的增加，任务的截止期限错过率会降低，因为有更多的边缘服务器来分担大量分派过来的任务。在所有方法中，本章提出的 OTDS 方法的性能最好。只要有 6 台边缘服务器，任务的截止期限错过率可以降低到接近 0，而其他方法需要比 OTDS 方法多 2 倍左右的边缘服务器才能达到同样的效果。

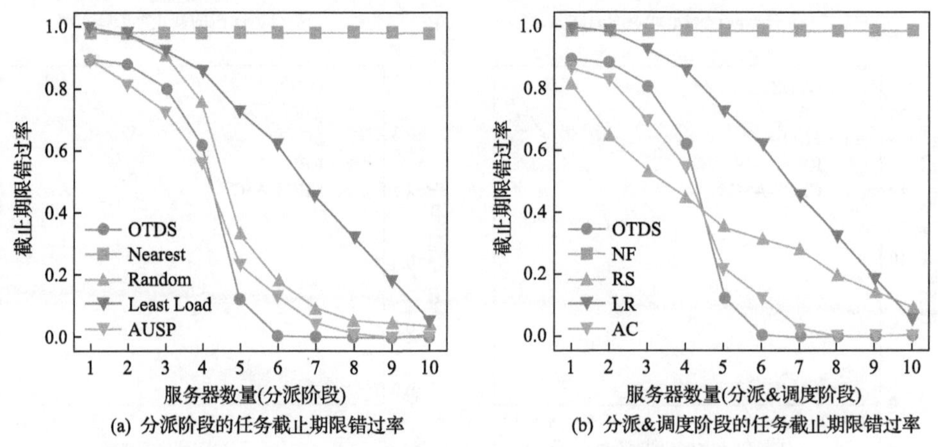

(a) 分派阶段的任务截止期限错过率

(b) 分派&调度阶段的任务截止期限错过率

图 10.9 不同边缘服务器数量对任务截止期限错过率的影响

4. 大任务占比的影响

这里将从公平性的角度进一步比较相关的方法。具体而言，实验数据集包括 500 个任务，本章逐渐调整任务集中大任务的比例，比较在各种比例设置下不同算法的大任务的平均响应时间，以及大任务的截止期限错过率。本章将处理时间在 1.0～1.5s 的任务定义为大任务，而处理时间小于 0.5s 的任务定义为小任务。

实验结果如图 10.10 所示。SJF 方法优先处理小任务，因此 SJF 方法和其他方法相比，大任务的平均响应时间要长。RR 方法没有考虑多任务对时间敏感性的不同要求，而为所有任务分配相同的计算资源，这导致大任务需要多轮计算才能完成，因此平均响应时间很长。CECS-A3C 方法并不考虑调度的公平性，仅仅追求调度效率，其公平性效果要比 OTDS 方法差。综合来看，OTDS 方法与 RR 方法相比其他基准方法在两个性能指标方面都有显著的改进。这是因为 OTDS 方法可以根据环境状态动态调度任务，从而使奖励函数所获得的奖励最大化。因此，

OTDS 方法可以在传统 RR 方法带来的调度公平性基础上提高调度效率。可以看到，随着大任务数量的增加，本章提出的 OTDS 方法可以为大任务分配足够的计算资源，防止大任务出现严重的饥饿现象。

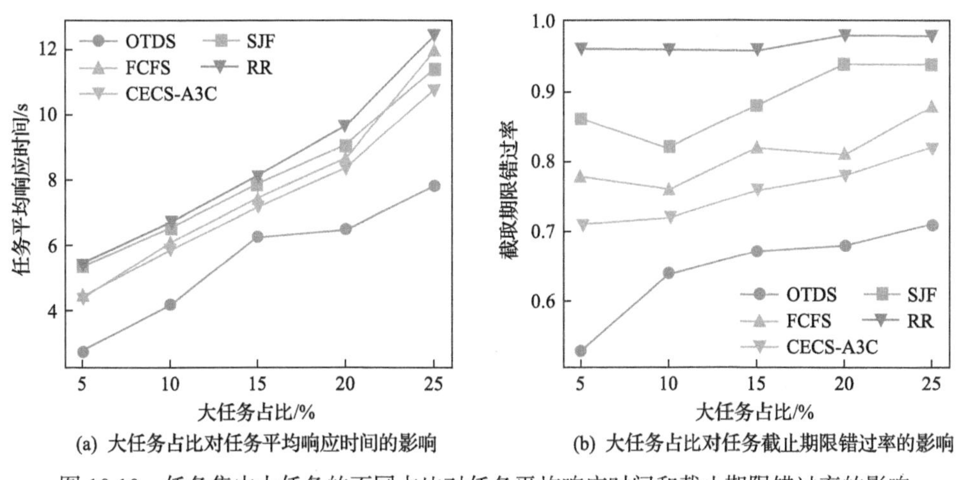

(a) 大任务占比对任务平均响应时间的影响　(b) 大任务占比对任务截止期限错过率的影响

图 10.10　任务集中大任务的不同占比对任务平均响应时间和截止期限错过率的影响

5. 基于 DRL 的调度器的学习过程

这里将进一步评价基于 DRL 的调度算法的学习过程。本章在任务到达密度为 7 的任务集上开展了实验。调度器根据奖励函数 $R(s(t),a(t))$ 评估的奖励不断进行学习和迭代。实验结果如图 10.11 所示，图中每个点的数值是所选点周围 20 个数据的平均值。在调度器学习的初期阶段，任务的平均响应时间和任务的截止期限错过率会迅速下降。随着学习轮次的增加，在几分钟内学习约 400 轮次后，算法

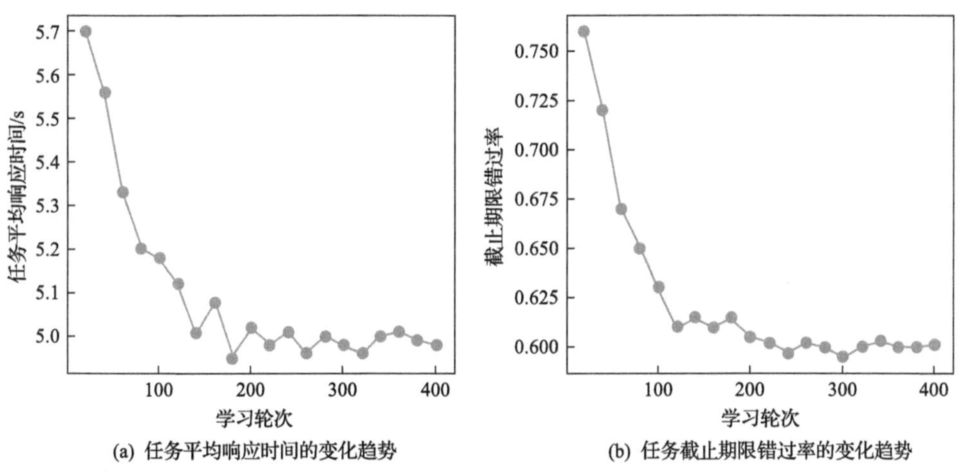

(a) 任务平均响应时间的变化趋势　(b) 任务截止期限错过率的变化趋势

图 10.11　基于 DRL 的调度算法在学习过程中的性能指标

可以收敛到一个相对稳定的高效状态。

10.7 本 章 小 结

从终端设备随机卸载的任务、动态变化的网络资源，以及有限的计算资源共同导致了边缘计算中低效和不公平的任务分派和调度问题。为了解决这一问题，本章提出 OTDS 方法，其结合 OL 和 DRL，实现了任务的在线分派和公平调度。OTDS 方法可以实时估计网络状况和服务器负载，并根据任务的时间敏感性要求合理地分配相关资源给各项任务，保证效率和公平性。本章在真实数据集上开展实验，评估了不同方法在不同任务数量、不同任务到达密度、不同边缘服务器数量等条件下的任务平均响应时间和任务截止期限错过率。实验结果表明，本章提出的 OTDS 方法能够通过不断的迭代学习，在每次决策时都做出最优的选择，在任务分派和调度环节获得了很高的效率并兼顾了公平。

参 考 文 献

[1] Ashton K. That 'internet of things' thing[J]. Journal of RFID, 2009, 22(7): 97-114.

[2] Cardoso J, Sheth A, Miller J, et al. Quality of service for workflows and web service processes[J]. Journal of Web Semantics, 2004, 1(3): 281-308.

[3] Hayes B. Cloud computing[J]. Communications of the ACM, 2008, 51(7): 9-11.

[4] Shi W S, Cao J, Zhang Q, et al. Edge computing: Vision and challenges[J]. IEEE Internet of Things Journal, 2016, 3(5): 637-646.

[5] Mao Y Y, You C S, Zhang J, et al. A survey on mobile edge computing: The communication perspective[J]. IEEE Communications Surveys & Tutorials, 2017, 19(4): 2322-2358.

[6] Lyu X C, Tian H, Sengul C, et al. Multiuser joint task offloading and resource optimization in proximate clouds[J]. IEEE Transactions on Vehicular Technology, 2017, 66(4): 3435-3447.

[7] Fakhfakh F, Kacem H H, Kacem A H. Workflow scheduling in cloud computing: A survey[C]//Proceedings of the 18th IEEE International Enterprise Distributed Object Computing Conference Workshops and Demonstrations, Ulm, 2014.

[8] Zhao C H, Zhang S S, Liu Q F, et al. Independent tasks scheduling based on genetic algorithm in cloud computing[C]//Proceedings of the 5th International Conference on Wireless Communications, Networking and Mobile Computing, Beijing, 2009.

[9] Wang L, Gelenbe E. Adaptive dispatching of tasks in the cloud[J]. IEEE Transactions on Cloud Computing, 2018, 6(1): 33-45.

[10] Jia M K, Cao J N, Liang W F. Optimal cloudlet placement and user to cloudlet allocation in wireless metropolitan area networks[J]. IEEE Transactions on Cloud Computing, 2017, 5(4):

725-737.

[11] Urgaonkar R, Wang S Q, He T, et al. Dynamic service migration and workload scheduling in edge-clouds[J]. Performance Evaluation, 2015, 91: 205-228.

[12] Tong L, Li Y, Gao W. A hierarchical edge cloud architecture for mobile computing[C]//Proceedings of the 35th Annual IEEE International Conference on Computer Communications, San Francisco, 2016.

[13] Han Z H, Tan H S, Li X Y, et al. OnDisc: Online latency-sensitive job dispatching and scheduling in heterogeneous edge-clouds[J]. IEEE/ACM Transactions on Networking, 2019, 27(6): 2472-2485.

[14] Meng J Y, Tan H S, Xu C, et al. Dedas: Online task dispatching and scheduling with bandwidth constraint in edge computing[C]//Proceedings of IEEE International Conference on Computer Communications, Paris, 2019.

[15] Guo S T, Xiao B, Yang Y Y, et al. Energy-efficient dynamic offloading and resource scheduling in mobile cloud computing[C]//Proceedings of the 35th Annual IEEE International Conference on Computer Communications, San Francisco, 2016.

[16] Schwiegelshohn U, Yahyapour R. Analysis of first-come-first-serve parallel job scheduling[C]//Proceedings of the 9th ACM-SIAM Symposium on Discrete Algorithms, San Francisco, 1998.

[17] Saleem U, Javed M Y. Simulation of CPU scheduling algorithms[C]//Proceedings of the Intelligent Systems and Technologies for the New Millennium, Kuala Lumpur, 2000.

[18] Alworafi M A, Dhari A, Al-Hashmi A A, et al. An improved SJF scheduling algorithm in cloud computing environment[C]//Proceedings of the International Conference on Electrical, Electronics, Communication, Computer and Optimization Techniques, Mysuru, 2016.

[19] Rasmussen R V, Trick M A. Round robin scheduling-A survey[J]. European Journal of Operational Research, 2008, 188(3): 617-636.

[20] Anderson T. The Theory and Practice of Online Learning[M]. 2nd ed. Edmonton: Athabasca University Press, 2008.

[21] Sutton R S, Barto A G. Introduction to Reinforcement Learning[M]. Cambridge: MIT Press, 1998.

[22] Tan H S, Han Z H, Li X Y, et al. Online job dispatching and scheduling in edge-clouds [C]//Proceedings of IEEE International Conference on Computer Communications, Atlanta, 2017.

[23] Ghodsi A, Zaharia M, Hindman B, et al. Dominant resource fairness: Fair allocation of multiple resource types[C]//Proceedings of the 8th USENIX Conference on Networked Systems Design and Implementation, Boston, 2011.

[24] Chen C,Wang W, Zhang S K, et al. Cluster fair queueing: Speeding up data-parallel jobs with delay guarantees[C]//Proceedings of IEEE International Conference on Computer

Communications, Atlanta, 2017.

[25] Wei G Y, Vasilakos A V, Zheng Y, et al. A game-theoretic method of fair resource allocation forcloud computing services[J]. The Journal of Supercomputing, 2010, 54 (2) : 252-269.

[26] Yadav R K, Mishra A K, Prakash N, et al. An improved round robin scheduling algorithm for CPU scheduling[J]. International Journal on Computer Science and Engineering, 2010, 2 (4) : 1064-1066.

[27] Goel N, Garg R. Simulation of an optimum multilevel dynamic round robin scheduling algorithm[EB/OL]. https://arxiv.org/pdf/1309.3096[2022-12-20].

[28] Yadav R, Upadhyay A. A fresh loom for multilevel feedback queue scheduling algorithm[J]. International Journal of Advances in Engineering Sciences, 2012, 2 (3) : 21-23.

[29] Rajput I S, Gupta D. A priority based round robin CPU scheduling algorithm for real time systems[J]. International Journal of Innovations in Engineering and Technology, 2012, 1 (3) : 1-11.

[30] Ghanbari S, Othman M. A priority based job scheduling algorithm in cloud computing[J]. Procedia Engineering, 2012, 50: 778-785.

[31] Mohanty R, Behera H S, Patwari K, et al. Priority based dynamic round robin algorithm with intelligent time slice for soft real time systems[J]. International Journal of Advanced Computer Science and Applications, 2021, 2 (2) : 46-50.

[32] Tang G M, Guo D K, Wu K, et al. Qos guaranteed edge cloud resource provisioning for vehicle fleets[J]. IEEE Transactions on Vehicular Technology, 2020, 69 (6) : 5889-5900.

[33] Burdea G C, Coiffet P. Virtual Reality Technology[M]. 2nd ed. Hoboken: John Wiley & Sons, 2003.

[34] White J, Thompson C, Turner H, et al. Wreckwatch: Automatic traffic accident detection and notification with smartphones[J]. Mobile Networks and Applications, 2011, 16 (3) : 285-303.

[35] Sébastien B, Nicolò C B. Regret analysis of stochastic and nonstochastic multi-armed bandit problems[J]. Foundations and Trends in Machine Learning, 2012, 5 (1) : 1-122.

[36] Gittins J, Glazebrook K, Weber R. Multi-Armed Bandit Allocation Indices[M]. Hoboken: John Wiley & Sons, 2011.

[37] Mnih V, Kavukcuoglu K, Silver D, et al. Human-level control through deep reinforcement learning[J]. Nature, 2015, 518 (7540) : 529-533.

[38] Mnih V, Kavukcuoglu K, Silver D, et al. Playing Atari with deep reinforcement learning [EB/OL]. https://arxiv.org/pdf/1312.5602[2022-12-01].

[39] Qi F, Zhuo L, Xin C. Deep reinforcement learning based task scheduling in edge computing networks[C]//Proceedings of the IEEE International Conference on Communications in China, Chongqing, 2020.

第 11 章　边缘计算的复杂依赖性应用分派和调度方法

边缘计算环境会承接卸载自大量终端设备甚至云数据中心的应用。为了使更多的应用能在其截止期限之前完成处理，大量研究关注多个应用在多台边缘服务器之间的分派问题，以及在特定边缘服务器内的调度问题。第 10 章详述了一种特殊情况下的应用分派和调度问题，假设每个卸载的应用不可再分解，仅仅包含一个任务。随着业务系统越来越复杂，不少单个应用不再仅仅包含一个任务，而是包含多个相互依赖的任务。本章发现除了应用分派与调度这两个因素之外，应用内部的任务相互依赖关系也会对应用的完成延迟造成严重影响，因此边缘计算环境中的应用平均完成时间还有被缩短的机会。本章采用有向无环图（directed acyclic graph, DAG）对具有复杂内部依赖关系的应用进行建模，并联合优化应用的分派和调度问题来促进各个应用的执行。为了解决这一 NP 难问题，本章提出一种依赖性的应用分派和调度（dependent application assigning and scheduling, Daas）方法，其首先估计每个应用各个任务的优先级，然后以一种在线的方式来解决大量任务的分派与调度问题。实验结果表明，Daas 方法在各种实验设置中都表现出了优异的性能，同其他基准方法相比，应用的截止期限完成率提高了至少 20%。

11.1　引　　言

11.1.1　问题背景

互联网、移动通信等技术的快速发展，在多样化的终端设备上催生了大量新型的移动应用[1,2]，如增强现实（augmented reality, AR）/虚拟现实（virtual reality, VR）应用、车联网应用和智慧城市应用等[2-4]。这些数据密集型的应用，往往也是延迟敏感性应用，而传统的云计算数据处理模式难以继续满足这类应用的低延迟需求[5,6]。近年来，边缘计算被认为是一种新的计算范式，其可以和现有的云计算模式优势互补，进而有效解决上述挑战[7]。具体而言，边缘计算通过将延迟敏感类的终端应用卸载到边缘侧的计算环境而不是远程的云数据中心来执行，从而有效地降低应用的响应时间，满足应用的服务质量。

然而，在边缘计算环境中部署大量终端应用会面临更加复杂的形势。其复杂性主要体现在以下几个方面：①大量的终端用户请求与有限的边缘资源之间存在巨大的矛盾；②边缘计算环境具有鲜明的异构性，无论是各台边缘服务器的资源配置还是网络带宽资源；③大量终端用户呈现出不均匀的时空分布特性，例如，相邻区域的用户在不同时间段的服务请求密度和类型可能存在较大差异[8]。

众所周知，大量终端应用被卸载到边缘计算环境之后，各个应用的完成时间同两个因素存在极为密切的关系。这两个因素分别是诸多应用在多台边缘服务器之间的分派方式和每台边缘服务器中被分派任务的内部执行调度方式。例如，将众多终端应用随机卸载到某些边缘服务器将会使得边缘资源利用不平衡，从而导致那些延迟敏感的终端应用不能分配到足够的资源。此外，边缘服务器内的任务执行顺序也会对相关任务的完成产生深远的影响[9-12]。

除了应用的分派和调度方式之外，应用内部诸多任务之间的依赖性是一项被现有研究严重忽略的关键性指标，其同样会影响这些卸载应用的整体完成时间。事实上，一个应用往往可以分解为多个相互依赖的任务。例如，VR 游戏应用可能包含传感器数据收集、图像渲染和图像展示等多个任务。对于一个复杂应用的任意任务来说，当且仅当其所有的前序任务完成后，它才可以开始被执行。如果将应用的内部任务分配到多台边缘服务器来并行执行，那么能够显著缩短该应用的完成延迟。

因为具有内部依赖关系的终端应用日益增多，有关依赖性应用在网络边缘侧的部署问题引起了广泛的关注[13-19]。这些研究几乎都仅仅考虑了依赖性应用的分派问题，并没有考虑各个服务器中任务调度方式的影响。表 11.1 将相关文献分为粗粒度(coarse-grained)调度和细粒度(fine-grained)调度。具体而言，粗粒度调度方法指的是在多个应用之间进行优化处理[11,12,20]，而未考虑每个应用的可分解性与内部依赖性。换而言之，这些方法将每个应用都看成一个整体，然后在多台边缘服务器之间进行应用分派，最后各台边缘服务器对分派到的应用进行内部调度。这样做的结果是，由于缺少对任务执行并行性的考虑，这类方法会导致严重的资源浪费。另外，细粒度调度方法关注了应用内部任务间的依赖关系，也因此

表 11.1　关于终端应用卸载至边缘计算环境时的典型应对方法的分析

方法	分派	调度	依赖性	粒度
文献[12]、[20]	✓			粗粒度
文献[11]	✓	✓		粗粒度
文献[13]、[19]	✓		✓	细粒度
本章的 Daas	✓	✓	✓	细粒度

更加高效且贴近实际。事实上，粗粒度调度方法可以被看成是细粒度调度方法的一个特例，其中每个应用只包含单个任务，也就是说该应用不可被分解。当前，工业界尚没有研究同时考虑影响应用完成时间的上述三项因素。为此，本章提出 Daas 方法，从而显著提升应用在边缘计算环境中的完成率。

通过对应用的任务依赖性、任务分派以及调度进行联合建模，本章提出的 Daas 方法解决了下述问题：①如何对相互依赖的任务进行分派，以实现任务执行的并行性与有限边缘资源之间的权衡；②单个任务的延迟可能导致整个应用的执行时间超过其截止期限，如何制定每台边缘服务器承担的全体任务执行顺序，以保证应用的完成率；③如何设计一个细粒度的全局整体方案，其联合优化了众多应用的依赖性任务的分派和调度。

具体而言，本章提出的 Daas 方法首先利用 DAG 对每个应用所涵盖的众多任务之间的依赖关系进行建模。然后，为了对到达边缘计算环境的全体应用进行统一的分派和调度，本章提出一种新颖的优先级估计方法，其可以量化所有应用分解所得任务的优先级。通过这一量化指标，Daas 方法不断迭代搜索相对最优的部署方案。此外，因为边缘计算环境对终端卸载应用的到达时间无法知晓，为了更加贴近实际情况，Daas 方法提供在线而不是离线的任务分派和调度方法。大量的实验结果表明，相对于一些代表性的基准方法，Daas 方法可以显著提升应用的完成率，并且令满足截止期限的应用比例提高 20%，而在大规模应用的场景下甚至可以提高 38%。

本章的主要贡献包括：

(1) 首次在边缘计算场景下利用 DAG 理论对依赖性应用进行建模，并同时考虑依赖性应用的任务分派和调度问题。

(2) 为依赖性应用提出一种优先级量化方法，同时考虑输入的数据量、负载、截止期限以及内部的任务依赖关系。据此估计的优先级作为任务分派与调度时的重要启发，有效地解决了复杂度为 NP 难的联合优化问题。

(3) 进行详尽的实验，结果表明 Daas 方法具有显著的有效性和高效性，并且能显著地提升边缘环境中应用的完成率。

11.1.2　研究现状

边缘计算环境可以容纳来自不同终端设备的各类大量应用，但是相对于远程云数据中心环境而言，却往往受到资源配置不足的限制。当大量终端应用到来时，异构且复杂的边缘网络环境需要一个精细的应用分派和调度方案。终端应用的卸载和部署问题已经吸引了大量的研究。接下来，本章将介绍一些最相关的研究工作，并且将其分为两类：粗粒度策略和细粒度策略。

1. 粗粒度策略

在应用的分派和调度过程中，粗粒度策略不会考虑应用的可分解性和应用内部的任务依赖性。Xu 等[21]假设全体边缘服务器具有完全相同的计算容量，在此基础上提出了两种新颖的近似算法来降低应用分派问题的延迟。Jia 等[22]提出了多个基于查询理论的启发式策略，追求不同边缘设备之间的相对负载平衡。为了在超密集接入网络环境中，满足移动应用的低延迟需求，Chen 等[23]提出了一种新颖的任务卸载方案。此外，在边缘网络中，应用执行造成的设备(基站和边缘服务器)能耗开销也是一项特别需要关注的优化指标[13,20,24]。

然而，上述研究工作的共同点是只考虑了终端应用卸载到边缘计算环境后的分派问题，没有考虑每台边缘服务器对抵达的一批应用如何调度的问题。Tan 等[10,11]首次在边缘计算环境中研究了在线应用分派和调度算法，但是忽略了网络带宽这个重要因素。在此基础上，Meng 等[12]给出了动态带宽条件下更加全面的应用分派和调度考虑。

2. 细粒度策略

相对于粗粒度策略，细粒度策略的提升主要体现在额外考虑了应用的内部任务依赖性。已经有一些文献致力于研究依赖性应用的卸载与部署问题[14-19,25]，而 Tang 等[16]的研究与本章最为相关，该项研究旨在解决更加贴近实际情况的多应用多任务卸载问题。他们利用了 DRL 算法来学习多台边缘服务器中的潜在规则。Zhao 等[18]考虑了边缘服务器缓存能力受限的场景。Liu 等[19]首次在边缘计算场景中研究了功能配置和 DAG 调度的在线处理方法，他们提出了一种新的在线算法 OnDoc，该算法被认为具有高效性和易于部署的特点。Liu 等[25]研究了车辆边缘网络中多个依赖性应用的部署问题。车辆应用的高度移动性是最主要的挑战，这相对于传统边缘计算场景而言具有极高的低延迟要求。此外，Mao 等[26]研究了在分布式计算集群中部署依赖性应用的问题，但是这与边缘计算环境中的应用部署问题具有较大差别，因为在分布式计算集群中传输延迟通常会被忽略。

综上所述，Daas 方法和上述文献最为显著的区别是后者没有考虑在每台边缘服务器中的任务调度过程。这对每个应用的完成时间以及全体应用的完成率都会有显著的影响。

11.2 依赖性应用分派和调度问题

当在边缘计算场景中考虑从终端设备卸载来的复杂应用时，各项应用内在的多任务间复杂依赖性问题会使得其在边缘计算环境中的分派和调度任务变得更具挑战。本章将特别考虑两个典型场景，包括复杂依赖应用跨多台边缘服务器的分派场景，以及边缘服务器内的任务调度场景。这些场景中暴露出的问题与挑战正是本章构建 Daas 模型的主要出发点与动机。

11.2.1　依赖性应用的分派

本章通过比较图 11.1(a)和(b)所示的两个案例来探讨依赖性应用分派问题。在图 11.1(a)展示的第一个案例中，两个基站中分别部署有边缘服务器 s_1 和 s_2。终端应用卸载后会通过接入基站传输到其后端的边缘服务器。终端应用 R 包含 6 个任务 $\{q_1,q_2,\cdots,q_6\}$，其执行完成的截止期限是 4 个时间单元。因为终端资源不足，任务 R 正在向边缘计算环境请求相关资源。本章假设每个任务的工作负载是 1 个基本单元，并且边缘服务器拥有 1 个计算单元。此处，本章暂时忽略边缘服务器之间数据传输所造成的延迟，也忽略基站之间数据传输造成的延迟。

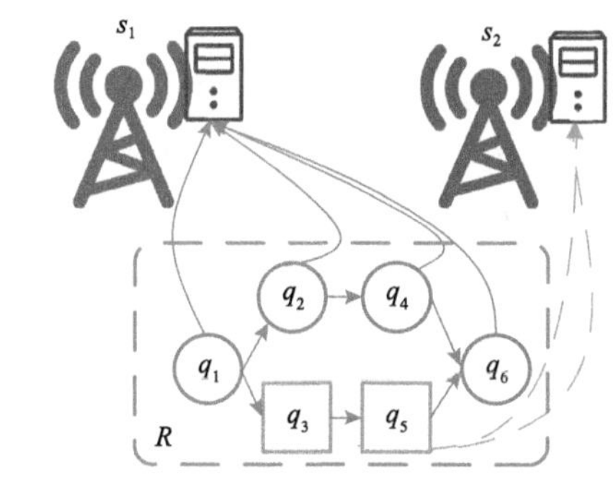

(a) 没有资源竞争的场景

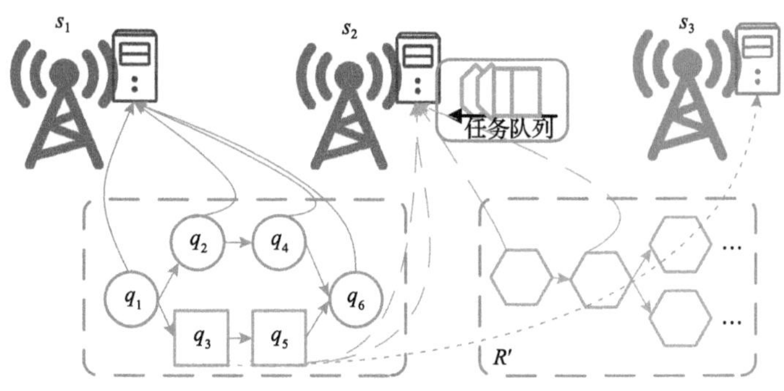

(b) 存在资源竞争的场景

图 11.1　复杂依赖应用的任务分派示意图

在图 11.1(a)中，边缘服务器 s_1 和 s_2 上尚没有运行其他任务，因此新任务到达后可以立即得到执行。对于粗粒度调度方法而言，整个应用的全部任务会被分派给服务器 s_1 或者 s_2，该应用的最小完成时间被提升到 6 个时间单元，一种可能的任务执行顺序是$q_1 \to q_2 \to q_3 \to q_4 \to q_5 \to q_6$。这种调度的不良结果是：该应用的完成时间太长，已经超过了其所要求的截止期限。若本章考虑应用的可分解性以及内部任务的依赖性，一种更优的方案应该是分派任务q_3和任务q_5到另外一台边缘服务器s_2，从而通过任务层面的并行化处理来降低整个应用的执行时间。应用R的全体任务的执行顺序是$\left\{s_1:\dfrac{q_1 \to q_2 \to q_4 \to q_6}{t_1 \to t_2 \to t_3 \to t_4}, s_2:\dfrac{q_3 \to q_5}{t_2 \to t_3}\right\}$，式中$t_i$表示第$i$个时间单元。以这种方式，应用$R$用 4 个时间单元即可完成，符合其所要求的截止期限。

如果同时有其他终端用户也向边缘计算环境卸载一项应用，问题将变得更加复杂。如图 11.1(b)所示，另外一个应用R'需要同时分派两个任务到边缘服务器s_2，并且它们的执行顺序优先于任务q_3和任务q_5，如图中边缘服务器s_2的任务执行队列所示。如此一来，应用R'的 6 个任务的执行顺序应该被表示为$\left\{s_1:\dfrac{q_1 \to q_2 \to q_4 \to q_6}{t_1 \to t_2 \to t_3 \to t_5}, s_2:\dfrac{q_3 \to q_5}{t_3 \to t_4}\right\}$。这种方案令应用$R$至少历经 5 个时间单元才能被完成。为了缩短应用的完成时间，可以有两个调整方案：①重新调整服务器s_2中的任务执行顺序，保证任务q_3和任务q_5在时刻t_4之前完成；②如图 11.1(b)所示，分派应用R（或者R'）的部分任务到另外一个相邻且计算资源充足的边缘服务器s_3。第一种调整方案的缺陷是可能会导致任务R'的完成时间超过其要求的截止期限，第二种调整方案中的任务选择和重调度会使问题更加复杂。

11.2.2 边缘服务器的资源调度

在图 11.1 所示的案例中，本章忽略了边缘服务器、无线接入点等之间的通信成本，但是实际场景中的终端应用对带宽环境和计算资源存在多样化的需求。举例来说，终端设备上的虚拟现实和游戏应用需要高带宽和相对简单的计算，而目标识别类应用需要高带宽和复杂的计算。由于边缘计算环境各部分的带宽资源有限，应用需求的多样性不仅使得应用的分派变得困难，而且使得各个服务器对分派到的任务进行调度时变得更具有挑战性。

如表 11.2 所示，本章考虑 3 个分派到同一台边缘服务器的任务，它们隶属于不同的终端应用。这些应用拥有不同的截止期限，分别是 9、21 和 27 个时间单元。其中，任务q_a和q_b的前序任务的数据量相对较大；任务q_a和q_c相对于任务q_b需要更加复杂的计算，因此它们具有更大的计算负载。除此之外，本章假设任务q_a是某应用的最后一个任务(如图 11.1 中的任务q_6)，任务q_b有一个后置任务(如图 11.1 中的q_4或者q_5)，而任务q_c有两个后置任务(如图 11.1 中的q_2或者q_3)。表 11.2 中的期望截止期限表示为了不迟滞后置任务的执行，当前任务的最晚完成时间。本章假设每台边缘服务器有 5 个计算单元并且边缘服务器的带宽被设置为 3 个传输单元。

表 11.2　不同应用的任务参数

应用	数据	负载	截止期限	
			期望	应用
q_a	7	12	9	9
q_b	6	8	8	21
q_c	3	12	7	27

图 11.2(a)展示了最优调度方案的示意图。3 个任务的调度顺序是 $q_c \to q_a \to q_b$，3 个任务都在 8 个时间单元内执行完毕。任务 q_a、q_b 和 q_c 的完成时间分别是 7 个时间单元、8 个时间单元以及 4 个时间单元，因此 3 个任务都满足了各自期望的截止期限。为了便于分析比较，本章进一步讨论如下几类经典的调度方案。

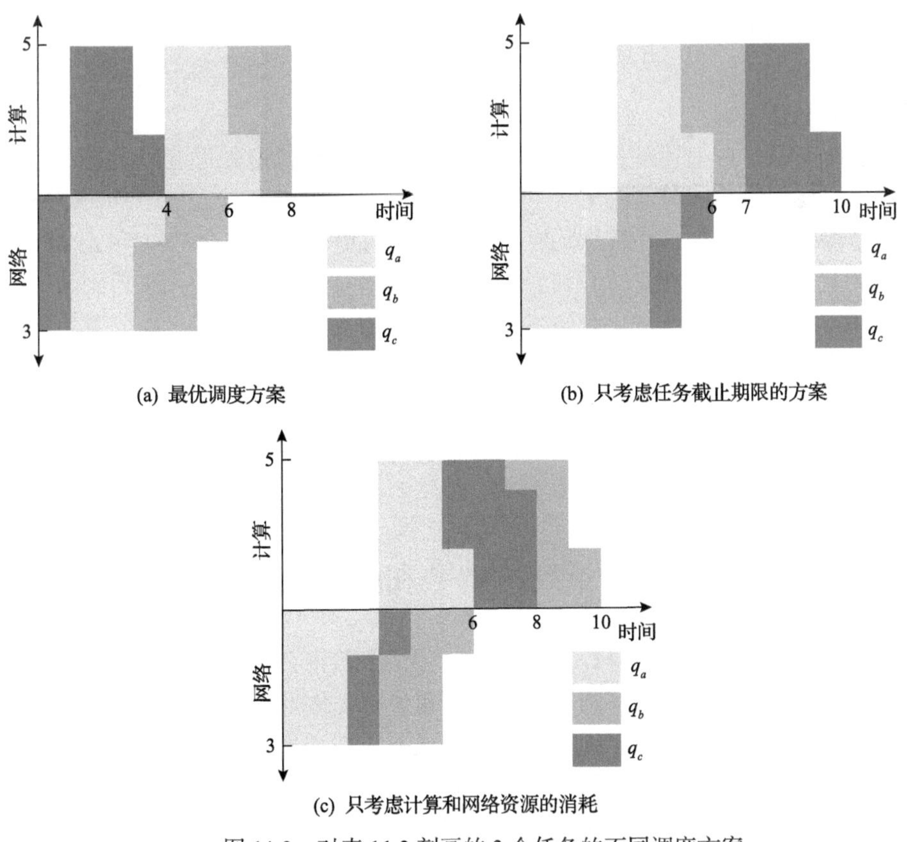

(a) 最优调度方案

(b) 只考虑任务截止期限的方案

(c) 只考虑计算和网络资源的消耗

图 11.2　对表 11.2 刻画的 3 个任务的不同调度方案

(1) 截止期限优先(deadline priority)调度：其代表性方案是一种广泛使用的最早截止期限优先(earliest deadline first, EDF)的任务调度算法。图 11.2(b)展示了 EDF 方法给出的调度次序 $q_a \rightarrow q_b \rightarrow q_c$。此时，任务 q_c 的完成时间是 10 个时间单元，这是因为任务 q_a 和任务 q_b 消耗了大量的传输时间，将任务 q_c 的启动时间拖延至第 7 个时间单元，任务 q_c 的执行过程超过了预期的截止期限 7 个时间单元。此处，本章进一步量化任务 q_c 超时对整个应用带来的不利影响是 6 个单元，具体的计算方式是拖延的 3 个时间单元乘以 2 个后置任务。

(2) 计算和网络需求优先(computation and network requirement priority)调度：在该方案中，计算负载更高的任务将会被优先处理，如图 11.2(c)所示。如果两个任务的计算负载相同(如 q_a 和 q_c)，需要上传更多数据的任务将会被优先处理。总体来说，这种方案趋向于优先处理消耗更多时间的任务。3 个任务的执行先后序列可以表示为 $q_a \rightarrow q_c \rightarrow q_b$。这种调度结果并不令人满意，因为任务 q_b 和任务 q_c 的完成时间都会超过各自期望的截止期限。对于任务 q_b 而言，10 个时间单元完成时间超过期望的 8 个时间单元。对于任务 q_c 而言，8 个时间单元完成时间超过期望的 7 个时间单元。进一步分析可知，这种方案的不利影响可以被估计为 4 个时间单元，即任务 q_b 造成了 2×1 个时间单元的不利影响，而任务 q_c 造成了 1×2 个时间单元的不利影响。

总体来说，在上述的最优方案中，3 个应用的执行过程都能满足各自的截止期限，而且平均完成时间是 6 个时间单元。反之，另外两种方案中都面临应用的执行过程超时的状况，并且平均完成时间也相对更长，分别是 7.67 和 8 个时间单元。从上述案例可以看出，只考虑截止期限或者资源消耗可能无法得到最优的任务调度方案。此外，当考虑任务的依赖性时，由于任务之间相互的联系，单个任务超时所带来的不利影响将被放大。更重要的是，上述两个方面的原因会导致，即使找到了最优方案也可能并不是全局最优方案。首先，从长期来看后续出现的其他应用的情况难以提前预估。其次，任务分派和调度环节密切关联，如果存在更优的任务分派策略，那么可能会进一步缓解关于边缘资源的激烈竞争。

11.3 系统模型和问题表述

由上述分析可知，边缘计算应用中诸多任务的内在依赖性以及任务分派和调度的关联性都会对应用的完成时间造成严重影响。因此，本章提出将这三个因素综合起来进行建模优化，以提升应用的完成率，即令更多的应用可以在其期望的截止期限之前完成。图 11.3 展示了一个比较通用的边缘计算场景。当终端设备发起卸载请求时，首先每项应用会被映射到一个 DAG 模型；其次，根据提前部署的策略，每项应用内部相互依赖的任务会被分派到不同的边缘服务器，而每台服务器会按照特定的调度策略依次执行接收到的任务。

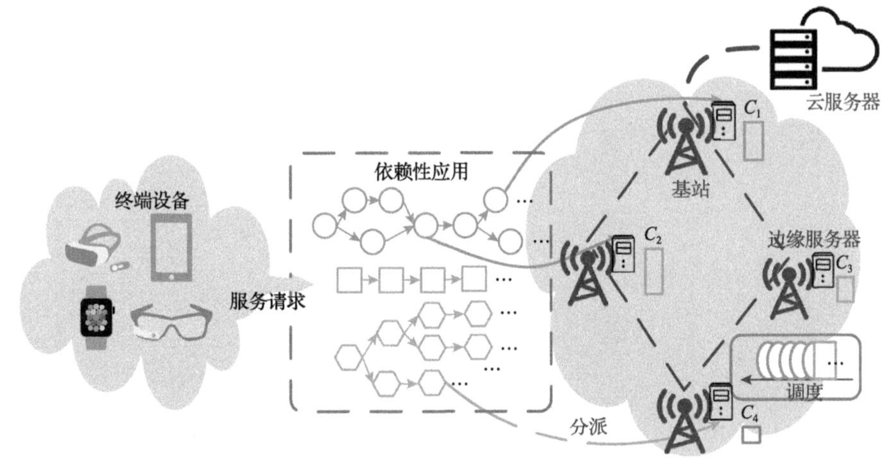

图 11.3　系统模型的示意图

接下来，本章将详细阐述系统的重要组成部分和系统的形式化建模。为了便于叙述，本章首先在表 11.3 中展示主要符号的含义。

表 11.3　符号描述

符号	描述
s_m	第 m 台边缘服务器
C_m	边缘服务器 s_m 的计算容量
d_{ij}	任务 i 和任务 j 所在边缘服务器之间的传输速率
L_m	分配到第 m 台边缘服务器的任务列表
R_k	第 k 个应用
D_k	应用 R_k 的截止期限
t_{R_k}	应用 R_k 的到达时间
N_k	应用 R_k 的任务总数目
$e_{i,j}$	任务 j 是否需要使用任务 i 的输出结果
$u_{i,j}$	从任务 i 传输到任务 j 的数据量
q_i^k	应用 R_k 的第 i 个任务
$X_{m,n}^{k,i}$	任务 q_i^k 是否是边缘服务器 s_m 的第 n 个待处理任务
ω_i^k	任务 q_i^k 的计算负载

续表

符号	描述
f_i^k	任务 q_i^k 的完成时间
g_i^k	任务 q_i^k 的通信成本
h_i^k	任务 q_i^k 的执行成本
s_i^k	任务 q_i^k 的开始执行时间
$p_{i,m}^k$	任务 q_i^k 在边缘服务器 s_m 上的计算时间
T^k	应用 R_k 的计算时间
P_i^k	任务 q_i^k 的优先级
$s_m^{\text{re}}(t_k)$	在 t_k 时刻服务器 s_m 的剩余容量
$\Theta(t_k)$	在 t_k 时刻应用的分配结果
S_i^k	任务 q_i^k 部署后的真实起始执行时间
F_i^k	任务 q_i^k 部署后的真实完成时间
η	应用的完成率

11.3.1 系统模型

1. 边缘网络的模型

本章考虑的边缘网络包括一系列异构的边缘服务器和远程云服务器，表示为 $\text{ES}=\{s_0,s_1,\cdots,s_N\}$，式中 s_0 表示云服务器。假设每个无线通信基站的后端都部署一台特定配置的边缘服务器，并且基站和边缘服务器被视为一个联合体。每台边缘服务器 s_m 的计算容量为 C_m。在图 11.3 中，附在边缘服务器旁的大小不一的方框形式化地刻画其计算容量。移动终端设备就近接入某个无线通信基站，而基站之间通过有线网络互相连通。本章忽略每个无线基站和其所属边缘服务器之间的带宽限制，因为这部分的有线网络带宽足够大且满足场景中的通信带宽需求。两台服务器 s_{m_1} 和 s_{m_2} 之间的数据传输速率(传输链路的通信能力)表示为 $d_{m_2}^{m_1}$。本章设定 $d_{m_2}^{m_1}=d_{m_1}^{m_2}$，并且当 $m_1=m_2$ 时，$d_{m_2}^{m_1}=\infty$。当边缘服务器的计算资源严重不足时，终端用户的应用请求也可以通过基站被进一步转发到远程云服务器进行处理。

如上所述，ES 集合的主要成员是一系列邻近的边缘服务器。此处，本章考虑一个相对“狭小”的区域，区域中的终端应用可以被卸载到 ES 中的任意一台边缘服务器，而不需要考虑由于边缘服务器大范围分布所带来的接入延迟差异。

2. 终端应用的模型

在本章关注的边缘计算场景中，有多个终端用户和设备，而全体边缘服务器为来自这些终端用户和设备的应用请求提供计算服务。所有的终端应用都有明确的截止期限，表示为 D 。有些复杂应用可以被分解为多个任务，并且任务间的复杂依赖关系被建模为一个 DAG，表示为 $G(V,E,U)$ 。此处，令 $V=\{v_i\}_N$ 表示一项应用的全体任务集合，$E=\{e_{ij}\}_{N\times N}$ 表示这些任务之间依赖关系的矩阵。举例来说，连接 $e_{ij}=1$ 表示节点 v_j 是后置节点，并且需要等待来自 v_i 节点大小为 u_{ij} 的中间数据。因此，等到任务 v_i 执行完毕并且其中间计算结果全部传输至任务 v_j 后，任务 v_j 才可以开始执行。当两个相邻的任务(对应于 DAG 中两个相互连接的节点)部署在同一台边缘服务器时，这两个任务之间的数据传输延迟为 0，这是因为当 $i=j$ 时 $d_{ij}=\infty$ 。此处，d_{j,m_j}^{i,m_i} 简化表达为 d_{ij} ，其中任务 i 和 j 分别被分配到服务器 s_{m_i} 和 s_{m_j} 。如果 i 和 j 不相同，那么从 v_i 节点向 v_j 节点传输大小为 u_{ij} 的中间数据所需的时间表示为 $\dfrac{u_{ij}}{d_{ij}}$ 。除此之外，如果一个应用不能被分解，那么对应的集合 V 只包含一个任务节点。另外，本章使用 ω 表示任务处理数据的计算负载。

11.3.2 问题表述

本章考虑在一段时间 $T_p=\{t_1,t_2,\cdots,t_N\}$ 内，终端设备向边缘计算环境发起的一系列依任意顺序到达的应用卸载请求，表示为 $\langle R_1,R_2,\cdots,R_K\rangle$ ，且对应的请求到达时间是 $\langle t_{R_1},t_{R_2},\cdots,t_{R_N}\rangle$ 。需要注意的是，可能有多个应用请求在同一时刻到达该边缘计算环境。除了边缘服务器和传输链路的参数之外，本章在应用抵达之前无法预测其相关信息，如数据输入量、计算负载和截止期限。本章假设一个复杂应用 R_k 可以被分解为 N_k 个任务，令 q_i^k 表示应用 R_k 的第 i 个任务。如果某个单一应用 R_k 不能被分解，本章假设其仅包含一个任务 q_1^k 。

在最近的通信基站及其边缘服务器接收到某个应用请求之后，该应用的详细信息会被提取并被传输到特定的管理节点，该管理节点用来负责任务的后续分派。通过应用的 DAG 模型，可以清晰地知道其所有任务之间的依赖关系。

接下来，本章对有/无前序任务的任务完成时间进行建模，并在此基础上分别建立一个目标优化模型。

1. 无前序任务的任务

本章定义 s_i^k 和 f_i^k 分别表示任务 q_i^k 执行的开始时间和完成时间。假设在应用

的 DAG 模型中任务 q_i^k 没有前序任务，该任务被执行的开始时间主要和任务到达时间和输入数据的传输时间相关。然而，任务 q_i^k 可能并不能在边缘服务器 s_m 中立刻得到执行，因为该服务器可能正忙于执行来自其他应用的优先级更高的任务。为了更加清晰地描述这个问题，本章用 L_m 和 $|L_m|$ 来表示服务器 s_m 中的任务队列和队列的大小。对应地，本章定义变量 $X_{m,n}^{k,i}$：

$$X_{m,n}^{k,i} = \begin{cases} 1, & \text{第}k\text{个应用的第}i\text{个任务排在服务器}s_m\text{的第}n\text{个位置} \\ 0, & \text{其他} \end{cases} \tag{11.1}$$

换言之，$X_{m,n}^{k,i}=1$ 表示边缘服务器 s_m 中的第 n 个任务是任务 q_i^k。在其输入数据传输完成和边缘服务器 s_m 中其前序任务完成之后，任务 q_i^k 就可以开始执行。在此条件下，任务 q_i^k 的执行开始时间可以表示为

$$\begin{aligned} & s_i^k = \max\{t_{R_k} + \delta_i^k, f_{i'}^{k'}\} \\ & \text{s.t.} \quad \forall 1 \leqslant j \leqslant N_k, e_{j,i} = 0, X_{m,n}^{k,i} = 1 \end{aligned} \tag{11.2}$$

式中，δ_i^k 表示任务 q_i^k 的输入数据的传输时间；$f_{i'}^{k'}$ 表示更高优先级任务的执行完成时间。

2. 有前序任务的任务

一般来说，对于至少有一个前序任务的任务而言，其开始时间由其全体前序任务的完成时间决定。假设任务 q_j^k 是任务 q_i^k 的一个前序任务，即 $e_{j,i}=1$，则任务 q_i^k 的开始时间必定要晚于任务 q_j^k 的完成时间，换言之，$s_i^k \geqslant f_j^k$。因此，本章通过比较当前任务的所有前序任务的完成时间，以及该服务器上优先级更高的其他任务的完成时间，来推算当前任务的开始时间。此外，当存在不同任务的前序任务进行资源竞争的情况时，例如多个任务共享基站之间传输链路，那么当前任务的开始时间也将相应延后。具体地，对于分派到服务器 s_m 的任务 q_i^k：

$$\begin{aligned} & s_i^k = \max\left\{\max\{f_j^k, f_{cj'}^{k'}\} + \frac{u_{j,i}}{d_{j,i}}, f_{i'}^{k'}\right\} \\ & \text{s.t.} \quad \forall 1 \leqslant j \leqslant N_k, e_{j,i} = 1, X_{m,n}^{k,i} = 1 \end{aligned} \tag{11.3}$$

式中，$f_{cj'}^{k'}$ 表示优先级大于 q_j^k 并且和 q_j^k 共享传输链路的任务集合 $\{q_{j'}^{k'}\}$ 的最终数据传输完成时间。

本章采用 $p_{i,m}^k$ 来表示任务 q_i^k 在边缘服务器 s_m 上的计算时间：

$$p_{i,m}^k = \frac{\omega_i^k}{C_m} \tag{11.4}$$

任务 q_i^k 的完成时间可以通过下述表达式得到：

$$f_i^k = s_i^k + p_{i,m}^k \tag{11.5}$$

应用 R_k 的计算时间可以表示为

$$T^k = \max\{f_i^k \mid \forall 1 \leqslant j \leqslant N_k, e_{i,j} = 0\} \tag{11.6}$$

3. 联合目标优化

本章使用 $z_k = 1$ 来表示应用 R_k 在其截止期限之前完成，即 $T^k \leqslant D_k$。本章的最终目标是在时间段 T_p 中促使尽可能多的应用在其截止期限之前完成。因此，本章构建基于 DAG 的联合任务分派和调度的优化问题：

$$\begin{aligned}
&\max \sum_{i=1}^{K} z_k \\
&\text{s.t. } z_k \in \{0,1\}, z_k = 1, T^k \leqslant D_k \\
&\quad \sum_{i=1}^{N_k} X_{m,n}^{k,i} = 1, \quad \forall 1 \leqslant k \leqslant K \\
&\quad \text{式(11.1)} \sim \text{式(11.6)成立}
\end{aligned} \tag{11.7}$$

然而，上述优化问题的求解面临两个主要的挑战。

(1) 计算复杂度高。式(11.7)引入了决策变量 X，它是一个多维度 0-1 整数矩阵，这令该联合优化问题成为 NP 难问题。尤其是当基站和应用的数量增加时，解空间将呈指数增长。遗传算法、群体智能等算法可被用于在整个解空间中探索该问题的相对最优解。一些新兴的求解方法用非线性方法描述问题的复杂内部逻辑，如深度学习和强化学习等。然而，在实际部署中，这类方案要么不能满足系统的实时性需求，要么具有较差的泛化能力。特别是一些基于学习的求解方案高度依赖特定的数据集。

(2) 应用请求到达边缘计算环境的时间具有随机且不可预测的特点。式(11.7)提出的联合优化问题旨在提供高效率的应用分派和调度方案。但是，应用分派时对后续应用的到达时间以及其他具体信息都无法提前获知。因此，本章需要设计一种在线的任务分派和调度方法。

11.4 依赖性应用分派和调度方法的设计

Daas 代表一系列调度模式，它继承了很多流行 DAG 调度模式的简洁性和高效性。Daas 的主要思想包含三个步骤：①针对同时到达的所有应用，提出各自任务的优先级估计方式；②根据优先级分派应用的任务到边缘服务器；③每台边缘服务器根据其资源配置情况，对分派到的全体任务进行后续调度。图 11.4 展示了 Daas 在边缘计算场景中的部署和工作流程。总体而言，Daas 包含优先级排序模块、任务分派模块以及任务调度模块，这些模块相互之间不断进行交互和迭代。本章接下来对这些模块进行详细介绍。

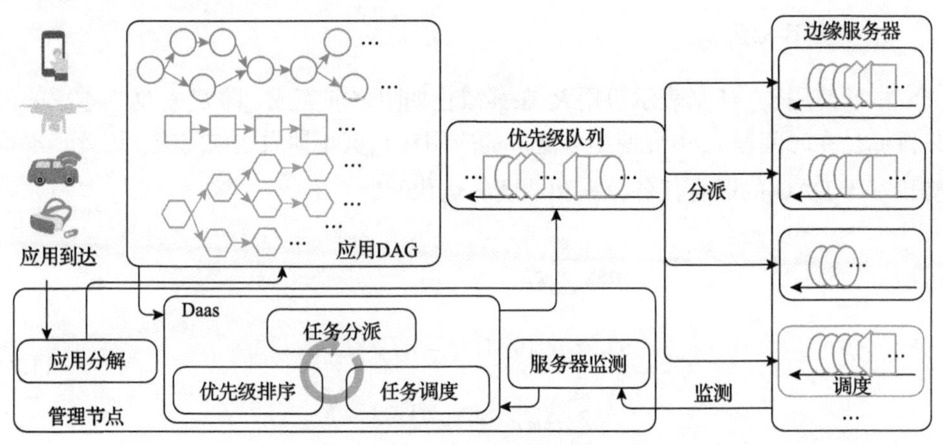

图 11.4　Daas 的部署和工作流程图

11.4.1　任务的优先级定义

本章首先讨论如同文献[25]所介绍的简单案例，其中应用之间不存在资源竞争带来的矛盾。在这种环境下，本章只需考虑特定应用的众多任务的内部关联性。本章可以选用动态规划方法来获得一个相对最优的方案，即保证任意任务的每个前序任务都能以一种最快的方式被完成。具体而言，本章依据 DAG 刻画的依赖关系就可以保证整个应用能以一种最快的速度完成。

然而，上述解决方法在多个应用之间存在资源竞争时可能不再适用。应用之间不均衡的资源分配经常会导致更差的性能。举例来说，当本章最小化一个应用的完成时间时，另一个应用可能会因为资源不足而超时。此外，在边缘计算场景中，当联合考虑任务的通信和计算资源时，问题将会变得更加复杂。

为此，本章需要针对所有应用的任务进行统一的整体性调度，从而保证所有任务的前序任务都可以尽早完成，进而促使所有应用可以被尽早完成。这里会量化每个应用中所有任务的依赖关系，并厘清来自所有应用的任务的优先级关系。

如前所述，在多应用场景下影响各项应用完成时间的主要因素包括任务在多台服务器之间的分派结果、任务在该服务器内的调度执行顺序，以及多任务之间的依赖关系。为此，本章从以上三个方面对任务的优先级关系进行量化。决定优先级的定量因素相应地包括服务器之间的通信成本、在特定服务器上的任务执行成本，以及应用中的任务依赖关系。接下来，本章给出详细的定义。

一个任务 i 可以从它的前序任务 j 中获取到输入数据 $u_{j,i}$。如果任务 i 没有前序任务，那么从上传相应应用的设备中直接获取输入数据。与任务 i 有关的通信成本的优先级度量可以定义为

$$g_i^k = \begin{cases} 0, & \forall e_{j,i} = 0 \\ \max\left\{\dfrac{u_{j,i}}{\bar{u}}\right\}, & \text{其他} \end{cases} \tag{11.8}$$

式中，$\bar{u}$ 表示边缘服务器之间的平均数据传输速率。

这里进一步定义和任务 i 执行成本关联的优先级：

$$h_i^k = \frac{\omega_i^k}{\bar{c}} \tag{11.9}$$

式中，$\bar{c}$ 表示边缘服务器的平均计算能力。

多个应用可能拥有不同的截止期限，这意味着在任意时刻多个应用的完成状态可能有很大不同。举例来说，两个应用 R_a 和 R_b 分别有不同的截止期限 t_a 和 t_b，且 $t_a \ll t_b$。若二者在边缘服务器中获得了相同的服务时间 t，则它们的完成程度区别较大，因为 $\dfrac{t}{t_a} \gg \dfrac{t}{t_b}$。此外，本章还要保证任务的执行顺序和任务之间的依赖关系保持一致。因此，任务的优先级可以定义为

$$P_i^k = \max_{e_{j,i}=1}\left\{\frac{g_i^k + h_i^k}{D^k - t_{R_k}} + P_j^k\right\} \tag{11.10}$$

如果 P_i^k 没有前序任务，那么有

$$P_i^k = \frac{g_i^k + h_i^k}{D^k - t_{R_k}} \tag{11.11}$$

此处定义的优先级是任意任务在分配和调度之前的粗略计算结果，而在任务部署之后可能出现一些偏差，因此后续还需要更加精细化的调整。本章将在接下来的部分详细描述。

根据式(11.10)和式(11.11)的定义，为各项任务计算所得的优先级数值和真实的优先级是相反的关系。这意味着优先级数值越小，任务的优先级越大。

11.4.2　任务的分派和调度

如图 11.4 所示，Daas 由三个相互交互的模块组成，分别是任务的优先级估算模块、任务的分派模块，以及任务的调度模块。此外，管理节点需要实时地获取各台边缘服务器的状态信息以辅助决策，如剩余的资源容量。本节首先为每台边缘服务器引入剩余容量的定义，并进一步阐述任务分派方法和任务调度方法。

所有边缘服务器在时刻 t_k 的剩余容量为 $S^{\mathrm{re}}(t_k)=\{s_1^{\mathrm{re}}(t_k),s_2^{\mathrm{re}}(t_k),\cdots,s_N^{\mathrm{re}}(t_k)\}$，其中第 m 台服务器的状态 $s_m^{\mathrm{re}}(t_k)$ 表示其执行完已经缓存的全体任务所需的总时间成本。

1. 任务的分派算法

算法 11.1 给出了任务分派策略。首先初始化 $S^{\mathrm{re}}(t_k)$，并利用前面定义的方法计算每个任务的优先级(第 2～5 行)。然后获得一个将所有任务按照优先级递增方式排列的队列 L (第 6 行)。在优先级队列 L 的基础上，首先将每个任务分派到对应的边缘服务器。在 L 中，优先级更高的任务会被优先分配到能令其更早完成的服务器(第 10～11 行)。任务分派之后，对应服务器的剩余容量状态也应进行相应的更新(第 12 行)。最后，在每台边缘服务器中进一步对已经分派的任务进行调度(第 13 行，算法 11.2 中将展示更多细节)。

算法 11.1　任务分派策略

输入：在时间段 $\{t_1,t_2,\cdots,t_N\}$ 内到达的每个应用的相关信息，截止期限 D_k，应用的 DAG 模型 $G(V,E,U)$，每个任务的负载 ω_i^k 和输入数据 β。

输出：应用分派结果 $\Theta(t)$。

1 **for** 第 k 个时隙 **do**

2 　　$S^{\mathrm{re}}(t_k)=\mathrm{init\_capacity}()$；　//更新负载状态；

3 　　**for** $k=1\to K$ **do**

4 　　　　**for** $i=1\to|N_K|$ **do**

5 　　　　　　基于式(11.8)～式(11.11)计算 P_i^k；

6 　　$L=\mathrm{sort\_priorities}()$;　//获取众多任务优先级取值的递增排序；

7　　　iter_time = 0 ;
8　**while** $\Delta\eta > \eta_{\text{thr}}$ 或 iter_time ⩽ max_iter_time **do**
9　　**for** $i = 1 \to |L|$ **do**
10　　　从所有服务器中查找到服务器 s^*，使得当前任务可以最快完成；
11　　　分派任务 q_i 到该服务器 s^*；
12　　　更新 $\Theta(t)$ 和 $S^{\text{re}}(t_k)$；
13　　执行任务调度策略(算法 11.2)；
14　　计算应用完成比率的差值 $\Delta\eta$；
15　　更新 η；
16　　基于式(11.13)，根据 F_i^k 更新优先级 P_i^k；
17　　L = sort_priorities()；
18　　iter_time=iter_time+1.

如前所述，任务初始的优先级值是根据其平均通信和计算代价估计而得。然而，在各个任务被部署后，各自的执行条件将会发生变化，继而改变任务之间的原有优先级关系。此外，在初始的任务部署中，本章对任务之间的资源共享情况并不知晓，这将给任务执行带来一些额外的时间消耗。在根据上述方法计算各个任务的优先级之后，本章定义 F_i^k 为该任务被分派和调度后的实际完成时间。本章通过算法 11.2 获得 F_i^k 的值，进而更新所有任务的优先级(第 16 行)。具体而言，任务 q_i^k 的优先级会被更新为

$$P_i^k = \max_{e_{j,i}=1}\left\{\frac{F_i^k - F_j^k}{D^k - t_{R_k}} + P_j^k\right\} \tag{11.12}$$

式中，$F_i^k - F_j^k$ 表示任务 q_i^k 的真实执行时间。

本章可以将 P_j^k 迭代表示成类似式(11.12)的样式。最后，任务 q_i^k 的优先级可以表示为

$$P_i^k = \frac{F_i^k - t_{R_k}}{D^k - t_{R_k}} \tag{11.13}$$

上述表达式的详细推导过程如下。

在一轮应用分派和调度中，本章可以获取到任务的真实完成时间 F_i，然后据此更新任务的优先级。根据式(11.12)，任务 q_i^k 的优先级可以表示为

$$
\begin{aligned}
P_i^k &= \max_{e_{i_1,i}=1}\left\{\frac{F_i^k - F_{i_1}^k}{D^k - t_{R_k}} + P_{i_1}^k\right\} = \frac{F_i^k - F_{i_1'}^k}{D^k - t_{R_k}} + P_{i_1'}^k \\
&= \frac{F_i^k - F_{i_1'}^k}{D^k - t_{R_k}} + \max_{e_{i_2,i_1'}=1}\left\{\frac{F_{i_1'}^k - F_{i_2}^k}{D^k - t_{R_k}} + P_{i_2}^k\right\} \\
&= \frac{F_i^k - F_{i_1'}^k + F_{i_1'}^k - F_{i_2'}^k}{D^k - t_{R_k}} + P_{i_2'}^k \\
&= \cdots \\
&= \frac{F_i^k - F_{i_1'}^k + \cdots + F_{i_{r-2}'}^k - F_{i_{r-1}'}^k}{D^k - t_{R_k}} + P_{i_{r-1}'}^k \\
&= \frac{F_i^k - F_{i_1'}^k + \cdots + F_{i_{r-2}'}^k - F_{i_{r-1}'}^k}{D^k - t_{R_k}} + \max_{e_{i_r,i_{r-1}'}=1}\left\{\frac{F_{i_{r-1}'}^k - F_{i_r}^k}{D^k - t_{R_k}} + P_{i_r}^k\right\} \\
&= \frac{F_i^k - F_{i_1'}^k + \cdots + F_{i_{r-1}'}^k - F_{i_r'}^k}{D^k - t_{R_k}} + P_{i_r'}^k \\
&= \frac{F_i^k - F_{i_r'}^k}{D^k - t_{R_k}} + P_{i_r'}^k
\end{aligned}
\tag{11.14}
$$

其中，$q_{i'}^k$ 没有前序任务。

因此，用实际完成时间替代式(11.11)的初始完成时间，可知 $P_{i_r'}^k = \dfrac{F_{i_r'}^k - t_{R_k}}{D^k - t_{R_k}}$。那么，式(11.14)可以进一步表示为

$$
P_i^k = \frac{F_i^k - t_{R_k}}{D^k - t_{R_k}} \tag{11.15}
$$

算法 11.1 不断地迭代执行任务的分派和调度，直到相邻两次迭代的完成率误差在一个可接受阈值 η_{thr} 内(如 0 或者 0.1)，或者达到了最大的部署计算时间。

2. *任务的调度算法*

在任意一台边缘服务器内，越早被分派过来的任务，其优先级越高，服务器需要优先为其提供相应的资源保障。因此，如算法 11.2 中展示，各台边缘服务器会独立地按照此前定义的优先级对任务进行调度(第 1～2 行)。

算法 11.2　任务调度策略

输入：应用的 DAG 模型 $G(V,E,U)$，任务优先级队列 L，任务分派结果 $\Theta(t_k)$。

输出：每台边缘服务器的调度结果。

1 for $m=1\to n$ **do**

2 　　L_m=sort_priority_m(); //在边缘服务器 s_m 中对任务进行非递减排序；

3 **for** $i=1\to|L|$ **do**

4 　　m = edge_server_index(q_i); //任务 q_i 所分派到的服务器；

5 　　基于式(11.2)和式(11.3)计算任务 q_i 的真实开始时间 S_i；

6 　　$F_i=S_i+p_{i,m}$；

7 **for** $k=1\to K$ **do**

8 　　基于式(11.6)计算 T^k；

9 计算平均完成率 η。

优先级最初是由平均值或上一轮的优先级估值计算而得，因此在本章确定了任务的执行顺序之后，任务的优先级将会经历一个微小的变化。特别地，当多个任务共享使用基站之间的传输链路时，某些任务的开始执行时间将会被延迟。这将有可能改变任务的优先级并且对整体的应用造成延迟。

为了解决这个问题，本章在任务调度策略中(算法 11.2)定义了 S_i 来表示任务的真实开始执行时间。对于任务 q_i^k，本章分析所有应用的任务，从中找到和 q_i^k分配到同一台边缘服务器并且优先级高于任务 q_i^k的任务。根据式(11.2)和式(11.3)，本章可以计算任务 q_i^k的真实开始时间和结束时间(第 5～6 行)，并且进一步计算每个应用的完成时间(第 7～8 行)。最后，本章可以计算出平均的应用完成率 η (第 9 行)。

在算法 11.1 的每一轮迭代中，都需要计算每个任务的优先级，并为其选择和分派边缘服务器。因此，算法在这个环节的时间复杂度是 $O(MN)$，其中，M 和 N 分别代表任务总数和边缘服务器总数。在任务分派之后，算法 11.2 还需要对每台服务器分派到的全体任务进行排序和调度。因此，Daas 方法的每轮迭代的时间复杂度被表示为 $O(MN+M)$。

11.4.3　模块之间的交互

为了描述任务分派和调度等各个模块之间的关系(算法 11.1 和算法 11.2)，本章使用图 11.5 来阐述各个模块之间的交互机制。首先，根据各个任务的通信成本和执行成本，利用优先级定义方法来获得每个任务的优先级值。在优先级取值的基础上，本章通过算法 11.1 将每个任务分派到特定的服务器上，然后通过算法 11.2 在各个服务器中对任务进行后续调度。接着，本章可以获取到真实的任务完成时间，并依此更新所有任务的优先级。整个迭代过程持续进行，直到应用的完成率η相对上一轮迭代稳定在一定阈值内，或者迭代过程达到了最大的执行次数。

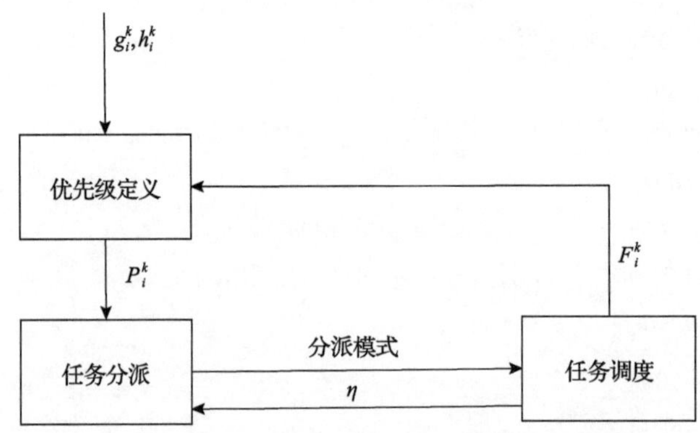

图 11.5　Daas 中任务分派模块和任务调度模块之间的交互

表 11.4 展示了 Daas 方法的一个调度案例。在初始的分派策略中，优先级值由估计的通信代价 g_i^k 和计算代价 h_i^k 计算而得。在该案例中，3 个任务来自于同一个应用，并且任务 q_i^k 需要等待任务 q_{i-1}^k 的输出数据（$i>1$）。它们的优先级取值分别是 0.24、0.44 和 0.59。本章的优先级定义方法使得后置任务的优先级值大于前序任务。在任务分派和调度之后，本章可以得到任务的真实完成时间 F_i^k。从表中看出，由于 $g_i^k + h_i^k < F_i^k - F_{i-1}^k$，任务 q_3^k 的真实处理成本比估计的值更高，这意味着任务 q_3^k 在传输和执行任务时实际上发生了滞后。与此同时，q_1^k 由于在几个任务当中拥有高优先级，因此其并不需要等待。对应地，Daas 方法利用真实的任务执行成本来替换 g_i^k 和 h_i^k 的取值，并且将优先级值更新为 $P_i'^k$。注意到 q_2^k 和 q_3^k 的优先级都降低了。

表 11.4　Daas 方法的一个调度案例

变量比值	q_1^k	q_2^k	q_3^k
$\left(g_i^k + h_i^k\right)/\left(F_i^k - F_{i-1}^k\right)$	1.2/1.2	1.2/1.8	0.9/1.08
$P_i^k / P_i'^k$	0.24/0.24	0.44/0.54	0.59/0.72

11.5　实验设计和性能评估

11.5.1　实验设计

为了评估 Daas 方法的整个过程，本章设计并开发了包含图 11.4 中所有模块的模拟器。基于该模拟器，本章开展了大量的实验来测试 Daas 方法的效果。

本章重点关注如图 11.6 所示的多种典型应用，包括链式查询应用、视频处理应用以及复杂数据分析应用[25]。这些应用代表了链状结构、并行结构等典型的多任务依赖关系。在本章的实验中，应用的截止期限被随机限制在 6～10 个时间单元内。对于每个应用，其数据传输量被限制在 2M～6M。上述参数的设置源自文献[11]和[18]。本章假设应用到达边缘计算环境的过程服从被广为应用的泊松分布过程。本章可以通过设置不同的平均应用数量来呈现不同的应用密度。此外，本章设置了三种基准方法进行对比，具体如下。

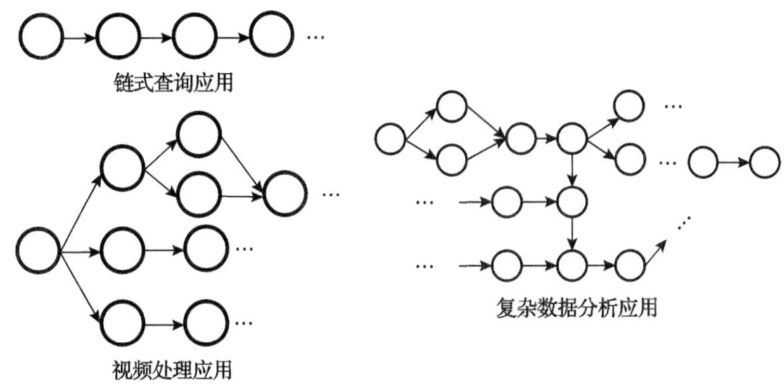

图 11.6　几个典型应用的 DAG 模型

(1) 截止期限优先 (deadline priority, DP)：类似于 EDF，基于任务的截止期限和各台边缘服务器的剩余容量来分派全体应用所包含的任务。当不同应用的任务具有相同截止期限时，这个方案优先向更早到达的任务提供服务。

(2) 资源优先 (resource priority, RP)：根据应用请求的资源 (通信资源和计算资源) 规模来评估每个应用的优先级，即需要更多资源的任务具有更高的优先级，相应地被优先分派。和 DP 方案类似，对于具有相同资源需求的任务，更早到达的任务将被更早分派。

(3) 基于学习 (learning-based, LB) 的方案：文献[15]提出了一种基于 DAG 和 DRL 的方法。该方法通过学习历史数据，为各项任务设计服务器的选择方案，但是不考虑每台服务器内更精细的任务调度问题。在该方法的基础上，本章做了一些必要的调整，使其能适配本章考虑的实验场景，包括：①调整了目标函数从而最大化应用的完成率；②对于分派到相同服务器的任务，本章假设其按时间先后顺序执行任务。

本章后续会阐述更多的实验细节，包括来自应用本身的影响 (如应用密度) 和边缘网络不同配置的影响 (如边缘服务器的密度和服务器的计算能力等)。此外，为了更加贴近实际，本章也在大规模的边缘网络场景中测试了 Daas 方法的性能。

11.5.2 应用密度的影响评估

本章设置了 6 台边缘服务器来处理邻近的终端应用请求。它们的计算容量相互异构且服从均值为 8 的正态分布。本章在后面将进一步评估正态分布不同均值下的实验结果。本章调整终端应用的平均数量来测试不同调度方案下的应用平均完成率。图 11.7(a)展示了评估结果随应用数量逐渐增长的变化趋势。从结果可以发现：①Daas 方法在不同的应用数量下相较于 DP 和 RP 方法总是能取得更好的性能，能够将应用的完成率提升 20%左右；②由于 LB 方法有着精细化的任务分派方案，Daas 在应用较少时性能要比 LB 略差，但是当应用数量增大时，Daas 表现得比 LB 好不少。造成这个现象的原因是 LB 方法中各个服务器缺乏任务调度机制。在任务之间的资源竞争不激烈时这一优势并不显著，因为同一服务器中存在较少的任务交互。

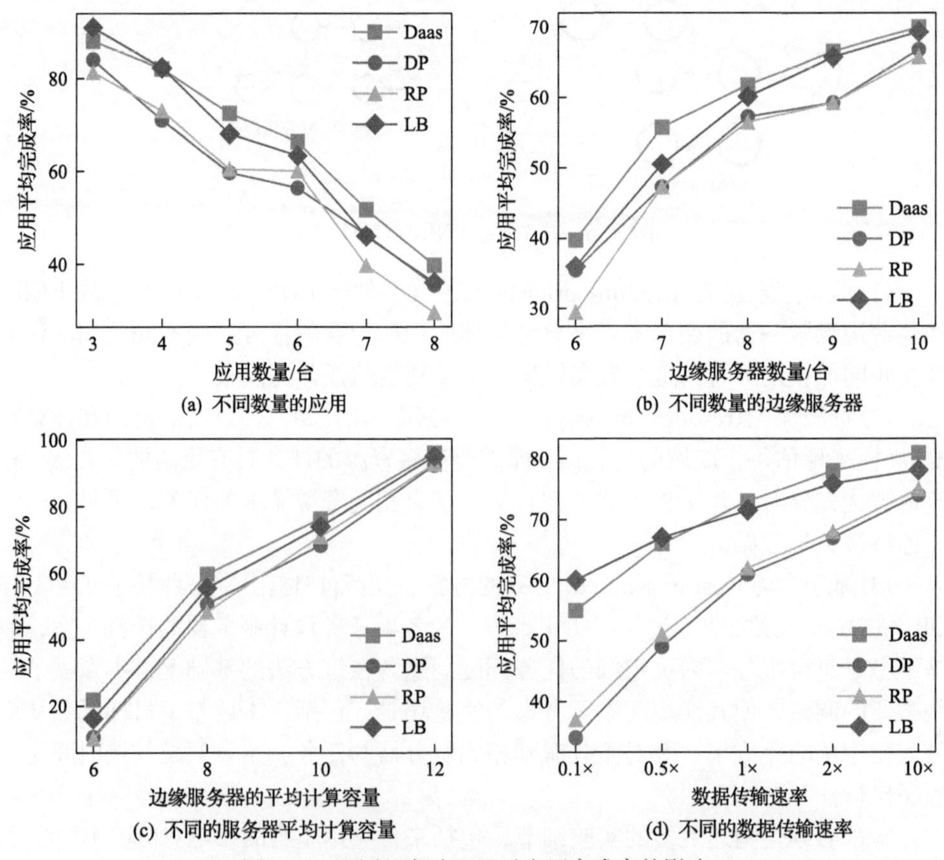

(a) 不同数量的应用　(b) 不同数量的边缘服务器

(c) 不同的服务器平均计算容量　(d) 不同的数据传输速率

图 11.7　不同的实验配置对应用完成率的影响

总体来说，随着应用数量的不断增加，相对于其他几个基准方法，Daas 方法可以有效提升应用的完成率，最高可达到 20%。

11.5.3　边缘服务器配置的影响评估

本节将探讨在边缘计算环境的不同配置下应用完成率的变化情况，着重分析三个因素对实验结果的影响，分别是不同的边缘服务器密度、边缘服务器计算容量以及服务器之间的数据传输速率。

1. 边缘服务器密度的影响

图 11.7(b)展示了边缘服务器的部署密度(在一个区域内可提供边缘服务的服务器总数)对应用平均完成率的影响。具体而言，本章令边缘服务器数量在 6～10 逐渐增加，并且应用的平均到达数量设置为 8 个。边缘服务器的计算容量假设呈现正态分布，平均值为 8 个计算单元。实验结果显示：①DP 和 RP 方法在应用完成率方面的表现几乎一致，且 Daas 方法的性能要优于这两个基准方法，约为 7% 到 20%；②由于边缘服务器中任务调度模型的优势，当服务器数目少于 7 个时，Daas 的平均完成率比 LB 方法高约 10 个百分点。当服务器数量不断增大时，这种优势逐渐减小。这种效果相当于 11.5.2 节提到的减少应用数量时的效果。

2. 边缘服务器计算容量的影响

边缘服务器的平均计算容量服从正态分布，且其均值从 6 逐渐增长到 12，图 11.7(c)展示了这一变化对应用平均完成率的影响。从图中可知，Daas 方法的应用平均完成率从 22%提升到 96%。此外，Daas 方法的性能显著好于其他基准方法。特别是当边缘服务器的平均容量为 6 个计算单元时，DP 和 RP 方法的平均完成率低于 10%，接近 Daas 平均完成率的一半。换而言之，本章可以得出如下结论：即使在计算容量不足时，Daas 方法相对于其他几种方法仍然可以显著地提升应用的完成率。

综合上述实验结果可以发现，为边缘服务器配置更大的计算容量要比部署更多的边缘服务器取得的性能更好。举例来说，8 台边缘服务器且单台服务器的计算容量是 10 个计算单元的配置，会比 10 台边缘服务器且单台服务器的计算容量是 8 个计算单元的配置，取得更高一些的应用完成率。这种现象的一种可能解释是更多的边缘服务器带来了更大的通信成本。

3. 服务器之间数据传输速率的影响

本章进一步评估网络的数据传输速率对应用平均完成率的影响，实验结果如图 11.7(d)所示。网络的数据传输速率是在默认值的基础上按照 0.1× 至 10× 进行调整。数据传输速率越低，数据传输时间就越长，进而导致出现等待传输的长队列。反过来，高数据传输速率可缩短数据传输时间，进而缩短任务的整体完成时间。

实验结果表明，应用平均完成率将随着数据传输速率的增大而提高，并且 Daas 方法比 DP 和 RP 方法平均完成率要高 9～61 个百分点。然而，当数据传输速率较低时，Daas 方法相对于 LB 方法性能要差一些。这可以解释为基于学习的方法可以在应用分派环节获得非常精确的优化结果，特别是当传输成本非常高的时候。与之相反，在网络资源充足的情况下，通过对边缘服务器内任务调度环节的优化，Daas 方法会获得更好的性能。

11.5.4 服务器和应用规模的影响评估

为了测试在大规模实验场景中本章所提 Daas 方法的效果，本章引入更多的边缘服务器来提供计算服务，并且注入了更多的有不同负载和截止期限的应用。这些应用内部的任务依赖关系涵盖了图 11.6 所示的多种情况。本章分别模拟了 30 台和 50 台边缘服务器的边缘网络场景，图 11.8 比较了不同方法的性能。同只有少

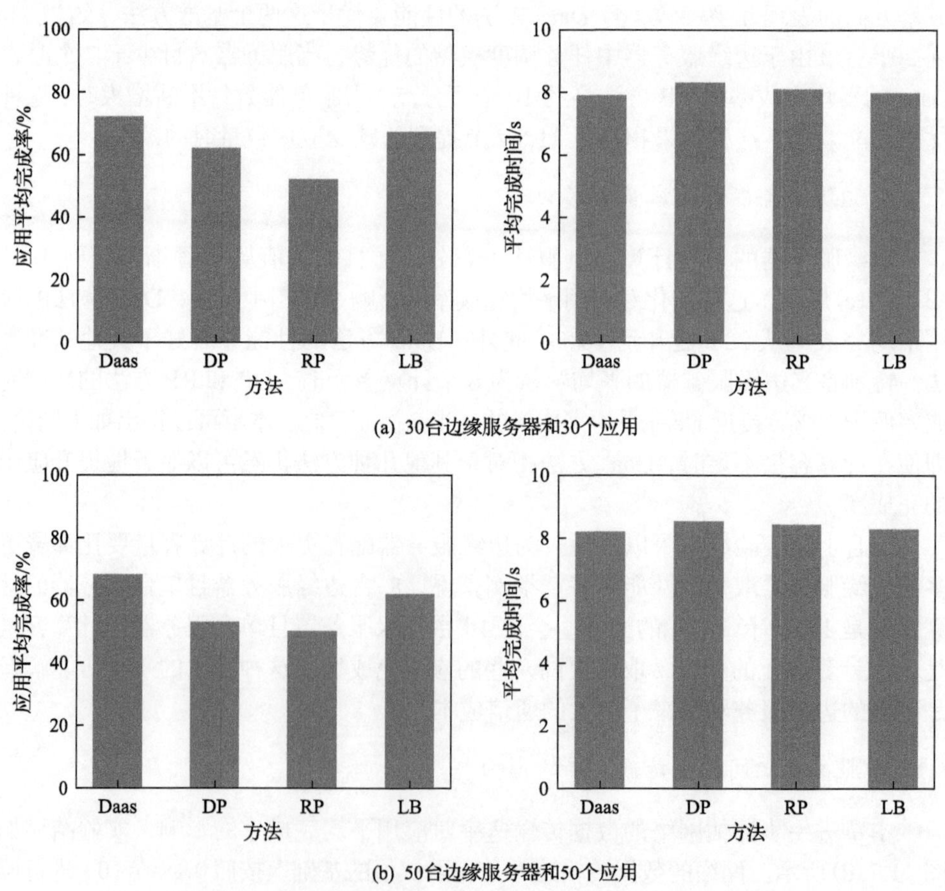

图 11.8　大规模实验场景下的应用平均完成率和平均完成时间

数服务器和少量应用的实验相比，各类基准方法在本章的实验配置下应用平均完成率都有所下降。然而，实验显示 Daas 方法相对于基准方法平均完成率最高可以提升约 38 个百分点。此外，本章对应用的平均完成时间也进行了分析。结果表明，Daas 方法的平均完成时间也要短于其他几个基准方法。

11.5.5　Daas 方法的收敛性评估

如在设计 Daas 方法时所述，如果前后两次迭代的应用平均完成率低于一个特定的阈值(如 0.1)，那么 Daas 方法将会停止迭代；否则，Daas 方法将会一直迭代下去，直至达到最大的迭代次数(如 20 次)。图 11.9 展示了在迭代过程中应用平均完成率的累计分布函数(cumulative density function，CDF)。实验结果表明，Daas 方法在约 83%的测试案例中满足了停止条件，并且在达到迭代次数上限之前收敛。特别地，Daas 方法在 29%的测试案例中在第二轮迭代后就收敛了，只在 17% 左右的测试案例中达到了迭代次数的上限，并且没有观察到算法的收敛性。

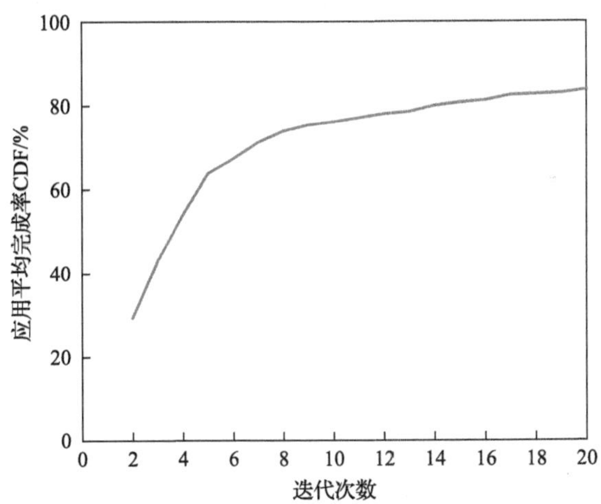

图 11.9　Daas 方法迭代过程应用平均完成率的 CDF

11.5.6　Daas 方法的最优性探讨

虽然 Daas 方法在大量实验设置中表现较好，但是其仍然存在一些内在的缺陷。实验结果显示，Daas 方法在收敛之后可能并不能保证结果的最优性。为此，本章进一步针对 Daas 方法的最优性问题进行理论探讨。具体而言，本章首先分析 Daas 方法的本质，然后探究其整体的迭代过程。

(1) Daas 的核心思想：Daas 方法在本质上是个不断对可行方案进行精细化迭代的过程。其核心思想是对于给定的应用集合，首先给出所有任务的一个序列，然后和边缘服务器的序列进行匹配。例如，对于应用集合 $\{R_1, R_2, \cdots, R_K\}$，其任务序列为$\langle q_1^1, q_2^1, \cdots, q_{N_1}^1, \cdots, q_1^K, q_2^K, \cdots, q_{N_K}^K \rangle$。Daas 所做的是度量所有任务的优先级，并据此给任务排序形成一个队列，然后和边缘服务器进行逐一匹配。如果任务q_i^m排在任务q_j^n前面，那么任务q_i^m可以先于q_j^n选择一个剩余容量更大的边缘服务器。任务的序列会在迭代过程中不断调整。

(2) Daas 的迭代：迭代过程旨在依据特定的排序准则对当前的任务队列进行精细化的调整。本章依据 Daas 方法定义的优先级，对剩余的全体任务进行重新排序。因此，迭代过程的最终优化结果和这里的排序准则密切相关。因为本章在 Daas 中所定义的优先级是基于启发方法估计而来，这就有可能导致所获取的方案并不一定是最大化应用完成率的最优方案。相反，如果本章可以获取到“合理优先级”的定义方式，那么可能会据此找到最优的方案。由于任务的不可预测性，在真实的应用场景中不可能计算出合理的优先级，因此方法的最优性也就无法保证。

11.6 本章小结

本章首先系统性地建模了影响应用平均完成时间的三个重要因素，分别是每个应用的内在多任务依赖性、众多任务跨多台边缘服务器的分派以及每台服务器内的任务调度。这些因素被认为会严重影响任意一批应用在边缘计算环境中的处理过程。为了令尽可能多的在线应用能够满足其截止期限的约束，本章提出了一种高效的 Daas 方法来解决这个 NP 难问题。Daas 方法构建在经典的列调度(list scheduling)方式之上，并且易于在实际场景中实现。大量的实验结果表明，Daas 方法比一些基准方法在应用的平均完成率方面有更加优异的性能，同时在大规模的场景下可以缩短应用的完成时间。

虽然 Daas 方法取得了不错的效果，但是仍然存在一些悬而未决的问题。首先，Daas 方法忽略了单台服务器存储资源受限时的功能配置问题。也就是说，并不是任何应用都能分派到一台服务器进行执行，因为某些服务器可能并没有配置运行该应用所需的功能。其次，Daas 方法假设可以精确地估计每个任务的执行时间，但是在任务结束之前该指标很难被精确估计。最后，本章简化了无线通信基站和边缘服务器之间的数据传输关系。无线通信基站可能距离某些边缘服务器很远，并且不少任务需要在基站和服务器之间进行传输。

参考文献

[1] Taleb T, Samdanis K, Mada B, et al. On multi-access edge computing: A survey of the emerging 5G network edge cloud architecture and orchestration[J]. IEEE Communications Surveys & Tutorials, 2017, 19(3): 1657-1681.

[2] Chen Y F, Zhao X, Lin X M, et al. Efficient mining of frequent patterns on uncertain graphs[J]. IEEE Transactions on Knowledge and Data Engineering, 2019, 31(2): 287-300.

[3] Sukhmani S, Sadeghi M, Erol-Kantarci M, et al. Edge caching and computing in 5G for mobile AR/VR and tactile internet[J]. IEEE MultiMedia, 2019, 26(1): 21-30.

[4] Zheng K, Hou L, Meng H L, et al. Soft-defined heterogeneous vehicular network: Architecture and challenges[J]. IEEE Network, 2016, 30(4): 72-80.

[5] Pouryazdan M, Kantarci B, Soyata T, et al. Anchor-assisted and vote-based trustworthiness assurance in smart city crowdsensing[J]. IEEE Access, 2016, 4: 529-541.

[6] Hu Z Y, Li D S, Guo D K. Balance resource allocation for spark jobs based on prediction of the optimal resource[J]. Tsinghua Science and Technology, 2020, 25(4): 487-497.

[7] Qin Y D, Guo D K, Lin X, et al. Design and optimization of VLC enabled data center network[J]. Tsinghua Science and Technology, 2020, 25(1): 82-92.

[8] Garcia Lopez P, Montresor A, Epema D, et al. Edge-centric computing: Vision and challenges[J]. ACM SIGCOMM Computer Communication Review, 2015, 45(5): 37-42.

[9] Wang F X, Wang F, Liu J C, et al. Intelligent video caching at network edge: A multi-agent deep reinforcement learning approach[C]//Proceedings of the 39th IEEE International Conference on Computer Communications, Toronto, 2020.

[10] Tan H S, Han Z H, Li X Y, et al. Online job dispatching and scheduling in edge-clouds [C]//Proceedings of the 36th IEEE International Conference on Computer Communications, Atlanta, 2017.

[11] Han Z H, Tan H S, Li X Y, et al. OnDisc: Online latency-sensitive job dispatching and scheduling in heterogeneous edge-clouds[J]. IEEE/ACM Transactions on Networking, 2019, 27(6): 2472-2485.

[12] Meng J Y, Tan H S, Xu C, et al. Dedas: Online task dispatching and scheduling with bandwidth constraint in edge computing[C]//Proceedings of 38th IEEE International Conference on Computer Communications, Paris, 2019.

[13] Xu J, Chen L X, Ren S L. Online learning for offloading and autoscaling in energy harvesting mobile edge computing[J]. IEEE Transactions on Cognitive Communications and Networking, 2017, 3(3): 361-373.

[14] Chen X, Jiao L, Li W Z, et al. Efficient multi-user computation offloading for mobile-edge cloud computing[J]. IEEE/ACM Transactions on Networking, 2016, 24(5): 2795-2808.

[15] Zhang W W, Wen Y G, Wu D O. Collaborative task execution in mobile cloud computing under a stochastic wireless channel[J]. IEEE Transactions on Wireless Communications, 2015, 14(1): 81-93.

[16] Tang Z Q, Lou J, Zhang F M, et al. Dependent task offloading for multiple jobs in edge

computing[C]//Proceedings of the 29th International Conference on Computer Communications and Networks, Honolulu, 2020.

[17] Kao Y H, Krishnamachari B, Ra M R, et al. Hermes: Latency optimal task assignment for resource-constrained mobile computing[J]. IEEE Transactions on Mobile Computing, 2017, 16(11): 3056-3069.

[18] Zhao G M, Xu H L, Zhao Y M, et al. Offloading dependent tasks in mobile edge computing with service caching[C]//Proceedings of 39th IEEE International Conference on Computer Communications, Toronto, 2020.

[19] Liu L Y, Huang H Q, Tan H S, et al. Online DAG scheduling with on-demand function configuration in edge computing[C]//Proceedings of International Conference on Wireless Algorithms, Systems, and Applications, Cham, 2019.

[20] Mao Y Y, Zhang J, Letaief K B. Dynamic computation offloading for mobile-edge computing with energy harvesting devices[J]. IEEE Journal on Selected Areas in Communications, 2016, 34(12): 3590-3605.

[21] Xu Z C, Liang W F, Xu W Z, et al. Efficient algorithms for capacitated cloudlet placements[J]. IEEE Transactions on Parallel and Distributed Systems, 2016, 27(10): 2866-2880.

[22] Jia M K, Cao J N, Liang W F. Optimal cloudlet placement and user to cloudlet allocation in wireless metropolitan area networks[J]. IEEE Transactions on Cloud Computing, 2017, 5(4): 725-737.

[23] Chen M, Hao Y X. Task offloading for mobile edge computing in software defined ultra-dense network[J]. IEEE Journal on Selected Areas in Communications, 2018, 36(3): 587-597.

[24] Guo F X, Zhang H L, Ji H, et al. An efficient computation offloading management scheme in the densely deployed small cell networks with mobile edge computing[J]. IEEE/ACM Transactions on Networking, 2018, 26(6): 2651-2664.

[25] Liu Y J, Wang S G, Zhao Q L, et al. Dependency-aware task scheduling in vehicular edge computing[J]. IEEE Internet of Things Journal, 2020, 7(6): 4961-4971.

[26] Mao H Z, Schwarzkopf M, Venkatakrishnan S B, et al. Learning scheduling algorithms for data processing clusters[C]//Proceedings of the ACM Special Interest Group on Data Communication, Beijing, 2019.

第 12 章 边缘计算的服务链请求调度方法

边缘计算服务供应商除了提供边缘存储、边缘计算等基础服务之外，还会面向大众用户提供可直接请求调用的边缘服务。大量终端用户向边缘计算环境发起各类服务请求，并向边缘服务提供商支付一定的费用，这样有助于逐渐形成良好的商业生态。边缘服务请求处理的很多研究主要考虑调用单个服务的简单场景，而忽略了终端用户更普遍的复杂业务请求。复杂业务请求往往需要选择一组边缘服务以协作的方式才能为用户提供完整的服务。本章提出一种更通用的边缘计算服务请求模式，即基于服务链(service chain, SC)的请求模式，并定义以服务链为基本粒度的服务提供和请求调度联合优化问题。本章将此问题刻画为整数线性规划模型，证明此联合优化问题是 NP 难问题，并给出所提解决方法的近似比。最后，本章从多个角度对基于服务链的请求调度方法的性能进行评估。实验结果表明，基于服务链的请求模型明显优于现有的单一服务请求模型。

12.1 引　言

12.1.1 问题背景

边缘计算环境面临的一个基本挑战是如何在边缘节点资源约束下最大化可服务的用户请求数量。这个问题可以归纳为两个阶段。第一个阶段通常被表述为服务配置问题(或服务放置/缓存)[1,2]。它决定了边缘计算环境中哪些服务器用于缓存一个给定的服务集合，主要的限制因素是每台服务器的可用资源数量、各项服务的热度，以及基站覆盖范围内的请求分布。第二个阶段通常被表述为请求调度问题[3,4]，它选定从终端用户到其所请求服务所在边缘服务器的最佳路由路径。如果在边缘计算环境中配置的服务总容量不足以满足所有用户请求，那么其中一些请求将被调度到远端的云数据中心。

如同云计算提供多类云服务，边缘计算环境也会承载大量下行的云服务、从终端设备上行的任务，以及第三方提供的各类服务，从而形成一个巨大的边缘服务池。在边缘计算研究的初期，研究人员更关注终端设备从边缘计算环境中请求某个单一的边缘服务来满足其需求，这被称为单一服务请求模式。

随着边缘计算的迅速发展，这种单一服务请求模式已经不能满足来自更多领域的多样化应用需求。对于日益复杂的用户请求，通常需要分配和调度一组具有依赖关系的边缘服务来协作，才能较好地响应用户的服务请求。为了解决这一问题，本章提出一种更通用的边缘计算服务请求模式，即基于服务链的请求模式。原有的单一服务请求模式只是服务链请求模式的一个特例。基于服务链的请求模式是未来边缘计算应用的重要表现形式，相关研究尚处于空白阶段。图 12.1 展示了边缘计算中服务请求的不同模式，其可以被归一化为基于服务链的请求模式。

图 12.1　两类边缘服务提供策略的示意图

图 12.1 展示了一个无线接入点及其后端的边缘计算环境，用户向边缘计算环境提出两个服务请求（A 和 B）。第一个请求 $A=\{s_1\}$ 只调用一项边缘服务 s_1，而第二个请求 B 依次调用三项边缘服务 $\{s_1 \to s_2 \to s_3\}$。在这种情况下，边缘服务的提供和请求调度问题将变得更加复杂。例如，边缘计算环境首先构造一个 s_1 的服务实例来服务于请求 A。如果沿用单一服务请求模式来响应服务器请求 B，那么边缘计算环境会将服务 s_1、s_2 和 s_3 部署在一起。在这种策略下，边缘计算环境必须部署服务 s_1 的两个实例才行。如果使用更通用的基于服务链的请求模式来同时响应用户请求 A 和 B，那么边缘计算环境只需要独立地部署三个服务 s_1、s_2 和 s_3。假设边缘计算环境的容量最多可以承载 3 个服务。在传统的单一服务请求模式下，该边缘计算环境只能对请求 A 和 B 中的一个请求进行响应。在本章提出的基于服务链的请求模式下，该边缘计算环境能够对这两个请求同时进行响应。

如上例所示，基于服务链的请求模式令边缘计算环境在设计服务提供策略时具有更大的优化空间。此外，服务提供策略对后续服务请求调度策略的设计也有严重影响。虽然工业界已经对服务提供和请求调度开展了联合设计，但是仅仅考虑了一组单一服务请求，并不适用于一组基于服务链的请求。

本章从更通用的基于服务链的请求模式入手，重新考虑边缘计算环境可服务的用户请求数量最大化这一基本问题。其基本思想是对于一组基于服务链的用户请求，刻画和解决边缘服务提供和请求调度的联合优化问题，从而最大化可同时支持的用户请求数量。这个全新的问题面临一系列新的挑战。首先，如何刻画基于服务链的用户请求，并将其融合到上述联合优化问题，从而求得最优解？其次，请求调度策略的设计依赖于服务的提供策略，这使得这两个子问题都必须考虑。最后，基于服务链的请求调度策略将显著增加服务供给和请求调度联合问题的优化维度。因此，本章的后续内容会设计低计算复杂度的求解方法。

12.1.2　研究现状

为了优化边缘计算环境的服务质量，研究人员往往会考虑各种因素和约束。在本节中，为了阐明基于服务链的用户请求模式的重要性和独创性，首先回顾一些前人的相关工作。

1. 服务功能链

服务功能链（service function chain, SFC）[5-8]是虚拟网络功能（virtualized network function, VNF）领域的一种重要应用模式。VNF 是采用虚拟化技术用软件形态实现的一个个网元，实现以往专用硬件设备才能提供的网络功能单元。当某些应用请求多个网络功能时，往往通过定义好的服务功能链来直接响应，其由多个 VNF 按照特定的顺序互联而成。Bhamare 等[5]讨论了与 SFC 架构相关的开放性研究问题，并提出了 SFC 架构要获得最佳性能所需的理论模型，归纳总结了核心网中的一系列 SFC 问题。本章讨论边缘计算环境中如何响应用户的链式通用服务请求，而不是传统的链式网络功能服务请求。

Sang 等[7]关注如何最小化 VNF 实例总数的问题，从而向网络中所有数据流提供特定的服务。此外，VNF 的放置和分配也是非常重要的研究问题，但是其面临的规则和资源约束并不同于本章讨论的服务链放置问题。Jin 等[8]在延迟约束的限制下，联合优化了边缘服务器和物理链路的资源利用率。然而，他们关注的 SFC 部署需求和本章的服务链请求调度问题仍然有本质的区别。

通过上述比较分析可以发现，现有的 SFC 和本章提出的服务链在概念、研究内容和研究方法上存在明显差异。

2. 服务供给和请求调度

关于服务供给和请求调度的研究大致可以分为三类，分别是服务的供给问题、服务的请求调度问题，以及服务供给和请求调度的联合优化问题。关于服务供给问题，Skarlat 等[1]提出在雾计算节点上缓存物联网服务，主要考虑服务质量的要求。Wang 等[2]针对多个用户和服务共存的情况，研究了在网络边缘处理动态变化的服务供给问题。此外，一些学者探讨了智能边缘缓存方法和基于博弈的虚拟机配置策略。关于请求调度问题，Chen 等[4]研究了移动边缘计算系统中卸载服务请求的动态调度问题。Mao 等[3]设计了一种有效的计算任务卸载策略，以提供令人满意的计算性能并实现绿色计算。

此外，一些学者致力于研究上述两个问题的联合优化。He 等[9]介绍了一种服务放置和请求调度问题的联合优化问题。Farhadi 等[10]提出在每个时间帧开始时执行服务放置操作，并且在每个更小粒度的时隙开始时执行服务请求调度操作，从而将这两项操作的决策时间点分开。Xu 等[11]认为服务供给和请求调度是两个可以同时考虑的决策问题，同时考虑了边缘服务器的密集分布。

相比之下，本章首次将基于服务链的用户请求纳入边缘计算环境中，并考虑了服务供给和请求调度的联合优化问题。

12.2 问题表述和系统模型

考虑到终端数据和应用规模的增长具有不可预测性，很难准确预测终端对边缘计算环境的总体能力需求以及能力的时空分布。但是，在给定条件下仍然可以为服务供给和请求调度问题做出有价值的决策。本节将对用户请求和服务链进行清晰描述，并对联合优化问题进行数学建模和问题复杂度分析。

12.2.1 服务链概述

需要注意的是，当终端用户向边缘计算环境发起某项服务请求时，嵌入在请求中的所有子服务请求都需要被有序地响应。为了精确地描述该过程，给出了服务链请求的概念。

定义 12.1 服务链请求是指用户依特定次序对多个子服务的整体请求，而边缘计算环境需要依次调用和执行相关子服务才能准确响应该服务链的请求。

每个终端用户会请求由一系列边缘子服务组成的服务链。当某个服务链中仅嵌入一个子服务时，本章提出的服务链请求模式退化为传统的单个服务请求模式。也就是说，传统的单个服务请求模式只是服务链请求模式的一个特例。

服务链和服务功能链这两者很容易混淆。首先，二者所指的服务类型并不相同，服务功能链中的子服务是指某种特殊的网络功能服务(如负载均衡、防火墙、服务质量等)，而本章中服务链的子服务则是更通用的基础服务和业务服务(如数据访问、对象检测、图像处理等)。另外，服务功能链在网络层发挥作用，而服务链在应用层发挥作用。服务功能链最常见的场景是数据流首先需要通过多个网络功能设备，如入侵检测系统、防火墙、负载均衡等，之后才能访问业务类的服务。服务链的不同在于用户将访问预先部署好的一系列边缘业务类服务，从而得到预期的服务结果。

12.2.2 网络模型

图 12.2 给出了一个城域网中边缘计算环境的示意图。该环境中存在：①一组无线通信基站(BS)，每个基站都关联一个边缘云环境。边缘云环境是对邻近边缘

设备(如边缘服务器)的一个抽象，这些边缘设备共同形成了存储和计算资源池；②一组位置分散的用户，其会向边缘云环境进行任务卸载，也会向边缘云环境发起服务请求；③一组跨边缘设备部署的服务，每个服务封装有数据和特定功能，并消耗边缘计算环境的计算和存储等资源。

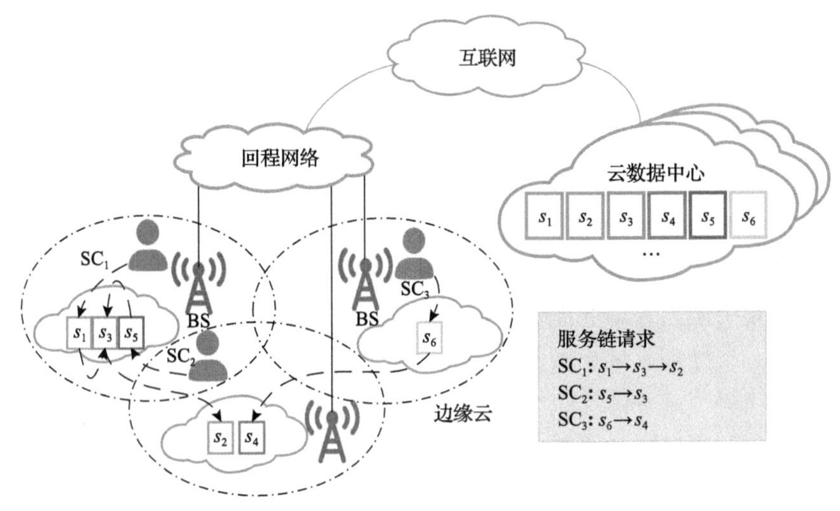

图 12.2　城域网中边缘计算环境的示意图

令 $N=\{n_1,n_2,\cdots,n_i,\cdots,n_z\}$ 、$U=\{u_1,u_2,\cdots,u_j,\cdots,u_t\}$ 、$S=\{s_1,s_2,\cdots,s_k,\cdots,s_w\}$ 分别表示无线通信基站、用户请求及边缘服务的集合。除此之外，边缘云环境之间通过回程网络互连，而回程网络由光纤骨干网络组成。因此，边缘云环境之间的传输带宽往往可以得到保证，其延迟被认为比从边缘云到远程云数据中心的延迟小得多。对于终端用户的服务质量而言，每个边缘云的负载情况往往起到非常关键的作用。如果用户的请求无法在边缘云环境中得到响应，那么该请求将通过互联网传输到远程云数据中心进行处理，但是其传输延迟通常很大且难以控制。

假设无线通信基站集合 N 可以覆盖 U 中的全体用户，并且每个用户都可以被至少一个基站覆盖。当用户 u_j 向边缘云环境发送一个服务链请求时，用 $\psi=\{\psi_{u_jv_1},\cdots,\psi_{u_jv_h},\cdots,\psi_{u_jv_{l_j}}\}$ 表示该服务链中包含的所有子服务，其中 $\psi_{u_jv_h}$ 代表服务链请求中 u_j 的第 v_h 个子服务请求，$h\in\{1,2,\cdots,l_j\}$ ，l_j 表示嵌入在服务链中的子服务的数量，即当 u_j 是单一服务请求时，有 $l_j=1$ 。

对于将整个服务链集成为单个边缘服务进行部署和调用的情景，研究人员已经开展了一些相关工作[9,10]。然而，这类工作将导致在众多服务链之间重复部署某些子服务，从而浪费宝贵的边缘资源。为了解决这一问题，本章设计了如图 12.2

所示的服务共享模型，服务链的子服务可以被缓存在各个边缘云计算环境中，从而充分发挥边缘计算环境的整体资源优势。例如，服务链请求SC_1依次访问子服务s_1、s_3、s_2，而SC_2依次访问子服务s_5、s_3。为了节省存储资源，不难发现服务s_3部署一次即可同时满足SC_1和SC_2的需求。在此前提下，本章致力于研究一种策略来协调各个边缘云环境的有限资源，并根据已知的网络条件(如网络拓扑、资源预算和流量需求等)来提供更好的服务质量。事实上，这里可以使用深度神经网络、自动回归分析[11]等学习类方法，在下一个时隙开始时预测即将发生的需求。这种预测方法对于短时间内的在线决策问题有效，但是对于离线的长期预测问题则难以奏效。每个时隙的时长由实际部署的服务类型决定，例如，对于共享出行类服务而言每个时隙用 1min 为好，而对于在线视频服务而言则 3min 为好。

服务链请求可以在提供所需服务并配备足够资源的不同边缘云环境中被有序地响应。如果边缘云环境的能力不足，那么未能被响应的一部分子服务将被移交给云数据中心来处理。如果云数据中心响应太多的用户请求，那么将失去边缘计算的低延迟优势，这种情况应尽量避免。

为了充分利用有限的资源，边缘计算运营商必须决定在何处提供边缘服务以及如何安排基于服务链的用户请求，这会引入两组决策变量。

(1)服务供给决策变量$x_{n_i s_k} \in \{0,1\}$。$x_{n_i s_k}=1$表示服务s_k被缓存在边缘云计算环境n_i中，否则$x_{n_i s_k}=0$。用以下向量来表示全体 w 个服务在 z 个边缘云计算环境中的部署情况：

$$x=(x_{n_i s_k} \in \{0,1\}: i \in \{1,2,\cdots,z\}, k \in \{1,2,\cdots,w\}) \tag{12.1}$$

(2)请求调度决策变量$y_{n_i \psi_{u_j v_h}} \in \{0,1\}$，$y_{n_i \psi_{u_j v_h}}=1$表示来自$u_j$的特定服务请求$\psi_{u_j v_h}$可以从边缘云环境$n_i$处得到响应，否则$y_{n_i \psi_{u_j v_h}}=0$。对于远程云数据中心的调度决策问题，引入决策变量$y_{n_i \psi_{u_j v_c}}$，并将全体服务的请求调度策略用以下向量来表示：

$$y=(y_{n_i \psi_{u_j v_h}} \in \{0,1\}: i \in \{1,2,\cdots,z,c\}, j \in \{1,2,\cdots,t\}) \tag{12.2}$$

12.2.3 联合优化问题的形式化建模

为了提高用户的服务质量和提升边缘计算环境的整体性能，本章联合考虑服务供给和请求调度策略，以最大化可响应的服务请求数量为优化目标。然而，在调度基于服务链的用户请求时，需要考虑更多的设计细节。

(1)缓存策略：在边缘计算环境中提供服务时，实际上是对外提供了所封装数据和执行代码的访问接口，其可以被多个服务链共享使用，并且每个服务都可以提出计算需求，并按需付费。因此，需要确保每个边缘云上的存储和计算资源消耗不超过其资源总量。令 R_{n_i} 和 C_{n_i} 分别表示边缘云 n_i 的存储和计算能力。服务请求 $\psi_{u_j v_h}$ 占用的存储空间和消耗的计算资源可以分别用 r_{s_k} 和 $c_{s_{u_j v_h}}$ 表示，其中 $s_{u_j v_h} \in S$ 对应于 $\psi_{u_j v_h}$ 请求的服务。因此，边缘云 n_i 的存储容量约束条件可以描述为

$$\sum_{s_k \in S} x_{n_i s_k} r_{s_k} \leqslant R_{n_i}, \quad \forall i \in \{1,2,\cdots,z\} \tag{12.3}$$

计算能力的约束条件可以描述为

$$\sum_{j} \sum_{v_h} y_{n_i \psi_{u_j v_h}} c_{s_{u_j v_h}} \leqslant C_{n_i}, \quad \forall i \in \{1,2,\cdots,z\} \tag{12.4}$$

(2)调度策略：在各项服务被缓存和部署到边缘计算环境之后，需要将各个服务链的请求路由转发到其子服务所在的相关边缘云。首先，需要确保将该服务链中每个子服务的请求都能路由至一个恰当的处理节点(边缘云或数据中心云)：

$$\sum_{i \in \{1,2,\cdots,z\}} y_{n_i \psi_{u_j v_h}} = 1, \quad \forall \psi_{u_j v_h} \in \psi \tag{12.5}$$

其次，同回程网络的通信容量相比，从终端用户到邻近边缘云的带宽非常有限。B_{n_i} 表示终端用户和边缘云之间的通信容量，也即表示对应的无线基站可以同时接入的最大用户请求数。令 U_{n_i} 表示边缘云 n_i 覆盖的用户请求集合。通过限制并发的服务链请求数量来满足接入环节的通信约束：

$$\sum_{i' \in \{1,2,\cdots,z\}} \sum_{u_j \in U_{n_i}} y_{n_{i'} \psi_{u_j v_1}} \leqslant B_{n_i}, \quad \forall i \in \{1,2,\cdots,z\} \tag{12.6}$$

最后，由于远程云有充足的资源，一旦该服务链的某个服务请求被调度到远程云数据中心，那么该服务链的其余服务请求也该被云数据中心成功处理。否则，如果该服务链的后续服务请求跨边缘云和云数据中心分配，那么会引发很长的延迟。为了避免这个问题，追加如下约束：

$$y_{n_c \psi_{u_j v_h}} \leqslant y_{n_c \psi_{u_j (v_h+1)}}, \quad \forall j \in \{1,2,\cdots,t\}, h \in \{1,2,\cdots,l_j - 1\} \tag{12.7}$$

(3)联合策略：当尝试联合考虑上述两项策略时，发现缓存策略需要利用用户的分布知识，而调度策略要依赖预先缓存的服务信息。这意味着服务请求 $\psi_{u_j v_h}$ 应

该被路由到部署有对应子服务的边缘云上，如果没有满足条件的边缘云，则应该被路由到远程云数据中心，即

$$y_{n_i\psi_{u_jv_h}} \leqslant x_{n_is_{u_jv_h}}，\ \forall \psi_{u_jv_h} \in \psi, i \in \{1,2,\cdots,z\} \tag{12.8}$$

基于上述分析，本章对基于服务链的服务供给和请求调度优化问题（service provisioning on chain and request scheduling problem，SPCRS）进行建模，目标是最大化边缘计算环境可响应的服务请求数量。模型如下所示：

$$\text{P1：} \max_{x,y} \sum_{i\in 1,2,\cdots,z,\psi_{u_jv_h}\in\psi} y_{n_i\psi_{u_jv_h}} \tag{12.9}$$

$$\text{s.t. 式(12.1)～式(12.8)成立}$$

为了便于表述，表 12.1 列出了本章使用的主要符号。

表 12.1 符号描述

符号	描述
G	网络拓扑图
N	无线通信基站集合
U	终端用户集合
S	边缘服务集合
U_{n_i}	边缘云 n_i 覆盖的用户集合
Ψ	服务请求集合
z	基站总数
t	用户总数
w	服务类别总数
$\sum_{j=1}^{t} l_j$	服务请求的数量（虚拟用户的数量）
x	服务供给决策变量
y	请求调度决策变量
R_{n_i}	边缘云 n_i 的存储能力
C_{n_i}	边缘云 n_i 的计算能力
B_{n_i}	边缘云 n_i 的通信能力
n_i	第 i 个边缘云

续表

符号	描述
u_j	第 j 个用户请求
l_j	链式请求 u_j 包含的服务数量
$\psi_{u_j v_h}$	链式请求 u_j 的第 v_h 个子服务请求
s_k	第 k 个缓存服务
$x_{n_i s_k}$	将服务 s_k 缓存到边缘云 n_i 的决策变量
$y_{n_i \psi_{u_j v_h}}$	将服务请求 $\psi_{u_j v_h}$ 调度到边缘云 n_i 的决策变量

12.2.4　链式服务请求的模型转换

在考虑优化模型 P1 时，发现基于链的服务请求极大地增加了问题求解的难度，因为服务链的服务请求间的顺序关系比单一服务请求的问题更难解决。服务链请求的全体服务都包含在集合$\varPsi$中，该集合可以被重写为全新的集合$\tilde{\varPsi}$，如下所示：

$$\tilde{\varPsi}=\left\{\tilde{\psi}_1,\cdots,\tilde{\psi}_{l_1},\cdots,\tilde{\psi}_{l_1+l_2},\cdots,\tilde{\psi}_{j'},\cdots,\tilde{\psi}_{\sum_{j=1}^{t} l_j}\right\} \tag{12.10}$$

$\tilde{\varPsi}$中的元素对应于$\varPsi$中的元素。

正如服务请求集$\tilde{\varPsi}$所示，用户集合U中的每个用户会发起一个服务链请求，可以描述为一个更大的虚拟用户集合。其中，每个虚拟用户只请求各服务链中的一项服务，因此虚拟用户集合包含$\sum_{j=1}^{t} l_j$个虚拟用户，如式(12.10)所示。同时，此前的边缘网络模型需要变更为虚拟网络模型$\tilde{G}=(N,\tilde{\varPsi},S)$。在这两种网络模型中，各个边缘云的容量和用户发起的服务请求设置都相同。在新的虚拟网络模型中，与最初基于用户的概念不同，它消除了基于链式服务请求的因素，且虚拟用户可以位于基站所覆盖的无线接入网环境中，也可以位于边缘云中。

为了说明上述网络重构引起的差异，这里以两种网络情况下的服务链变换为例。图 12.3 显示一个无线接入点覆盖下的某个用户发起一项服务链请求（$s_1 \to s_2 \to s_6$），该用户被抽象为三个分别请求单个服务的虚拟用户。需要注意的是，只有第一个虚拟用户在边缘云的覆盖下，其余两个用户直接从一个边缘云向另一个边缘云发送请求。

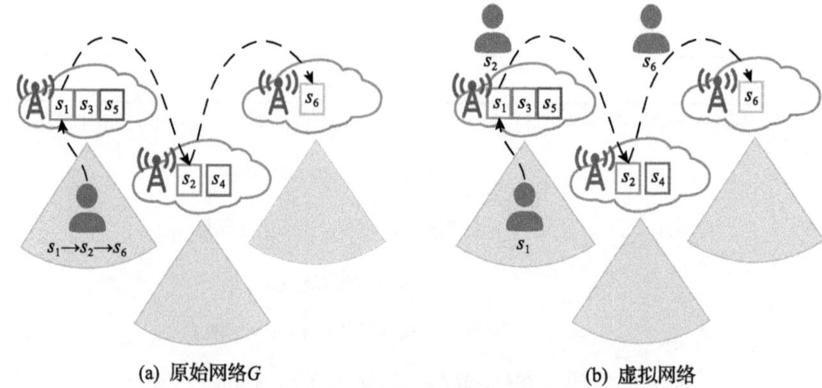

图 12.3 边缘网络模型的转换

在这种新的边缘网络环境下，全体流量状况需要重新考虑。除了上面提到的用户概念已经改变之外，并非所有虚拟用户都需要通过接入无线基站来发起请求，事实上虚拟用户可以位于任意无线基站或者边缘云的位置。这些变化都会导致约束式(12.1)～式(12.8)发生变化。最后，可以重新刻画基于该虚拟网络 $\tilde{G}$ 的服务供给和调度联合优化问题如下：

$$\text{P2}: \max_{\tilde{x},\tilde{y}} \sum_{n_i \in N, \tilde{\psi}_{j'} \in \tilde{\Psi}} y_{n_i \tilde{\psi}_{j'}} \tag{12.11a}$$

$$\text{s.t.} \sum_{s_k \in S} x_{n_i s_k} r_{s_k} \leqslant R_{n_i}, \quad \forall i \in \{1,2,\cdots,z\} \tag{12.11b}$$

$$\sum_{\tilde{\psi}_{j'} \in \tilde{\Psi}} y_{n_i \tilde{\psi}_{j'}} c_{s_{j'}} \leqslant C_{n_i}, \quad \forall i \in \{1,2,\cdots,z\} \tag{12.11c}$$

$$\sum_{\substack{i' \in \{1,2,\cdots,z\} \\ j' \in \left\{1, 1+l_1, \cdots, 1+\sum_{j=1}^{t-1} l_j\right\}}} y_{n_{i'} \tilde{\psi}_{j'}} \leqslant B_{n_i}, \quad \forall i \in \{1,2,\cdots,z\}, \tilde{\psi}_{j'} \in \tilde{\Psi}_{n_i} \tag{12.11d}$$

$$\sum_{i \in \{1,2,\cdots,z,c\}} y_{n_i \tilde{\psi}_{j'}} = 1, \quad \forall \tilde{\psi}_{j'} \in \tilde{\Psi} \tag{12.11e}$$

$$y_{n_i \tilde{\psi}_{j'}} \leqslant x_{n_i s_{j'}}, \quad \forall \tilde{\psi}_{j'} \in \tilde{\Psi}, i \in \{1,2,\cdots,z\} \tag{12.11f}$$

$$y_{n_c \tilde{\psi}_{j'}} \leqslant y_{n_c \tilde{\psi}_{j'+1}}, \quad \forall j' \in \{1,2,\cdots,l_j - 1\}, j \in \{1,2,\cdots,t\} \tag{12.11g}$$

$$\tilde{x}=\left(x_{n_i s_k}\in\{0,1\}:i\in\{1,2,\cdots,z\},k\in\{1,2,\cdots,w\}\right) \tag{12.11h}$$

$$\tilde{y}=\left(y_{n_i\tilde{\psi}_{j'}}\in\{0,1\}:i\in\{1,2,\cdots,z,c\},j'\in\left\{1,2,\cdots,\sum_{j=1}^{t}l_j\right\}\right) \tag{12.11i}$$

式中，$\tilde{\Psi}_{n_i}$ 为 $\tilde{\Psi}$ 的子集，其表示边缘云 n_i 覆盖的全体虚拟用户；$s_{j'}$ 表示 $\tilde{\Psi}_{j'}$ 请求的服务。此外，式(12.11e)和式(12.11f)确保用户请求会按顺序得到处理，并且一旦某个请求在云数据中心中得到处理，对应服务链中的其余请求就会在那里处理。

12.2.5　特例：单个服务请求模型

为了显示服务链供给的优势，这里需要将其与边缘云响应单个服务请求的情况进行比较。单个服务的供给可以被认为是非链式的特殊情况。因此，重新建模问题 P2 以适应以下特殊情况：

$$\text{P3}: \max_{\hat{x},\hat{y}} \sum_{\substack{i\in\{1,2,\cdots,z\}\\ j\in\{1,2,\cdots,t\}}} y_{n_i u_j} \tag{12.12a}$$

$$\text{s.t.} \sum_{k'\in\{1,2,\cdots,w'\}} x_{n_i\hat{s}_{k'}} r_{\hat{s}_{k'}} \leqslant R_{n_i},\quad \forall i\in\{1,2,\cdots,z\} \tag{12.12b}$$

$$\sum_{j\in\{1,2,\cdots,t\}} y_{n_i u_j} c_{\hat{s}_j} \leqslant C_{n_i},\quad \forall i\in\{1,2,\cdots,z\} \tag{12.12c}$$

$$\sum_{u_j\in U_{n_i}} y_{n_i u_j} \leqslant B_{n_i},\quad \forall i\in\{1,2,\cdots,z\} \tag{12.12d}$$

$$\sum_{i\in\{1,2,\cdots,z,c\}} y_{n_i u_j}=1,\quad \forall j\in\{1,2,\cdots,t\} \tag{12.12e}$$

$$y_{n_i u_j}\leqslant x_{n_i\hat{s}_j},\quad \forall i\in\{1,2,\cdots,z\},j\in\{1,2,\cdots,t\} \tag{12.12f}$$

$$\hat{x}=\left(x_{n_i\hat{s}_{k'}}\in\{0,1\}:i\in\{1,2,\cdots,z\},k'\in\{1,2,\cdots,w'\}\right) \tag{12.12g}$$

$$\hat{y}=\left(y_{n_i u_j}\in\{0,1\}:i\in\{1,2,\cdots,z,c\},j\in\{1,2,\cdots,t\}\right) \tag{12.12h}$$

模型 P3 的目标是最大化边缘云响应的单个服务请求的数量。除此之外，这里用 $\hat{S}=\{\hat{s}_1,\hat{s}_2,\cdots,\hat{s}_{k'},\cdots,\hat{s}_{w'}\}$ 表示所有单个服务，$\hat{s}_j$ 表示用户 u_j 所请求的单个服务。

12.2.6 优化问题的复杂度分析

由于用户请求的链式结构，求解基于服务链的 SPCRS 问题比许多相关的联合优化问题要困难得多。通过对问题(12.11)的观察发现，优化问题面临的资源约束有三种类型：存储约束(12.11b)、计算约束(12.11c)、带宽约束(12.11d)。下面根据这些约束条件分析该问题的复杂性。

为了证明 SPCRS 问题的求解难度，首先考虑仅有存储约束的一种特殊情况。通过添加更多的虚拟用户，将 SPCRS 问题转换为非服务链的情况。问题转换之后，由 t 个用户组成的最初用户集合 U 被转换为虚拟用户集 $\tilde{\Psi}$ (包含 $\sum_{j=1}^{t} l_j$ 个虚拟用户，每个虚拟用户仅请求一项单个服务)。在这种情况下，假设全体边缘云之间是同构的，同时 C_{n_i} 和 B_{n_i} 的能力足够大以至于不受约束，即满足 $C_{n_i} \geqslant \sum_{\tilde{\psi}_{j'} \in \tilde{\Psi}} c_{s_{j'}}$ 和 $B_{n_i} \geqslant \sum_{\substack{i' \in \{1,2,\cdots,z\} \\ j' \in \left\{1, 1+l_1, \cdots, 1+\sum_{1}^{t-1} l_j\right\} \\ \tilde{\psi}_{j'} \in \tilde{\Psi}_{n_i}}} y_{n_{i'}\tilde{\psi}_{j'}}, \forall i \in \{1,2,\cdots,z\}$。在此基础上，约束条件(12.11c)和(12.11d)可被移除，原问题可以被更新为

$$\max_{\tilde{x},\tilde{y}} \sum_{n_i \in N, \tilde{\psi}_{j'} \in \tilde{\Psi}} y_{n_i \tilde{\psi}_{j'}} \tag{12.13}$$

s.t. 式(12.11b)、式(12.11e)～式(12.11i)成立

定理 12.1 仅考虑存储约束条件时，本章的 SPCRS 问题仍然是 NP 难问题。

证明 这里从多重背包问题(multiple knapsack problem, MKP)这个已知的 NP 完全问题[12]出发，将其规约为要证明的 SPCRS 问题。给定一组物品 $N=\{1,2,\cdots,n\}$，各个物品具有利润 p_j 和权重 $w_j (j \in \{1,2,\cdots,n\})$，再给定容量为 $c_i (i \in \{1,2,\cdots,m\})$ 的一组背包 $M=\{1,2,\cdots,m\}$。这里称一个子集 $\hat{N} \subseteq N$ 为可行方案，只有 $\hat{N}$ 中的物品可以分配给这些背包，并确保各个背包的容量足够用。也就是说，令 $\hat{N}$ 可以划分为 m 个不相交的集合 N_i，即 $w(N_i) \leqslant C_i (i \in \{1,2,\cdots,m\})$。这里的目标是选择一个可行的物品子集 $\hat{N}$，使得 $\hat{N}$ 中物品的总利润最大化。

通过如下步骤将上述 MKP 规约为本章的 SPCRS 问题。考虑一组利润为 p_j (即请求服务 j 的用户数)且权重为 $w_j (j \in \{1,2,\cdots,n\})$ (即服务 j 所需的存储空间)的服务 $N=\{1,2,\cdots,n\}$，以及一组存储容量为 $c_i (i \in \{1,2,\cdots,m\})$ 的边缘云 $M=\{1,2,\cdots,m\}$。在此基础上，选定一个可行的子集 $\hat{N} \subseteq N$，确保 $\hat{N}$ 中的服务可被缓

存在边缘云中，同时各个边缘云不会发生存储过载的情况。即 $\hat{N}$ 被划分为 m 个不相交的集合 N_i ，而且 $w(N_i) \leqslant C_i (i \in \{1,2,\cdots,m\})$ 。其目标是选择一个可行的子集 $\hat{N}$,使得 $\hat{N}$ 中全体服务的总利润最大化。上述描述正是对优化问题(12.13)的阐述，因为确保了关于集合 $\hat{N}$ 中各项服务的所有请求都能在边缘云中得到处理，并且可满足存储资源的约束，而计算资源和通信资源总是充足以至于不受约束。众所周知，MKP 是 NP 完全问题，因此仅具有存储约束的 SPCRS 问题这个特例是 NP 难问题。**证毕**。

引理 12.1　SPCRS 问题是 NP 难问题。因为定理 12.1 中显示即使仅考虑存储资源约束，该问题的特例就已经是 NP 难问题，所以 SPCRS 是 NP 难问题。

12.3　服务放置和请求调度的两阶段优化方法

本节将算法 12.1 和算法 12.2 融合在一起，从而提出一种新颖的 TSO 方案，以最大限度地增加边缘计算环境可以响应的用户请求数量，并且具有较低的时间复杂度。其基本思路是：充分利用服务放置和服务请求调度的内在关系，以时隙为基本的决策时间单元，在每个时隙中开展如下两个阶段操作，而这两个阶段之间也存在内在的交互作用。本节首先给出同构服务情况下问题的近似次模证明，然后具体介绍两个阶段的算法设计。

12.3.1　同构服务的近似次模证明

由于 SPCRS 问题是 NP 难问题，很难从它的非次模性中找到好的优化解，这一结论将由定理 12.2 证明。为了打破这一求解困境，本章研究发现同构服务的 SPCRS 问题属于近似次模问题[13]（一类更广泛的次模问题）。对于任意给定的服务链请求，同构服务的意思是该链中的各个服务会消耗相同的存储和通信资源。

定义 12.2　定义一个函数 $f:2^N \to \mathbb{R}$ 次模的，只有对于所有的 $S \subseteq T \subseteq N$ 和 $\delta \in N \setminus T$ ，始终满足条件 $f(S \cup \{\delta\}) - f(S) \geqslant f(T \cup \{\delta\}) - f(T)$ 。这里称一个函数 $f:2^N \to \mathbb{R}$ 是 ρ -近似次模的，只有存在一个次模函数满足 $f:2^N \to \mathbb{R}$ 对于任意的 $S \subseteq N$ ，存在 $\rho \geqslant 0$ ，使得

$$(1-\rho)f(S) \leqslant F(S) \leqslant (1+\rho)f(S) \tag{12.14}$$

除非另有说明，本章考虑的所有次模函数 f 都是归一化 ($f(\varnothing)=0$) 和单调的（$(f(S) \leqslant f(T), \forall S \subseteq T)$）。

定理 12.2　SPCRS 问题是非次模的，但在同构服务条件下是近似次模的。

证明 分别采取两个步骤来证明非次模和近似次模。

步骤 1 构造一个反例来证明非次模性。首先，用 $N=\{d_{11},d_{12},\cdots,d_{rw}\}$ 表示所有服务放置决策的集合，也就是为每个服务选定哪个边缘云进行部署。然后，每个服务放置策略是 N 的一个子集，用 $\varepsilon \subseteq N$ 表示。此外，基于策略 ε，用 $f(\varepsilon)$ 表示边缘计算环境在资源/存储/带宽的约束下能响应的最多服务请求。最后，给出一个特例来说明函数 $f(\varepsilon)$ 不是次模的。

在图 12.4 中，有两个边缘云环境 n_1 和 n_2 联合覆盖两个用户，每个用户请求一个服务（s_1,s_2）。假设带宽约束为 $B_1=B_2=1$，这意味着每个边缘云环境最多可以响应一个用户的接入请求。此外，假设边缘云环境的存储和计算资源非常丰富，不受约束。考虑两个放置策略 $S=\{d_{11}\}$、$T=\{d_{11},d_{12}\}$ 和 $\delta=d_{21}$。这里注意到：① $f(S)=f(T)=1$，因为边缘云 n_1 只提供服务 s_1；② $f(S\cup\{\delta\})=1$，因在通信约束 $B_1=1$ 的情况下，s_1 和 s_2 中只会有一个请求被允许接入边缘云环境；③ $f(T\cup\{\delta\})=2$，在边缘云 n_2 中响应服务请求 s_1，在边缘云 n_1 中响应 s_2。在本例中，结果不满足次模条件，这意味着 SPCRS 问题是非次模的。

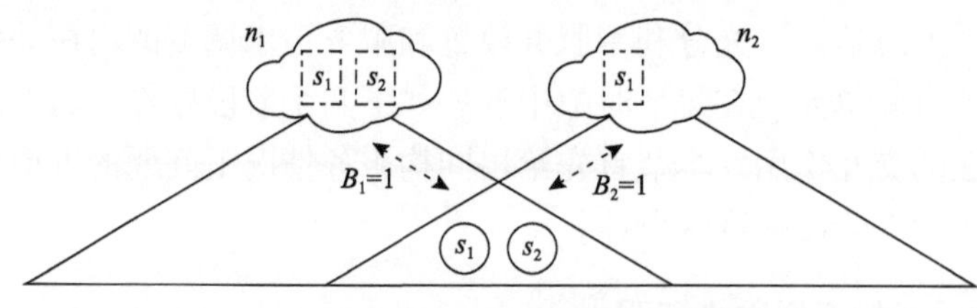

图 12.4 一个反例的示意图

步骤 2 用 $f(S)$ 定义在仅具有存储约束的情况下，服务放置策略为 S 时边缘云环境能够响应的最多服务请求。$F(S)$ 对应于更一般的情况。$f(S)$ 属于被广泛研究的缓存问题的范畴[14]，而该问题已经被证明是次模的，因此 $f(S)$ 是次模的。然后，有 $F(S)\leqslant f(S)$，因为在特殊情况下的约束条件比一般情况下的约束条件要少，所以 $F(S)\leqslant(1+\rho)f(S),\forall\rho\in[0,1]$。

为了满足式(12.14)中的第一个不等式，需要找到 ρ 的一个可行值。当涉及 $f(S)$ 时，针对边缘云环境中各项服务的所有请求，都能得到充足的通信和计算资源保障和处理响应。考虑同构的各项边缘服务，B_{n_i} 和 C_{n_i} 分别表示边缘云 n_i 受带宽和计算能力限制所能处理的请求个数上限。用 $\varGamma_{n_i}$ 表示在 $f(S)$ 条件下边缘云 n_i 能够处理的请求数。当 $\forall n_i$，$\varGamma_{n_i}\leqslant C_{n_i},\varGamma_{n_i}\leqslant B_{n_i}$ 时，计算和带宽资源不受约束，有 $F(S)=f(S)$；否则，$\exists n_i$，$\varGamma_{n_i}>C_{n_i}$ 或 $\varGamma_{n_i}>B_{n_i}$。因此，可以推断，$f(S)$ 条件下每个边缘云最多能处理的请求数量是 $F(S)$ 条件下的 $\varGamma_{n_i}/C_{n_i}$ 倍。在分析边缘云的带宽约束条件之前，需要按照服务链长度从长到短的顺序对用户请求进行排序，

例如 $\tilde{\Psi}_{n_i} \to \left\{\tilde{\psi}_1,\cdots,\tilde{\psi}_{j'},\cdots,\tilde{\psi}_{\left|\tilde{\Psi}_{n_i}\right|}\right\}$。在一般情况下，边缘云 n_i 可以响应的最多服务请求数量是 $\sum_{j''=1}^{\min\left\{B_{n_i},\left|\tilde{\Psi}_{n_i}\right|\right\}} \tilde{\psi}_{j''}$。因此，与一般情况相比，$f(S)$ 在这种特殊情况下边缘云 n_i 可以接收最多 $\Gamma_{n_i} / \sum_{j''=1}^{\min\left\{B_{n_i},\left|\tilde{\Psi}_{n_i}\right|\right\}} \tilde{\psi}_{j''}$ 次服务请求。由此，可以推导出 $f(S)$ 请求总数的上限为

$$f(S) \leqslant \max_{n_i \in N}\left\{1, \frac{\Gamma_{n_i}}{C_{n_i}}, \frac{\Gamma_{n_i}}{\sum_{j''=1}^{\min\{B_{n_i},|\tilde{\Psi}_{n_i}|\}} \tilde{\psi}_{j''}}\right\} F(S) \tag{12.15}$$

式中，常数 1 确保 $F(S)$ 永远不会低于 $f(S)$，因此通过确定 ρ 的取值来解决第一个不等式：

$$\rho = 1 - \frac{1}{\max_{n_i \in N}\left\{1, \frac{\Gamma_{n_i}}{C_{n_i}}, \frac{\Gamma_{n_i}}{\sum_{j''=1}^{\min\{B_{n_i},|\tilde{\Psi}_{n_i}|\}} \tilde{\psi}_{j''}}\right\}} \tag{12.16}$$

根据以上结果可以得出结论：边缘服务同构情况下的 SPCRS 问题是近似次模的。定理 12.2 得证。

Horel 等[13]研究了如何最大化一个 ρ -近似次模函数，同时给出一个贪婪算法来得到算法的近似比。这里根据该文献中的定理 7，得出以下结论。

引理 12.2　令 S^* 表示该贪婪算法返回的集合，F 是 ρ -近似次模函数，可以得到

$$F\left(S^*\right) \geqslant \frac{1}{2}\left(\frac{1-\rho}{1+\rho}\right) \frac{1}{1+\frac{\sum_{n_i \in N} R_{n_i} \rho}{1-\rho}} \max_{S \in N} f(S) \tag{12.17}$$

考虑服务请求的数量超过边缘云计算能力 50%的特殊场景，$\exists \Gamma_{n_i} / C_{n_i} = 1.5$，

此时网络容量充足。当 $\rho = 1/3$ 时，式(12.17)可以重写为

$$F\left(S^*\right) \geqslant \frac{1}{4} \frac{1}{1+\frac{\sum_{n_i \in N} R_{n_i}}{2}} \max_{S \in N} f(S) \tag{12.18}$$

上述的近似比并不是特别紧致，并且随着计算资源或带宽资源减少而降低，或随着存储资源变多而降低。本章的优化问题(12.11)属于整数优化问题，在一定规模下该问题可以通过现有的求解器来求解，如采用 BnB 法[15]的 CPLEX 软件。然而，随着规模的不断扩大，本章必须提出更快更实际的算法。

12.3.2 服务放置阶段的优化算法

在服务供给阶段，这里首先根据边缘云的资源约束贪婪地缓存和部署服务。用 p_{s_k} 表示在边缘云 n_i 上缓存服务 s_k 的收益，这里的收益表示服务 s_k 被所有用户发起的服务链请求重复使用的频率。基于此，这里将该阶段的问题构建为天然的 MKP 问题[16]，如下所示：

$$\max_{x,y} \sum_{\substack{i \in \{1,2,\cdots,z\} \\ k \in \{1,2,\cdots,w\}}} p_{s_k} x_{n_i s_k} \tag{12.19a}$$

$$\text{s.t.} \sum_{k \in \{1,2,\cdots,w\}} r_{s_k} x_{n_i s_k} \leqslant R_{n_i}, \quad \forall i \in \{1,2,\cdots,z\} \tag{12.19b}$$

$$\sum_{i \in \{1,2,\cdots,z\}} x_{n_i s_k} \leqslant 1, \quad \forall k \in \{1,2,\cdots,w\} \tag{12.19c}$$

$$x_{n_i s_k} \in \{0,1\}, \quad i \in \{1,2,\cdots,z\}, k \in \{1,2,\cdots,w\} \tag{12.19d}$$

MKP 问题是已证明的 NP 难问题，并且在一般情况下不存在完全多项式时间内的近似求解算法[16]。为了解决此问题，这里首先引入两个选择变量：一是服务选择变量 p_{s_k} / r_{s_k}，其体现了服务 s_k 消耗每单元存储资源可以获取的收益，据此可以选择需提供的第一个服务。二是边缘云选择变量 $r_{s_k} / R_{n_i^+}$，这里变量 $R_{n_i^+}$ 表示每次迭代中边缘云 n_i 的剩余存储资源，而变量 $r_{s_k} / R_{n_i^+}$ 用于确定哪个边缘云具有缓存服务 s_k 的最高优先级。具体来说，将选择 $\arg\max_{n_i \in N^+} r_{s_k} / R_{n_i^+}$，其中 N^+ 是 N 的子集，它由满足 $R_{n_i^+} \geqslant r_{s_k}$ 的所有边缘云组成。因此，总是有 $r_{s_k} / R_{n_i^+} \leqslant 1$。通过在算法 12.1 中选择在每个边缘云中提供的服务，可以产生最终的服务供给决策。

算法 12.1　服务的供给决策算法

输入：通信网络 $G=(U,S,N)$。

输出：$\mathcal{F};x$。

$\mathcal{F}\leftarrow\varnothing$；// S 的一个子集，表示所有的缓存服务

$T_1=w$；$T_2=z$；

while $T_1>0$ **do**

　　$s_k\leftarrow\arg\max\limits_{s_k\in S-\mathcal{F}} n_{s_k}/r_{s_k}$；

　　while $T_2>0$ **do**

　　　　用 N^+ 来包含所有满足条件 $r_{s_k}\leqslant R_{n_i^+}$ 的边缘云；

　　　　$n_i\leftarrow\arg\max\limits_{n_i\in N^+} r_{s_k}/R_{n_i^+}$；

　　　　$x_{n_i s_k}=1$；

　　　　$T_2=T_2-1$；

　　end

　　$\mathcal{F}\leftarrow\mathcal{F}\cup\{s_k\}$；

　　$T_1=T_1-1$；

end

return $\mathcal{F};x$

12.3.3　请求调度阶段的优化算法

在获得一个可行的服务供给方案后，进一步将服务链的请求调度问题转换为网络最大流量问题，以期解决这个难题。如图 12.5 所示，令 s 和 t 分别表示源节点和宿节点，这两个节点之间有六层中间节点，其中 N_1、N_2 和 N_3 分别代表边缘云环境的集合，而 Ψ_1、Ψ_2 和 Ψ_3 分别代表服务请求的集合。在所有 Ψ 层中，用实心节点表示每个服务链请求中的首个服务，而用空心节点表示请求的其他服务。源节点 s 通过容量为 B_{n_i} 的有向链接连接到 N_1 层的节点 n_i。N_3 层的节点 n_i 通过容量为 C_{n_i} 的有向链路连接到宿节点 t。此外，N_1 层的节点 n_i 通过容量为 1 的有向链接连接到 Ψ_1 层的每个空心节点。若用户 u_j 被边缘云 n_i 覆盖，则通过容量为 1 的有向链接连接到 Ψ_1 层的实心节点 $\psi_{u_j v_1}$。Ψ_1 层的节点 $\psi_{u_j v_h}$ 通过容量为 1 的有向链接连接到对应的 Ψ_2 层的节点 $\psi_{u_j v_h}$。此外，若满足 $x_{n_i s_{u_j v_h}}=1$，则 Ψ_2 或 Ψ_3 层的每个节点 $\psi_{u_j v_h}$ 通过容量为 2 或 1 的有向链接连接到 N_2 或 N_3 层的节点 n_i。这意味着边缘云 n_i 缓存 $s_{u_j v_h}$ 所请求的服务，这个服务供给决策由算法 12.1 得到。此外，一旦

Ψ_2层的节点$\psi_{u_jv_h}$指向N_2层的节点n_i，节点n_i将通过容量为 1 的有向链接连接到Ψ_3层的节点$\psi_{u_jv_{h+1}}$和$\psi_{u_jv_h}$。

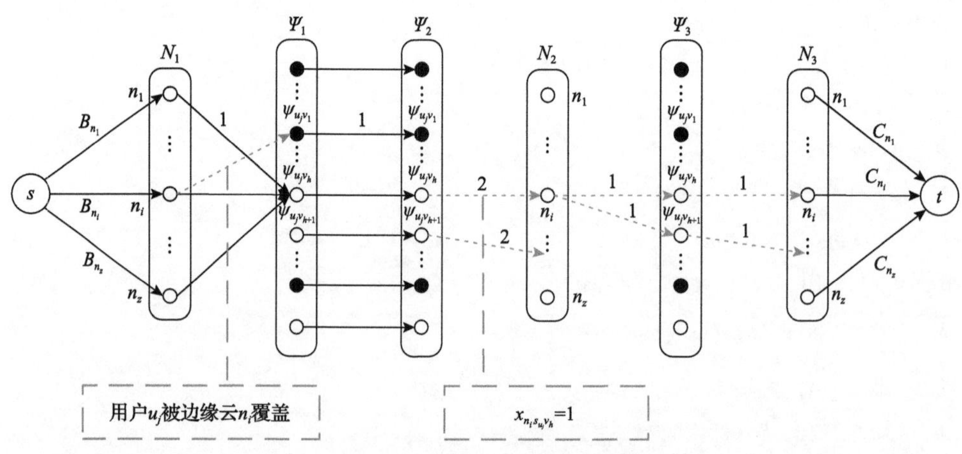

图 12.5 网络最大流模型的示意图

定理 12.3 图 12.5 中节点s和t之间的网络整数最大流等于优化问题 P1 在服务供给决策x下的最优值。当且仅当链路Ψ - N承载着s和t之间网络整数最大流所包含的流，才能得到$y_{n_i\psi_{u_jv_h}}=1$。

证明 在服务供给决策x已知的前提下，本章发现优化问题 P1 的约束条件(12.1)和(12.3)会得到满足。依据整数最大流理论[17]，可以认定源节点s和宿节点t之间存在网络整数最大流。通过将优化问题 P1 转换为图 12.5 所示的模型，从s到N_1以及从N_1到Ψ_1的流约束对应于问题 P1 的约束条件(12.6)，从Ψ_2到N_2的流约束对应于问题 P1 的约束条件(12.8)，且从N_3到t的流约束对应于问题 P1 的约束条件(12.4)。由于整数流的性质，约束条件(12.2)天然满足。注意，从Ψ_1到Ψ_2的流约束确保了最多一条流通过链路N_1-Ψ_1，这正好对应于问题 P1 的约束条件(12.5)。Ψ_2-N_2-Ψ_3-N_3流约束对应于问题 P1 的约束条件(12.7)。这是因为当服务请求$\psi_{u_jv_h}$没有被边缘云n_i响应，也就是说Ψ_2-N_2的链路$\psi_{u_jv_h}$-n_i没有流经过时，$\psi_{u_jv_h}$及其同一服务链上的后续请求都无法在边缘云上响应。因此，可以证明图 12.5 中s-t的整数最大流就是问题 P1 的最优值，而且得到的y就是问题 P1 的最优解。**证毕。**

完成上述转换后，基于定理 12.3 可以通过计算相应问题的整数最大流来获得请求调度决策y(请参阅算法 12.2)。为了计算最大的s-t流量，可以利用 Ford-Fulkerson 等典型算法[17]，保证算法 12.2 的高效性、最优性和整数解的存在性。

算法 12.2　服务链请求的最优调度算法

```
输入：通信网络 G=(U,S,N)， x。
输出：y。
1  根据算法 12.1 的服务供给决策结果 x 得到图 12.5；
2  y←0；
3  通过 Ford-Fulkerson 算法获得 s-t 的最大流；
4  for Ψ_3 和 N_3 之间的每条链路
5      y_{n_i ψ_{u_j v_h}} ←1，当满足 ψ_{u_j v_h} - n_i 有流经过时；
6  end
7  return y
```

12.3.4　时间复杂度分析

在算法 12.1 中，存在 $O(w\times z)$ 次迭代，其中 w 表示候选基站的数量，而 z 表示候选服务的数量。在该算法的每次迭代中，第 4 行最多考虑 $O(w)$ 个候选服务，第 6 行执行最多 $O(z)$ 个比较操作，第 7 行最多考虑 $O(z)$ 个候选边缘云。因此，算法 12.1 的整体复杂度为 $O\left(w\left(w+z^2\right)\right)$。在算法 12.2 中，Ford-Fulkerson 算法的复杂度为 $O\left(|E|F\right)$，其中 $|E|=O\left(|\Psi|z\right)$ 和 $F=O\left(|\Psi|\right)$。此外，在第 4～6 行中有 $O\left(|\Psi|z\right)$ 次迭代。因此，算法 12.2 的整体复杂度为 $O\left(|\Psi|^2 z\right)$。结合这两种算法，本章的 TSO 方案具有多项式复杂度 $O\left(|\Psi|^2 z+w\left(w+z^2\right)\right)$。为了测试 TSO 方案用于大型模型的可行性，本章将在 12.4 节进行实验评估。

12.4　实验设计和性能评估

本节将构建一个边缘云环境和远程云数据中心融合的场景[18]，然后介绍相关方法的性能评估结果。

12.4.1　实验设计

1. 网络环境的构建

这里选用滴滴出行数据集中的成都出租车用户作为终端用户，其空间分布的经纬度范围为东经 104.045°～东经 104.065°，北纬 30.645°～北纬 30.665°。同时，选择 40 个网络节点作为边缘云节点，其邻近医院、学校和购物中心，从而在和用户分布相同的空间范围内构建目标网络，如图 12.6(a)所示。每个边缘云将配备存储、计算、网络带宽资源。本章基于如下两个因素来选定用户和边缘云节点：①出租车用户可以更好地反映真实的用户轨迹，并且更符合应用场景；②由于上述位置的人口密度高，更可能在其附近构建通信设施，如基站和边缘云节点。为了确保所有用户都被边缘云覆盖，这里将舍弃不在覆盖范围内的用户。最终，可以覆盖的用户群体将被保留为实验对象。

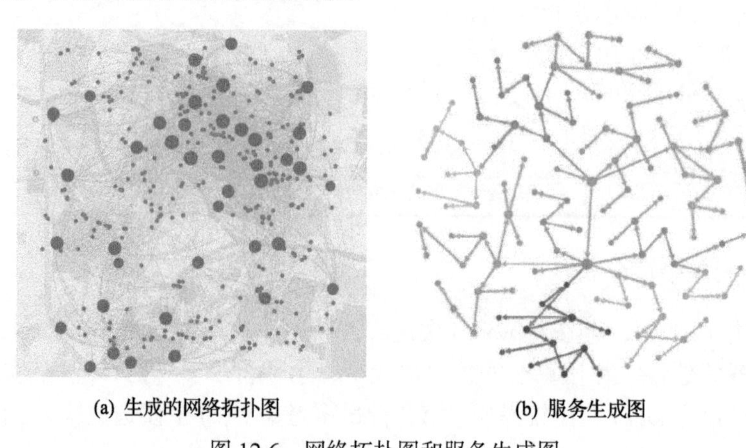

(a) 生成的网络拓扑图　　(b) 服务生成图

图 12.6　网络拓扑图和服务生成图

2. 服务和服务链的生成

在为用户生成服务链请求之前，这里用图 12.6(b)中的多叉树构建服务之间的关系，每个服务消耗边缘云的一些存储、计算、网络带宽资源，而每项服务的资源消耗均服从广泛使用的带有零膨胀的泊松分布(zero-inflated Poisson distribution)。在构建上述服务的基础上，本章可以基于随机游走的方法高效推导出可能的服务链集合，具体步骤如下：①确定服务链的长度；②依概率从图 12.6(b)的根节点搜索给定长度的服务链，图中每个箭头代表组成服务链的两个服务之间的先后顺序关系；③确保第二步搜索出的服务链与前序搜索到的服务链不同，否则返回第一步再度搜索。最后，获得一组服务链，并从该组中采样产生用户的服务链请求。

3. 实验方法

通过设置几组实验来比较问题 P2(基于服务链的请求情况)和问题 P3(基于单个服务的请求情况)的求解结果，从而验证基于服务链的请求存在内在的结构优势，实验结果如图 12.7～图 12.10 所示。其具体设置如下：①在其他条件不变的情况下，通过调整覆盖的用户数量和相应的服务链数量，来更改服务链/单个服务的数量；②更改边缘云的存储、计算、网络带宽的资源量(各边缘云的资源配置具有异构性)，使这些边缘云供给的资源量分别等于所有服务链/单个服务所需资源的常数倍。

为了便于理解，这里给出图 12.7～图 12.10 中出现的符号定义，见表 12.2。

表 12.2　实验图中简写符号的含义

简写符号	含义
CbC	用于处理服务链请求的计算资源占比
CbB	用于处理服务链请求的带宽资源占比
CfC	用于处理单个服务请求的计算资源占比
CfB	用于处理单个服务请求的带宽资源占比
SrN	被响应的服务链请求占比
OcR	边缘云消耗的存储资源占比
OcC	边缘云消耗的计算资源占比
OcB	边缘云消耗的带宽资源占比

为了展示问题 P2 的 QoS 保障和弹性能力特性，这里首先通过更改响应的服务链总数来测试性能指标 SrN、OcR、OcC、OcB 的变化趋势，实验结果如图 12.7 所示。然后，通过更改采样过程中服务链的平均长度来评测这些性能指标的变化情况。此外，通过更改平均覆盖率(覆盖一个服务链请求的平均边缘云数量)来评测这些性能指标的变化情况。对于每个实验结果，这里都运行十次实验以获得平均值。

12.4.2　性能评估

为了测试本章设计的 TSO 方案的性能，这里分别进行了基于 TSO 方案和基于 BnB 方案的实验，比较结果如图 12.7～图 12.10 所示，其中 BnB 方案代表基于 BnB 的整数线性规划求解器结果。数值结果表明，本章 TSO 方案的结果略微好于 BnB 方案。BnB 方案将 Python 3.6 与 IBM ILOG CPLEX 12.6.1 结合起来，共同求解 P1 问题。然而，TSO 方案的运行时间明显少于 BnB 方案的运行时间。在以上所有实验中，TSO 和 BnB 方案的平均运行时间分别为 0.0427s 和 4.3238s，而 TSO 方案的最大运行时间仅为 0.1096s。这说明本章提出的算法在实际中具有高效性。

1. 服务链/单个服务数量变化所产生的影响

这里比较了服务链请求模型和单一服务请求模型的性能变化。如图 12.7(a)所示，在服务链请求模型下，CbC 的取值稳定在 75%～80%，因此边缘云所消耗的计算资源相对固定。然而，随着服务链/单个服务的数量从 300 增加到 800，CfC 的取值从 66%逐渐减少到 54%。在这种情况下，更多的用户请求将被转发到远程云数据中心进行处理，这会产生较长的响应延迟。因此，单个服务请求模型消耗较少的边缘云计算资源。同时，可以从图 12.7(a) 中看到，当用户的请求数量增加时，CbC 的取值比 CfC 的取值大得多。图 12.7(b) 显示，尽管 CbB 的取值在 65%～77%波动，但是在服务链请求模型下，边缘云消耗的通信资源通常是稳定的。随着服务链/单个服务的数量从 300 增加到 800，CfB 从 72%逐渐减少到 61%。这种情况可以解释为，在边缘云资源受限的情况下，其可以响应的单个服务请求数量减少了。

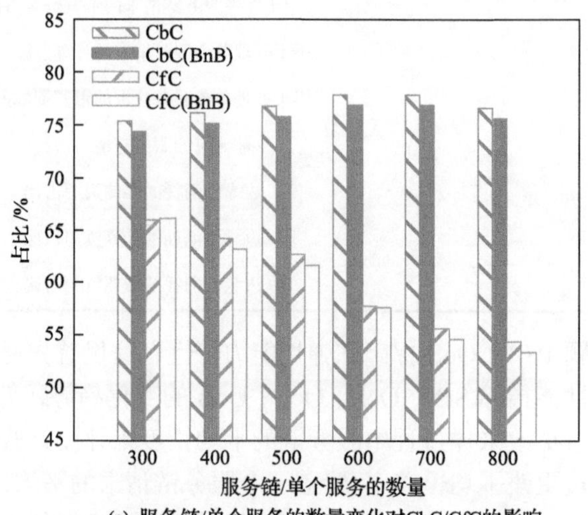

(a) 服务链/单个服务的数量变化对CbC/CfC的影响

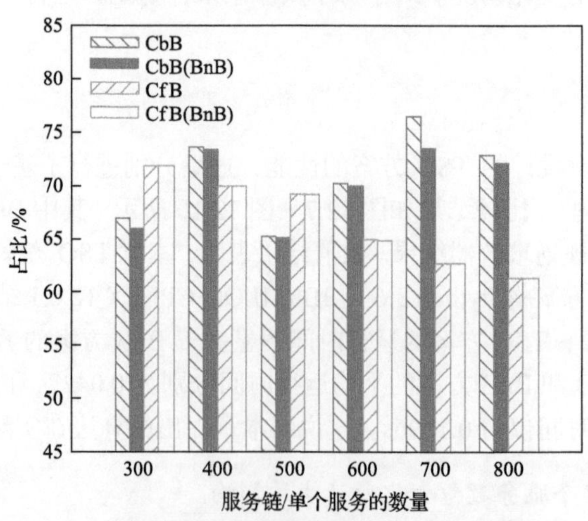

(b) 服务链/单个服务的数量变化对CbB/CfB的影响

图 12.7　服务链/单个服务的数量增加对 CbC/CfC/CbB/CfB 变化趋势的影响

因此，本章提出的服务链请求模型可以为终端用户提供更有效的服务，其有助于完成更多计算任务。并且，随着用户请求数量的增加，这种优势变得更加明显。

2. 边缘云的存储容量变化所产生的影响

图 12.8(a)显示，随着边缘云的存储容量从 0.5 倍增加到 4 倍，性能指标 CbC 和 CfC 的取值都会增加。这意味着在服务链请求模型和单个服务请求模型下，越来越多的边缘云计算资源被消耗。值得注意的是，CbC 的取值比 CfC 的取值大得多，尤其是在存储容量不足的情况下。除此之外，当存储容量达到 2.5 倍时，CbC

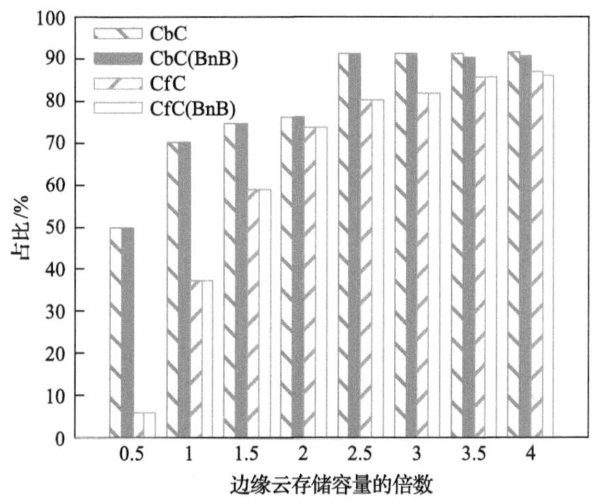

(a) 边缘云存储容量变化对CbC/CfC的影响

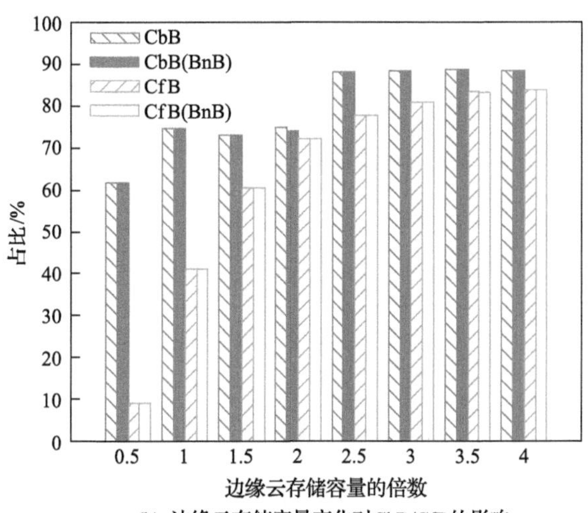

(b) 边缘云存储容量变化对CbB/CfB的影响

图 12.8　边缘云存储容量变化对 CbC/CfC/CbB/CfB 变化趋势的影响

将达到 90%左右，这意味着大多数服务请求均得到响应。如图 12.8(b)所示，边缘云消耗的带宽资源的变化趋势与图 12.8(a)所示的消耗的计算资源变化趋势几乎相同，并且 CbB 和 CfB 的取值都随着边缘云存储容量的递增而变大。与之相似，CbB 的取值比 CfB 的取值大得多，尤其是当存储容量为原来的 0.5 倍时。图 12.8(b)进一步反映了当存储资源不足时服务链请求模型的优越性。

3. 边缘云的计算容量变化所产生的影响

如图 12.9(a)所示，边缘云消耗的计算资源会随着其计算容量的增加而同步增长，因为 CbC 和 CfC 的取值呈线性增加。这种现象反映了一个事实，即在边缘云

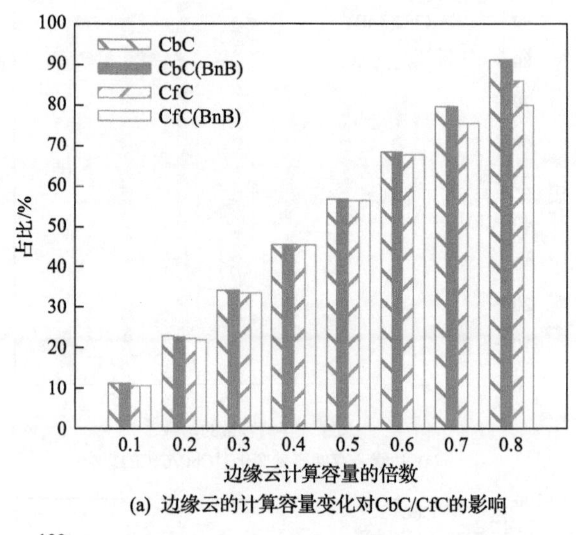

(a) 边缘云的计算容量变化对CbC/CfC的影响

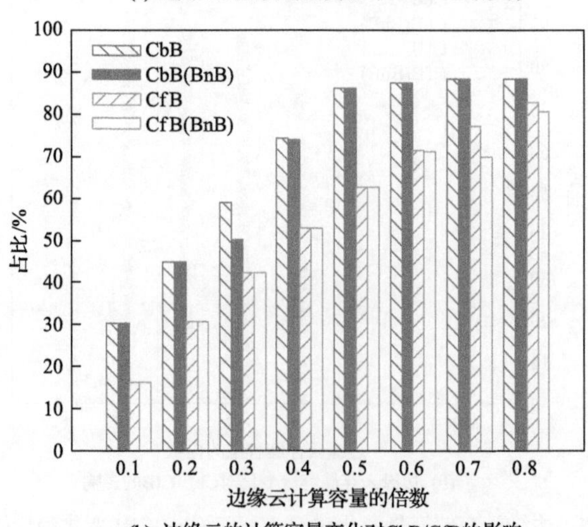

(b) 边缘云的计算容量变化对CbB/CfB的影响

图 12.9 边缘云的计算容量增加对 CbC/CfC/CbB/CfB 变化趋势的影响

上能处理的请求数量与边缘云的计算容量成正相关。另外，CbC 的取值仍高于 CfC 的取值。从图 12.9(b)中可以看到，CbB 和 CfB 的取值也随着边缘云计算容量的增加而变大，并且 CbB 的取值比 CfB 的取值平均大约 15%。此外，当边缘云计算容量达到原来的 0.7 倍时，CbB 的取值接近 90%。细粒度的资源使用方式提高了资源的利用率，这也有助于相关实验结果的获得。

4. 边缘云的通信容量变化所产生的影响

从图 12.10(a)不难看出，CbC 的取值和 CfC 的取值非常接近，这说明改变边缘云的通信容量对消耗的边缘云计算资源影响很小。这种情况的根本原因是，只

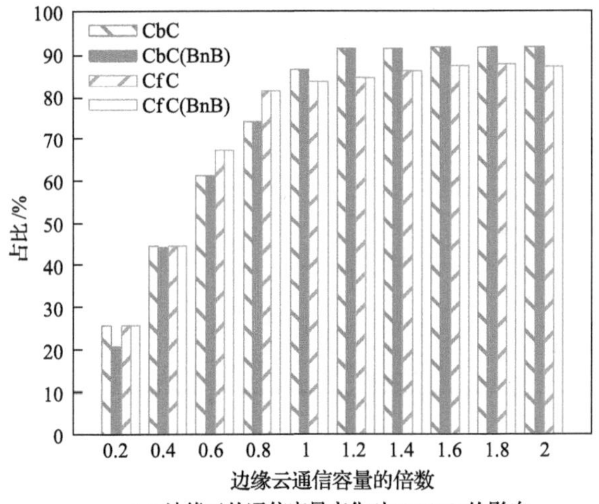

(a) 边缘云的通信容量变化对CbC/CfC的影响

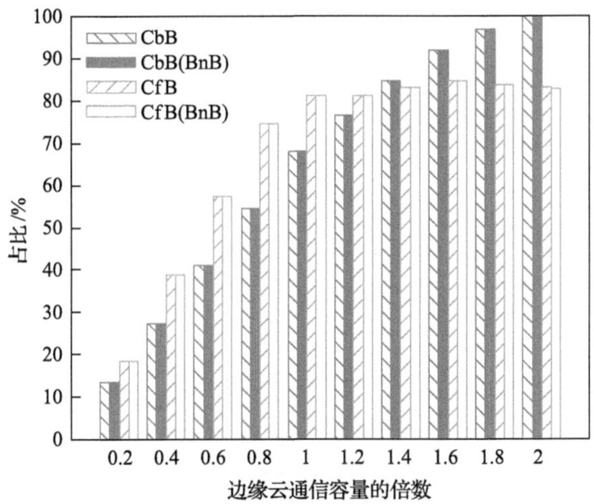

(b) 边缘云的通信容量变化对CbB/CfB的影响

图 12.10　边缘云的通信容量增加对 CbC/CfC/CbB/CfB 变化趋势的影响

要满足计算资源的需求，服务链请求模型和单个服务请求模型就具有相似的带宽需求。此外，在通信资源能力充足时，CbC 的取值总是比 CfC 的取值高一点。这是因为在相同的资源条件下，服务链请求模型可以响应更多的服务请求。出于如图 12.10(a)情况相同的原因，本章改变边缘云的通信容量对其通信资源的消耗量有相似的影响，如图 12.10(b)所示。

5. QoS 保障的情况

从图 12.11(a)可知，变更服务链的数量对可响应的服务请求数量和资源的消耗影响很小。主要原因是随着服务链数量的增加，SrN、OcR、OcC 和 OcB 的取值都保持相对稳定。如图 12.11(b)所示，随着服务链平均长度的增加，SrN、OcC 和 OcB 的取值变化很小。然而，当 OcC 的取值达到 100%时，OcR 的取值将达到 88%。这是因为服务链的平均长度增加，边缘云上消耗的存储资源会随着待部署服务规模的增加而变大。此外，这种情况表明，缓存和部署子服务而不是整个服

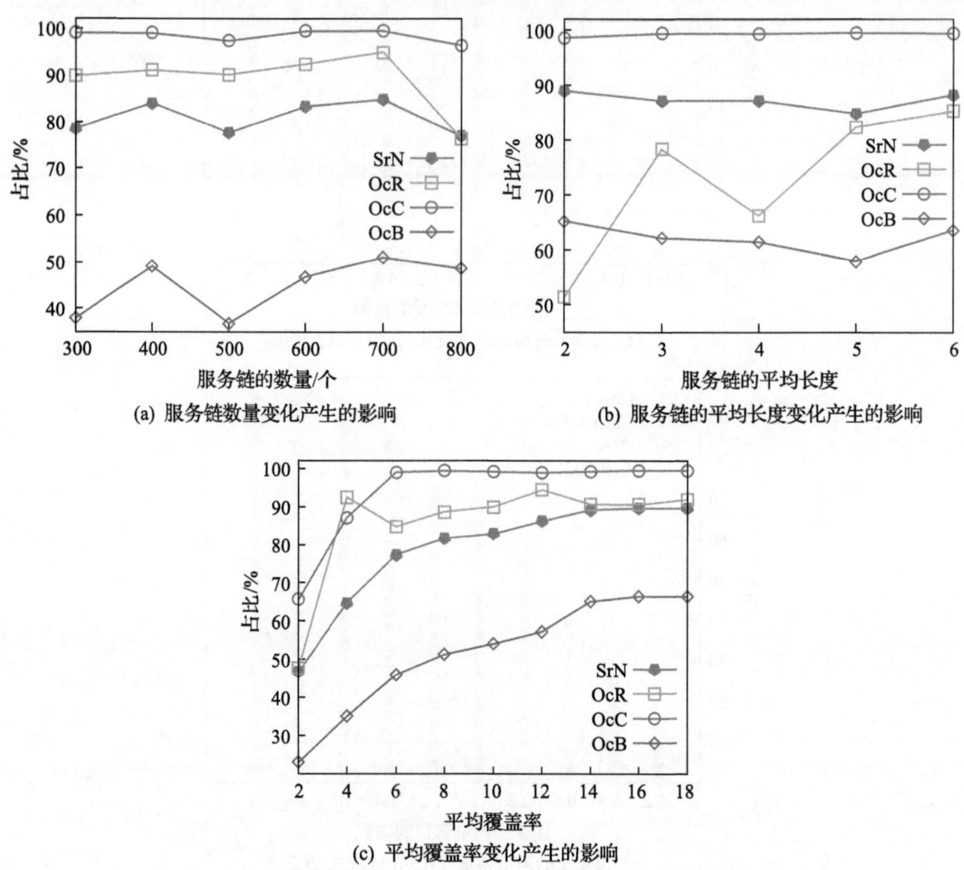

图 12.11 服务链数量、服务链平均长度、平均覆盖率变化时相关方法的性能表现

务链有助于充分利用边缘云的存储资源，从而提高网络性能。图 12.11(c)显示，随着平均覆盖率从 2 增加到 18，性能指标 SrN、OcC 和 OcB 的取值呈逐渐增加趋势，并且当平均覆盖率达到 4 之后，OcR 的取值变得相对稳定。这些结果表明，平均覆盖率的取值会直接影响可响应服务请求的数量和消耗的计算/通信资源。这是因为随着边缘云密度的增加，可以响应单个服务请求的候选边缘云的数量也会增加，这自然会导致更多的服务被响应，从而提高了资源利用率。无线通信基站的密集覆盖是 5G 时代的主要特征之一，这里的实验结果表明服务链请求模型具有明显的优势。

同单个服务请求模型相比，服务链请求模型充分体现了以各个服务而不是整个服务链上全体服务为部署粒度的优势。图 12.7～图 12.10 通过逐渐增加服务链的请求数量、单个服务的请求数量以及存储/通信/计算容量来评测性能指标 CbC/CfC/CbB/CfB 的取值，从而说明服务链请求模型的优越性。此外，图 12.11 通过反映指标 SrN、OcR、OcC、OcB 的取值随服务链数量、服务链的平均长度以及平均覆盖率的变化趋势，佐证了服务链请求模型的出色性能。以上数值结果均反映了本章提出的服务链请求模型的有效性和高效性。它充分利用了边缘云的容量，而减少使用远程云数据中心，避免导致较长的响应延迟。

12.5　本章小结

本章首先为边缘计算应用提出了一种基于服务链的用户请求模型，并据此研究了基于服务链请求的联合服务供给和请求调度问题。本章将这个问题建模为整数线性规划模型，并对该模型进行了复杂度分析和求解难度证明。在此基础上，提出了多项式时间内可求解的新型 TSO 方案。最后，通过大量的数值实验，验证了基于服务链的请求模型可以提供更佳的性能以及更高的 QoS。

参考文献

[1] Skarlat O, Nardelli M, Schulte S, et al. Towards QoS-aware fog service placement[C]// Proceedings of the 1st IEEE International Conference on Fog and Edge Computing, Madrid, 2017.

[2] Wang S Q, Urgaonkar R, He T, et al. Dynamic service placement for mobile micro-clouds with predicted future costs[J]. IEEE Transactions on Parallel and Distributed Systems, 2017, 28(4): 1002-1016.

[3] Mao Y Y, Zhang J, Letaief K B. Dynamic computation offloading for mobile-edge computing with energy harvesting devices[J]. IEEE Journal on Selected Areas in Communications, 2016, 34(12): 3590-3605.

[4] Chen Y, Zhang Y C, Chen X. Dynamic service request scheduling for mobile edge computing systems[J]. Wireless Communications and Mobile Computing, 2018, 2018: 1-10.

[5] Bhamare D, Jain R, Samaka M, et al. A survey on service function chaining[J]. Journal of Network Computer Applications, 2016, 75: 138-155.

[6] Migault D, Simplicio M A, Barros B M, et al. A framework for enabling security services collaboration across multiple domains[C]//Proceedings of the 37th IEEE International Conference on Distributed Computing Systems, Atlanta, 2017.

[7] Sang Y, Ji B, Gupta G R, et al. Provably efficient algorithms for joint placement and allocation of virtual network functions[C]//Proceedings of IEEE International Conference on Computer Communications, Atlanta, 2017.

[8] Jin P P, Fei X C, Zhang Q X, et al. Latency-aware VNF chain deployment with efficient resource reuse at network edge[C]//Proceedings of IEEE International Conference on Computer Communications, Toronto, 2020.

[9] He T, Khamfroush H, Wang S Q, et al. It's hard to share: Joint service placement and request scheduling in edge clouds with sharable and non-sharable resources[C]//Proceedings of the 38th IEEE International Conference on Distributed Computing Systems, Vienna, 2018.

[10] Farhadi V, Mehmeti F, He T, et al. Service placement and request scheduling for data-intensive applications in edge clouds[C]//Proceedings of IEEE International Conference on Computer Communications, Paris, 2019.

[11] Xu J, Chen L X, Zhou P. Joint service caching and task offloading for mobile edge computing in dense networks[C]//Proceedings of the 36th IEEE International Conference on Computer Communications, Honolulu, 2018.

[12] Dell'Amico M, Delorme M, Iori M, et al. Mathematical models and decomposition methods for the multiple knapsack problem[J]. European Journal of Operational Research, 2019, 274(3): 886-899.

[13] Horel T, Singer Y. Maximization of approximately submodular functions[C]//Proceedings of the 30th International Conference on Neural Information Processing Systems, Barcelona, 2016.

[14] Shanmugam K, Golrezaei N, Dimakis A G, et al. FemtoCaching: Wireless content delivery through distributed caching helpers[J]. IEEE Transactions on Information Theory, 2013, 59(12): 8402-8413.

[15] Wolsey L A. Heuristic analysis, linear programming and branch and bound[M]//Rayward-Smith V J. Mathematical Programming Studies. Berlin: Springer, 1980: 121-134.

[16] Chekuri C, Khanna S. A polynomial time approximation scheme for the multiple knapsack problem[J]. SIAM Journal on Computing, 2005, 35(3): 713-728.

[17] Korte B, Vygen J. Combinatorial Optimization: Theory and Algorithms[M]. 3rd ed. Berlin:

Springer, 2008.

[18] Taleb T, Samdanis K, Mada B, et al. On multi-access edge computing: A survey of the emerging 5G network edge cloud architecture and orchestration[J]. IEEE Communications Surveys &Tutorials, 2017, 19(3): 1657-1681.

第 13 章　边缘计算任务的服务增强模型

如前序章节所述，边缘计算为执行终端的复杂任务提供了一种有效的方式，大量的终端任务可以被卸载到边缘服务器来更高效地执行。大量研究工作集中于通过计算任务向边缘计算环境的卸载来提高服务质量，如降低任务的平均服务延迟。本章发现任务的服务延迟指标对 QoE 的影响因人而异，因此从 QoE 的角度重新研究终端任务在边缘服务器的调度问题，为终端任务的边缘卸载设计一套服务增强模型，以提升用户的服务体验。此外，以在边缘计算环境中执行卸载的人工智能任务为例，本章提出的服务增强模型对同类人工智能任务配置了多种算法，具有不同的准确性和服务延迟。运行不同算法的虚拟机可以并行地执行同类人工智能任务，以进一步满足用户在算法准确性和延迟等方面的多样化需求。该模型本质上是 NP 难的混合整数非线性规划问题，为此本章提出一种高效的两阶段调度策略。实验结果表明，本章所提模型能有效改善用户的服务体验，并且提高任务的完成率。

13.1　引　　言

13.1.1　问题背景

得益于新一轮人工智能(artificial intelligence, AI)的蓬勃繁荣，智能个人助理、个性化推荐、视频监控、智能家电等一系列人工智能应用对人类的日常生活产生了深远的影响。工业界针对很多人工智能应用设计了大量的人工智能算法，并围绕终端设备推广越来越多的 AI 应用。这些算法覆盖了计算机视觉、语音识别和自然语言处理等大量领域。一般来说，很多新型人工智能算法在终端设备运行时既耗时又耗电。因此，在资源有限的终端设备上执行这些 AI 任务通常是不可取的。

边缘计算环境相对终端设备而言具有较强的计算能力和资源配置，可为执行复杂 AI 任务提供有效的计算平台。各种终端设备上的 AI 任务可以被卸载到恰当的边缘服务器上执行，从而节省终端设备上非常有限的计算和存储资源。然而，边缘计算环境的共享特性，决定了其需要仔细调度资源，同时支持卸载自大量终端设备的 AI 任务。这些 AI 任务通常对服务延迟比较敏感，必须按照预先规定的时间限制和计算精度来完成。因此，在众多边缘服务器之间调度这些 AI 任务并令其得到有效的执行，是一项非常具有挑战性的工作。

终端卸载任务的服务延迟主要受数据传输时间和边缘环境中处理时间的影响，这两个因素分别称为外部延迟和服务器端延迟。目前，大量的研究工作专注于高效实现延迟敏感的计算任务卸载，从而提高用户的 QoS。例如，研究接入点调度[1]、传输功率控制[2]、资源分配[3]等方法以减少外部延迟。与之相反，任务调度[4]和虚拟机迁移[5]等方法的目的是通过平衡众多边缘服务器之间的工作负载来减少服务器端延迟。与此同时，也有一些研究工作同时关注外部延迟和服务器端延迟这两个方面。例如，Rodrigues 等[6,7]提出了一种通过虚拟机迁移和传输功率控制来降低服务延迟的方法。

在传统 QoS 的度量下，先前的研究工作假设计算卸载的延迟不能超过预定的延迟约束，即任务的截止期限，否则视为任务失败。然而，用户的 QoE 和服务延迟之间的依赖关系遵循类似于 S 形曲线[8]。因此，即使延迟超过了预定的截止期限，用户的 QoE 也不会立即降为零。此外，截止期限驱动的调度策略对任务完成率有很大的影响，特别是当边缘服务器突然受到大量卸载任务的冲击时，大多数任务将被边缘服务器丢弃和拒绝服务，因为它们不能在截止期限内被完成。因此，越来越多的人认为基于传统 QoS 指标的任务调度优化不能准确地反映用户的真实服务体验[9]。

基于这一认识，本章从一个全新的 QoE 维度对人工智能任务的边缘调度进行重新设计。具体来说，本章的优化目标是获得更高的用户满意度，这受到 QoS、用户异构性和应用服务场景等多个因素的共同影响，而不是简单地优化总服务延迟。这是面向服务增强的边缘计算任务卸载的一个全新研究方向。

然而，设计面向 QoE 的调度策略非常具有挑战性。首先，用户的 QoE 值与服务延迟不是呈线性相关。这导致如何确定在线到达任务的处理顺序变得相当困难。即使总服务延迟保持不变，不同的执行顺序也会导致 QoE 的结果发生显著变化。其次，传统的 AI 服务模型是基于单个算法实现的。然而，由于各个 AI 任务之间的精度要求存在比较显著的差异性，边缘服务器无法实现计算能力的弹性扩展。因此，在相同的 AI 算法下，不同精度要求的 AI 任务往往产生不同的计算开销。在一组虚拟机中部署多种不同的人工智能算法，类型相同但精度需求不同的 AI 任务可以从中选择恰当的算法来执行。这是一种可行和高效的解决方案，可以很好地支持用户对结果精度的异质性要求[10]。然而，为了适应这种多算法的服务模型，本章必须同时对多个虚拟机的队列进行 QoE 驱动的任务分配，这进一步增加了调度的难度。最后，确定每个任务分配给每个虚拟机处理的数据量也很有挑战性，因为每个虚拟机的计算时间与处理数据量的大小进一步相关。

本章重新考量了 QoE 在改善用户体验方面的重要研究价值，并提出一种基于 QoE 的服务增强模型来应对上述挑战。具体来说，对于在线到达的人工智能任务，本章使用多种不同的算法来优化任务分配和调度策略，以应对任务异构性的影响。

通过定义系统模型的目标和约束条件，本章将该模型进一步表示为一个混合整数非线性规划问题。因此，本章精心设计一种高效的多项式时间算法来解决这个问题，称为两阶段调度策略。实验表明，该服务模型在提高 QoE 值和任务完成率方面均有良好的效果。

13.1.2 研究现状

计算任务卸载的服务延迟通常可分为以下两部分：①外部延迟：任务从终端到达边缘服务器的传输延迟；②服务器端延迟：边缘服务器处理任务的延迟。现有的一些研究工作侧重于外部延迟。接入点调度[1,3]是一种减少外部延迟的技术，其中用户与最近的边缘节点相连，缩短传输距离。传输功率控制[2]旨在通过调节信号质量和信道容量[11]来控制外部延迟。资源分配策略[3]则对可用的通信带宽等资源进行合理分配，以便为每个相关用户提供满意的服务。

另外一些研究工作则关注第二部分的处理延迟，主要思想是平衡边缘服务器之间的工作负载，避免服务器过载带来的长延迟。工作调度[4]将新用户与当前工作量最少的边缘节点关联起来。在工作负载已经不平衡的情况下，虚拟机迁移[5]技术会将繁忙边缘服务器上的某些虚拟机迁移到资源未充分利用的边缘服务器。另外，还有一些研究同时关注外部延迟和服务器端延迟。例如，Rodrigues 等[6]提出一种通过虚拟机迁移和传输功率控制来最小化服务延迟的方法，但是仅仅考虑了两台边缘服务器的场景。文献[7]将该问题扩展到了多台边缘服务器的场景。

虽然上述研究可以较好地降低服务延迟，但主要关注 QoS 度量指标的优化。面对提供更好服务体验的需求，越来越多的人认识到基于传统 QoS 度量的任务卸载方法不能准确地反映用户的 QoE[9]。因此，有必要对传统的调度方法进行全新的设计，在此基础上思考如何设计 QoE 驱动的任务调度方法。

13.2 QoE 驱动的服务增强系统框架

本节首先给出 QoE 驱动的服务增强系统框架，如图 13.1 所示。在终端侧，本章考虑由智能摄像头、智能可穿戴设备、智能家居设备等多种智能终端，运行多种人工智能应用，支持多种高质量服务。然而，由于这些设备的计算能力和电池寿命有限，许多人工智能任务需要卸载到边缘环境中执行。Cloudlet 服务器[12]是一类可信任的、资源丰富的计算机或部署在网络边缘的计算机集群。这些 Cloudlet 服务器可以被广泛地部署在城市中，如无线蜂窝基站、商用路由器和智能灯柱等[13]。

本章假设这些边缘服务器可以为邻近的终端设备提供计算服务。终端设备将人工智能任务卸载到边缘服务器，然后调度器负责调度这些任务。对于确定要在边缘服务器上运行的任务，它们首先会被缓存在缓冲池中，然后在算法池中执行。

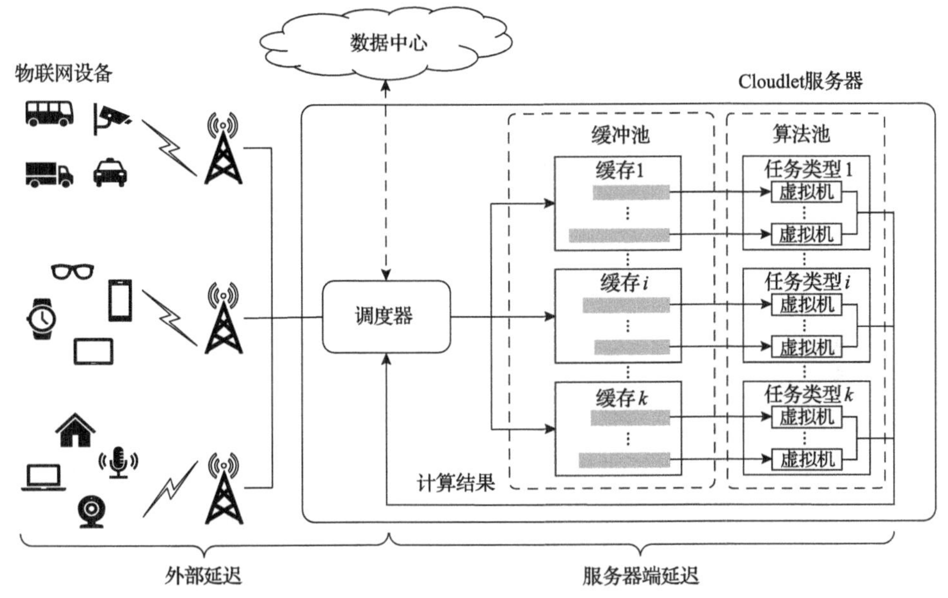

图 13.1　QoE 驱动的服务增强系统框架

13.2.1　QoE 和延迟的关系

为了建立一种基于可测量的评估机制，本节需要先对 QoE 与 QoS 之间的关系进行建模。为此，许多研究工作致力于寻找描述 QoE 和 QoS 参数之间依赖关系的通用公式。例如，有几项工作对现有的 QoS 评估方法进行了分类和调查，期望找到与终端用户感受到的 QoE 相关的 QoS 指标[14,15]。Khirman 等[16]通过服务延迟或交付带宽分析了服务的取消率。Fiedler 等[17]提出了 QoE 和延迟之间具有指数依赖关系，称之为 IQX 假设。此外，IQX 假设在使用多个 QoS 指标的机器学习方法场景中被证明具有相当不错的准确性[18]。

图 13.2 展示了 QoE 和服务延迟之间的关系，其大致可以分为三个敏感类[18]。

(1) 恒定最优 QoE：QoE 值对服务延迟不敏感，因此服务延迟的轻微增长不会对 QoE 值产生显著影响。

(2) 衰减型 QoE：QoE 值对服务延迟很敏感。具体来说，随着服务延迟的逐渐增加，QoE 值迅速下降。此外，曲线左端比曲线右端对服务延迟的增加量更加敏感。

(3) 不可接受的 QoE：QoE 值对服务延迟不再敏感。服务会因为超过预先定义的延迟约束而停止工作，用户可能会因为不可接受的长时间延迟而放弃服务。

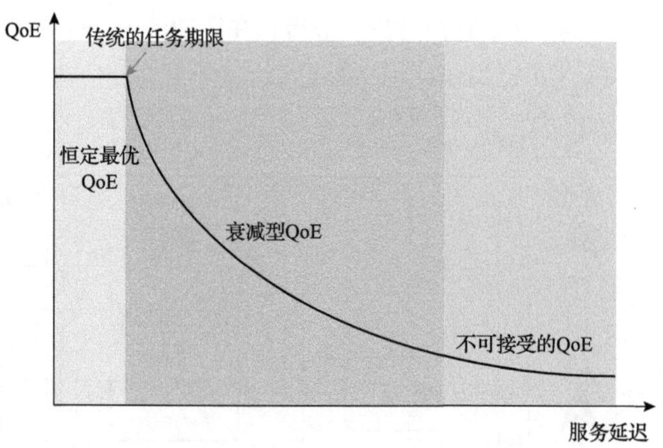

图 13.2　QoE 和服务延迟的关系

在以往的研究中，服务的截止期限被设置在 QoE 开始下降的位置[8]，即恒定最优 QoE 区域的最右端。然而，这将消耗大量的计算资源来应对快速生成的任务。需要注意的是，当服务延迟超过该阈值时，QoE 并不是立即降为零，而是随着服务延迟的增加而逐渐降低。因此，本章提出了 QoE 驱动的服务模型来进一步分配计算资源，在相同情况下致力于实现更高的任务完成率和总的 QoE 值。

13.2.2　算法池的设计

根据需要用到的算法类别，本章将卸载到边缘环境的任务分为不同的类型。例如，为视频添加字幕的任务可以属于同一类型，因为它们需要调用相同类别的算法。此外，由于应用场景、用户权限等的差异性，这些卸载的 AI 任务往往对执行结果的准确性有不同的要求。例如，使用深度学习为视频添加字幕的任务可能来自各种各样的应用程序，从电影播放应用到专业翻译应用。虽然它们需要的算法可能是相同类型，但是在精度上会有显著不同的需求。专业的翻译应用一般比普通的视频娱乐应用要求更高的准确性。

对于每种类型的人工智能任务，通常都有多种算法可用。一个经验性的结论是，更高精度的算法往往具有更高的计算复杂度[10]。这种结论广泛存在于各类人工智能算法中，包括深度学习算法、机器学习算法、优化方法等。同时，精度高的算法往往会导致更高的延迟，而精度低的算法可以在短时间内完成相同的任务。

为此，本章为每种类型的任务配置了几种不同精度的算法，这些算法运行在算法池中的不同虚拟机上。具体来说，本章假设边缘服务器可以支持 k 种类型的 AI 任务，因此共有 k 组虚拟机。每组虚拟机运行的算法不同，处理速度和结果的准确性也不同。然而，这种设计可能会导致一个棘手的问题，即算法精度低的虚拟机可能长时间处于空闲状态，而算法精度高的虚拟机往往处于高负载状态。为此，本章采用了一种协作机制，即任务在多个虚拟机上并行执行。在满足用户对准确性要求的前提下，每个虚拟机处理任务的一部分，以减少整体的处理延迟。

13.2.3　调度器的设计

来自终端设备的任务通过调度器分配到缓冲池和算法池，而调度器由三个基本模块组成，如图 13.3 所示。接入路由器模块负责确定哪个任务可以在边缘执行。如果任务不能在边缘服务器上执行，例如需要极其高昂的计算开销，或者边缘服务器没有配置这种类型的算法，它将被进一步上传到远程云数据中心处理；否则，该任务将被安排到任务分配器中。任务分配器会将任务的输入数据(如原始视频数据)划分为不同大小的多个数据片段，并分配给属于该类型任务的虚拟机。这个分配是基于任务所需的准确性和每个虚拟机的工作负载确定的，这将在 13.4.1 节中详细说明。每个任务的输入数据存储在一个队列中等待计算。

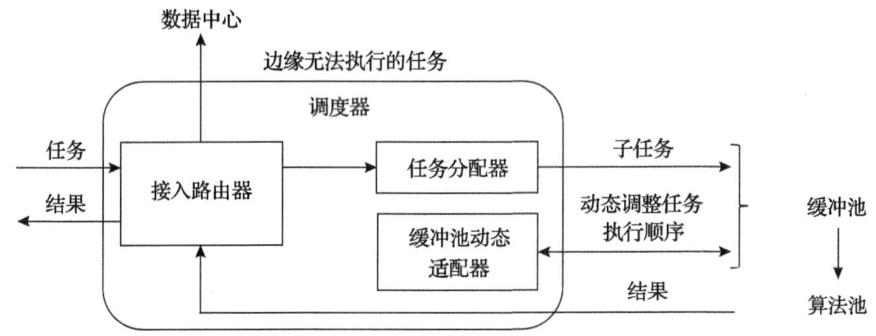

图 13.3　调度器的设计

此外，任务对服务器端延迟的敏感性是有差异的，因为从终端设备到调度器的每个任务都有不同的外部延迟。为此，应该在缓冲池中对具有不同延迟敏感性的任务进行重新排序，通过 QoE 驱动的动态分配方法来实现更高的总体 QoE 水平。这个过程由缓冲池动态适配器模块来负责，具体过程在 13.4.2 节中详细说明。

13.3　QoE 驱动的终端任务卸载和调度问题建模

当任务需要卸载时，终端设备将决定数据传输速率和传输开始时间。卸载的数据量也由终端自身根据其状态决定，如计算能力、剩余能源等[19,20]。当终端有能力时，会自行完成数据处理任务。因此，本章假设到达边缘服务器的数据量是由终端设备预先决定的，边缘服务器不限制数据传输速率或传输的数据总量。

通常，对于给定的任务，本章使用 $x_{k,i}$ 表示完成类型为 k 的第 i 个在线到达任务所需的 CPU 周期总数。$x_{k,i}$ 的值可以由多种方法获得，如调用图分析[21,22]。

本章把任务到达调度器所需的时间即卸载任务的外部延迟记为 $\mathrm{pre\_}t_{k,i}$ 。任务要求的结果质量即准确性记为 $\mathrm{req\_}q_{k,i}$ 。通过这种方式，本章可以使用一个多元组 $T_{k,i}\left(x_{k,i},\mathrm{pre\_}t_{k,i},\mathrm{req\_}q_{k,i}\right)$ 来表示一个卸载任务。

在本章的模型中，多个虚拟机负责承载同一种类型的 AI 任务。每个承载不同 AI 算法的虚拟机都有不同的计算能力，记为 $f_{k,j}$ ，其中 k 表示任务类型。此外，负责第 k 类任务的第 j 个虚拟机 $\mathrm{VM}_{k,j}$ 的算法精度表示为 $q_{k,j}$ 。总体而言，对于较高精度的算法，由于算法复杂度较高，虚拟机的计算量较大，从而任务完成时间较长[10]。此外，本章为每个虚拟机配置一个缓存队列，记为 $Q_{k,j}$ 。

在任务处理过程中，在线到达的任务 $T_{k,i}\left(x_{k,i},\mathrm{pre\_}t_{k,i},\mathrm{req\_}q_{k,i}\right)$ 首先在调度器中被分解。如图 13.4 所示，每个虚拟机 $\mathrm{VM}_{k,j}$ 会被分配到一部分任务数据，其权值为 $w_{k,i,j}$ ，该任务由一组多台虚拟机并行完成。在任务分解的过程中，需要满足结果精度的约束，即 $\sum_{j=1}^{n} w_{k,i,j} q_{k,j} \geqslant \mathrm{req\_}q_{k,j}$ 。任务分解后，每台虚拟机维护一个自身的任务队列。对于任务 $T_{k,i}$ ，虚拟机 $\mathrm{VM}_{k,j}$ 被分配 $w_{k,i,j}x_{k,i}$ 个 CPU 周期的任务量。此外，有些类型的 AI 任务可能不能被分解，因为它们的输入数据不能被分割。为了处理这个问题，人们只需将 $w_{k,i,j}$ 设为布尔变量，则一个任务只能分配给一台虚拟机执行。

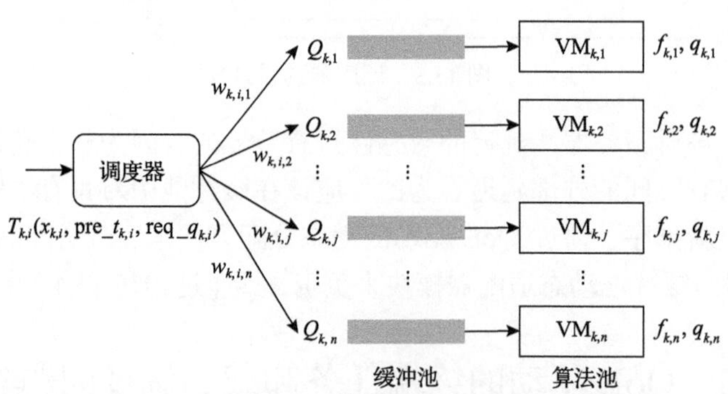

图 13.4 多算法服务模型的任务划分示意图

假设当新任务到达时，每个虚拟机队列中已经有多个任务，它们仍然在队列中等待或正在被处理。为了描述任务的状态，本章将每个分解后的任务表示为一个子任务。那么，在队列 $Q_{k,j}$ 中的任务 $T_{k,i}$ 的子任务状态可以记为 $\mathrm{state}_{k,i,j}$ ，其中

$$\mathrm{state}_{k,i,j}=\begin{cases}1, & \text{任务}T_{k,i}\text{的子任务在队列}Q_{k,j}\text{中等待}\\ 0, & \text{其他}\end{cases} \tag{13.1}$$

根据这个定义，队列 $Q_{k,j}$ 中 $T_{k,i}$ 的子任务可以被重新定义为一个多元组 $G_{k,i,j}\left(x_{k,i}w_{k,i,j}，\mathrm{state}_{k,i,j}，\mathrm{pre\_}t_{k,i}\right)$，其中的每个元素分别代表完成子任务所需的 CPU 周期、子任务状态和外部延迟。为了计算队列 $Q_{k,j}$ 中子任务的处理时间，将 $P_{k,j}=\left\{p_{k,1,j},p_{k,2,j},\cdots,p_{k,i,j}\right\}$ 定义为处理时间的向量，其中

$$p_{k,i,j}=\frac{x_{k,i}w_{k,i,j}}{f_{k,j}} \tag{13.2}$$

考虑到任务的状态，本章定义 SP_j=$\mathrm{state}_{k,1,j}p_{k,1,j},\mathrm{state}_{k,2,j}p_{k,2,j},\cdots,\mathrm{state}_{k,i,j}p_{k,i,j}$。同时，定义 $\mathrm{Pre}_k=\left\{\mathrm{pre\_}t_{k,1},\mathrm{pre\_}t_{k,2},\cdots,\mathrm{pre\_}t_{k,i}\right\}$ 为这些任务的外部延迟。由于每个队列 $Q_{k,j}$ 的完成进度不同，根据任务状态，定义 $\mathrm{Pre}_{k,j}=\left\{\mathrm{pre}_{k,1,j},\mathrm{pre}_{k,2,j},\cdots,\mathrm{pre}_{k,i,j}\right\}$，其中 $\mathrm{pre}_{k,i,j}=\mathrm{state}_{k,i,j}\cdot\mathrm{pre}_{t_{k,i}}$。

在给定虚拟机的每个任务队列中，目标是重新调度任务的执行顺序，以提高用户的 QoE。为了表示队列 $Q_{k,j}$ 中每个子任务的位置，令 $\mathrm{Pos}_{k,i,l,j}$ 表示子任务 $G_{k,i,j}$ 是否在队列 $Q_{k,j}$ 的第 l 个位置，即

$$\mathrm{Pos}_{k,i,l,j}=\begin{cases}1, & G_{k,i,j}\text{在队列}Q_{k,j}\text{的第}l\text{个位置}\\0, & \text{其他}\end{cases} \tag{13.3}$$

因此，第 h 个类型为 k 的任务到达时，可以用以下 h 阶矩阵表示类型为 k 的所有在线到达任务的位置信息：

$$\mathrm{Pos}_{k,h\times h,j}=\begin{bmatrix}\mathrm{Pos}_{k,1,1,j} & \mathrm{Pos}_{k,1,2,j} & \cdots & \mathrm{Pos}_{k,1,h,j}\\\mathrm{Pos}_{k,2,1,j} & \mathrm{Pos}_{k,2,2,j} & \cdots & \mathrm{Pos}_{k,2,h,j}\\\vdots & \vdots & & \vdots\\\mathrm{Pos}_{k,h,1,j} & \mathrm{Pos}_{k,h,2,j} & \cdots & \mathrm{Pos}_{k,h,h,j}\end{bmatrix} \tag{13.4}$$

式中，$\sum_{i=1}^{h}\mathrm{Pos}_{k,i,l,j}=1$ 且 $\sum_{l=1}^{h}\mathrm{Pos}_{k,i,l,j}=1$。将 h 阶矩阵的每个行向量记为 $\mathrm{Pos}_{k,i,j}=\left(\mathrm{Pos}_{k,i,1,j},\mathrm{Pos}_{k,i,2,j},\cdots,\mathrm{Pos}_{k,i,h,j}\right)$，并将每个列向量记为 $\mathrm{Pos}_{k,l,j}=\left(\mathrm{Pos}_{k,1,l,j},\mathrm{Pos}_{k,2,l,j},\cdots,\mathrm{Pos}_{k,h,l,j}\right)^{\mathrm{T}}$。任何子任务的服务器端延迟都是由队列等待时间及其处理时间组成。计算得到重新调度后的队列 $Q_{k,j}$ 中第 γ 个子任务的服务器端延迟为

$$D_{k,\gamma,j}=\sum_{i=1}^{\gamma}\sum_{l=1}^{h}\text{state}_{k,i,j}\times p_{k,i,j}\times\text{Pos}_{k,i,l,j}=\sum_{l=1}^{\gamma}\text{SP}_{k,j}\times\text{Pos}_{k,l,j} \tag{13.5}$$

将重新调度后的队列 $Q_{k,j}$ 中第 γ 个子任务的外部延迟定义为 $Z_{k,\gamma,j}$，它可以从以下公式计算而得：

$$Z_{k,\gamma,j}=\sum_{i=1}^{h}\text{state}_{k,i,j}\times\text{pre\_}t_{k,i}\times\text{Pos}_{k,i,\gamma,j}=\text{Pre}_{k,j}\times\text{Pos}_{k,\gamma,j} \tag{13.6}$$

因此，队列 $Q_{k,j}$ 中第 γ 个子任务的整体服务延迟为 $\text{SD}_{k,\gamma,j}=D_{k,\gamma-1,j}+Z_{k,\gamma,j}$。本章定义 $G_{k,i,j}$ 的位置为 $\gamma(k,i,j)$，其中 $\text{Pos}_{k,i,\gamma(i,j),j}=1$。因此，任务 $T_{k,i}$ 的服务延迟可以表示为

$$\text{SD}_{k,i}=\max_{j=1,2,\cdots,n}\left(D_{k,\gamma(k,i,j)-1,j}+Z_{k,\gamma(k,i,j),j}\right) \tag{13.7}$$

为所有在线到达任务进一步确定权重变量 $w_{k,i,j}$ 和位置变量 $\text{Pos}_{k,h\times h,j}$，以最大化用户的体验质量。因此，优化目标可以表示为 $\max\sum_{i=1}^{h}\text{QoE}\left(\text{SD}_{k,i}\right)$。此外，该模型还需要满足以下约束：

$$\sum_{j=1}^{n}w_{k,i,j}q_{k,j}\geqslant\text{req\_}q_{k,i} \tag{13.8}$$

$$\sum_{j=1}^{n}w_{k,i,j}=1 \tag{13.9}$$

$$\sum_{i=1}^{h}\text{Pos}_{k,i,l,j}=1,\quad l=1,2,\cdots,h;\ j=1,2,\cdots,n \tag{13.10}$$

$$\sum_{l=1}^{h}\text{Pos}_{k,i,l,j}=1,\quad i=1,2,\cdots,h;\ j=1,2,\cdots,n \tag{13.11}$$

$$\text{Pos}_{k,i,l,j}=\{0,1\},\quad i,l=1,2,\cdots,h;\ j=1,2,\cdots,n \tag{13.12}$$

$$w_{k,i,j}\geqslant 0 \tag{13.13}$$

式中，第一个约束(13.8)确保任务分配策略能满足结果准确性需求；第二个约束(13.9)声明任务应该由 k 类型下的虚拟机来完成；第三个约束(13.10)表示每个分配的子任务只包含每个虚拟机的一个特定位置信息；第四个约束(13.11)表示在某

个队列的任何位置上都只有一个子任务；最后两个约束(13.12)和(13.13)给出了相关变量的定义域。

通过定义 QoE 驱动的服务增强模型是 MINLP 的一个变体。众所周知，MINLP 已经被证明是 NP 难问题[20,23]。为了降低该模型的计算复杂度，本章尝试寻找高效的求解方法，期望在多项式时间内找到次优解。

13.4　两阶段优化调度策略

本节提出一种高效的两阶段调度策略，该策略通过将 NP 难问题分成两个阶段来处理，从而降低计算复杂度。

第一阶段，在所有涉及的虚拟机之间平衡工作负载，以减少总体任务的处理时间。具体来说，本章将在线到达的任务划分为几个子任务，每个子任务被分配给一个特定的虚拟机。通过合理地设置任务的划分权值，实现虚拟机之间的负载均衡。第二阶段，当虚拟机由于任务完成率过高而出现任务堆积时，考虑到不同在线到达任务之间的 QoE 敏感性和处理时间的异质性，本章会对虚拟机的队列序列进行重新调度，以提高全体用户的 QoE。两阶段调度策略具体如下。

(1)面向负载均衡的任务划分：本章使用不同的算法对在线到达任务进行合理划分，以达到负载均衡效果。这个过程由任务分配器负责执行。

(2)QoE 感知的动态队列调度：根据涉及任务的 QoE 敏感性和处理延迟，调整每个虚拟机的任务队列，使整体 QoE 最大化。这个过程由缓冲池动态适配器负责执行。

13.4.1　面向负载均衡的任务划分

QoE 感知的服务增强模型的第一阶段是进行任务的合理划分，以平衡虚拟机之间的工作负载。具体来说，每个虚拟机都分配了一个专有的任务队列，一个任务由多个虚拟机并行完成。因此，对于新到达的任务 $T_{k,i}=\left(x_{k,i},\text{pre\_}t_{k,i},\text{req\_}q_{k,i}\right)$，调度器应确定任务 $T_{k,i}$ 的任务分配方案，以最小化子任务在服务器端的最长延迟，从而实现虚拟机之间的负载平衡。假设对于类型为 k 的任务有 n 个虚拟机负责处理。$f_{k,j}$ 和 $q_{k,j}$ 分别表示虚拟机的计算能力和虚拟机所用 AI 算法的准确性。每个虚拟机在动态缓冲池中都有一个任务队列，用于 k 类型任务的所有虚拟机的队列可以表示为 $Q_{k,1},Q_{k,2},\cdots,Q_{k,n}$。权向量 $W_{k,i}=\left\{w_{k,i,1},w_{k,i,2},\cdots,w_{k,i,n}\right\}$ 表示任务 $T_{k,i}$ 的任务分配方案，其中 $\sum_{j=1}^{n}w_{k,i,j}=1$。具体来说，对于任务 $T_{k,i}$，将 $w_{k,i,j}x_{k,i}$ 的计算量分配给 $\mathrm{VM}_{k,j}$。一个可行的任务划分方案应满足 AI 任务的精度要求，即

$$\sum_{j=1}^{n} w_{k,i,j} q_{k,j} \geqslant \mathrm{req\_}q_{k,i} \tag{13.14}$$

式中，$q_{k,j}$ 表示 $\mathrm{VM}_{k,j}$ 所采用算法的精度；$\mathrm{req\_}q_{k,i}$ 表示任务 $T_{k,i}$ 需求的精度。

根据任务分配方案，完成队列 $Q_{k,j}$ 中任务所需的 CPU 周期数是 $\sum_{i=1}^{h} \mathrm{state}_{k,i,j} w_{k,i,j} x_{k,i}$。任务 $T_{k,h}$ 到达后，队列 $Q_{k,j}$ 的任务完成时间计算如下：

$$t_{k,j} = \frac{\sum_{i=1}^{h} \mathrm{state}_{k,i,j} w_{k,i,j} x_{k,i}}{f_{k,j}} \tag{13.15}$$

在满足精度要求的前提下，任务的输入数据被分割成多个数据片段，每个数据片段由一台虚拟机计算。因此，最后一个子任务的处理时间决定了该任务的服务器端延迟。为了平衡所有相关虚拟机的工作负载，同时满足结果的准确性要求，应该尽量减少所有队列的最大完成时间。因此，面向负载均衡的任务划分的目标和约束可以总结为

$$\min_{W_{k,i}} \max t_{k,j} \tag{13.16}$$

$$\text{s.t.} \sum_{j=1}^{n} w_{k,i,j} q_{k,j} \geqslant \mathrm{req\_}q_{k,i} \tag{13.17}$$

$$\sum_{j=1}^{n} w_{k,i,j} = 1 \tag{13.18}$$

$$w_{k,i,j} \geqslant 0 \tag{13.19}$$

目标函数(13.16)旨在最小化多个相关虚拟机的最大完成时间。第一个约束(13.17)表示任务划分方案应该满足任务的精度要求。第二个约束(13.18)表示任务应该在负责该类型任务的虚拟机间分配。最后一个约束(13.19)给出了变量的定义域。

13.4.2　QoE 感知的动态队列调度

第二阶段的重点是根据各个任务的 QoE 模型敏感性及其处理时间，对任务队列进行重新排序，以最大化总体的 QoE。对于具有一定数量子任务的任务队列，由于这些子任务的外部延迟、等待时间和处理时间的异质性，这些子任务的不同

执行顺序可能会导致整体 QoE 的结果发生显著变化。因此，这里有必要提供一种高效的任务重新调度策略，对等待的子任务序列进行重排序，以提高整体 QoE 值。

一种常见的服务规则是先到先服务(first-arrive-first-served, FAFS)，其中第一个到达的任务将被分配为最高优先级。具体来说，当在线任务以相对较高的速率到达时，由于严格的执行顺序，这种方法会导致任务积累。一方面，一些高 QoE 敏感性的任务无法及时执行，导致服务延迟时间长，QoE 值低。另一方面，先到达的任务如果具有较长的处理延迟，这将会令后到的任务经受严重的等待延迟，产生很低的 QoE。

因此，本章从 QoE 敏感性的角度引入了任务的重排序方法。首先需要做一个分析，以评估基于 QoE 敏感性分配资源的优势。到目前为止，本章保持了每个任务的外部延迟和队列等待时间的相关信息，还可以根据任务所需的 CPU 周期和虚拟机的计算速度来计算每个任务的处理延迟。本章的目标是重新调度每个相关任务的队列序列，以提高整体用户的 QoE。考虑到 QoE 敏感性的异质性，尝试通过对所有任务按照服务延迟在 QoE 曲线上的导数排序来调整队列顺序，这可以体现出服务延迟的一个单位增量对 QoE 的影响。文献[8]阐述了一种类似的方法，称为灵敏度优先排序(sensitivity first ranking, SFR)法，其中 QoE 灵敏度被设置为任务的外部延迟在 QoE 模型曲线上的导数。具体来说，QoE 模型中外部延迟斜率最大的任务将被优先分配，依此类推，如图 13.5 所示。

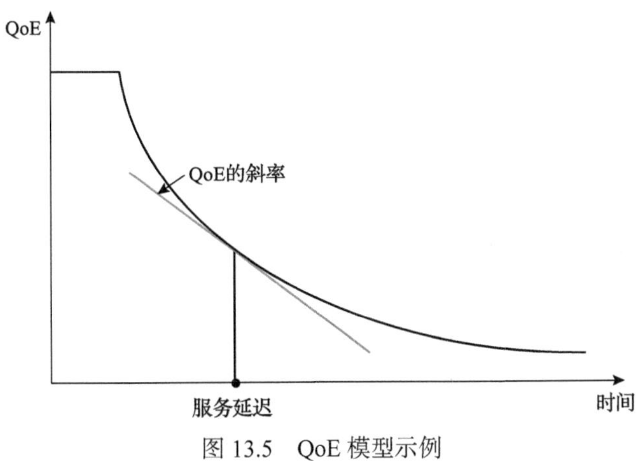

图 13.5　QoE 模型示例

然而，任务外部延迟的导数不能完全代表服务延迟的变化对 QoE 值的影响。原因是队列等待时间和任务处理延迟也会影响 QoE 值及其灵敏度。因此，本章建议使用任务服务延迟的导数作为 QoE 灵敏度的值。例如，对于队列 $Q_{k,j}$ 中的子任务 $G_{k,i,j}$，QoE 灵敏度可以表示为

$$-\left.\frac{\mathrm{d(QoE)}}{\mathrm{d(服务延迟)}}\right|_{服务延迟}=\mathrm{Pre}\_t_{k,i}+W_{k,\gamma(k,i,j),j}+p_{k,i,j} \tag{13.20}$$

式中，服务延迟包含外部延迟 $\mathrm{Pre}\_t_{k,i}$、到目前为止的队列等待时间 $W_{k,\gamma(k,i,j),j}$ 和预估的处理时间 $p_{k,i,j}$。解决方案是根据任务当前的延迟敏感性对队列中任务进行重新排序。

此外，本章注意到，处理时间长的任务会导致严重的 QoE 值降低，因为排在后面的任务等待时间会延长。因此，本章重新引入一种排序方法，称为混合灵敏度排序方法，它考虑了 QoE 敏感性和任务处理时间，灵敏度表示为

$$-\left.\frac{\mathrm{d(QoE)}}{\mathrm{d(服务延迟)}}\right|_{p_{k,i,j}} \tag{13.21}$$

在该方法中，排在前面的子任务既要有较高的 QoE 敏感性，又要有较短的处理时间。

两阶段调度策略的具体细节如算法 13.1 所示。算法的输入为新到达的任务 $T_{k,h}$、队列的状态 Queue、虚拟机提供的处理精度 Quality、虚拟机的计算能力 Capacity、任务到达情况 TaskLog。算法的输出是重新调度后的任务队列顺序。函数 TaskPartition 和 InsertTask 负责任务的分配，而函数 ReorderTask 会根据任务的 QoE 敏感性和处理时间重新对任务进行排序。该算法首先计算新到达任务 $T_{k,h}$ 的分配权重 $W_{k,i}$（第 5～7 行），然后根据权重 $W_{k,h}$（第 8～11 行）将任务 $T_{k,h}$ 划分为一系列子任务后分配给相关的虚拟机队列。任务的重新排序由函数 ReorderTask 完成，第 14～16 行计算任务的执行顺序。最后，每个队列中的任务根据它们的索引重新排序。

算法 13.1　两阶段调度策略

输入：$T_{k,h}=\{x_{k,h},\mathrm{pre}\_t_{k,h},\mathrm{req}\_q_{k,h}\}$，$\mathrm{Queue}=\{Q_{k,1},Q_{k,2},\cdots,Q_{k,n}\}$，$\mathrm{Quality}=\{q_{k,1},q_{k,2},\cdots,q_{k,n}\}$，$\mathrm{Capacity}=\{f_{k,1},f_{k,2},\cdots,f_{k,n}\}$，$\log_{k,i}=\{T_{k,i},\mathrm{WaitingTime}_{k,i}\}\in\mathrm{TaskLog}$。

输出：$\mathrm{Queue}=\{Q_{k,1},Q_{k,2},\cdots,Q_{k,n}\}$。

1　$W_{k,h}=\mathrm{TaskPartition}(T_{k,h},\mathrm{Queue},\mathrm{Quality},\mathrm{Capacity})$；

2　$\mathrm{Queue}=\mathrm{InsertTask}(W_{k,h},x_{k,h},\mathrm{Queue})$；

3　Queue=ReorderTask(Queue,TaskLog,Capacity)；

4　**return** Queue；

Function TaskPartition$\left(T_{k,h},\text{Queue},\text{Quality},\text{Capacity}\right)$
　　利用 13.4.1 节中模型计算 $W_{k,i}$；
return $W_{k,i}$；
Function InsertTask$\left(W_{k,h},x_{k,h},\text{Queue}\right)$
　　for $j=1\to n$
　　在队列 $Q_{k,j}$ 中加入 $x_{k,h}w_{k,h,j}$；
return Queue；
Function ReorderTask(Queue,TaskLog,Capacity)
　　定义排序索引 rkT $=\infty$；
　　for Queue 中的每个任务 $T_{k,i}$
　　　　计算处理时间 $p_{k,i}=\max\limits_{j=1,2,\cdots,n}\left(x_{k,i}W_{k,i}/f_{k,j}\right)$；
　　　　$\text{rkT}_{k,i}=-f'_{\text{QoE}}\left(\text{pre\_}t_{k,i}+\text{WaitingTime}_{k,i}+p_{k,i}\right)/p_{k,i}$；
　　　　根据 $\text{rkT}_{k,i}$ 对 Queue 中任务进行排序；
return Queue

13.5　实验设计和性能评估

本节系统性地评估 QoE 驱动服务增强模型的性能。首先介绍实验相关的设计和配置，包括实验设置、对比方法、评估指标。然后，开展多项实验并展示相关评估结果。

13.5.1　实验设计

1. 相关实验参数的设置

为了模拟 QoE 模型，本节参考了文献[17]中 QoE 曲线的参数设置，QoE-delay 曲线是从实际的实验数据和问卷数据获得的。为了进一步适应实验场景，本节将原曲线扩展了 10 倍，曲线表达式变为 $\text{QoE(SD)}=4.298\times\exp(-0.0347\cdot\text{SD})+1.390$。对于算法池部分的设置，本节为同一类型的任务分配 5 台虚拟机，它们部署并执行不同的算法。这些算法的计算精度分别设置为 75%、80%、85%、90%、95%。算法的计算精度要求越高，则计算过程越复杂，造成更高的计算代价和更长的计算延迟。因此，本节将每种虚拟机的计算速度 f 与计算结果精度 q 的关系定义为

$f = \dfrac{1}{c(1+q)^{s_c}}$，其中 $c = 0.1$ 为最小计算需求，而 $s_c = 4$ 为调整算法复杂度与性能关系的参数。任务按照泊松分布到达，其要求的精度服从正态分布，均值为 80%，方差为 0.05。每个在线到达任务所需的 CPU 周期按照均匀分布进行设置，取值范围为[5 个, 20 个]。任务的外部延迟在[0.5s, 2.5s]范围内均匀生成。

2. 对比方法的选择

本节选择如下算法进行对比。

(1) FAFS：先来先服务的方法是一种广泛使用的基线方法，其中第一个到达的任务将以最高优先级处理。

(2) SFR：敏感性优先排序方法参考了文献[8]的工作，其中 QoE 灵敏度被设置为任务外部延迟和等待时间之和在 QoE 曲线上的导数。具体来说，QoE 模型中延迟斜率最大的任务将被首先分配，以此类推。

(3) MSR (mixed-sensitivity ranking)：混合灵敏度排序方法在考虑任务处理时间和 QoE 敏感性的基础上，采用混合策略对任务队列进行重新排序和调度。处理时间短、QoE 敏感性高的任务获得高优先级，因此会被优先处理。

3. 评价的性能指标

本节选用如下性能指标对上述方法开展分析评估。

(1) 服务器端延迟：基于 QoE 的服务增强模型对每台虚拟机中的等待任务提供了一种排序方法。据此，每个任务在服务器端延迟可以计算得到，其从任务抵达边缘服务器开始，截止到被执行完毕。

(2) 服务延迟：包括外部延迟和服务器端延迟两部分，表示这两部分延迟之和。

(3) 用户 QoE：对于一组在线抵达的任务，在其外部延迟已知的情况下，不同的排序方法会产生不同的任务处理序列，最终令各个任务产生不同的服务延迟。因此，用户 QoE 可以通过 QoE 曲线和各项服务的服务延迟计算得到。

(4) 任务完成率：在基于 QoE 的服务增强模型中，全体任务根据排序逐个被执行。一些在该排序中很靠后的任务可能会无法得到及时处理。任务完成率这项指标表示在给定时间约束内完成的任务量和全体任务量之比。

13.5.2 性能评估

本节开展大规模的仿真实验来评估本章所提任务调度策略的性能。为了适应任务到达率波动的实际情况，本节在前 200s 将任务到达率设置为 1，任务会在队列中积压。在后 400s，任务到达率被调整为 0.2，以消耗前期积压的任务。所有的实验结果都是在这 600s 的仿真时长内得到。另外，本节将 QoE 的最大值和最小值分别设置为 5 和 1.39，这两个取值由 QoE 模型[17]确定。

1. QoE 驱动服务增强模型的性能

图 13.6 显示了 600s 内每个到达任务的 QoE 值。在前 200s，由于任务到达率高于边缘服务器的服务能力，队列长度和任务等待时间逐渐增加，导致大量任务的 QoE 值较低。在接下来的 400s 内，随着任务到达率的降低，队列逐渐变短，任务的 QoE 值变大。FAFS 方法的 QoE 取值近似形成了一条连续曲线，因为任务是按照到达顺序依次进行处理。与之相比，SFR 和 MSR 方法的 QoE 取值比较散乱，这是因为各个任务到达之后都按照特定规则进行了重排序。由于大部分任务是在前 200s 内到达，排队延迟较高，因此 FAFS 方法的 QoE 值在曲线右侧才开始上升。总体来看，在三种方法中本章提出的 MSR 方法获得了最好的效果，大部分任务获得较高的 QoE。

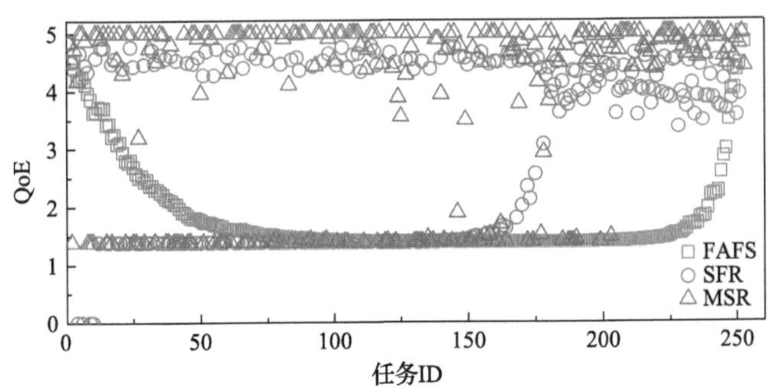

图 13.6　600s 时长内到达任务的 QoE 值

图 13.7 展示了 600s 内不同任务到达率下的平均 QoE 和任务完成率。前 200s 的任务到达率设置为 0.4～1.6，后 400s 的任务到达率仍然设置为 0.2。在图 13.7(a)中，所有比较方法的平均 QoE 均随着任务到达率的增加而降低。这是因为较大的任务到达率会加剧队列的拥挤程度，导致服务器端延迟较长，QoE 值降低。此外，由于综合考虑了排序指标，MSR 方法在三种比较方法中表现最好。需要注意的是，随着队列长度的延长，在给定的 600s 时间限制下，有些排在后面的任务无法被及时处理完毕，其任务完成率如图 13.7(b)所示。在前 200s 内，在任务到达率逼近 1 之前，几乎所有的任务都能被按时处理完毕。随着任务到达率的增加，任务完成率呈线性下降趋势。当任务到达率为 1.6 时，MSR 方法可以完成 80%以上的任务，而 FAFS 和 SFR 方法的任务完成率仅为 72%左右。

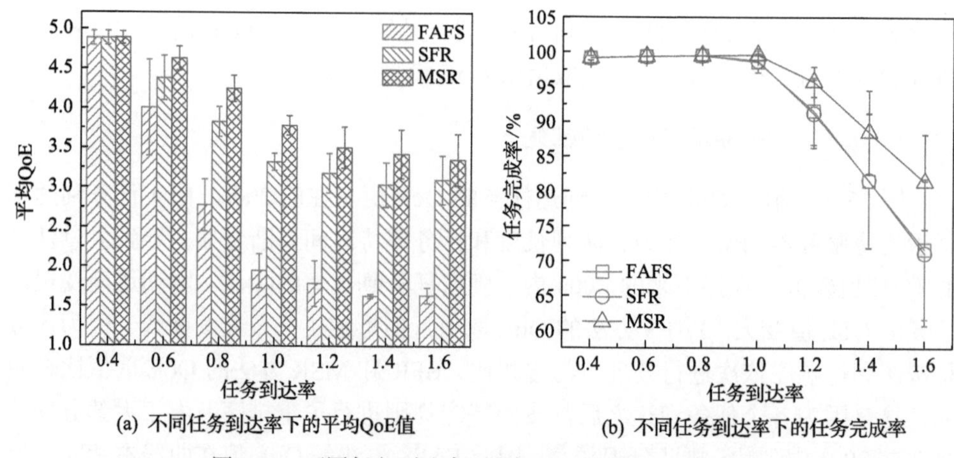

图 13.7　不同任务到达率下的平均 QoE 和任务完成率

图 13.8 给出了 600s 时间内 MSR 和 SFR 方法相比于 FAFS 方法取得的 QoE 增益。前 200s 的任务到达率设置为 1，后 400s 的任务到达率设置为 0.2。曲线上的每个点是任务在 20s 内的平均 QoE 增益。从图中可以看出，QoE 增益在前 20s 和后 80s 接近于 0。这是因为任务队列在这些时间窗口中刚刚开始积压或已经恢复。在这种情况下，虚拟机可以提供实时的服务，而且 FAFS 方法和本章所提 QoE 驱动的服务方法获得了相似的 QoE 值。然而，当任务队列拥挤时，MSR 和 SFR 方法均可在不同程度上增加总的 QoE 值。MSR 方法甚至在 300s 时取得了 250% 左右的 QoE 增益，而 SFR 方法在 260s 时取得了 210%左右的 QoE 增益。取得如此巨大 QoE 增益的原因是 QoE 感知的服务方法可以根据任务的敏感性调整执行顺序，从而获得更高的 QoE 值。

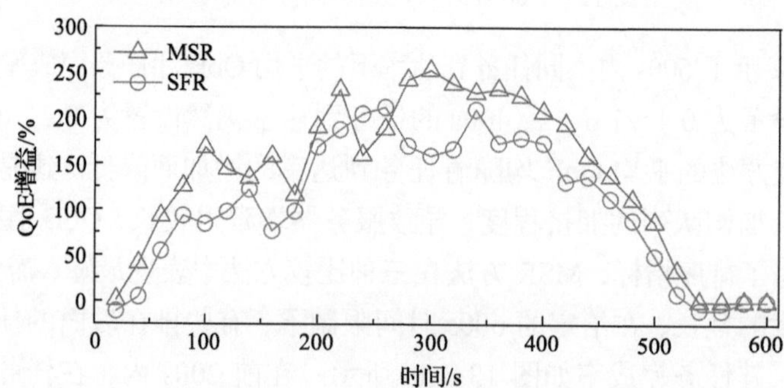

图 13.8　600s 时间内的 MSR 和 SFR 方法相比于 FAFS 方法取得的 QoE 增益

图 13.9 展示了随着任务到达率的逐渐递增，MSR 方法在不同 QoE 阈值下的任务完成率的变化趋势。在之前的实验中，本章没有设置任何 QoE 阈值来更全面地呈现结果。在该图中，一旦任意任务的 QoE 超过了某个预设阈值，系统将直接

放弃它。传统的方法是设定一个截止期限作为 QoE 曲线开始下降的时间点，例如，本章中 QoE = 5。然而，这种方法不能充分利用计算资源来完成更多的任务。注意到，容忍 QoE 值的轻微下降可以为更多的任务提供完成的机会。与传统方法相比(QoE = 5)，本章的 MSR 方法在 QoE > 3.5、QoE > 4 和 QoE > 4.5 时可以得到更大的任务完成率。具体而言，在 QoE 阈值从 5 向 4.5 降低的过程中，两倍甚至更多的任务能够被完成。本章所提 MSR 方法的性能优势在各类任务到达率设置下都有效。

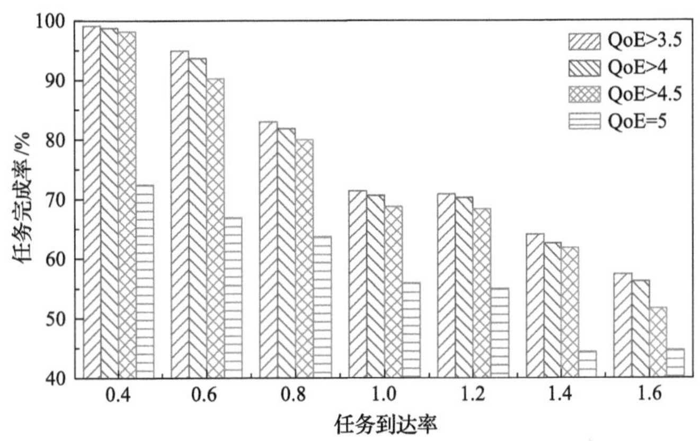

图 13.9　MSR 方法在不同 QoE 阈值下的任务完成率

2. 多算法服务模型的性能

如前所述，每一类 AI 任务会启用多个虚拟机提供不同的 AI 算法。本节比较了三种不同的算法提供策略：①多算法且任务拆分(M-Partition)策略：根据计算结果精度需求对任务进行拆分，所得的多个子任务被分派到多个虚拟机上共同处理；②多算法无任务拆分(M-NonPartition)策略：任务根据精度要求直接进入算法池中的某个任务队列，任务不会被分割为多个子任务；③单算法无任务拆分(S-NonPartition)策略：算法池中的所有虚拟机运行相同的算法，到达的任务优先被分配到负载较低的虚拟机上执行。

图 13.10 显示了不同执行策略下的平均 QoE 值和任务完成率。对于 M-Partition 和 M-NonPartition 策略，本章采用 5 台虚拟机进行实验，其处理精度被分别设定为 75%、80%、85%、90%、95%。对于 S-NonPartition 策略，本章同样设置 5 台虚拟机，但是这些虚拟机运行的算法是相同的，算法的处理精度被设定为 95%，以便能够处理不同精度要求的任务。在图 13.10 中，当任务到达率增加时，由于队列发生拥挤，平均 QoE 值和任务完成率都呈下降趋势。然而，M-Partition 策略获得最好的 QoE 值和最高的任务完成率，原因是任务的拆分使得延迟和精度得到很好的权

衡。相比之下，M-NonPartition 策略获得了较差的平均 QoE 值，S-NonPartition 策略的平均 QoE 值最低。

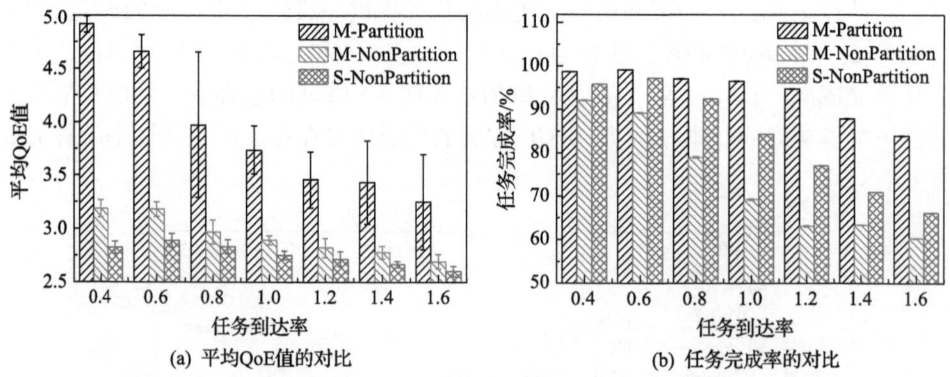

图 13.10　不同任务到达率时，不同执行策略下的平均 QoE 值和任务完成率

13.6 本章小结

本章从 QoE 的新视角对边缘任务的调度方法进行了全新设计，提出了一种 QoE 驱动的服务增强模型。该模型根据任务的 QoE 敏感性，优化任务的分配和调度策略，获得更高的 QoE 水平。此外，该模型利用不同算法的虚拟机对相同类型的任务进行并行处理，可以较好地满足用户对准确性和延迟的异构性要求。针对这类 NP 难问题，本章提出了一种高效的两阶段调度策略。最后通过实验评估了所提模型的有效性，结果表明其能够有效地提升用户的服务体验。

参考文献

[1] Zhou Z, Chen X, Li E, et al. Edge intelligence: Paving the last mile of artificial intelligence with edge computing[J]. Proceedings of the IEEE, 2019, 107(8): 1738-1762.

[2] von Zengen G, Büsching F, Pöttner W B, et al. Transmission power control for interference minimization in WSNs[C]//Proceedings of the International Wireless Communications and Mobile Computing Conference, Nicosia, 2014.

[3] Yang L, Cao J N, Liang G Q, et al. Cost aware service placement and load dispatching in mobile cloud systems[J]. IEEE Transactions on Computers, 2016, 65(5): 1440-1452.

[4] Oueis J, Strinati E C, Barbarossa S. The fog balancing: Load distribution for small cell cloud computing[C]//Proceedings of the 81st IEEE Vehicular Technology Conference, Glasgow, 2015.

[5] Mishra M, Das A, Kulkarni P, et al. Dynamic resource management using virtual machine migrations[J]. IEEE Communications Magazine, 2012, 50(9): 34-40.

[6] Rodrigues T G, Suto K, Nishiyama H, et al. Hybrid method for minimizing service delay in edge cloud computing through VM migration and transmission power control[J]. IEEE Transactions on Computers, 2017, 66(5): 810-819.

[7] Rodrigues T G, Suto K, Nishiyama H, et al. Cloudlets activation scheme for scalable mobile edge computing with transmission power control and virtual machine migration[J]. IEEE Transactions on Computers, 2018, 67(9): 1287-1300.

[8] Zhang X, Sen S, Kurniawan D, et al. E2E: Embracing user heterogeneity to improve quality of experience on the web[C]//Proceedings of the ACM Special Interest Group on Data Communication, Beijing, 2019.

[9] Nikravesh A, Chen Q A, Haseley S, et al. QoE inference and improvement without end-host control[C]//Proceedings of the IEEE/ACM Symposium on Edge Computing, Seattle, 2018.

[10] Zhang W Y, Zhang Z J, Zeadally S, et al. MASM: A multiple-algorithm service model for energy-delay optimization in edge artificial intelligence[J]. IEEE Transactions on Industrial Informatics, 2019, 15(7): 4216-4224.

[11] Shannon C E. A mathematical theory of communication[J]. The Bell System Technical Journal, 1948, 27(3): 379-423.

[12] Satyanarayanan M, Bahl P, Caceres R, et al. The case for VM-based cloudlets in mobile computing[J]. IEEE Pervasive Computing, 2009, 8(4): 14-23.

[13] Gedeon J, Stein M, Krisztinkovics J, et al. From cell towers to smart street lamps: Placing cloudlets on existing urban infrastructures[C]//Proceedings of the IEEE/ACM Symposium on Edge Computing, Seattle, 2018.

[14] Engelke U, Zepernick H J. Perceptual-based quality metrics for image and video services: A survey[C]//Proceedings of the Next Generation Internet Networks, Trondheim, 2007.

[15] Kuipers F, Kooij R, De Vleeschauwer D, et al. Techniques for measuring quality of experience[C]//Proceedings of the 8th International Conference on Wired/Wireless Internet Communications, Berlin, 2010.

[16] Khirman S, Henriksen P. Relationship between quality-of-service and quality-of-experience for public internet service[C]//Proceedings of the 3rd Workshop on Passive and Active Measurement, La Jolla, 2002.

[17] Fiedler M, Hossfeld T, Tran-Gia P. A generic quantitative relationship between quality of experience and quality of service[J]. IEEE Network, 2010, 24(2): 36-41.

[18] Hossfeld T, Hock D, Tran-Gia P, et al. Testing the IQX hypothesis for exponential interdependency between QoS and QoE of voice codecs iLBC and G.711[C]//Proceedings of the 18th ITC Specialist Seminar on Quality of Experience, Karlskrona, 2008.

[19] Hong S T, Kim H. QoE-aware computation offloading scheduling to capture energy-latency

tradeoff in mobile clouds[C]//Proceedings of the 13th Annual IEEE International Conference on Sensing, Communication, and Networking, London, 2016.

[20] Chen X, Jiao L, Li W Z, et al. Efficient multi-user computation offloading for mobile-edge cloud computing[J]. IEEE/ACM Transactions on Networking, 2016, 24(5): 2795-2808.

[21] Cuervo E, Balasubramanian A, Cho D K, et al. MAUI: Making smartphones last longer with code offload[C]//Proceedings of the 8th International Conference on Mobile Systems, Applications, and Services, San Francisco, 2010.

[22] Yang L, Cao J N, Yuan Y, et al. A framework for partitioning and execution of data stream applications in mobile cloud computing[J]. ACM SIGMETRICS Performance Evaluation Review, 2013, 40(4): 23-32.

[23] 张甲江, 高岳林, 高晨阳. 非线性混合整数规划问题的改进量子粒子群算法[J]. 太原理工大学学报, 2015, 46(2): 196-200.